"十四五"职业教育国家规划教材

"十三五"职业教育国家规划教材

"十二五"职业教育国家规划教材

中外园林史

ZHONGWAI YUANLINSHI

主　编　祝建华

副主编　吕　华　衣学慧　李　璟　陈　宇

主　审　杜春兰

重庆大学出版社

内 容 提 要

本书是"十四五"职业教育国家规划教材,是中外园林产生发展及造园活动演化的园林史论教材,涉及从古至今的漫漫造园历史,力求客观地介绍从外在风格形态到内在思想理论指导下的实践历程,系统地来认识造园的形式和内容。通过园林活动的对比来认识其造园的自然法则、社会心理、人文情感、历史沧桑的内在规律,使其具有认知性、思想性、理论性、专业性、实践性,以培育专业理论素养和达到承前启后的目的。本书配有电子课件,可扫描封底二维码查看,并在电脑上进入重庆大学出版社官网下载。书中含有 101 个二维码,可扫码学习。

本书适合用作景观规划设计、环境设计、环境艺术设计、园林景观设计与环境工程技术专业的高等教育、高等职业教育的教学教材。

图书在版编目(CIP)数据

中外园林史 / 祝建华主编. -- 4 版. -- 重庆:重庆大学出版社,2021.8(2022.8 重印)
高等职业教育园林类专系列教材
ISBN 978-7-5624-8500-1

Ⅰ. ①中… Ⅱ. ①祝… Ⅲ. ①园林建筑—建筑史—世界—高等职业教育—教材 Ⅳ. ①TU-098.4

中国版本图书馆 CIP 数据核字(2021)第 142217 号

中外园林史

(第4版)

主 编 祝建华
副主编 吕 华 衣学慧 李 璟 陈 宇
主 审 杜春兰

责任编辑:杨 漫　版式设计:杨 漫
责任校对:邬小梅　责任印制:赵 晟

*

重庆大学出版社出版发行
出版人:陈晓阳
社址:重庆市沙坪坝区大学城西路 21 号
邮编:401331
电话:(023)88617190　88617185(中小学)
传真:(023)88617186　88617166
网址:http://www.cqup.com.cn
邮箱:fxk@cqup.com.cn(营销中心)
全国新华书店经销
重庆市联谊印务有限公司印刷

*

开本:787mm×1092mm　1/16　印张:20　字数:499 千
2012 年 2 月第 1 版　2021 年 8 月第 4 版　2022 年 8 月第 13 次印刷
印数:31 001—39 000
ISBN 978-7-5624-8500-1　定价:49.00 元

编委会名单

主　任　江世宏

副主任　刘福智

编　委（按姓氏笔画为序）

卫　东	方大凤	王友国	王　强	宁妍妍
邓建平	代彦满	闫　妍	刘志然	刘　骏
刘　磊	朱明德	庄夏珍	宋　丹	吴业东
何会流	余　俊	陈力洲	陈大军	陈世昌
陈　宇	张少艾	张建林	张树宝	李　军
李　璟	李淑芹	陆柏松	肖雍琴	杨云霄
杨易昆	孟庆英	林墨飞	段明革	周初梅
周俊华	祝建华	赵静夫	赵九洲	段晓鹃
贾东坡	唐　建	唐祥宁	秦　琴	徐德秀
郭淑英	高玉艳	陶良如	黄红艳	黄　晖
彭章华	董　斌	鲁朝辉	曾端香	廖伟平
谭明权	潘冬梅			

编写人员名单

主　编　祝建华　成都农业科技职业学院

副主编　吕　华　四川省教育学院

　　　　衣学慧　杨凌职业技术学院

　　　　李　璟　宜宾职业技术学院

　　　　陈　宇　南京农业大学

参　编　钟意然　重庆城市管理职业学院

　　　　仝婷婷　长沙环境保护职业技术学院

　　　　李　娟　重庆工贸职业技术学院

主　审　杜春兰　重庆大学

前　言

　　园林的历史,就是一部人类的文明史。以物质形态出现的山、水、建筑、植物等,是人类在选择和被选择的行为方式下形成的物质形态,其间蕴含着深厚的自然法则、社会文化、政治经济、社会心理、宗教民俗、人文情感和历史沧桑,它是文化的结晶,是各民族的精神产品。园林属于艺术范畴,其核心是社会意识的外在反映。遵循着其内在规律,"理之应园林",通过园林实体反映出各个时期的思想理念,凝聚着千百年来各民族的审美实践,外化于园林到艺术,体现为民族特征,使之具有世界意义。

　　园林艺术及其活动都有内在意义,承前启后传递着意义,发展着意义,形成一座座文明的里程碑。园林史虽告诉我们园林的过去,但绝非是停留在肤浅的流水账式的历史表面现象解读,是"体现在某个物质符号中的精神现象活动"。只有认识园林符号等象征性质的意义,理解它们所表示其原来的生命世界及对人类生存环境的影响,才知道现在,明了未来,才能获得影响环境设计的创造性思辨方法和动力。而造园技术仅仅是实现的手段,创造性发展则是建立在历史自身思想理论基础之上的,给我们以思想、技术与实践。"遗迹"绝不只是历史,而是告知现在的力量!

　　中国、西亚、古希腊是世界造园史三大动力,中国园林历史之灵魂就是其民族文化风格,它曾光耀世界,影响西方园林景观至今。长期以来我们对传统文化缺乏客观系统认识,缺乏园林历史文化理论思想准确的现代诠释与接受,造园活动缺乏内在动力,缺乏创造性而模仿,甚至隔膜,失落了历史必然谈不上发展。黑格尔深刻指出"花朵开放的时候花蕾消逝,人们会说花蕾是被花朵否定了的;同样地,当结果的时候花朵又被解释为植物的一种虚假的存在形式,而果实是作为植物的真实形式出现而代替花朵的。这些形式不但彼此不同,并且互相排斥互不相容。但是,它们的流动性却使它们同时成为有机统一体的环节,它们在有机统一体中不但不相互抵触,而且同样是必要的。而正是这种同样的必要性才构成整体的生命"。在历史中找寻起重要作用的精神因素和决定性的传达着精神的物质形态因素启迪;从园林到现代景观、环境设计的历史传承正是其发展的生命力之所在,教育必须担负起了解真理的重要职责。

　　本教材具有较强的认知性、理论性、专业性与实践性,适用于景观观划设计、环境设计、环境艺术设计、园林景观设计与环境工程技术等专业的高等教育或高等职业教育的教学教材。

　　本次再版,增加了"绿水青山就是金山银山"的理念,中国在此睿智指引下,坚定走属于自己的绿色发展之路,且发展很快!其实践价值,使中国的环境建设产生了巨大变化,鲜活了有中国风格和中国话语特色的绿色发展内涵,生态环境生产力理论得到了越来越多的实践验证、理论认可、民意认同,其成果为世界瞩目!为全球生态环境作出了中国贡献,逐步成为环境建设中国方案的世界典范。当代园林风格无论怎样多元化都立足于其赖以关乎生存的生态环境——人类命运的共同体！为促进教与学，教材中运用了数字化的二维码，增加了 101 个二维码于教材相关章节中，内容主要包括每章的实习大纲和实训职业活动指导、该课程思政教案和教学设计样例、重点思政样例说明、扩展阅读资料、15 个视频和相关节目介绍等，便于教学互动。

　　本教材共 6 章，由祝建华担任主编，吕华、衣学慧、李璟、陈宇担任副主编。全书编写分工如下：第 1 章、第 6 章由祝建华、钟意然、仝婷婷编写，第 2 章由李娟编写，第 3 章由衣学慧、李璟编写，第 4 章由吕华编写，第 5 章由陈宇编写。另外，四川万春建筑有限公司工程师李强也对本书提出了宝贵意见和建议。本教材得到了成都农业科技职业学院、宜宾职业技术学院、南京农业大学、重庆城市管理职业学院、长沙环境保护职业技术学院、江西财经大学资源与环境管理学院、金陵科技学院、四川建筑职业技术学院、杨凌职业技术学院、四川省教育学院、重庆工贸职业技术学院的鼎力支持，在此深表谢意！

编　者

2022 年 6 月

思政教案

思政教学设计
样例说明

重点思政教学
设计样例

1.八集大型文化纪录片《园林》；2.《花开中国》；3.三集《青海，我们的国家公园》内容简介

禅意心得——
中国园林运用

当代环境依然是
近现代的园林风
格的综合演义

现代环境，功能与精神并重、东西方兼容并蓄、园林要素综合运用，旧桃新符，有多少历史的影子

宅园一体，解决的是人与自然、人与人的双重关系——中国人居环境设计的智慧

目 录

$\mathcal{1}$ 概 论

　　园林史是阐释园林的渊源、演变、发展的规律及其特征,蕴涵着人类对于生存环境、社会思想观念、政治经济影响、审美需求、造园流派内在的认识,通过和运用社会结构、经济组织、生产方式、艺术与科学技术积淀的造园方法与经验;体现人类生存有形环境、无形环境活动现象的园林理论与实践,折射出人类对创造理想生存环境追求的巨大努力。

　　园林史论述物化为园林的外在形态、风格、体系,是人类生存环境活动的足迹,是文明的载体,为现代园林景观与环境建设提供了借鉴的依据。

1.1　园林概述

1)园林的概念

　　园林是人类对生存环境的实践活动,是一个渐次扩展的概念。园林以物化的形式承载着风格、思想、理论、气质、形式,凝聚了世界各民族对生存环境的认知历程与审美实践,按照艺术规律、美的尺度与造型,在过程中积淀其深层的物质精神构成,体现造园的文化艺术和造园的特征。

　　西文的拼音文字如拉丁语系的 Garden、Gārden、Jardon 等,源出于古希伯来文的 Gen 和Eden 两字的结合。前者意为界墙、蕃篱,后者即乐园,也就是《旧约·创世纪》中所描述的充满着果树鲜花,潺潺流水的“伊甸园”。按照中国自然科学名词审定委员会颁布的《建筑·园林城市规划名词》规定,“园林”被译为 garden and park 即“花园及公园”的意思。garden 一词,现代英文译为“花园”,还包括菜园、果园、草药园、猎苑等。park 一词即是“公园”之意,即向全体公众开放的园林。西方园林秉承历史的传承性和理论的发展,对环境建设的反思,在实践上更加注重理性思辨色彩。19 世纪下半叶,西方景观“Landscape Architecture”一词的出现取代了传统的“Garden”或“Park”。“Landscape Architecture”明显地体现了现代园林的文化、艺术、生态的知识经济时代的特征,增大了概念的外延内在的特质,而后建立在“现代主义运动(Modern Movement)”理论与实践基础上的现代绘画、雕塑、现代建筑而产生了现代景观(Modern Landscape Architecture)。1960 年 5 月,在日本东京的“世界设计会议”上,提出“环境设计”(Enviroment Design)的这一划时代意义的概念,受到普遍认同,更加强调设计性、前瞻性、艺术性、文化性,更加关注环境性、人与物的通透性。现阶段的中国园林环境的概念仍缺乏其内在的深度,显得模糊与滞后。20 世纪初的现代绘画、现代雕塑、现代建筑这三者激动人心的史诗般的、才华横溢的变革,表现了景观设计新的设计思想和设计语言,表达了工业社会到信息社会人们新的生活方式、审美标准和审美诉求及社会节奏。

我国"园林"一词的出现始于魏晋南北朝时期。陶渊明在《从都还阻风于规林》有"静念园林好,人间良可辞"的佳句,沈约在《宋志·乐志》亦有"雉子游原泽,幼怀耿介心;饮啄虽勤苦,不愿栖园林"的兴叹。园林多指那些具有山水田园风光的乡间庭园,正如陶渊明在《归园田居·其一》中所描绘的情景:"方宅十余亩,草屋八九间。榆柳荫后檐,桃李罗堂前。暧暧远人村,依依墟里烟。狗吠深巷中,鸡鸣桑树巅。"如《饮酒》中的:"采菊东篱下,悠然见南山。山气日夕佳,飞鸟相与还。"

在园林历史发展中,"园林"的含义有了较大的发展。在中国,人们又把"园林"和"园"当作一回事。《辞海》中不见"园林"一词,只有"园"。"园"有两种解释:四周常围有垣篱,种植树木、果树、花卉或蔬菜等植物和饲养、展出动物的绿地,如公园、植物园、动物园等;帝王后妃的墓地。《辞源》亦不见"园林",只有"园"。"园"有三种解释:用篱笆环围种植蔬菜、花木的地方;别墅和游憩的地方;帝王的墓地。我国台湾《中文大辞典》收有"园林"一词,释为"植花木以供游息之所",另收"园"一词,有五种解释:果园;花园;有蕃曰园,《诗·秦风》疏:"有蕃曰园,有墙曰囿";囿之樊也;茔域,《正字通》:"凡历代帝、后葬所曰园。"

"园林"与"园"的概念是混同的。目前我国关于"园林"的定义主要有以下几种:

①园林是指人们为弥补与自然环境的隔离而人工建造的"第二自然"。园林是指"在一定的地段范围内,利用、改造天然山水地貌,或者人为开辟山水地貌,结合植物栽培,建筑布置,圃以禽鸟养蓄,从而构成一个以视觉景观之美为主的赏心悦目、畅情舒怀的游憩或居住环境"(周维权《中国古典园林史》)。

②采用人工的方法从"第一自然"即原始的自然环境,创造了"园林"即"第二自然"。反映了人类社会、自然环境变迁与园林形成发展一定的关系。但是,这里所谓的"第二自然"即是人工自然或人造自然园林,显然不能包括近代以来人们对环境的思考:由美国发起,进而风靡世界的国家公园,即对于那些尚未遭受人类重大干扰的特殊自然景观和对地质地貌、天然动植物群落加以保护的国家级公园。按照国家公园的概念理解,自然风景名胜算是特殊的自然景观,只要采取措施加以保护就属于园林范畴了。而周维权先生认为,自然风景名胜属于大自然的杰作,属于"第一自然",而并非人工建立的"第二自然",当然不属于园林范畴。

③园林是指在一定的地形(地段)之上,利用、改造和营造起来的,由山(自然山、人造山)、水(自然水、理水)、物(植物、动物、建筑物)所构成的具有游、猎、观、尝、祭、祀、息、戏、书、绘、畅、饮等多种功能的大型综合艺术群体(游泳《园林史》)。它试图从园林选址、构成要素、主要功能、兴造方法等方面全面诠释园林,其定义中构园要素的"物"把动、植物和建筑物混用,功能多但并不明确,也不全面。园林功能中的"猎"业已消失,"尝"意不明,社会意识形态、文化艺术风格等社会属性缺乏,"艺术群体"指代园林不准确;也缺乏园林概念的当代生态意义及发展内涵,值得商榷。

园林概念有广义和狭义之分。从古典园林这个狭义角度看,园林是在一定的地段范围内,利用、改造天然山水地貌或人工开辟山水地貌,遵循艺术规律,运用造园要素,从而构成一个文化美学意味浓、视觉景观美、物质功能全的游憩、居住环境。

从现代园林发展角度看，广义的园林早已发展成为更为宽泛且深远的现代景观、环境设计，不仅仅包括各类公园、城镇绿地系统、自然保护区等，还包括人类有形环境和无形环境的活动，集自然生态、生态恢复、风景与人文历史责任、科技、艺术于一体，为人类社会提供自然生态的、文明的生存环境。所谓有形环境有两类：基地自然环境，是人类赖以生存的基本条件；人工环境，它们都是我们生存的物质环境。无形环境是指人文环境，是历史的、社会的因素，如传统、民俗、文化、观念、道德、政治等，这是一种精神环境。两者都是以物质的表现形式去体现文化的有形环境与无形环境。

2）园林形成背景

自然环境、世界四大文化体系即中国文化体系、印度文化体系、西方文化体系、阿拉伯文化体系合及其融合发展是园林形成的背景。莫伊谢依·萨莫洛维奇·卡冈曾说："文化包括物质、精神、艺术三个层次"，园林是文化的综合反映，"理之在园林"。园林是人类生存环境的实践活动，是在一定自然条件和人文条件综合作用下形成的艺术作品，而自然条件复杂多样，人文条件更是千奇百态。从共性视角来看，园林的形成离不开人类赖以生存的自然环境、社会的发展和人们的精神需要等三大背景。

（1）自然环境与自然造化　自然与生俱来所谓的自然美，具有很高的观赏价值和艺术魅力。人是自然之子！人依赖于自然而非自然依赖于人！自然的伟力具有移山填海之力，鬼斧神工之技，为人类提供了生存环境，提供了花草树木、鱼虫鸟兽等多姿多彩的造园材料，为人类创造了山林、河湖、峰峦、深谷、瀑布、热泉等壮丽秀美的景观。

自然美又具有其地域特征，是不同国家、不同民族的园林艺术共同追求的东西，人类经过自然崇拜——自然模拟与利用，到达自然超越阶段时，具有地域特征的本民族特色的园林也就完全形成了。

各民族对自然美或自然造化的认识存在着较显著的差异。西方传统观点认为，自然本身只是一种素材，只有借助艺术家的加工提炼，才能达到美的境界，而离开了艺术家的努力，自然不会成为艺术品，亦不能最大限度地展示其魅力。经过人工处理的"自然"，与真正的自然本身比较，是美的提炼和升华。

中国传统观点是与自然和谐为美，自然本身就是美的化身，是构成美的各个因子。但是，中国人尤其是中国文人，观察自然因子中天然、纯朴和野趣往往融入个人情怀，借物喻心，把状写自然美的园林变成挥洒个人感情的天地。所以，中国园林讲究源于自然而高于自然，反映对自然美的高度凝练和概括，把人的情愫、人格、道德及观念与自然美有机融合，以达到诗情画意、助人伦、成教化的境界。

英国风景园林的形成也离不开英国人对自然造化的独特欣赏视角。他们认为大自然的造化美无与伦比，自然形态是最完美的形态，园林越接近自然则越达到真美境界。模仿自然、表现自然、再现自然、回归自然，从自然的妙境中油然而生发万般情感。

不同民族在不同地域的园林活动，以不同的形式展示着自然和诉说着自身的认识和观念。自然造化形成的自然因子和自然物，成为园林形成要素，是自然生态系统的必然。

（2）社会历史发展　园林的出现是社会结构的外在反映，是社会文明的标志。它必然与历史社会结构发展相关联；社会结构的变迁也会导致园林观念的新陈代谢和发展。

在人类社会初期，生产力十分低下，原始农业村落出现，产生了原始的园林，如中国的苑囿、古巴比伦的猎苑等。

生产力的发展,出现了城市和集镇,又随着建筑技术、植物栽培、动物繁育技术以及文化艺术等人文条件的发展,造园活动发展中逐步形成了各时代风格、民族风格和地域风格,如古埃及园林、古希腊园林、古巴比伦园林、古波斯园林等。

随着社会的动荡,野蛮民族的入侵,文化的变迁,宗教改革,思想的解放,革命运动等社会历史的发展变化,各个民族和地域的园林类型、风格也随之变化。中世纪之前,流行古希腊园林、古罗马园林;中世纪1 300多年风行哥特式寺院庭园和城堡园林;文艺复兴开始,意大利台地园林流行;宗教改革之后法国古典主义园林勃兴,而资产阶级革命的成功加速了英国自然风景式园林的发展;工业革命导致对技术的反省和环境的再认识,促使现代景观的产生。园林是时代发展、社会文明的标志,其随着社会历史的变迁而变化发展。

(3)人们的精神需要　园林的形成离不开人们的精神追求,这种精神追求来自神话仙境,来自宗教信仰,来自文化艺术,来自田园生活,来自精神理想,来自对生存环境的深刻认识。

古希腊神话中的爱丽舍田园和基督教的伊甸园,展现了天使在密林深处,在山谷水涧无忧无虑地嬉戏生活的欢乐场景;中国先秦神话传说中的黄帝悬圃、王母瑶池、蓬莱琼岛,绘制了一幅山岳海岛式云蒸霞蔚的风光;佛教的净土宗《阿弥陀经》描绘了一个珠光宝气、莲池碧树、重楼架屋的极乐世界;伊斯兰教的《古兰经》提到安拉修造的"天园":果树浓荫,四条小河流淌园内,分别是纯净甜美的"蜜河"、滋味不败的"乳河"、醇美飘香的"酒河"、清碧见底的"水河"。神话与宗教信仰表达了人们对美好未来环境的共同向往。

文化艺术是人们抒怀的重要方式,与神话传说相结合,以广阔的空间和纵深的时代为舞台,挥洒着艺术想象力,对现实园林的形成有重要的启迪意义。同时,艺术的创作方法,对美的追求和理想、人生哲理的揭示和思考,亦对园林设计、艺术装饰深化着园林语境意义,有不可替代的价值。

园林亦是人类生存与自然环境关系的纽带,是其依赖、改善、恢复的重要要素。城市是人类文明的产物,是人类创造的一种人工环境。城市中的人类与大自然隔膜,精神心理抑郁,以兴造园林试图作为一种间接补偿,沉醉于园林所构成的理想生活环境中,成其为躲避现实、放浪形骸的最佳场所。古罗马诗人维吉尔(Virgile,公元前70年—前17年)竭力讴歌田园生活,推动了古罗马时代乡村别墅的流行;我国秦汉时期隐士多田园育蔬垂钓,使得魏晋时期归隐庄园成为时尚。

3)园林性质与功能

园林性质有社会属性和自然属性之分。

从社会属性看,园林是供游憩、享乐的花园或别墅庭园。民众可享用的公共园林,是满足社会全体居民游憩娱乐需要的公共场所,是有形环境和无形环境、物质环境和精神环境的综合。园林的社会属性转化,必然影响到园林的表现形式、风格特点和功能等方面的变革。

从自然属性看,人是自然之子,是自然界的普通公民。古今中外,人们在自然生存进化中,认知自然,运用自然,发现其美,表现美,创造美,实现美,追求美的生存环境。园林中浓郁的林冠、鲜艳的花朵、明媚的水体、动人的鸣禽、峻秀的山石、优美的建筑及栩栩如生的雕像艺术等都是令人赏心悦目、流连忘返的艺术景观。园因景胜,景以园异。园林景观千差万别,都改变不了其遵循自然规律运用艺术美的本质。

由于自然条件和文化艺术的不同,各民族对园林美的认识由差异到共识。欧洲古典园林以规则、整齐、有序的景观为美;英国自然风景式园林以原始、淳朴、逼真的自然景观为美;而中国园林追求自然山水与精神艺术美的和谐统一,具有诗情画意之美。信息时代,全球一体化,文化多元化,园林景观环境的自然生态、艺术文明、功能人文的综合,成为共识(图1.1、图1.2)。

图1.1

园林景观的社会属性:中国传统元素造景的成都宽窄巷子

图1.2

园林景观的社会属性:以方尖碑形式的美国华盛顿国家纪念碑

园林的功能:最初的功能和园林的起源密切相关。中国早期的园林"囿",古埃及、古巴比伦时代的猎苑,都保留有人类采集渔猎时期的狩猎方式;当农业逐渐繁荣以后,中国秦汉宫苑、魏晋庄园和古希腊庭园、古波斯花园,除游憩、娱乐之外,还仍然保留有蔬菜、果树等经济植物的经营方式;另外,田猎在古代的宫苑中一直风行不辍。随着人类文化的日益丰富,自然生态环境变迁和园林社会属性的变革,园林类型越来越多,越来越理性化,功能亦不断消长变化而更加综合。

古今中外的园林,其功能主要有:狩猎(或称围猎)、游玩(或称游戏)、观赏、休憩、文娱、饮食、祭祀、集合与演说等,作为主题性公园、纪念地、广场、城市绿地、环境及生态恢复等。

4)园林的基本要素

园林的基本要素包括自然与历史人文要素,主要有:建筑、山石、水体、艺术作品、动植物。

自然是人类生存的生态环境,人是自然生态系统的有机组成部分,是自然的"普通公民"而非主人。从这个意义层面上看,造园要么是好,要么就是破坏!自然是造园的第一要素。园林围绕建筑展开,"园林是建筑的延续"。

园林中的建筑与山石,是形态固定不变的实体,水体则是整体不动,局部流动的景观。植物则是随季节而变,随年龄而异的有生命物。植物的四季变化与生长发育,不仅使园林建筑空间形象在春、夏、秋、冬四季产生季相的变化,而且还可产生空间比例上的时间差异,使静观建筑环境具有生动、变化多样的季候感。植物协调着建筑与周围环境的关系。历史遗址、纪念地、人文景观,其历史沧桑和人文情感,蕴涵着深厚经典的美学精神。

我国历代文人、画家,常把山水植物人格化,并从山水植物的形象、姿态、明暗、色彩、音响、色香等进行直接联想、回味、探求、思索的广阔余地中,产生某种情感和意境,使其趣味无穷。在欧洲园林和伊斯兰园林中,有些园林植物早期被当作神灵加以顶礼膜拜,整形修剪,排行成队,植坛整理成各种几何图案或动物形状。艺术作品常常是园林环境的序列中心。

　　动物作为造景要素，人们把野兽一部分驯化为家畜，一部分圈养于山林中，供四季田猎和观赏，成为最初的园林——囿，或称为猎苑。秦汉以后，中国园林进入自然山水阶段，聆听虎啸猿啼，观赏鸟语花香，寄情于自然山水，是皇室贵族怡情取乐的生活需要，也是文人士大夫追求的自然仙境。欧洲中世纪的君主、贵族宫室和庄园，以及阿拉伯国家中世纪宫室中都饲养着许多珍禽异兽，以满足皇室贵族享乐，随后逐渐为平民开放观赏。古代园林与动物相生相伴。当代，人们对其更具有生态、保护的双重责任。

5）园林史的现代意义

　　一部人类园林史，记载人类对自我生存环境内生自省的认知足迹。人类对环境建设的历史是环境建设思考恢复变革改造的温床，也是造园工程设计与施工的出发点。

　　古老中国以其与自然和谐为美的博大和诗情画意，昂首世界前列。而西方内省历史的自我批判，走到了世界前沿。

　　以铜为鉴，可以正衣冠；以人为鉴，可以明得失；以史为鉴，可以知兴亡。从园林到现代景观、环境设计，同其他文化一样，是在传承、吸收、借鉴、融合的历史氛围里走到了今天。借鉴中外园林历史发展的基本经验与教训，继承弘扬人类的优秀园林文化，为我国环境园林活动提供科学的理论和实践依据，是亟待解决的重大课题，具有重要理论价值与实践意义。我国改革开放以来，环境建设取得了令人瞩目的成就，园林事业得以长足发展，各地涌现出一大批优秀园林作品。毋庸讳言，环境园林建设欣欣向荣却有使人讳忌的遗憾！"三山五园"被房产、富豪别墅无节制地蚕食；西名泛滥，外来植物的"入侵"，本土植被因造园而造成的破坏；追求表面政绩形式，片面追求经济发展指标，忽视环境的长远发展考虑，雾霾肆虐，表面的形式美却造成潜在的生态灾难，如曹雪芹故居遭拆毁；有的文物古迹、烈士陵园拆移荒芜，战争纪念遗地、文物被商业开发"打造"，成为"现代赝品"，失去"原真性"。文化景观缺乏应有的保护力度及匮乏，导致城市教育功能的缺失，经济开发、产业化异化为利益最大化，自然景观不堪重负；"水资源开发"滥筋，生态水变为"景观水""经济水""开发水"，深挖地，找温泉追求经济利益，急功近利，造成生态环境恶化，成为进一步发展的问题瓶颈。"城市化"席卷中国大地，城市也在无意识中失去个性，许多原本不该消失的东西，正在消失！暴露反映出环境活动思想、理论、观念滞后的紧迫感，而这一切的深层次原因，均与专业素质教育薄弱有关！

　　离开自然和人文的生态环境，就没有人类生存和发展的基本前提，就没有民族共同体的兴盛和延续！当我们享受着现代文明，回首之时却发现没有了历史。专业的史论可以很好地认识"经济学"与"生态学"的对立，从而在环境工程中去寻求解决与平衡的办法。环境建设理应是其自身的褒奖！"如果城市所实现的生活不是它自身的一种褒奖，那么为城市形成而付出的全部牺牲就将毫无意义。无论扩大的是权力还是物质财富，都不能抵偿哪怕是一天丧失了的美、欢乐和亲情的享受"（《城市发展史》刘易斯·芒福德）。一个民族对自己的文化要有严格的自尊，越严格越自尊，自尊才能自立，自立才能自强！"参天之树必有老根，怀山之水必有共源"。其文化情怀和文化自尊，形成民族团队血缘的、地缘的"家乡"和"家园"。文化无需再争取什么优势文化，自身文化就是精神王牌！其共同构成全球一体化、文化多元化。我们需要重新认识自身文化价值，20 世纪 80 年代末，孔子 2 540 年华诞之际，部分诺贝尔奖获得者和世界著名科学家集聚巴黎，面对现实环境的恶化，发表宣言，其中道："人类社会要在 21 世纪生存下去，必须到 2 500 年前的中国孔夫子那里去寻找智慧。"

"生态学"已延伸至人类生态学,继而是当今的整个社会体系,是历史发展的必然。

"绿色"的环境关注,Green Parties、Green Policies 的推崇,人类对环境的关心不断扩展,已成为不可逆转的历史洪流!

城市建设指导思想由"空间论"转向"环境论",进而发展至今的"生态论",环境价值观有了急剧的变化,环境不能再被不受惩罚地滥用,环境工程专业素质的教育与提高远比任何时候都重要与紧迫!

著名教育家帕培纳克(Victor Papanek)曾深刻指出:一般学科教育都是向纵深方向发展的,唯有工业与环境设计教育是横向交叉发展的(Design for the Real World, London: Thames & Hudson Victor Papanek)。园林在泛艺术的当今信息时代,已从属于环境设计,无论高等教育、高等职业的园林环境教育,专业思想意识的哺育都应是第一位的,园林、环境史理论应是专业环境建设者具备的最基本素质。他们的未来肩负着有形、无形环境保护与建设,是留给后人神圣不可推卸的责任,技能已退居其次。尊重学科特质,政治素质不能完全取代专业素质,技能标准不能教条地度量专业标准,否则"建设"可能就是破坏! 历史是一面镜子。环境设计应根据自然生态、地域环境、历史文化、意义属性;综合历史意见、时代意见,才能得出相对正确的环境建设理论并指导实践;因地制宜,因时制宜,因园制宜,才能"绿色"设计。"人,遵循地球上良性酶(enzyme)的运作方式,有志于成为世界的医生,治理这个地球和自身"的专业史论,正是触发治理自身与地球的源动力的引擎!"不从历史汲取教训的人,必重蹈覆辙!"(邱吉尔)风格来自历史,历史是风格的源泉。历史给予的是专业的环境造园建设眼界,一个对"有形环境"和"无形环境"担当责任的眼界。生命造就了不朽的历史,历史孕育着新的生命! 现代是过去和未来的合金。历史是不能重复的,未来是可以选择的!

1.2　园林发展的历史阶段

世界园林的发展,经历了原始文明、农业文明、工业文明和信息文明四个历史阶段,现分述如下:

1)原始文明对园林的孕育

人类社会的原始文明大约持续了两百多万年。人类起初的"巢穴而居,采集渔猎"是对大自然环境的被动适应。在生存演化过程中,人类被动植物的形态、色泽等外观特征所吸引并有了心灵感应,赋有生命意义。原始文明后期,人类农业和聚居部落的园圃种植与鸟兽养殖,部落附近及房前屋后的果园、菜圃、畜养鸟兽场所,逐渐满足了人们祭祀温饱的需要。从而园林得到孕育,进入萌芽状态。其园林萌芽状态的特点为:种植、养殖、观赏不分;为全体部落成员共管共享;主观为了祭祀崇拜和解决温饱问题,而客观有观赏功能。

2)农业文明形成世界三大园林体系

距今大约1万年前,在亚洲和非洲的一些大河冲积平原和三角洲地区,农业的长足发展,人类进入了以农耕为主的农业文明阶段,果园、菜圃、兽场亦分化为供生产为主的果蔬园圃和供观赏为主的花园、猎苑。伴随农业生产力的进一步发展,产生了城镇、国都和手工业、商业,使建筑技术不断提高,为大规模兴造园林提供了必要条件。

自然地域、文化体系演化形成世界园林体系。文化体系的主要影响因素有种族、宗教、风俗习惯、语言文字、历史地理和文化交流等,尤其以自然地域、种族、宗教文化、语言文字影响最大。世界园林体系划分为欧洲园林体系、伊斯兰园林体系和中国园林体系三大体系。

（1）欧洲园林体系　欧洲园林又称为西方园林,主要是以古埃及和古希腊园林为渊源,有法国古典园林和英国自然风景式园林两大流派,以人工美的规则式园林和自然美的自然式园林为造园风格,思想理论、艺术造诣精湛独到。

欧洲园林的两大流派都有自己明显的风格特征。规则式园林:气势恢宏,视线开阔,严谨对称,构图均衡,花坛、雕像、喷泉等装饰丰富,体现庄重典雅、雍容华贵的气势。自然风景式园林:取消了园林与自然之间的界线,将自然为主体引入到园林,排除人工痕迹,体现一种自然天成,返璞归真的艺术。

欧洲园林覆盖面广,它以欧洲本土为中心,势力范围囊括欧洲、美洲、大洋洲,对南非、北非、西亚、东亚等地区的园林发展和当代亦产生了重要影响。

（2）伊斯兰园林体系　伊斯兰园林是以古巴比伦和古波斯园林为渊源,十字形庭园为典型布局方式,封闭建筑与特殊节水灌溉系统相结合,富有精美细密的建筑图案和装饰色彩的阿拉伯园林。

伊斯兰园林以幼发拉底、底格里斯两河流域及美索不达米亚平原为中心,以阿拉伯世界为范围,横跨欧、亚、非三大洲,以印度、西班牙中世纪园林风格最为典型,对世界各国园林艺术风格的变迁有很大的影响力。

伊斯兰园林通常面积较小,建筑封闭,十字形的林荫路构成中轴线,全园分割成四区。园林中心,十字形道路交汇点布设水池,象征天堂。园中沟渠明暗交替,盘式涌泉滴水,又分出几何形小庭园,每个庭园的树木相同。彩色陶瓷马赛克图案在庭园装饰中广泛应用。

（3）中国园林体系　中国园林尊崇与自然和谐为美的生态原则,属于山水风景式园林范畴,以非规则式园林为基本特征,园林建筑与山水环境有机融合,自然和谐,浑然一体,涵蕴人伦教化、诗情画意的写意山水园林。

中国园林自诞生以后,在自己特殊的国情和历史文化背景下自我发展。从其独到的创世纪说到三代时期的囿,秦汉时期的苑,魏晋六朝的自然山水园林,唐宋时代的全景式写意山水园林,最后达到明清时代浓缩自然山水,以小见大的高度象征性写意园林阶段。从明朝中期始,私家园林逐渐分化,先有江南园林脱颖而出,北方园林接踵其后,岭南园林增其华丽。三大区域园林相互影响,相互兼容,使中国园林的类型和风格不断拓展与深化。中国园林不像欧洲园林那样,风格剧烈复合变异,而是不断传承发展,以东方独有的文化及造园思想理论影响西方。

中国园林特点主要有:

①来于自然,高于自然。自然风景以山、水为地貌基础,山、水、植物乃是构成自然风景的基本要素,中国园林绝非一般地利用或者简单地模仿这些构景要素的原始状态,而是有意识地加以改造、调整、加工、剪裁,从而表现一个精练概括的自然、典型化的自然。来于自然而又高于自然并伦理化、道德化,园林要素与之结合意蕴其中,尤为突出。

②建筑美与自然美有机融合——与自然和谐为美。中国园林建立在尊重自然的基础之上,"阴阳五行说"被誉为世界最早的生态学,建筑能够把地域自然与山、水、花木、鸟兽等造园要素有机地组织在一系列风景画面之中。突出彼此协调、互相补充的积极的一面,限制彼此对立、互相排斥的消极的一面。把后者转化为前者,中轴对称的规整式构图于宫室寺观建筑,却天工人

巧,为中国园林建筑的特殊形式。在园林总体上达到一种人工与自然高度和谐的"天人合一"与"自然和谐为美"的哲理境界。

　　③中国园林影响了汉文化体系,也深深影响了日本。佛教从我国传入日本,特别是汉化的禅宗传入日本后,与日本特色的神道教融合,形成了日本特色:追求精神上"净、空、无"的禅文化,成为突破中国园林形式的切入点。日本早期"枯山水园",除选用砂、石之外,还含有小块地被植物或小型灌木,如修剪整齐的黄杨、杜鹃等。后期的"枯山水园"竭尽其简洁、纯净,无树无花,只有几尊自然天成的石块,满园耙出纹理的细砂,凝聚成一方禅宗净土。"茶室庭园"则显示出极精致、极正式的氛围,中国的茶文化在日本发展为"茶道",庭园布设精美的石制艺术品,主人石、客人石、刀挂石、石灯笼、石水钵等,逼真磊落,不带一点世俗尘埃,表达了日本人对"纯净、空寂、无极"境界的追求。

　　纵观日本园林的历史演进,日本园林受中国园林影响至远至深,尽管在某些方面有独特的造诣,甚至反过来影响中国园林,但它最终并没有脱离中国园林体系。

3）工业文明促进了城市园林的发展

　　工业文明使有形环境恶化,也促进了城市园林自然保护区、国家公园的形成。

4）信息文明使人类有了对有形环境和无形环境综合的思考

　　信息文明促进了公共园林、公共绿地、城市与生态景观的艺术发展,促进了人类任何"工程"与自然生存环境景观活动的艺术思考。在文化多元化,全球一体化的当代,人类对环境建设与赖以生存的自然生态环境理论的思考,保护自然环境、"绿色"设计、维护生态平衡为核心的可持续发展理论深入人心。

　　园林是各门学科与文化艺术的综合。现代园林建设是一个涉及面广、维系生态平衡、综合性强的系统工程,不仅需要掌握园林规划设计、施工等知识,亦要掌握艺术学、动植物学、生态学、自然地理学、文化学、美学、建筑学等多学科的专业知识。当代社会要成为一个环境建设的工作者,首先必须是一个"文人",否则,对环境而言,非好即坏!

复习思考题

　　1. 试述园林的概念。何谓园林史? 谈谈你的认识。
　　2. 试述园林产生的背景及性质功能。
　　3. 园林发展有哪四个历史阶段? 四大园林体系各是在哪一阶段产生的?
　　4. 结合实际,谈谈园林史的现实意义。
　　5. 园林要素有哪些? 试述园林风格与其要素的关系。

职业活动

1）目的

专题讲座讨论解析

通过经典正反案例专题，解析认知园林史在专业体系中的重要作用以及学习园林史的重要性。

2）环境要求

多媒体学术厅，现代园林环境经典系统案例文本及图片演示，邀请园林规划设计院所、企业专家学者、职业从业者参加互动。

3）步骤提示

①教师、专家、企业案例互动教学，在经典案例解析专题展开中认识园林史。

②在经典案例解析中感受园林涵盖的历史范围。

③在园林案例的形式风格中感受其来源。

④在园林案例的形式风格中感受其园林的深度与广度。

⑤在园林正反案例中感受造园活动对环境与生态的影响。

⑥在专题案例的解析中，启发园林史对从事专业职业以及个人专业发展的重要性的思考。

建议课时：4 学时

第 1 章实习大纲

第 1 章实习指导

2 古代园林

古代(公元前 3000 年—公元 500 年)

公元前3000多年,人类开始的造园活动是伴随着人类的建筑活动、生活和精神需求产生的。它为人类提供着食物、果、药、菜、运动、狩猎、祭神、公共活动,并受宗教影响,人类精神层面的天堂乐园"伊甸园"(Eden)"昆仑""蓬莱仙境",萌发形成各自认知世界及造园的思想(表2.1)。

表 2.1　古代园林分布情况表

古代时期	主要园林类型
公元前 3500 年—前 525 年　埃及	圣林　神苑　宅园　圣苑　墓园
公元前 3000—前 538 年 两河流域美索不达米亚地区	猎苑　圣苑　宫苑——"空中花园"
公元前 538 年—前 5 世纪　波斯	波斯伊斯兰式园林
公元前 5 世纪　希腊	神园　宫廷庭园 宅院——柱廊园　公共园林　文人园
公元前 200 年　罗马	庄园 宅园——柱廊园 宫院 公共园林
公元前 3500 年—公元前 5 世纪 中国(商、周、春秋战国、秦、汉)	灵囿　灵沼　灵台 建筑与自然山水——"象天法地"造园思想形成 "一池三山"宫园　神苑　猎苑　宅园　别墅园

古代时期最为漫长,约3500年。埃及和两河流域美索不达米亚地区发展最早。波斯于公元前538年灭新巴比伦,公元前525年征服埃及后,波斯伊斯兰园林产生,公元前5世纪波西战争,胜利后的希腊园林迅速发展。罗马帝国汲取希腊、埃及、波斯的造园思想和做法,成就了罗马的园林。世界的东方——中国公元前3500多年就有了灵囿、灵沼、灵台,不仅与埃及、美索不达米亚的园林具有同样功能,并产生了独特的伟大的造园美学理论和思想,成为造园史上的另一重要动力源。

2.1 西方古代园林

2.1.1 古埃及园林

1) 古埃及概况

古埃及园林源于、成长于其所属地域的自然环境。

埃及位于非洲大陆的东北角,北临地中海,东临红海,西奈半岛与亚洲的西南部相连,地处非洲、地中海和欧洲交界处。在古埃及南北分治期间的疆域最大,有现在的苏丹到衣索比亚,而北部三角洲地区的下埃及除了现在的埃及和部分阿尔及利亚以外,其东部边界越过西奈半岛直达迦南平原。埃及文明的发展源自它的母亲河——尼罗河。它由南向北流经埃及境内,构成狭长的河谷地带,两岸是陡峭的岩壁。尼罗河下游形成河流冲积而成的三角洲。每年雨季,河水夹带着大量泥土奔腾而下,留下一层沃土,使两岸及三角洲成为宜于耕作的土地。

古埃及的居民是由北非的土著居民和西亚的塞姆人融合形成的。古埃及文明最早起源于上埃及,距今约两万年。埃及雨量充沛、树林繁茂、水草丰美,古埃及人以采集和狩猎为生。大约公元前 1 万年,气候持续干旱少雨,土地沙漠化,树木枯萎,野兽消失,日照强度很大,冬季温和,夏季酷热。古埃及人走向尼罗河河谷,把自己的命运与尼罗河紧紧连在一起(图 2.1),显著影响古埃及园林的形成及特色。约在公元前 5000 年,古埃及人由部落组成农村公社,结合成约 40 个独立的城邦。城邦之间长期战争与兼并,南部与北部分别形成两个较大的王国。大约公元前 3100 年,南方的美尼斯统一了上、下埃及,建都于孟菲斯,埃及历史上第一个奴隶制国家由此诞生(图 2.2)。到公元前 332 年亚历山大大帝征服埃及为止,共经历了前王朝、早王朝、古王国、第一中间期、中王国、第二中间期、新王国、后王朝 8 个时期 31 个王朝的统治,史称法老时期。统一之后,埃及开始了有文字记载的历史。第一王朝开始,开创了法老专制政体,前王国时代(约公元前 3100—公元前 2686 年)的开端,在这一时期出现并使用象形文字。第 3 至第 6 王朝的古王国时代(约公元前 2686—公元前 2181 年),法老陵墓金字塔的建造,国力强盛,资源丰富。由于第 5 王朝的法老信奉太阳神,建造了太阳神庙(图 2.3)。第 7 至第 11 王朝时期(约公元

图 2.1 古埃及壁画

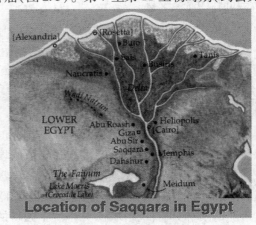

图 2.2 古埃及平面图

前 2181—公元前 2040 年），埃及战乱频繁，导致国家分裂。公元前 2040 年，底比斯的统治者重新统一了上、下埃及，开创了中王国时代（约公元前 2033—公元前 1786 年），埃及再现繁荣昌盛的局面。第 13 至第 17 王朝（约公元前 1786—公元前 1567 年），战乱再度频繁，直到新王国时代（约公元前 1567—公元前 1085 年）开始的第 18 王朝，国力一度十分强盛，伟大的法老阿克纳顿——阿门努菲斯四世，于公元前 1379—公元前 1362 年统治埃及，根据太阳神阿顿而更名，是历史上倡导一神论

图 2.3　Amon 太阳神庙前院

的先驱。拉姆西斯二世法老，他于公元前 1279—公元前 1212 年在位，建造了许多伟大的神庙、雕像和其他建筑，签署了历史上第一个和平条约。此后古埃及又因战乱走向衰退。

公元前 671 年，埃及遭亚述人入侵。公元前 525—前 343 年，埃及又两次被波斯人占领，建立波斯王朝。公元前 332 年，马其顿的亚历山大大帝（Alexander Ⅲ the Great，前 356—前 323）击败波斯人，灭波斯王朝，结束了 3 000 年的"法老时代"。公元前 305 年，亚历山大的部将托勒密·索特尔（Ptolemy I. Soter，约公元前 367—公元前 283）建立了托勒密王朝（公元前 305—公元前 30 年）。埃及文化因此与希腊文化相互影响和渗透。公元前 30 年，埃及被罗马征服，成为隶属罗马帝国的三个省。公元 640 年，埃及又被阿拉伯人占领，逐渐成为阿拉伯世界东部政治、经济和文化中心。

埃及是世界著名的文明古国之一，也是孕育科学的温床。神庙的官员把埃及语变成用希腊字母写成的科普特文明继续流传下去。公元前 2000 年开始的希伯莱人历史，也和古埃及的历史关联，《圣经·旧约》的《创世纪》《出埃及记》等，都保留了古埃及政治史的片段。为了证实《旧约》的真实性，常常引用曼内索的《埃及史》。古埃及文化对欧洲文明有着巨大影响。

2）古埃及园林及类型

（1）宅园　世界上最早的园林可以追溯到公元前 16 世纪的埃及，从古代墓画中可以看到祭司大臣的宅园（图 2.4、图 2.5）采取方直的规划、规则的水槽和整齐的栽植。在古代，园林是表现王室统治的一种形式（图 2.6）。

最早有记录的花园和园艺技术是产生于远古时代的埃及，即 3 500 年以前。那时，尼罗河谷的园艺已很发达，原本有实用意义的树木园、葡萄园、蔬菜园，到公元前 16 世纪演变成埃及重臣们享乐的私家花园。有山有水，设计颇为精美。穷人家也有在住宅附近用花木点缀。

从底比斯阿米诺菲斯三世的大臣墓中发现的画中可以看到（图 2.7），私家庭院均为方形，四周围着高墙，入口处建着埃及特有的塔门。高墙之内成排种植着埃及榕、枣椰子、棕榈等庭院树木围在矩形水池四周，池旁还建有亭子，正对庭院中心的塔门。住宅中部的区域由四排拱形葡萄棚架组成，在阿米诺菲斯四世之友麦利尔的庭院图中，其庭院中心是一个巨大的下沉式水池。虽然两个庭院有相异之处，但是庭院的局部处理都是采取规则对称的布局手法。庭院中的树木直接种植在地上，种类繁多，除了埃及榕、枣椰子、棕榈三种树木外，还有无花果树、杨槐树、梧桐树、葡萄、石榴等果实、枝干都有实用价值的树木。人们认为在树荫之下既是生者休憩之地，又是死者安息之所。埃及人还十分喜欢花卉，庭院中常常有野生植物类的莲、纸草等，并引进了外国植物，如蔷薇、银莲花、矢车菊、罂粟、芦苇等。将花卉种在花坛中，有时也将花卉、灌木

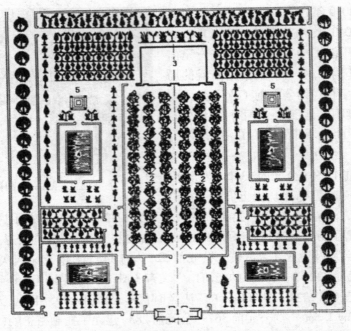

图 2.4　根据埃及古墓中发掘出的石刻所绘制的埃及宅园平面图

1. 入口塔门；2. 葡萄棚架；3. 中轴线端点上的三层住宅楼；
4. 矩形水池；5. 对称设置的凉亭，园中还整齐地摆放着桶
栽植物，周围有行列式种植的庭荫树

图 2.5　埃及古墓中发掘出的石刻所画的宅园鸟瞰图

图 2.6　方尖碑与院落

种在花盆或木箱中，沿着房屋附近的园路并排放置。庭院中的矩形水池是重要的组成元素，所谓的"下沉式水池"，池岸的阶梯一直伸至水面。池中种着莲之类的水生植物，并养着水鸟、鱼类等，整个庭院弥漫着凉爽。池旁还建有亭子，这种亭式构筑物是埃及庭院中的重要设施。

（2）墓园　埃及的神庙及寺院的造园中，还有陵园即墓园。埃及人认为现世成就之物在来世也能为灵魂带来慰藉，住房周围尽可能有庭园，以作为灵魂的安息之所。埃及人对这种思想观念作出了极富象征性的解释——盛行的庭园葬礼风俗，在其陵墓的四壁上造出庭园的浮雕及壁画等，以满足愿望，埃及庭园画大部分来自陵墓。墓园中采用的树种是能在沙漠中生长的，并具有象征意义的枣椰子、埃及榕树等植物。作为西方文化最早策源地的埃及，早在公元前 3700

年就有了金字塔墓园(图2.8)。萨卡拉是古老的埃及坟墓,位于开罗西南的沙漠之中,是工程师伊姆获特普为第三王朝的首位法老建造的墓葬,有阶梯金字塔和墓葬建筑群,阶梯金字塔的基座为123.5 m×107 m,高度为59 m。阶梯金字塔的南部是第五王朝的最后一任法老尤纳斯的金字塔。该金字塔以其墓室而闻名,墓室墙壁上的镌刻被称作"金字塔的课文",墓室的屋顶刻着星辰。萨卡拉作为专门为贵族修建的石室坟墓而著称,最著名的是第五、第六王朝贵族的墓葬。墓葬墙壁上的雕刻讲

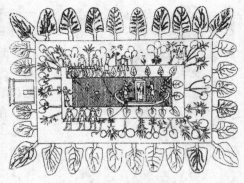

图2.7　种植平面图

述着古代埃及人的日常生活,例如:放牧、养殖、打猎、宗教仪式和对死者的祭祀(图2.9)。

图2.8　胡夫金字塔

图2.9　方尖碑旁的石雕

(3)圣苑　圣苑附属于神庙,即"神苑"。神庙的围墙为一道道塔门所隔断,围墙的顶部起伏不平,呈波浪状,象征着原初之水,而高耸的神庙则是在这片混沌之中升起的原初之山,山顶是人类创造者的居所。进入神庙的人们犹如在混沌之水中经过了洗礼,带着纯净的灵魂来到神的面前。墙上布满了自然景物的描绘:上部和天花板上是繁星点点的天空,张开翅膀的鹰神护卫着神的国土;墙壁下部常常点缀着自然界的花草,象征大地的繁盛,在壁画的映衬下,神庙正如河谷的缩影。

最著名的神庙是公元前15世纪哈特舍普苏特女王(Hatshe-psut,约公元前1503—公元前1482年在位)祭祀阿蒙神(Amon)的德尔·埃尔·巴哈里神庙(图2.10)。该庙由三个台阶状的大露坛组成。将山拦腰削平,用列柱(Deir el-Bahari)将坡地削成三个台层,沿河而上,穿过两排长长的狮身人面像,即人、狮子、鹰组成的埃及人的地平线上的荷鲁斯神,人们通过神的起源和神话阐释世界的神奇与创造力,是人类思考、探究宇宙世界的第一步。到达最底层露坛的塔门,沿缓缓倾斜的道路从一个露坛通向另一个露坛。在狮身人面像的两侧,有洋槐林荫树,塔门附近及三个露坛上种植树木,造成神苑的形式。女王还从一个叫蓬多的地方移植来香树,引种了香木(其木料燃烧时有芳香)种植在台层上,以此来装饰这座神庙。从神苑进而到神庙,境内的圣林,被大力兴造。典型的古埃及神庙一般以中轴线为中心,呈南北方向延伸,依次由塔门、立柱庭院、立柱大厅和祭祀殿组成,塔门多时达十几道。

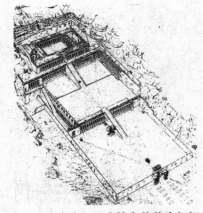

图 2.10　埃及女王哈特舍普苏为祭祀阿蒙神所建造的巴哈里神庙

大片林地围合着雄伟而有神秘感的庙宇建筑,将树木视为奉献给神灵的祭祀品,表示对神灵的尊崇,形成附属于神庙的圣苑。古埃及的圣苑在棕榈和埃及榕围合的封闭空间中,有大型水池,驳岸以花岗岩或斑岩砌造,池中种有荷花和纸莎草,放养作为圣物的鳄鱼。

在拉穆塞斯三世(Ramses Ⅲ,公元前 1198—公元前 1166 年在位)统治时期,设置了 514 处圣苑,当时的庙宇领地约占全埃及耕地的 1/6。这些庙宇也多在其内植树造林,称为圣林,圣苑及圣林的规模非常可观。

3)古埃及园林特征

尼罗河沃土冲积,适宜于农业耕作,国土的其余部分都是沙漠地带。在炎热荒漠的环境里有水和遮荫树木的"绿洲"被作为模拟的对象。埃及人发明了几何学。于是,古埃及人也把几何的概念用之于园林设计。水池和水渠的形状方整规则,房屋和树木都按几何形状加以安排,是世界上最早的规整式园林设计。

古埃及园林的形式及其特征,是古埃及自然条件、社会发展状况、宗教思想和人们生活习俗的综合反映。古埃及人在早期的造园活动中,除了强调种植果树、蔬菜以产生经济效益的实用目的外,十分重视园林改善小气候的作用。在干燥炎热的气候条件下,阴凉湿润的环境、庇荫作用成为园林功能中至关重要的部分。

树木和水体就成了古埃及园林中最基本的造园要素。除了树木的庇荫之外,棚架、凉亭等园林建筑也应运而生。植物的种类和种植方式丰富多变,如庭荫树、行道树、藤本植物、水生植物及桶栽植物等。甬道上覆盖着葡萄棚架,形成绿廊,既能遮阳,又为户外活动提供了舒适的场所。桶栽植物通常点缀在园路两旁。花卉品种比较少,种植得也不多,当埃及与希腊接触之后,花卉装饰才成为一种时尚。埃及从地中海沿岸引进了一些植物品种,丰富了园林中的植物品种。

水体在园中起着重要作用。水体增加空气湿度,为灌溉提供水源;水池既是造景要素,又是娱乐享受的奢侈品,成为古埃及园林中不可或缺的组成部分。水池中养鱼、水禽,种植睡莲等,为园林增添了自然的情趣和生气。古埃及园林大多选择建造在临近河流或水渠的平地上,少有高差上的变化。园地多呈方形或矩形,有统一的构图,采用严整对称的布局形式,严谨有序。大门与住宅建筑之间是笔直的甬道,构成明显的中轴线,两边对称布置凉亭和矩形水池。

入口处理成门楼式的建筑,称为塔门,十分突出。池水略低于地面,呈沉床式,以台阶联系上下。古埃及的宫苑和宅园,四周围以高墙,园内也以墙体分隔空间,将园林分隔成数个小型封闭性空间的布局方式,互有渗透和联系。各院落中有格栅、棚架和水池等,装饰有花池和草地。与后来的伊斯兰园林很相似,形成隐蔽和亲密的空间气氛。

从造园思想来看,浓厚的宗教思想及对永恒生命的追求,促使了相应的神苑及墓园的产生。园中的动、植物种类的运用也受到宗教思想的影响。埃及人将树木视为奉献给神灵的祭祀品,雄伟而有神秘感的庙宇建筑周围都有大片林地围合而成的圣苑。其中往往还有大型水池,池中种有荷花和纸莎草,鳄鱼作为圣物放养。在法老及贵族们巨大而显赫的陵墓周围,有墓园,规模通常不大,大量的树木结合水池,形成凉爽、湿润而又静谧的空间气氛。

　　农业生产的需要导致了古埃及引水及灌溉技术的提高,促进了数学和测量学的发展,科技的进步也影响到埃及园林的布局。具有强烈的人工气息,布局也采用了整形对称的规则式,给人以均衡稳定的感受。行列式栽植的树木,几何形的水池,反映出埃及人在自然环境中力求以人力改造自然的思想。东、西方园林在不同的环境之下,从一开始就代表着两种思维方法,朝着两个方向发展,从而形成世界园林两大体系的先导。

2.1.2 古巴比伦园林

1)古巴比伦概况

　　巴比伦(Babylon)是世界著名古城遗址和人类文明的发祥地之一(图2.11),建于公元前2350年,于伊拉克首都巴格达以南90 km处,幼发拉底河右岸,由幼发拉底河与底格里斯河冲积而成的美索不达米亚平原上的小城。巴比伦意即"神之门",由于地处交通要冲,"神之门"不断扩展,占地2 100英亩,是当时规模最大的城市之一,成为两河流域的明珠。公元前3800年前,这里诞生过强大的巴比伦帝国,带给人类历史空前的辉煌,其古老文明由苏美尔人、巴比伦人、亚述人和迦勒底人共同创造,史称巴比伦文明或"巴比伦—亚述文明"。

图2.11 古巴比伦平面图

　　巴比伦城在《圣经》中被称为"天堂",是与古代中国、古印度、古埃及齐名的人类文明发祥地。公元前2 000年—公元前1 000年巴比伦曾是西亚最繁华的政治、经济以及商业和文化中心,曾是古巴比伦王国和新巴比伦王国的首都。

　　巴比伦城以其豪华壮丽著称于世,包括王宫、神庙、大道和寺塔。其城门尤为世界之最,共有100多座,城池的8道城门用8个神的名字命名,最著名是北门,以巴比伦神话中掌管战争和胜利的女神伊什塔尔命名。城门高12 m,雄伟壮丽,气势磅礴。每道门有4个望楼,相互间以拱形过道相连,墙外壁及塔楼用色彩艳丽的彩釉砖和琉璃砖砌成,砖上饰有兽类浮雕,浮雕高约90 cm,共有575座。由于多次战火,此门现为该城唯一完整的建筑,由柏林国家博物馆复原收藏。

　　世界上第一部法典《汉谟拉比法典》也由巴比伦创立,它刻在一根高225 m、上周长165 m、底部周长190 m的黑色玄武岩柱上，共3 500行，正文有282条内容，用阿卡德语写成。巴比伦还第一个把一天划分为12个时辰，影响后世。

2）古巴比伦园林及类型

古巴比伦园林有猎苑、圣苑和宫苑。西亚造园历史，可推溯到公元前，基督圣经所指"天国乐园"（伊甸园）就在叙利亚首都大马士革。伊拉克幼发拉底河岸，远在公元前3500年就有花园。传说中的巴比伦空中花园，始建于公元前7世纪，是历史上第一名园，被列为世界七大奇迹之一。国王尼布甲尼撒二世为博得爱妃的欢心，比照爱妃故乡景物，命人在宫中矗立无数高大巨型圆柱，在圆柱之上修建花园，不仅栽植了各种花卉，奇花常开，四季飘香，还栽种了很多大树，远望恰如花园悬挂空中。支撑花园的圆柱，高达75英尺（1英尺＝0.304 8 m，下同），所需浇灌花木之水，潜行于柱中，水系奴隶分班以人工抽水机械自幼发拉底河中抽来。空中花园高踞天空，绿荫浓郁，名花处处。一座耸入云霄的高塔，以巨石砌成，共7级，计高650英尺，上面也种有奇花异草，这就是《圣经》中的"通天塔"。空中花园和通天塔，虽然早已荡然无存，至今仍令人着迷。

巴比伦空中花园（Hanging Gardens of Babylon），名字出自对希腊文paradeisos一字的意译，paradeisos直译是"梯形高台"（图2.12）。"空中花园"，实际上就是建筑在"梯形高台"上的花园。希腊文paradeisos（空中花园）后来蜕变为英文paradise（天堂）。统治两河流域的阿拉伯人，就把它称为"悬挂的天堂"。这座方正的空中花园，建在一个5万m²的高台上，本身周长有500多m，即每边长125～150 m，高度大致在25 m以上；采取垂直绿化的方式，每一层内都有坚固的石砌拱券，上面铺装石板，在石板上进行防渗处理基底，铺装一列列芦草，上面覆盖厚土层，足以使树木花草扎根生长。每一层的拱券设置合理，互不遮挡，使每一层的植被都能得到充足的光照。空中花园的设计，充分体现出古代园林设计师的才智，古巴比伦人在2 500年前就成功地采用了高层建筑防渗技术和供水系统，令人叹为观止！园中层层都有奇花异草，缘自于幼发拉底河河水的小溪流淌。

图2.12　巴比伦空中花园

空中花园在公元前600年建成，是一个四角锥体的建筑，由沥青及砖块建成，并以拱顶石柱支承着，台阶种有全年翠绿的树木，河水从空中花园旁边的人工河流下来。"空中花园"也属于巴比伦文明，空中花园实际上是一个筑造在人造石林之上，具有居住、游乐功能的园林式建筑体。它呈阶梯型，中央矗立一座城楼，有幽静的山间小道，上面栽满奇花异草，下面是潺潺流水，由于花园比宫墙还高，又被称为"悬苑"。

尼布甲尼撒，被丹尼尔称为"王中之王"和"有金子般的头脑"，在巴比伦城进行了大规模的建设，重建了城上的伊马克庙，修复了埃萨吉拉寺和尼努尔塔庙，以及莫尔克斯的伊施塔庙。他修复了沿阿拉赤图运河的护墙，建起幼发拉底河上的第一座石桥，开凿利比尔-希加拉运河，完成了南城及城里宫殿的建设（图 2.13），并用美丽的釉彩动物浮雕装饰了伊施塔门。

图 2.13　巴比伦宫殿

与古埃及造园的规则式相反，在天然森林资源丰富的两河流域，发展了以森林为主体、以自然风格取胜的造园，猎苑即属于此类。美索不达米亚的居民崇拜参天巨树，也渴求绿树浓荫，生活与猎苑息息相关。从巴比伦的叙事诗《吉尔迦麦什的传说》中可以看到对猎苑的描述。在继承巴比伦文化的亚述帝国，兴造猎苑之风也曾盛极一时，尤以亚述王蒂格拉思皮利泽一世（公元前 1100 年）的猎苑最负盛名。从征服国抢夺来西洋杉、黄杨等，用以点缀本国的猎苑，树木也愈发受到青睐。在首都亚述的猎苑中，亚述王还饲养了野牛、鹿、山羊甚至大象、骆驼等动物（图 2.14）。

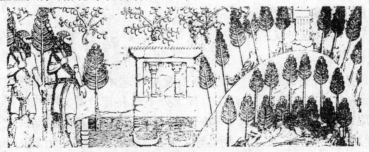

图 2.14　古巴比伦宫殿建筑上的浮雕中看到绘制的猎苑

公元前 8 世纪后半叶，各亚述先王用文字绘画记载了猎苑的情形，亚述人十分热衷于人造山丘、台地，将宫殿建在大山冈上，或将礼拜堂、神庙等设在猎苑内的小丘上。建筑物都有露天的成排小柱廊，近处河水流淌，山上松柏成行，山顶还建有小祭坛。萨尔贡二世之子赛纳克里布曾在尼尼微市的山冈上建造过规模宏伟的宫殿。宫殿四周高墙环绕，在高约 50 英尺、全长达 8 英里（1 英里 = 1.609 344 km，下同）的围墙之内，有宽阔的猎苑，猎苑中种着产于迦勒底的香木、葡萄、棕榈、丝柏等。底格里斯河的支流科斯尔河穿城而过，储水池中蓄满了引来的河水，供给猎苑。在祖露的岩石上，国王建造了祭祀亚述历代守护神亚述尔的神庙。神庙四周造有神苑，该遗址面积为 1.6 万 m²。建筑物的前面，沟渠绕墙，并排流淌小水溪。岩石地上有许多圆形古穴址，它们深入地下 1.5 m，周围树木成行。在如此幽深的神苑的环抱之中，亚述尔神庙昂然挺立。神苑内对称地种着成排的树木，这与古埃及庭园的植树法非常相似。

3）古巴比伦园林特征

古巴比伦园林的形式及其特征，是其自然条件、社会发展、宗教思想和人们生活习俗的综合反映。

首先，从古巴比伦园林的形成及其类型方面看，有受当地自然条件影响而产生的猎苑，有受宗教思想影响而建造的神苑。宫苑和私家宅园常采用屋顶花园的形式，有地理条件的影响因素，有工程技术发展水平的保证，拱券结构正是当时两河流域地区流行的建筑样式，是其园林形式及特征形成的基本因素。

古巴比伦所处两河流域的自然条件，这里雨量充沛，气候温和，茂密的天然森林广泛分布。人们眷恋过去的渔猎生活，造成以狩猎娱乐为主要目的的猎苑。苑中有许多人工种植的树木，品种主要有香木、意大利柏木、石榴、葡萄等，豢养着各种用于狩猎的动物。

两河流域多为平原地带，人们十分热衷于堆叠土山，用于登高瞭望，观察动物的行踪。有些土山上还建有神殿、祭坛等建筑物。

富有郁郁葱葱森林的古巴比伦，人们对树木同样怀有极高的崇敬之情。因此，古巴比伦的神庙周围常常建有圣苑，树木呈行列式种植，与古埃及圣苑的情形十分相似。耸立在林木幽邃、绿荫森森的氛围之中的神殿，具有良好的环境，也加强了肃穆的气氛。

古巴比伦的宫苑和宅园，最显著的特点就是采取屋顶花园的形式。在炎热的气候条件下，起到通风和遮阳的作用，屋顶花园中建有灌溉设施。空中花园——被誉为古代世界七大奇迹之一，就是建造在数层平台的屋顶上，反映出当时的建筑承重结构、防水技术、引水灌溉设施和园艺水平走到世界的前列。

2.1.3　古希腊园林

1）古希腊概况

希腊艺术地理范围以爱琴海为中心，又称为爱琴海艺术。希腊是欧洲文明的发源地和摇篮，"希腊"一词意为典雅、优美。今日西方世界无处不遗存着希腊文明的传统。

克里特的征服者、特洛伊城的毁灭者——迈锡尼人，是希腊最早的居民之一。后来沦为北方蛮族的奴隶，并逐渐分流为多立克人和爱奥尼亚人，他们都有共同的信仰和语言。

希腊三面临海，北面连接欧洲大陆（图2.15），境内多天然良港，可以经过地中海通向世界各地，为航海和对外贸易提供了极为有利的自然环境，内陆多山，土地贫瘠，但是盛产大理石，为雕刻艺术提供了极方便的物质材料。

公元前12世纪，爱琴海文明受到北方蛮族入侵的严重破坏。但不屈的希腊人在这块曾经有过丰厚文明的废墟上重新建立了灿烂的希腊文明，成为欧洲文明的真正始祖。

进入奴隶社会的希腊半岛，建立了200多个奴隶制城邦国家，其中最强大的是雅典和斯巴达。城邦国家实行强国强兵政策，在城邦内部实行民主政治，人们直接参与城邦治理，十分重视民族体格素质的锻炼，管理国家、锻炼身体是每个公民的神圣职责。

希腊本土气候宜人，阳光充足，温度适中，在这样的自然条件下适宜于户外裸体锻炼和比赛。这种环境引起美学家们的关注和艺术家的表现，美学家们发现人体美，艺术家们创造美的人体，并在人体中发现数的和谐。希腊民族是爱美、创造美的民族。

在希腊人的心目中最完美的人就是神，神和人是同形、同性、同欲，希腊人把强健的身体看作是一切善与美的本原，并把希腊神话视为艺术的精神本源，马克思指出："希腊神话不仅是希腊艺术的武库，而且是它的土壤"。希腊艺术主要成就表现在神与人合一的雕刻和神庙建筑

图 2.15　古代爱琴海地区和古希腊平面图

（图 2.16）。希腊园林艺术体现人文、理性、理想主义，主要特点是和谐与规律性、庄严与静穆，主要标志是人体美。

2）古希腊园林及类型

图 2.16　阿提密斯神庙

古希腊由许多散布在欧洲巴尔干半岛南部、爱琴海诸岛、小亚细亚沿岸等地奴隶制的城邦国家组成，早期古希腊曾经有几百个城邦国家，工商业发达，体育、艺术、宗教都很有成就。最初有克里特文化和迈锡尼文化，公元前 500 年，以雅典城邦为代表的完善的自由民主政治带来了文化、科学、艺术的空前繁荣，园林的建设也很兴盛。从公元前 334 年马其顿亚历山大东侵，到公元前 30 年罗马灭亡埃及，属于后期希腊，这时的科技达到较高水平，园林艺术也初现辉煌。

（1）早期的宫庭园　荷马史诗中已有对园林的描述，所述及的"英雄时代"，强大的迈锡尼文明似乎已经消逝，古希腊艺术借取东方的经验，形成自己的建筑与装饰风格。荷马（Homeros，约公元前 9 世纪—公元前 8 世纪）时代的一些大型住宅便使人想到亚述时代的殿堂。荷马史诗中描述了阿尔卡诺俄斯王宫富丽堂皇的景象：宫殿所有的围墙用整块的青铜铸成，上边有天蓝色的挑檐，柱子饰以白银，墙壁、门为青铜，而门环是金的……从院落中进入到一个很大的花园，周围绿篱环绕，下方是菜圃。园内有两座喷泉，一座落下的水流入水渠，用以灌溉；另一座喷出的水，流出宫殿，形成水池，供市民饮用……

当时对水的利用是有统一规划的，匝蟪物有油橄榄、苹果、梨、无花果和石榴等果树。除果树外，还有月桂、桃金娘、牡荆等植物。花园、庭园主要以实用为目的，绿篱由植物构成起隔离作用。对喷泉的记载，说明古希腊的早期园林有装饰性、观赏性和娱乐性。

公元前 12 世纪以后，东方对希腊文明的影响日益增大。到公元前 6 世纪，在希腊有着同波斯花园同样迷人的园林。希腊王宫庭园在数量上和影响上不及波斯花园，而且希腊的城市也不如波斯繁华，没有大型的王宫。希腊首先是私人的住宅庭院，受益于植物栽培技术的进步，不仅有葡萄，还有柳树、榆树和柏树，花卉也渐渐流行，布置成花圃形式，月季到处可见，有成片种植的夹竹桃。

图 2.17　古希腊柱廊

（2）宅园——柱廊园　公元前 5 世纪，希腊在波希战争中获胜，国力日强，出现了高度繁荣昌盛的局面。兴建园林之风也随之而起，不仅庭园的数量增多，并且开始由实用性园林向装饰性和游乐性的花园过渡。花卉栽培开始盛行，常见的有蔷薇、三色堇、荷兰芹、罂粟、百合、蕃红花、风信子等，至今仍是欧洲园林中广泛采用的种类。人们还十分喜爱芳香植物。

这时的住宅采用四合院式的布局，一面为厅，两边为住房。厅前及另一侧常设柱廊，而当中则是中庭，逐渐发展成四面环绕着列柱廊的庭院（图 2.17）。住宅中心位置的中庭就成为家庭生活起居的中心。早期的中庭内全是铺装地面，装饰着雕塑、饰瓶、大理石喷泉等。随着城市生活的发展，中庭内种植各种花草，形成美丽的柱廊园。

这种柱廊园不仅在古希腊城市内非常盛行，古罗马时代也得到了继承，对欧洲中世纪寺庙园林的形式也有影响。

（3）公共园林　在古希腊，公共集会频繁，建造了众多的公共建筑物，民众均可享用。

①圣林：古希腊人同样对树木怀有神圣的崇敬心理，相信有主管林木的森林之神，把树木视为礼拜的对象，在神庙外围种植树林，称为圣林。起初圣林内不种果树，只用庭荫树，如棕榈、悬铃木等。在荷马时代已有圣林，在奥林匹亚祭祀场的阿波罗神殿周围有 60～100 m 宽的空地，即当年圣林的遗址。圣林中还设置了小型祭坛、雕像及瓶饰、瓮等，人们称之为"青铜、大理石雕塑的圣林"。

圣林既是祭祀的场所，又是祭奠活动时人们休息、散步、聚会的地方。大片的林地，衬托着神庙，增加其神圣的气氛（图 2.18）。

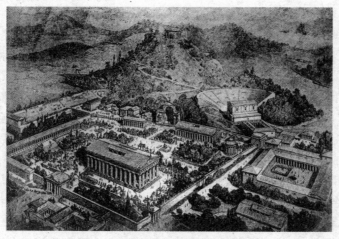

图 2.18　奥林匹亚祭祀场的复原图

②竞技场：当时战乱频繁，需要培养一种神圣的捍卫祖国的崇高精神，要求士兵有强壮的体魄，推动了希腊体育运动的发展。公元前 776 年，在希腊的奥林匹亚举行了第一次运动竞技会，以后每隔四年举行一次，体育训练场地和竞技场因此纷纷建立起来。场地旁种了遮阳的树木，有良好的环境，逐渐发展成大片林地，其中除有林荫道外，还有祭坛、亭、柱廊及坐椅等设施，为

后世欧洲体育公园的前身。

雅典近郊阿卡德米（Academy）体育场是由哲学家柏拉图建造的。当时，在雅典、斯巴达、科林多等城市及其郊区都建造了体育场，城郊的规模更大。德尔斐（Delphi）城阿波罗神殿旁的体育场，建造在陡峭的山坡上，分成上下两个台层，上层有宽阔的练习场地，下层为漂亮的圆形游泳池。

建在帕加蒙（Pegamon）城的季纳西姬（Gymnasium）体育场规模最大，也建在山坡上，分为三个台层，台层间的高差达 12～14 m，有高大的挡土墙，墙上有供奉神像的壁龛。上层台地周围有柱廊环绕，周边为生活间及宿舍，中央是装饰美丽的中庭；中台层为庭园；下层是游泳池。周围有大片森林，林中放置了众多神像及其他雕塑、瓶饰等。

这种类似体育公园的运动场与神庙结合在一起，其原因主要是由于体育竞赛往往与祭祀活动相联系，是祭奠活动的主要内容之一。体育场常常建造在山坡上，并且利用梯形布置看台。

③剧场：剧场是希腊人文化生活的中心。三大悲剧家和喜剧之父在世时的剧场并不大，现存最著名的雅典卫城山南坡的酒神剧场，是在他们之后 100 年修建的（图 2.19）。呈扇形展开的剧场坐落在一个自然的山谷中，可容纳 1.4 万～1.8 万观众。观众座位的下方埋设着起共鸣作用的大缸，后排的观众也能听清台上演员的台词。古希腊剧场的音响效果是很好的。维特鲁威的《建筑十书》中就有相当的篇幅讲如何布置这些缸，舞台的下方还有可以升降的平台。

图 2.19　古希腊雅典卫城山南坡的酒神剧场

（4）文人园——哲学家的学园　古希腊崇尚理性主义，古希腊哲学家，常常在露天公开讲学，在优美的公园里聚众演讲。公元前 390 年，柏拉图在雅典城内的阿卡德莫斯（Academos）园地开设学堂，聚众讲学。阿波罗神庙周围的园地，也被演说家李库尔格（Lycurgue，公元前 396—公元前 323 年）做了同样的用途，公元前 330 年，亚里士多德也常在此聚众讲学。园内有供散步的林荫道，种有悬铃木、齐墩果、榆树等，还有覆满攀援植物的凉亭。学园中也设有神殿、祭坛、雕像和坐椅，以及纪念杰出公民的纪念碑、雕像等。哲学家伊壁鸠鲁（Epicurus，公元前 341—公元前 270 年）的学园占地面积很大，充满田园情调，他被认为是第一个把田园风光带到城市中的人。哲学家提奥弗拉斯特（Theophrastos，约公元前 371—约公元前 287 年）也曾建立了一所建筑与庭园结合成一体的学园，园内有树木花草及亭、廊等。

3）古希腊园林特征

古希腊园林与人们的生活习惯紧密结合，是作为室外活动空间以及建筑物的延续部分所建造的。园林是建筑物的延续，建筑物是几何形的空间，因此，园林的布局形式也采用规则式样以求与建筑物相协调。

数学和几何学的发展，哲学家、艺术家的美学观点，都影响到园林的形式。他们认为美是有秩序的、有规律的、合乎比例的、协调的整体。均衡稳定的规则式园林,是美感产生的源泉。

古希腊园林的类型多种多样,在形式上,仍可以将它们看作是后世一些欧洲园林类型的雏形,并对其发展与成熟产生了很大影响。古希腊文化对罗马文化产生直接的影响,并通过罗马人对欧洲中世纪及文艺复兴时期的意大利文化产生作用。从古希腊开始就奠定了西方规则式园林的基础。

希腊园林中植物应用的情况,蔷薇是当时最受欢迎的花卉了,也培育出一些重要品种。在提奥弗拉斯特所著的《植物研究》一书中,记载了 500 种植物,其中还记述了蔷薇的栽培方法。当时园林中常见的植物有桃金娘、山茶、百合、紫罗兰、三色堇、石竹、勿忘我、罂粟、风信子、飞燕草、芍药、鸢尾、金鱼草、水仙、向日葵等。

根据雅典著名政治家西蒙(Simon,公元前 510—公元前 450 年)的建议,在雅典城的大街上种植了悬铃木作为行道树,这是欧洲历史上最早见于记载的行道树。

2.1.4　古罗马园林

1) 古罗马概况

古罗马人是古希腊人的优秀学生,"罗马"原为意大利第伯河畔上一个小城的名称,后发展为横跨欧亚非的大帝国。古罗马是伸入地中海的一个靴形半岛,北背阿尔卑斯山,三面环海,境内河流纵横,土壤肥沃,气候温和,雨水充沛,农业条件比古希腊优越。资源也比较丰富,但航海条件不及古希腊。

古罗马大体经历了四个时代:一是王政时代(公元前 753—公元前 509 年);二是共和时代(公元前 509—公元前 30 年);三是前期帝国时代(公元前 30—公元 284 年);四是后期帝国时代(284—476 年)。其历史进程也是由城邦到帝国,由帝国到衰亡。

在王政时代,即军事民主制时代时,意大利已有两个文明中心:一个是北意的伊达拉里亚文明;一个是南意的古希腊人的文明。

公元前 8 世纪—公元前 7 世纪,伊达拉里亚人过渡到阶级社会,出现数以十计的小国。农业已有大规模的水利工程,手工业方面的制陶和金属加工技术也相当先进,海上贸易十分活跃,与埃及和迦太基有频繁的商业往来。政治上是贵族政体,公元前 6 世纪,伊达拉里亚达到鼎盛,其势力范围南达坎佩尼亚,罗马人也受其统治。伊达拉里亚人在当时创造了较高的文明,墓葬中有很多金银珠宝,墓中绘画有斗牛、投掷标枪和铁饼、竞走、摔跤、拳击格斗,甚至还有撑杆跳高等情景,也有生活、交谈等场面。虽然历经 2 000 多年的时光,仍光彩夺人。绘画所反映的妇女地位也很高,她们衣着华丽,充满青春气息。有一对夫妻在静静的小溪中,悠闲地划着小船,充满诗情画意。从出土文物看,是典型的青铜器文明,工艺品有埃及和古希腊的风格,城市和神庙建筑有巴比伦的拱门和圆顶等特点,也有古希腊柱廊等模式。伊达拉里亚文明是古代东方和古希腊的混合文明,并对古罗马文明有深远影响,古罗马执政官的服饰和仪仗、凯旋式和角斗等,都来自伊达拉里亚。伊达拉里亚文字现仍未释读通,但这种文字显然借用的是古希腊字母,然后又传给古罗马人,由此产生拉丁字母,为后来欧洲多种文字的基础。

迈锡尼人在南意大利建有许多殖民点。公元前 8 世纪—公元前 6 世纪古希腊进行大殖民运动时,南意大利遍布着古希腊人的城邦,故有"大希腊"之称。这些城邦与古希腊的母邦保持着联系,具有古希腊文明的特征。这些先进的城邦对古罗马文明同样有深远的影响,古希腊字母就是由他们传入伊达拉里亚的,再传到罗马发展为拉丁文字。

另一个受希腊文化熏陶的文明,在意大利半岛提比河(Tiber)西岸罗马城开始崛起。从一个默默无闻的小城邦,扩展为统治整个地中海地区,地跨亚、非、欧三大洲的罗马帝国。东起小亚细亚和叙利亚,西到西班牙和不列颠,北包括高卢,南至埃及和北非,罗马帝国一直延宕至公元15世纪,这期间,分化、整合,整合、分化,直到拜占庭王朝——东罗马帝国消亡,整整进行了1 000多年。这样一个多民族、大一统的帝国,又有着上千年的演化历史,反映在文化与艺术上,必然是多民族文化与艺术的融合。古罗马文化没有像古希腊文化那样,具有十分鲜明的个性特点,正是多民族文化融合的结果。古罗马文化是在伊达拉里亚人和希腊人的强烈影响下发展起来的,不能因此说古罗马文化就是希腊文化的翻版,这正是古罗马文化对于后来欧洲文化的巨大贡献。它把古希腊文化和东方文化在自己的帝国整合后,推向了更加辉煌的高潮。当欧洲人经过"黑暗的中世纪"之后,开始文艺复兴的时候,应该感谢罗马人很好地保留了希腊文化遗产。当欧洲人把古希腊罗马文化统而称之的时候,他们就已经承认了古罗马文化的不可忽视性和它的历史地位。没有古罗马文化,我们也很难想象古希腊文化会以怎样的方式去影响欧洲文化的发展,成为照亮欧洲文明的亚历山大灯塔(the lighthouse of Alexandria)。

古罗马文化与艺术,主要繁荣于共和末期和帝国时期,古老的意大利土著文化,深受伊达拉里亚文化的影响。伊达拉里亚人早在公元前8—3世纪,就创造了拱券建筑和具有东方风格的装饰壁画,以及有力而写实的雕刻,对古罗马艺术具有强有力的影响。

古罗马人虽然征服了古希腊,古希腊艺术对古罗马艺术有重大影响,由于不同的社会环境和民族特点,古罗马艺术也有其不同于古希腊艺术的独特之处。罗马人的艺术更倾向于实用主义,在内容上多为享乐性的世俗生活,在形式上追求宏伟壮丽,在人物表现上强调个性。古罗马文化与艺术的突出成就,主要反映在建筑、壁画、肖像雕刻方面。

最能够体现古罗马文化辉煌成就的,仍然是它的城市、建筑园林和艺术。当古罗马成为地中海霸主以后,古罗马的统治者就以空前的城市建设规模、神庙、大会堂、柱廊、拱门等,林立于罗马广场四周,炫耀其国力的强盛。庞培建筑了第一所石造大剧院。奥古斯都自称把泥砖的罗马建成了大理石的罗马。帝国繁盛时期的建筑,更渗透了奢侈豪华的炫耀风气,

图2.20 Canopus 运河入口

凯旋门、纪功柱、宏大的会场、浴场、剧场、竞技场,以及由许多石拱构筑的水道(图2.20),都先后建成。

与建筑发展相联系的雕刻艺术,在古罗马也取得了卓越的成就。古罗马人从很早期就有祖先崇拜的风俗,他们为死者做雕像,收藏在家里。罗马人早期的肖像雕刻以自然主义为特点。共和末期,古罗马征服了古希腊,古希腊雕刻艺术对古罗马产生了不可抗拒的影响。古罗马肖像开始走向形式的多样化、艺术性的概括和表情的生动。为数众多的《奥古斯都像》是受古希腊理想化风格影响的典型例子。雕刻家把矮小跛脚、体弱多病的奥古斯都表现成高大健美的统帅,具有运动员一般的体魄和英雄气概。他的脸庞也在形似的基础上理想化了,接近希腊雕刻

一般的完美。有的塑造成战神,有的塑造成英雄或美少年。

2)古罗马园林及类型

公元前1世纪横跨亚、欧、非三大洲的罗马帝国,政治上的强大,有利于园林文化的发展。古罗马受古希腊影响,园林讲究。他们把坡地辟成不同高程的台地,在每层台地上布置园景,用挡土墙、栏杆围护园林。力求规整,树木被精心修剪。如罗马近郊的哈德良离宫,建于公元2世纪,至今仍有柱廊、水池、人物雕像保存。私人别墅园林也经过精心选址和设计,有林荫路、花架、柱廊,庭前可远眺自然风光。树木修剪成几何形,园中有小草坪。古罗马园林主要有庄园、宫苑、公共园林三种类型。

(1)庄园　古罗马继承希腊庭园艺术和亚述林园的布局特点,发展为山庄园林(图2.21)。罗马时代,私家园林出现,在特权阶层家庭流行别墅园林。公元前7世纪的意大利庞贝,每家都有庭园,园在居室围绕的中心,即所谓"廊柱园",有些家庭后院还有果蔬园(图2.22)。

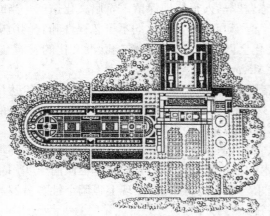

图2.21　突斯卡姆庄园

图2.22　庞贝 Pompei 古城大家族花园

罗马继承古希腊的传统而着重发展了别墅园(Villa Garden)和宅园这两类,别墅园的修建在郊外和城内的丘陵地带,包括居住房屋、水渠、水池、草地和树林。那些爬满常春藤的柱廊和人工栽植的树丛,晶莹的水渠两岸缀以花坛,上下交相辉映,确实美不胜收。还有柔媚的林荫道、敞露在阳光下的洁池、华丽的客厅、精制的餐室和卧室等提供了愉快安谧的场所。庞贝(Pompei)古城内保存着的许多宅园遗址一般均为四合庭院的形式,一面是正厅,其余三面环以游廊,在游廊的墙壁上画上树木、喷泉、花鸟以及远景等的壁画,造成一种扩大空间的感觉。

罗马在共和时代征服希腊之后,竞相效法希腊、东方各国豪华奢侈的生活方式,使昔日的质朴之风消失殆尽。别墅建设,大兴土木,与此相应,别墅庭园的发展也突飞猛进。卢库鲁斯将军被推为贵族别墅庭园的创始人,为不少人所模仿。该庭园位于那不勒斯湾巴耶附近的米塞努姆海峡,建造之时开山削岩,耗资巨额,其壮观美景足以与东方王侯们的庭园媲美。活跃于共和制末期的政治家马略、庞培、凯撒等人的别墅也都并排在巴耶的坡地上。距罗马约20英里,交通方便的蒂沃利也是风景迷人的别墅区,在这一带,从文艺保护人麦克纳斯、诗人卡图鲁斯、贺拉斯、西塞罗等人的别墅开始,到庞培、克拉苏、布鲁图、卢库鲁斯等权贵的别墅比比皆是。从帝政时代起,在靠近罗马的其他地方,如萨瓦英的斜坡地带、阿尔巴诺山地、拉乌冷提努姆、苏比亚科、安托姆海岸及布莱尼斯特、圣姆塞拉等等也被用作别墅区域。

古罗马的别墅按其结构可分为田园别墅和城市别墅。田园别墅中的建筑物为农舍式结构,秩序井然地配置了附属于它们的完全以实用为目的的果树园、橄榄树园、葡萄园等。城市别墅则将庭园与建筑物连在一起，整齐不紊地加以布置。这种别墅都建在斜坡上，尽量利用地形，以利于露台的伸展，并采用了以水为装饰的处理手法。

西塞罗指出了当时别墅造园的一个方向，并对其发展作出过贡献。他对位于故乡阿尔皮努斯的父亲留下的别墅一往情深，引以为豪，后来在罗马各地征地建造别墅，促进了别墅热的高涨。西塞罗研究希腊哲学，吸收了它的思想与学说的启蒙折中主义，在造园方面也表现出明显的希腊化倾向。他的别墅结构恰似希腊的体育场。他照搬柏拉图的体育场的名称，将自己在普特沃利的别墅命名为"阿卡德弥"。此外，在多斯库鲁姆的别墅中也有一部分称为"利西乌姆"。这些庭园是名副其实地模仿希腊体育场的产物，也可以说在形式上，它们将希腊体育场原封不动地移到了罗马的别墅庭园中。尽管如此，仍如西塞罗本人所说，罗马的别墅庭园中绝无进行体育比赛的设备。正如罗马建筑师维特鲁威所指出的那样，在希腊盛行的大造体育场之风在罗马并不时兴，因为在希腊末期哲学家中间，将公共体育场变为私人庭园的已大有人在，步其后尘的西塞罗及其他罗马哲学家们也都以他们的庭园作为设计的蓝本。庭园中的图书馆、博物馆、瞭望台等各类建筑都被水池、喷泉及瀑布所环绕。科鲁麦拉的著作将当时别墅庭园的概况记载流传下来。他于公元前40年左右以《De Re Rustica》为题写了一部12卷的著作。这部著作的第3卷详细记叙了他在卡西努姆别墅的情况。他的描述使人想到庭园中流淌着清澈的河水，河中有小岛屹立，河岸边还有洒满阳光的园路……一派充满自然风趣的庭园景观。该著作还列举了书斋、家禽所、柱廊、圆堂等建筑物，还设有鱼池、散步小道、格子工艺等设施。

(2)宫苑　哈德里安庄园建造于公元118—公元134年，它位于罗马附近的蒂佛里(Tivoli)，占地约300 hm^2(1 hm^2 = 10 000 m^2)，是古罗马皇帝哈德里安的一座别墅。它采纳了古希腊与古埃及艺术中的许多素材。庄园建于山坡上，有40 m的高差，主要入口在北迎着罗马的方向。入园后，是200 m长的柱廊。庄园的东南是Piazzad Oro宫殿，在柱廊围合的院子里，有一处奇特的穹顶大厅，厅中的水池正对着穹顶上的孔隙，如同罗马万神庙一样。院中布置了花木、水池和雕塑，四周是双面的围廊。庄园的中部是竞技场，中心是长方形的水池，四周由柱廊和女神像柱环绕。在竞技场东北角有一座叫Natatorium的有趣的圆形建筑，外围是墙，墙内侧是柱廊，再向内是环绕的水渠，上有吊桥，通向最中心的一个圆形建筑。两千年的风雨过后，这些建筑今天只剩下了基础和断壁残垣，人们仍然可以想象出哈德里安当年的华美壮丽(图2.23)。

图2.23　罗马的宫苑断壁残垣(祝建军摄)

从哈德里安庄园的遗址还可清晰地看出古罗马时期郊外大型园林的特点。这些园林多位于山坡上，园中由一系列带有柱廊的建筑围绕着一些庭院，每组庭院相对独立。水是造园的重要要素，在园中、室内或是敞厅中都有水的设施，如养鱼池、水井和喷泉。各种精美的石刻，如雕像、柱廊花钵、栏杆等，以及常绿植物，如意大利松、紫杉等是造园的另外两个重要要素，这些特点也为15世纪、16世纪意大利文艺复兴园林奠定了基础。

(3)公共园林　罗马不同于希腊，没有造运动场和体育场，取而代之的是在城市规划方面创造了前所未有的业绩——公共造园。无论在庞贝城的街区构成，还是在奥古斯都大帝的罗马城市规划中均可见一斑。被视为后世广场前身的古罗马公共集会广场也是城市规划的产物。此外还有市场，是与广场迥然相异之物。据亚里士多德说，广场是公共集会场所及美术品陈列所，不准奴隶、工匠、工人进入其间。市场则是交易场所，一般人都可以自由出入。罗马自共和时代以来就在各地兴造广场，是市民进行社交和娱乐活动的场所。

图 2.24　罗马的 Forum 广场

图 2.25　科洛西姆竞技场

图 2.26　科洛西姆竞技场内部（祝建军摄）

罗马的 Forum 广场（图 2.24），是从雅典的带柱廊的 Agora 演变而来的。但真正开始整体地安排一个城市的布局的，是罗马人。帝国时期通达各行省的"国家大道"原本是为了快速调动军队而建，后来却大大方便了人们的交通，其意义不下于当今的高速公路。所有"国家大道"的起点都在罗马的 Forum。"条条大路通罗马"，而"罗马是世界的中心"的观念，正是通过建筑传达给了帝国的每个居民。科洛西姆竞技场（图 2.25）是古罗马最大的椭圆形竞技场，它可以容纳 56 000 多人。这一建筑对于拱券的运用达到了顶峰，它有三层相叠的拱券，第一层拱券门供观众出入用，上面几层作为休息场所。从外形看，它共分四层，第一、二、三层分别为多利亚式、伊奥尼亚式、科林斯式三种柱式装饰拱券门，第四层是饰有半圆柱的围墙（图 2.26）。

在古罗马，沐浴几乎成为人们的一种嗜好，浴场也是非常有特色的建筑物，规模大的浴场内甚至还附设有音乐厅、图书馆、体育场，也有相应的室外花园。

3）古罗马园林特征

古罗马人在许多方面都继承古希腊人的衣钵。罗马人对于希腊人那富于诗意的人生哲学却难以苟同。建在郊区达官贵人别墅周围的古罗马花园，其规模之宏大、形式之豪华确实令人不胜惊愕。古罗马园林最显著的特点是，花园最重要的位置上均耸立着主体建筑，建筑的轴线也同样是园林景物的轴线，园中的道路、水渠、花草树木均按照人的意图有序地布置，显现出强烈的理性色彩。

早期的古罗马园林以实用为主要目的，包括果园、菜园和种植香料及调料植物的园地，以后逐渐加强了园林的观赏性、装饰性和娱乐性。罗马城由于自然环境位于几个山丘上，在山坡上建造花园时便常常将坡地辟为数个台层，布置景物。夏季山坡上气候较平地更为宜人，可眺望远景，视野开阔，更促使人们在山坡上建园，是后来文艺复兴时期意大利台地园发展的基础。

罗马人把花园视作宫殿、住宅的延续部分，在规划上采用建筑的设计方式，地形处理上也是将自然坡地切成规整的台层。园内装饰着整形的水体，如水池、水渠、喷泉等；有雄伟的大门、洞府,直线和放射形的园路,两边是整齐的行道树,雕像置于绿荫树下;几何形的花坛、花池,修剪整齐的绿篱,以及葡萄架、菜圃、果园等,井然有序。规则式园林形式也是受古希腊园林影响的结果。

古罗马造园很重视植物造型的运用,如将植物修剪成各种几何形体、文字、图案,甚至一些复杂的牧人或动物形象,称为绿色雕塑或植物雕塑(Topiary)。常用的植物为黄杨、紫杉和柏树。花卉种植除一般花台、花池的形式外,开始有了蔷薇专类园(Rosarium)。此外,还兴起了"迷园"(Labyrinth)的建造热潮。蔷薇园和迷园在以后欧洲园林中都曾十分流行,专类园还有杜鹃园、鸢尾园、牡丹园等,至今仍深受人们的喜爱。古罗马花园中常采用矮篱围合的几何形花坛种植花卉,这种形式的花坛在以后的欧洲园林中十分普遍。

古罗马园林中常见的乔、灌木有悬铃木、白杨、山毛榉、梧桐、槭、丝杉、柏、桃金娘、夹竹桃、瑞香、月桂等。罗马人还将遭雷击的树木看作是神木而备加尊敬、崇拜。果树有时按五点式、呈梅花形或"V"形种植,起装饰作用。据记载,当时已运用芽接和裂接的嫁接技术来培育植物。

在冬季,罗马人一方面从南方运来花卉,另一方面在当地建造暖房。用云母片铺在窗上,这是西方最早出现的"温室"。罗马人还从希腊运去大量的雕塑作品,有些被集中布置在花园中,形成花园博物馆(Garden Museum),可谓是当今盛行的雕塑公园的始祖。花园中雕塑应用也很普遍,从雕刻的栏杆、桌、椅、柱廊,到墙上的浮雕、圆雕等。

古罗马园林在历史上的成就非常重要,园林的数量之多、规模之大,也十分惊人。当罗马帝国崩溃时,罗马城及其郊区共有大小园林180处之多。

古罗马园林除了直接受到古希腊的影响以外,还吸收了古埃及和西亚国家的影响。在古罗马也曾出现过类似古巴比伦空中花园的作品,在高高的拱门上铺设花坛,开辟小径。台地式花园就吸收了美索不达米亚地区金字塔式台层的做法,有些狩猎园则仿效了巴比伦的猎苑。古罗马人将古希腊园林传统和西亚园林的影响融合到古罗马园林之中,罗马时代涉及的范围更大,直接影响了后世欧洲园林艺术。

2.1.5 古代波斯园林

1)古代波斯园林概况

波斯造园与伊甸园传说模式有联系。传说的伊甸园有山、水、动物、果树和亚当、夏娃采禁果,考古学家考证它在波斯湾头。Eden源于希伯来语的"平地",波斯湾头地区一直被称为"平地"。《旧约》描述,从伊甸园分出四条河,第一条是比逊河,第二条是基训河,第三条是希底结河(即底格里斯河),第四条是伯拉河(即幼发拉底河)。

2)古代波斯庭园的特征

①十字形水系布局。《旧约》所述伊甸园分出的四条河,水从中央水池分四岔四面流出,大体分为四块。它又象征宇宙十字,亦如耕作农地。此水系除有灌溉功能,利于植物生长外,还提供隐蔽环境纳凉。

②在周围有规则地种植遮荫树林。波斯人自幼学习种树、养树。Pardes字义是把世界上所有拿到的好东西都聚集在一起,这字是从波斯文Paradies翻译来的,意为Park。波斯人羡慕亚

述、巴比伦的狩猎与种桐形成 Park，并抄袭、运用。还种有果树，以象征伊甸园，上帝造了许多种树，既好看又有果实吃，还可产生善与恶的知识。这与波斯人从事农业、经营水果园、反映农业风景是密切相关的。

③栽培大量香花。如紫罗兰、月季、水仙、樱桃、蔷薇等，波斯人爱好花卉，有酷爱花园的习惯，视花园为天上人间。

④筑高围墙，四角有了望守卫塔。他们欣赏埃及花园的围墙，按几何形造花坛，把住宅、宫殿造成与周围隔绝的"小天地"（图 2.27、图 2.28）。

图 2.27　波斯波利斯遗址

图 2.28　波斯波利斯石雕

⑤用地毯代替花园。严寒冬季时，可观看图案有水有花木的地毯，是创造庭园地毯的一个因由（图 2.29）。

图 2.29　制于地毯上的波斯庭园

2.1.6　古印度园林

1）古印度概况

印度是四大文明古国之一，恒河是孕育其灿烂文明之源，印度人认为恒河是今世来生的接点。

古印度园林及建筑的历史分为四个阶段：公元前 3 000—公元前 2 000 年的印度河文化时期；公元前 2 000—公元前 500 年的吠陀文化时期；公元前 324—公元前 187 年的孔雀帝国文化时期；公元 320—公元 467 年的笈多帝国文化以及笈多帝国崩溃后的二三百年的时期。

吠陀文化是雅利安人入主印度后的文化,它以婆罗门教(印度教前身)繁荣《吠陀经》而得名。当时的建筑多为泥墙草顶的木结构,今已无存。

孔雀帝国与笈多帝国是古代史中力图统一印度的两大帝国。其建筑现今可考的仅有分布于印度半岛中部与恒河流域的一些石建庙宇和石窟寺。其中从孔雀帝国到笈多帝国的五六百年中以佛寺为主;自笈多帝国及帝国崩溃以后的二三百年中,则佛寺、婆罗门寺与嗜那教寺均有。这三种宗教当时曾并行于印度。佛教在孔雀帝国阿育王时期曾东传到锡兰、东南亚国家、中国与日本,对其社会思想观念、伦理道德、环境园林及建筑产生过重大影响。

印度历史上曾经历过几次大的文化碰撞与融合,为其注入了新的文化基因,变异出雅利安文化、犍陀罗艺术(希腊—佛教文化)、印度—伊斯兰文化、西方殖民文化;几乎包容了世界上所有宗教。佛教、印度教、伊斯兰教、基督教、耆那教、琐罗伊斯德教、锡克教、巴哈伊教等,多元共生,是宗教的温床。印度哲学与中国哲学、西方哲学并称于世界:眷恋世俗人生又虔诚宗教,崇尚仰慕理智又陶醉肉感爱欲;崇敬刻苦修行又追求解脱,反映着其特质。

2)古印度园林特征

古印度园林由于文化、地理、气候、人文等,随建筑集社会生活文化宗教性于一身,把宗教意义与象征意义融为一体,着重表现天与地、生命与自然的关系,梵我同一,强调这种无形的力量远胜于单纯的形式美法则,植物也带着神性,在亚洲广泛传播。世界七大奇迹之一、古代东方的四大奇迹之一的印度尼西亚婆罗浮屠佛塔,便是印度文化影响下的产物,并深深影响中国。建筑是灵感之源,窣堵坡、神庙是"中心"理念和形式的象征(图2.30)。其园林围绕建筑,众神云集的雕像群,甚至分不清是建筑还是雕塑,体态优美,姿态令人倾倒,异常精美。其独特的风格,尤其是融宗教、世俗、生命、性爱等主题为一体的雕饰环境,是古老印度文明的力证。

"山"是"妙高山"(Meru),水也融入宗教并具有思想性,"水池""水井""台阶"构成特有的"水池(Kund)""阶台式水井(Vav)",是印度文化的重要"场所"。在12—14世纪穆斯林(伊斯兰教徒的自称)统治印度期间,也随之又产生了令世人瞩目的印度伊斯兰园林。其代表有公元前3世纪由阿育王建造,坐落在中央邦博帕尔附近桑奇村的桑吉佛教建筑群(图2.31);有位于中央邦、新德里东南500 km处,大约建于公元950年的克久拉霍古迹等。

图2.30 甘德利亚·马哈代瓦神庙

图2.31 桑吉波前浮雕

2.1.7　古代美洲园林

1）古代美洲概况

古代美洲(今中美与南美西部)同古代埃及、印度、中国、西亚、爱琴海沿岸一样,是人类古代文明的发祥地之一。

公元前2000多年的中美洲,有许多土著部落建立的农业国,较突出的玛雅人(Maya)、托尔特克人(Tolter)、阿兹特克人(Aztec)。公元12世纪又在南美洲出现了印加人(Inca)。其建筑园林环境可分为三个时期:公元前1500—公元100年,文化形成时期,主要有玛雅人建于洪都拉斯的圆锥和方锥形金字塔。公元100—公元900年的古典时代,其代表作有特奥蒂瓦坎遗址(图2.32)、提卡尔城。

图2.32　特奥蒂瓦坎遗址

公元900—公元1525年的后古典时期,其代表有托尔特克人的图拉城、奇钦·伊查城。他们创造的建筑与环境文化艺术,规模之大、之雄伟壮丽,装饰之丰富,使16世纪西班牙入侵者大为惊讶。

2）古代美洲园林

印加人的宗教信仰是太阳崇拜,把城市建在高高的山巅上,城市中心建有一个神圣的日晷仪,来标明太阳运行情况,中心处还有"捆日石",用它来确定时间和季节,有众多的祈祭太阳的神庙,城市有神圣的大广场。古代美洲的金字塔不仅数量多,而且各具特色。有美妙的日月诞生的传说;有精美的羽蛇神雕饰(图2.33),并同雨神一起作为崇拜神;有雄姿犹在的"千柱群";有奇琴伊查的螺旋天文台(图2.34)和圣泉;精心几何设计的库库尔坎金字塔;精通数算之道的玛雅人创造的历法精度远高于同时期的欧洲人,他们的"太阴计算法"计算出的金星运行周期,比当时世界上任何一部历法都精确。

图2.33　战士神殿入口

图2.34　螺旋天文台

玛雅人孕育出了璀璨的玛雅文明,其代表有神秘的马丘比丘遗址、特奥蒂瓦坎遗址、奇琴伊查遗址等。

2.2 中国古代园林

2.2.1 自然造园

中国园林源于神话和植物灵性崇拜(图2.35),是昆仑神和蓬莱仙境的模拟。

人类初期对这种现象的认识,往往通过想象与神话联系起来。处于上古西北高原的我国先民,按照自己的地理环境所创造的昆仑神话,形成了上古园林文化背景。《山海经·海内西经》中记载:"海内昆仑之虚,在西北,帝下之都。昆仑之虚方八百里,高万仞……百神之所在。"《淮南子·地形训》进一步具体化:"昆仑之邱,或上倍之,是谓凉风之山,登之不死;或上倍之,是谓悬圃,登之乃灵,能使风雨;或上倍之,乃唯上天,登之乃神,是谓太帝之居。"昆仑神话随着文化交流传到东方,东方先民根据自己的地理环境加以改造,遂演变成具有海岸地理型特色的蓬莱神话传说,并迅速向中原和广大地区传播开来,由此而衍生出的蓬莱、方丈、瀛洲诸仙岛神山及岛上宫阙苑囿、珍禽异兽和长生不老之药,被春秋战国齐燕方士们大加传扬,从而开拓了一个新的园林审美领域,启示了秦汉"一池三山"的宫苑布局创作,对其后中国传统造园艺术和日本庭园格局产生了深远的影响。

2.2.2 五帝时期的园林

中国进入文明社会的历史可上溯约5 000年,正值传说时期的三皇五帝时代,三皇是指燧人氏、伏羲氏、神农氏。燧人氏——教人钻木取火,以火熟食;伏羲氏——画八卦,传授渔猎畜牧之法,蕴涵着中国"与自然和谐为美"的世界观,也是世界的生态学思想;神农氏——发明耒耜,教导耕种,尝百草,传播医药诸法。

五帝是指黄帝、颛顼、帝喾、唐尧、虞舜。黄帝,起自有熊国,版图西至甘肃,南达长江,北入河北,东临大海,都于涿鹿,曾有修历法,定律吕,作乐,造文字,创货币,分州制田,始立国,又作宫室,制冠冕衣裳等神奇传说。黄帝在位110余年,崩于荆山之阳,葬桥山。黄帝生于黄陵,长于黄陵,都于黄陵桥山,最后又葬于此。颛顼高阳氏继位,都濮阳(河南),在位78年。敬天地,祀鬼神,确立祭祀制度。帝喾高辛氏都于亳,位于山东、河南之间。以仁德施于民众,在位70年。其子尧陶氏都平阳,立时令,创法度,开始禅让制度,在位100年崩。禅位于舜有虞氏,迁都于蒲板(在今天的山西永济县境),施行善政,治河,除四凶。他们

图2.35 游春图

奠民族繁荣之基,后世称为五帝,认为是三皇的化身。

我国古典园林的兴建,按照历史文献的记载,早在黄帝时代就已经开始了。《山海经》《淮南子》《穆天子传》等古籍中有"玄圃""元圃""悬圃"等记载,均属同一类型之园。《尚书·中候》记载:"皇帝时,麒麟在园。"《韩诗外传》描绘得更为具体:"黄帝时,凤皇止东园,集帝梧桐,食帝竹实。"由此推测,中国园林滥觞于五帝时代。由于黄帝有园,其后始有尧设虞人掌山泽、园囿、田猎之事,舜命虞官掌上下草木鸟兽之职。据历史考证,五帝时代属于原始社会新石器时代晚期,此时期耜耕农业已很发达,种植取代了渔猎而成为社会生产的主要部门。种植场已经专门划分出"圃":"圃,种菜也"《说文》。种菜之圃,与今天的园林虽然相去甚远,但据此就可以推知出园林起源于生产。园林是由原始的"致用"性质生产场地逐步演变为"畅神"性质游乐场所的。

炎帝陵,又称天子坟,位于湖南炎陵县西南,陵侧有"洗药池",四周古木掩翳,碧水汇流,岸畔石若龙首。以永志教民稼禾,尝百草,创医药(图2.36)。

位于黄陵北桥山,汉代始建的"天下第一陵"黄帝陵(图2.37),是中华民族奠基先祖黄帝的陵墓,桥山沮水环抱,翠柏郁郁,聚风水气于一体的生态环境,"披云履水谒桥陵,翠柏烟含玉露轻"(张三丰《桥陵》),至今,已约4 600年。相传,黄帝有25子,得姓14子,共12姓,唐、虞、夏、商、周、秦都是这12姓的后代,是中华民族文明的祖先。

图2.36　陕西黄帝陵

图2.37　湖南炎帝陵

2.2.3　夏、商、周时期园林

大约在公元前2100年,禹死启立,建都阳城(今河南登封市境),废止禅让制,实行家天下,建立国体制度,黄河中下游出现了我国历史上第一个奴隶制国家——夏,这是我国有文化遗迹可考的最早的国家。大禹是颛顼之曾孙,治水有功,受禅位于舜,建都安邑(山西芮城),葬于绍兴。一生俭朴惜民,诸侯敬服,自禹以后王位世袭,开始了夏代。夏政权传至十四代桀,由于他淫乱废政,为商汤所灭。商(公元前17世纪—公元前11世纪)灭夏,进一步发展了奴隶制。商朝的首都曾多次迁徙,最后的200余年间建都于"殷",在今河南安阳小屯村附近。这时已有高度发达的青铜文化和成熟的文字(甲骨文)。商王朝传至第十七代纣,"酒池肉林",以暴政闻名。商朝国势强大,经济也发展较快。商朝的甲骨文是商代文化的巨大成就。

商王构筑登临望气的"台",营建以满足"人王"精神需求为特征的"圃""囿"和璇宫、倾宫、琼室等大规模公苑建筑群。畜牧已久经发明渔猎已成游乐,其质变已超越了人类社会中产生的第一种价值形式——功利价值,演变为具有审美价值。

在商朝末年和周朝初期,不但"帝王"有囿,奴隶主也有囿,在规模大小上有所区别。《史记》中就记载了殷纣王"原赋税以实鹿台之钱……益收狗马奇物……益广沙丘苑台,多取野兽蜚(飞)鸟置其中……乐戏于沙丘"。商朝的囿,多是借助于天然景色,让自然环境中的草木鸟兽及猎取来的各种动物滋生繁育,加以人工挖池筑台,掘沼养鱼。范围宽广,工程浩大,一般都是方圆几十里或上百里,供奴隶主在其中游乐、礼仪等活动,已成为奴隶主娱乐和欣赏的一种精神享受。

公元前11世纪,周灭殷,建立了中国历史上最大的奴隶制王国。与此同时开始了史无前例的大规模营建城邑和皇家囿苑活动。中国文明灿烂之历史,实自周始。文王之时,已三分天下有其二,武王灭殷,统一天下,王朝绵延867年之久,周代文化之发达,其政治、经济、文化发展均呈健康状态,管理制度趋于完备。中国建筑自发轫以来,历经数万年,人于周代始告大成,西周的宫室(宗庙)建筑从外观设计到内部的功能配置都比较齐全。周代已发明砖瓦,其建筑材料主要是木材、砖瓦和三合土。

成书于春秋(公元前770—公元前476年)末期的《考工记》,是我国也是世界最早的一部设计类科技文献,也称《周礼·考工记》。记述"百工之事",许多涉及建筑园林环境设计,并作了规范化总结。

囿人分职定责。作为园林之囿,周人已有明确、具体的管理人员,《周礼·囿人》记载了囿中的工作人员和管理人员的数额,职权范围等。《周礼·地官》中记载:"囿人中士四人,下士八人,府二人,胥八人、徒八十人"。其他如柞氏下士八人,徒二人以育草木,表明当时园林花木亦设专人抚育和管理。

囿、台、沼的完美结合。早在周初文王时期,就在京城附近因地制宜,兴建了具有山岳、水体和动植物等不同景观的园囿,达到了囿、台、沼的完美结合。三代苑囿,专为帝王游猎之地,风物多取天然,而人工之设施稀少。

中国园林最早见于史籍的是公元前11世纪西周的灵囿。周文王在今西安以西建灵囿,"方七十里,其间草木茂盛,鸟兽繁衍"。《诗经·大雅》灵台篇记有灵囿的经营,以及对囿的描述,如"王在灵囿,麀鹿攸伏。麀鹿濯濯,白鸟翯翯。王在灵沼,於牣鱼跃。"可见囿中的鹿、白鸟、跃鱼等动物已成为观赏的对象。灵囿除了筑台掘沼为人工设施外,全为自然景物。周文王之囿,《诗序》曰:"灵台而民附边。而民体其德,以及鸟兽昆虫焉。"方圆七十里,百姓可在里边游玩、打柴,甚至捕猎。所谓"与民同乐",是"中国史传中最古之公园"(梁思成),可谓是中国最早的"公园"。

最初的"囿",就是把自然景色优美的地方圈起来,放养禽兽,供帝王狩猎,所以也叫游囿。天子、诸侯都有囿,"天子百里,诸侯四十"。囿,是中国古代供帝王贵族进行狩猎、游乐的一种园林形式,或筑界垣。囿中草木鸟兽自然滋生繁育。狩猎既是游乐活动,也是一种军事训练方式;囿中有自然景象、天然植被和鸟兽的活动,可以赏心悦目,得到美的享受。

在园、圃、囿三种形式中,囿具备了园林活动的内容。

沼圃娱人色彩更明显,《阳春》《白雪》,当年师旷所作两首高雅无比的古乐,就作于河南开封东南郊的青松绿浍奇花异草之间的楼台飞檐美丽极了的楼台上。

大禹陵园于绍兴倚山就势,群山逶迤,禹贡桥下,潺潺河水,松竹常青,古槐馥郁,深受古今敬仰(图2.38)。

图2.38　绍兴大禹陵

三代时期，以树为坟茔。依等级在墓圹上栽植不同品种、数量的树木，商朝先祖安葬开桑林之野。周墓茔旁栽植花木成制度，世代传承。"古之葬者，厚衣之以薪，藏之中野，不封不树"（《易·系辞》）。"天子坟高三仞，树以松；诸侯半之，树以柏；大夫七尺，树以栾；士四尺树以槐；庶人无坟，树以杨柳"（《春秋纬》）。墓葬顶或侧造"寝"，为陵寝园林雏形。帝陵选址，尊风水，风水来自对自然山水环境、地理阴阳的观察研究与思考，并非都为无稽之谈，而具有早期生态学意义，中国古代传统风水相地理论为学者誉为"中国地景建筑理论"。

灵台与灵沼园林意境。周文王时所建造的灵囿，灵囿内筑有灵台与灵沼："文王以民力为台为沼，而民欢乐之，谓其台曰'灵台'，谓其沼曰'灵沼'"（《孟子·梁惠王上》）。关于灵台，《诗经·大雅·灵台》记载："经始灵台，经之营之。庶民攻之，不日成之。"《夏氏春秋·仲夏纪》曰："积土四方而高曰台。"其体量想必很大。商纣筑鹿台，"七年而成，其大三里，高一千尺，临望云雨"（《新序·刺奢》）。设想周文王所筑灵台的规模，也不会比它小。唐初李泰《扩地志》记载："辟雍、灵沼，今悉无复去，惟灵台孤立，高二丈，周回一百二十步也。"周初至此已近两千年，可推断出灵台初建时规模之大。

图2.39　山岳的神性
"仁者乐山——仁者静"

花巨大的人力去堆筑高大的灵台，"高山仰止，景景行止"（《诗经·小雅·车辖》），高台就是高山的缩影，筑高台是古人对山岳崇拜的一种体现。而山乃是上天意志的体现（图2.39），于是就有许多"天作高山"之说，或直接视作天神的躯体，于是就有"盘古氏头为东岳，腹为中岳，左臂为南岳，右臂为北岳，足为西岳"之说（任昉《述异记》）。因为山具有神性，并且是地面与天上最接近的地方，只有通过山，尘世才可与天国取得联系："昆仑之邱，或上倍之，是谓凉风之山，登之不死；或上倍之，是谓悬圃，登之乃灵，能使风雨；或上倍之，乃维上天，登之乃神，是谓太帝之居"（《淮南子·地形训》）。从"登之不死"到"登之乃灵"再到"登之乃神"，每上升一级，境界迥然不同，却都要以高度"上倍之"作为代价。周文王将所作的高台冠之以"灵"，亦即此原因。为自己赋有神性，世间的统治者只有建高台而登之，以亲承神的旨意。当时最高统治者即位后，第一件事就是要作高台："帝尧台、帝喾台、帝丹朱台、帝舜台，各2台，台4方，在昆仑东北"（《山海经·海内北经》）。周文王建灵台，是继承了其前代各统治者的传统而已。

上古时台的功用决定了它的艺术风格,对山岳的模仿,象征神授的权力,美学要求是屹立孤直,巉脸巍峨,表现强烈体积感和力量感为特点,而不是以后中国古代建筑中占主导地位的"结构美"。台的轮廓是强烈的直线和斜线组成,直观地表现出对一切生灵重如山岳的压迫。灵沼,与灵台一样被赋予了神性。班固《西都赋》中说:"神池、灵沼,往往而在",即是将灵沼与神池并称。《三秦记》曰:"昆明湖中有灵沼,名神池",灵沼成了神池的异称。当时人们对水有着与对山一样的崇拜(图 2.40),一样具有神圣的地位,诸神与水多有不解之缘,"有女子名曰羲和,方浴日于甘渊"(《山海经·大荒南经》);"西望大泽,后稷所潜也"(《山海经·西山经》);"黄帝妻雷祖生昌意,昌意降处若水"(《山海经·海内经》)。与用人造的山——灵台来象征神山相类似,即用人造的泽——灵沼来象征神水。《史记·殷本纪》记载:简狄"为帝喾次妃,三人行浴,见玄鸟堕其卵,简狄取吞之,因孕生契。"将这一记载参照(《吕氏春秋·音初》关于"简狄在台"吞燕卵生契的说法,可以看出台与池表里合一,这种人工山体与水体的结合,恰好是神话中"昆仑之丘,其下有弱水之渊环之"理想境界的再现。

图 2.40 水在中国有深层内涵
"智者乐水——智者动"

图 2.41 天坛圆丘

总之,上古人们为了表示对神祇的崇拜,模仿着湖泽,开掘出了灵沼,又在池畔模仿山岳,筑就了体量巨大、高耸入云的灵台,浩淼的水光与崇高的台影交织在一起,同时也就把神祇俯临尘寰的威严和浑运万类的灵异,揉合无间。台巅池际,音乐师们演奏着庄严的祭乐,人们载歌载舞,以冀神灵的欢愉。在娱神之时,使自己的精神世界得到那个时代可能达到的最高升华(图 2.41)。

灵沼的挖掘与灵台的堆筑,既体现了上古人们的审美观,也体现了上古人们的理想境界,亦是中国园林理水、叠山的滥觞。

1)阴阳五行思想及中国园林堪舆术

阴阳本是表示自然界明暗现象的概念,是对自然状态的一种描述,对世界的一种看法,亦是一对哲学范畴。只有客观认识,才是科学的。西周初年,阴阳观念发展成包含有辩证因素的阴阳说,集中体现并贯穿在《周易》的经文中,是一种变化发展的观念。

在夏代留下来并经过后人润饰的古代文献《尚书·甘誓》篇中,记述夏启讨伐造反的有扈氏时的决战誓师词,称其罪行为"威侮五行",这是最早的记载。殷商卜辞中又发现了五方观念，即东土、南土、西土、北土和中商，那时，大约已经出现了祭祀五方神的仪式。西周初年流传下来的历史文献《尚书·洪范》篇中，箕子讲治国安民的九类法即《洪范九畴》时，第一类就是五行，即水、火、木、金、土（图4.42），指的基本上是与人类生活密切相关的五种自然物质，但认为这是天赐给人间的根本大法，纳入了宗教思想体系之中，具有后来"天人感应"的意蕴。

《周易》通过八卦形式（象征天、地、雷、风、水、火、山、泽八种自然现象），认为阴阳两种势力的相互作用是产生万物的根源，提出"刚柔相推，变在其中矣"等富有朴素辩证法的观点（如表2.2）。

图2.42　方位与五行

表2.2

五行	水	金	土	火	木
季令	冬	秋		夏	春
方向	北	西	中	南	东
四兽	玄武	白虎		朱雀	青龙
阴阳	黑	白	黄	赤	绿
情欲	惧	衷	喜	乐	怒

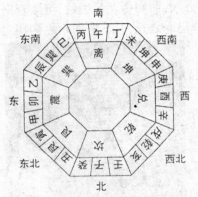

图2.43　后天八卦指示的八方与五行

后天八卦指示的八方与五行（图2.43），八方与五行又与24节气关联着。

八卦与五行的关系：

相生相克：

震—木；

翼—木；

坎—水；

离—火；

艮—土；

坤—土；

兑—金；

乾—金。

八卦及象征意义：

乾—天；

坤—地；

震—雷；

翼—风；

坎—水；

离—火；

艮—山；

兑—泽。

八卦及性质意义：

乾—健；

坤—顺；

震—动；

翼—人；

坎—陷；

离—丽；

艮—止；

兑—悦。

五行颜色色系：

木色—青；

火色—红；

土色—黄；

金色—白；

水色—黑。

五行及形状（图2.44）

木形长；

火形尖；

土形方；

金形圆；

水形曲。

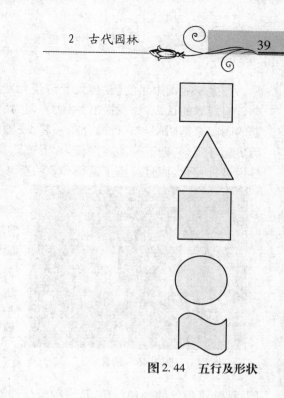

图2.44 五行及形状

　　根据周易的后天八卦原理，将住宅根据坐向不同分成东西四宅，其中震宅、翼宅、离宅、坎宅是东四宅，坤宅、兑宅、乾宅、良宅是西四宅。

　　五行颜色含青、赤、黄、白、黑五色，在中国古代有特殊的意义：青色象征永远和平，赤色象征幸福喜悦，黄色象征力量富有，白色象征悲哀平和，黑色象征破坏沉稳。

　　因此，中国古代的建筑对颜色的选择十分谨慎，如果是为希望富贵而设计的建筑就用赤色，为祝愿和平与永久而设计的建筑就用青色，黄色为皇帝专用，白色不常用，黑色除了用墨描绘某些建筑轮廓外，也不多用。

　　故而，中国古代的建筑以赤色为多，在给屋内的栋梁着色时，以青、绿、蓝三色用得较多，即所谓"和玺"。其他颜色很少用。

　　"礼"与"阴阳五行"学说相关联。阴阳五行学说中，用以表意的象征主义便融入了建筑设计思想。五行、四季、方位、颜色等，都在建筑中获得独特意义。

　　阴阳五行以其天地自然、地理、气候、方位、色彩、形态、祈福文化等的实际与象征意义深深影响着中国的古代造园活动！

　　战国时代"五行"增加了"相生相克"的哲学成分，"相生"即相互促进，如"木生火，火生土，土生金，金生水，水生木"；"相克"，即互相排斥，如"水胜火、火胜金、金胜木、木胜土、土胜水"等，具有朴素的唯物论和自发的辩证因素。

产生于战国末年的《易传》，是解说和发挥《易经》的著作，其思想体系中包含着对自然和社会普遍规律的认识，作者提出"一阴一阳为之道"，把阴阳交替看作是宇宙的根本规律。战国末期的阴阳家把阴阳与五行撮合在一起，齐国的阴阳五行家邹衍提出"五德终始说"这一神秘的历史循环观念，把五行的属性称为"五德"，用来附会王朝兴替和社会政治的嬗替。早期的五行学说被神秘化，而且具备了道德和政治意义。

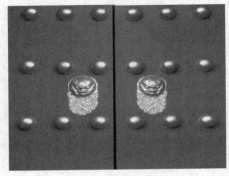

图 2.45　铺首

西汉时，阴阳五行之说与神仙方士之说、谶纬之学参互，五帝、五星、五神配祀五方，五方又与五色相配。阴阳五行说的人工与自然环境和谐意识明显影响中国园林。就连门户上的门环，环钮的制作，也会与五德相关联，成兽首形，似龙似虎，叫铺首（图2.45），多铜质，也有鎏金，因称"金铺"。乃是龙生九子之一，叫椒图，形似螺，性好闭，便将它置于门铺。史书记载，我国从夏代开始，就在门上装饰有崇信之物，以为吉祥辟邪之义。

门上标以螺首，是殷商时期留下的习俗。螺盖好闭，杜绝了门外的种种污秽，是一种象征性的防范。后人附会为龙之子，叫椒图，性也好闭。其实，椒图之音近于螺，名异形改，而其慎闭之效果未变，且更具有神性，较之螺，更受人欢迎。

铺首与园林大门上的螺形装饰物，俗称鼓丁的相互混淆，据《后汉书·礼仪志》记载：殷以水德王，故以螺著门上。则椒图之形似螺，信矣。

五行说与园林的选址布局关系更大。中国古代造园也讲究风水，又称堪舆，这是中国术数文化的重要分支。"堪舆学"一定意义上体现了人与自然相协调的生态观念。东汉许慎（约58—147年）在《说文解字》中解释道："堪，天道；舆，地道"。"礼"与"阴阳五行"学说相关联，阴阳五行学说中的五行、四季、方位、颜色等，都在建筑中获得独特意义，象征主义便融入了建筑设计思想。"堪舆学"是我国古代产生的一种风水学说，它是以"天人合一"的思想和阴阳平衡、五行相生相克的原则为依据，用于勘察地形地貌并选择居住地址的方法。因此，体现了古代中国人与自然相协调的生态观念。

《历代名画记述古之秘画珍图》中列有"相宅园地图"和"阴阳宅相图"；《阳宅十书》中有"阳宅外形吉凶图说"和"阳宅内形吉凶图说"；《鲁班经匠家镜》卷三附有房屋布局吉凶七十二例等，它积累和发展了先民相地实践的丰富经验，承继了巫术占卜的迷信传统，糅合了阴阳、五行、四象、八卦的哲理学说，附会了龙脉、明堂、生气、穴位等形法术语，实质上是通过审察自然山川形势、地理脉络、时空经纬，以择定吉利的聚落和建筑的基址、布局，成为中国古代涉及人居环境的一个极为独特的自然知识门类。其中确实蕴涵了传统的人与自然环境意识。李约瑟赞美风水学说，"再没有其他地方表现得像中国人那么热心体现他们伟大的理想：人与自然不可分离"。

堪舆术最热衷追求的审美理想是求取自然天地与人的亲和浑一，追求"家道昌吉"。

中国的风水理论、风水佳穴的意念模式，被西方科学家称为"东方文化生态"。风水说源于中华先民早期对环境的自然反映。

新西兰奥克兰大学的尹弘基教授提出风水起源于中国黄土高原的窑洞、半窑洞的选址与布局，距今六千多年前陕西西安半坡的仰韶文化，已经是一个典型的风水例证。古人的环境吉凶意识,是在漫长的历史进程中的生态经验的积累,中国原始人选择的适合自己居住的满意的生态环境,是中国人理想环境的基本原型。《周礼·地官司徒》"以相民宅"的目的是"阜人民,以蕃鸟兽,以毓草木,以任土事"。

阴阳五行说的人工与自然环境和谐意识明显影响着中国园林。

风水术以四灵之地为理想的环境,它的构成模式完全套用五行四灵方位图式,四灵具体化为山(玄武)、河(青龙)、路(白虎)、池(朱雀)等环境要素。所谓左青龙、右白虎、前朱雀、后玄武,是相对方位,并非东西南北的绝对方位。

风水歌诀曰:"阳宅须教择地形,背山面水称人心。山有来龙昂秀发,水须围抱作研形,明堂宽大斯为福,水口收藏积万金,关煞二方无障碍,光明正大旺门庭"。

其堪舆工具"六壬盘"——风水罗盘,时空合一的相卜占地工具,实际上是将自然分析工具化,是将天人合一思想模式化和仪轨化,它共分四个堪舆阶段:

"觅龙",山脉为龙,觅龙就是依地理山形之脉,审视当地气象对人的利弊影响。"阻恶风",确定其中最佳段脉,山的自然形象被附会成金、木、水、火、土"五星",贪狼、禄存、文曲、武曲等"九星"或"华盖""宝盖"等具象的象征,以自然审察其气脉和寓意的吉凶——自然对人的影响(图2.46)。

"察砂",即山的群体、景观自然美格局。"龙无砂随则孤,穴无砂护则塞",要求砂山达到"护卫区穴,不使风吹,环抱有情,不逼不压,不折不窜"。

"观水",审视宅基龙脉附近的水势,水为山的血脉,首先寻觅萦迁环抱的水势。讲究水口的"天门开""地门闭",并注重水态的澄凝团聚、水貌的钟灵毓秀、水质的色碧气香、甘甜清冽。

"点穴",根据自然确定宅基的范围。风水将最吉祥的地点称为穴,穴的四周山环水绕,明堂开朗,水口含合,水道绵延曲折,反映了中华先人的摄生智慧。穴点所在的地段,称明堂、区穴或堂局,穴就是明堂的核心。《地理五诀》:"乃众砂聚会之所,后枕靠,前朝对,左龙砂,右虎砂,正中曰明堂"。实际上是对于龙、砂、水选择的综合权衡。堪舆、风水术几乎容纳了整个天地自然,是一种选择和利用自然地形构成理想环境的理论。谚理论讲究聚气,趋吉避凶,它追求的是环境的回合封闭和完整均衡、背阴向阳、背山面水、坐北朝南,爽垲高敞,"具有日照、通风、取水、排水、防涝、交通、灌溉、采薪、阻挡寒流、保持水土、滋润植被、养殖水产、调整小气候,便于进行农、林、牧、副、渔多种经营等一系列优越性"。这种山环水抱、重峦叠嶂、山清水秀、郁郁葱葱自然环境的和谐风貌,企图利用天然地形来为意愿中的环境构图,形成良好的心理空间和景观画面。环境心理学所追求的,实质上是因地制宜、因时制宜、因人制宜、自然与心理生理上的和谐满足,一个完整、安全、均衡的世界(图2.47)。

俞孔坚感叹道:"风水模式在中国大地上铸造了一件件令现代人赞叹不已的人工与自然环境和谐统一的作品,形成了中国人文景观的一大特色。"如避暑山庄所建的"外八庙",与山庄呈"众星拱月"之势,正合康熙皇帝"四方朝拱,众象所归"的政治需求。山庄东北来水,东南积水,东南流去,西北高山。山是昆仑的代表,是玄武的象征,水是青龙和朱雀的象征。

此时的《周易》是中国哲学观念,经邦济世,与自然和谐观念的经典,影响日本、东南亚广大地区,传入欧洲,也深深影响西方直至现代,具有如此持久魅力,世界上无任何一部著作能与此相提并论!

2)园林环境心理、环境生态与阴阳五行

我国在长期的造园实践中,强调了堪舆构园中符合人的环境心理和环境生态,

图 2.46　自然地形为意愿中的环境构图　　　　图 2.47　山环水抱、郁郁葱葱自然环境图

明代造园经典《园冶·立基》明确认为园林的建筑布置、向背应该根据造园的立意,因地制宜,中华先人的"环境意识"是相当早熟的,是植根在中华农耕文明基础之上的环境意识。人们关注农耕与人们生活息息相关的大自然,自然崇拜也表现为"感恩型",所谓"天地之大德曰生"。重视顺应自然,与自然保持亲和关系,因地制宜,力求与自然融合协调。《诗经·大雅·公刘》写周族酋长公刘率领全族迁居豳地,寻找土地富庶草木繁茂之地,他亲自登山临水,察看地形,"相其阴阳""度其隰原",以确定建筑朝向和基址范围。

理想的人居环境,"相地"是构园的第一步,"相地合宜"为造园艺术创作的基本原则:一是善于选择园林的地址,因地制宜,"如方如圆,似偏似曲;如长弯而环璧,似偏阔以铺云。高方欲就亭台,低凹可开池沼,卜筑贵从水面,立基先究源头,疏源之去由,察水之来历"。二是需要考虑园林选址的环境特点,有不同的"立意"。

私家园林的攀址,"合宜"更具匠心。清代诗人袁枚所筑宅园定名为"随园","随其高为置江楼,随其下为置溪亭,随其夹涧为之桥,随其湍流为之舟,随其地之隆中而欹侧也,为缀峰岫,随其翁郁而旷也为设宦,或挟而起之,或挤而止之,皆随其丰杀繁瘠,就势取景,而莫之夭阏者,故乃名曰随园"。遵循纯出天籁、随形高下的创作原则。

苏州俞樾的书斋花园"曲园"随园基地形而"曲",清初乔莱的"纵棹园",围绕着"水"字做文章等。苏州私家园林大门的朝向以面东南为多,但也不拘泥。如沧浪亭和艺圃的大门都为北向,怡园则为东向,南浔小莲庄门为西向,大致根据所在街巷的方位,因地制宜。所以,"自成天然之趣,不烦人事之工""入奥疏源,就低凿水,搜土开其穴麓,培山接以房廊",立意古朴、清旷。

日涉成趣的城市宅园以地偏为胜,"邻虽近俗,门掩无哗",目的是能为"闹处寻幽"。苏州园林的"主人"选址原则是"远往来之通衢",僻处小巷深处。有"藉以避大官之舆从"的隐逸色彩,追求"幽栖绝似野人家"的意境。

园林住宅大门的朝向最为重要,一般坐北朝南,以八卦中的离(南)、巽(东南)、震(东)为三吉方,其中以东南为最佳,在风水中称青龙门。门边置屏墙,避免气冲,屏墙呈不封闭状,以保持"气畅"。大门前不可种大树,以免阻挡阳光,阻挠阳气生机进入屋内,屋内阴气不易驱出。树种的选择,"东种桃柳(益马),西种栀榆,南种梅枣(益牛),北种柰杏""门庭前喜种双枣,四畔有竹木青翠",等等。它既符合树种的生植特性,又满足了改善宅旁小气候观常的要求。这些规定貌似迷信,却颇符合科学,与当代规划有着一致性。其认识来源于人类赖以生存的自然,也是客观公正重新认识我们传统文明的重要课题。

3)阴阳五行思想与日本园林

 中国阴阳五行思想通过朝鲜传到了日本。公元513年,《易经》由百济人传入日本;公元602年,百济僧又将中国的历本、遁甲方术书传到了日本。日本向中国派遣隋使、唐使后,更加快了阴阳五行说的传播,深深赢得了人们的信仰,并影响到了日本政治。如圣德太子在日本最早建立的律

图2.48 日本京都岚山

令制度就融入了许多阴阳思想。天武天皇更是笃信阴阳五行,在中央政府内设阴阳寮(图2.48)。

天武天皇建立的阴阳寮制度,一直延续到江户时代,而阴阳师们则受到了历代政府的重用。阴阳师以占人、占星、漏刻等直接干预国家事务,具有重要发言权。随着阴阳五行思想的盛行,10世纪前后,日本还形成了融入日本自身思想的阴阳道,这种阴阳道不仅政治上得势,更是从仪式、营造、出行等方面深深支配了日本人的日常生活。

中国早期的阴阳说与五行观念是殷周宗教思想的重要组成部分,表面上是社会思想的纠结,实则是自然观念和科学知识。阴阳五行思想对中日园林的选址、布局、禁忌等诸方面都有重大影响。

2.2.4 春秋战国时期园林——人工造园

1)影响园林从圃到苑发展的思想流派

为满足狩猎和通神功能而出现的囿与台,其本身即已包含着风景式园林的物质因素。促成早期的中国古典园林一开始就向着风景式方向上发展,包含着三个重要的意识形态方面的精神因素,即天人合一思想、君子比德思想、神仙思想,追求植物人格化的意境、寄身山水的隐遁思想。

(1)天人合一思想 作为哲学思想起源于周代而丰富于春秋战国。《易传·乾卦》:"夫大人者,与天地合其德,与日月合其明,与四时合其序,与鬼神合其吉凶;先天而天弗违,后天而奉天时。"孔子提倡主张"尊天命""畏天命",认为天命不可抗拒,"乐天知命,故不忧"。老庄主张"自然无为",认为人应该顺应大自然的法则。孟子则总其成,将大道与人性合而为一。他认为天德寓于人心,一切伦纪秩序和自然界的运行规律都是天道法则的外化,主张"敬天忧民",要求人应该尊重天成的大自然,应持和谐的态度,从而奠定"天人合一"的思想体系。在其主导下,园林与自然和谐为美的"纯自然"状态,区别西方"有秩序的自然",为自然风景式的发展方向。

(2)君子比德思想 "君子比德"思想流行于春秋战国时期,《诗经》中的比兴、《楚辞》中的借喻等均属此类思想的范畴。《诗·郑风》中"山有扶苏,隰有荷花。不见子都,乃见狂且。"《诗·周南》中"桃之夭夭,灼灼其华。之子于归,宜其室家。"《离骚》中"朝饮木兰之堕露兮,夕餐秋

图 2.49　孔子登泰山以小天下

菊之落英。"《离骚》中"采三秀兮于山间,石磊磊兮葛蔓蔓。"从伦理、功利的角度来认识大自然。自然山川花木鸟兽引起人们的美感,形象表现出与人的高尚品德相类似的特征,赋予自然以人格化的魅力。孔子云:"智者乐水,仁者乐山。智者动,仁者静。"登泰山以小天下(图 2.49)!把泽及万民理想的君子德行赋予自然山水,"人化自然"哲理化,导致人们对山水的尊重。"高山流水"作为品德高洁的象征,"山水"成为自然风景的代称。园林不仅筑山和理水,繁育花木、鸟兽,并将其人格化和道德化。

(3)神仙思想　"神仙思想"产生于周末,流行于秦汉时期燕、齐一带,早在战国时已出现方士鼓吹的神仙方术。方士们宣扬神仙,以不受现实约束的"超人"飘忽于太空,栖息于高山,而且还虚构出种种神仙境界,如"一池三山"仙境。神仙思想的产生,一是由于战国时代的苦闷感,企求成为超人和解脱;二是由于思想解放。百家争鸣的局面,依托于神仙这种浪漫主义的幻想方式来表达由衷的愿望。神仙思想乃是原始的神灵,自然崇拜与道家的老、庄学说融糅混杂的产物,在环境园林中运用之普遍,它促进了园林思想、艺术、浮雕、图画、造型艺术的发展。

春秋战国时期思想、文化和艺术空前活跃发达,促进了建筑的进步。宫室建筑,下有雕龙画凤的台基,梁柱装饰,墙上壁画,砖瓦表面有精美的图案花纹和浮雕。"如翚斯飞",古典建筑屋顶出檐伸张和屋角起翘,在春秋战国,甚至是周朝末年已经产生。

(4)追求植物人格化的意境　中国人在将自然人化的过程中,将动植物人格化,并赋予灵性和意境。《诗经》里的许多篇章,在用比兴手法抒情咏志时,引用植物 104 种,动物 60 多种。早在 2 500 多年前就有以物喻人的意识。《楞木》中以楞木喻君子,以葛藟喻福禄;在《桃夭》中以桃花喻姑娘的美貌,以桃花结果比喻新嫁女将生儿育女;《椒聊》中,以果实累累的花椒比喻、赞美多子的妇女;《泽陂》中,以清香、色美、形态端庄雅致的蒲草、荷花比喻一对恋人;《隰桑》中以形态婀娜、长势茂盛的桑树比喻自己爱戴和感念的丈夫等。更有甚者,《小雅·斯干》中有道:"秩秩斯干,幽幽南山。如竹苞矣,如松茂矣。兄及弟矣,式相好矣,无相犹矣"。诗中以竹苞茂松比喻兄弟间的亲密和事业兴旺,写出了松竹生长的山水环境:南山林木森森,林下溪水潺潺,水滨松苍竹翠,一派生机。植物人化,并十分欣赏着山水的自然美……《诗经》为文人必读书,曾任侍中的习郁,以"高阳池"命名自己的园子,荷花优雅香洁,菱芡、角刺分明又朴野放浪,竹子"未曾出土先有节,纵临霄汉也虚心"。植物的形象特征及配置,成为人的精神寄托,植物被人格化,称之为"人化植物"。中国园林人化植物运用思想,高阳池可为先导。

(5)隐士寄身山水的隐遁思想　隐士自古有之,尧时的许逸遁耕箕山下,洗耳颍水滨,千古流传;春秋战国时期鹖冠子身披野鸡毛隐居深山,庄子濠濮观鱼以舒安身之道。秦末汉初隐住南山俯仰自在的四皓,东汉初严光隐下富春江边,厌恶官场生涯,或避乱保身,寄情山水,寄身山水,与草木禽兽为伍。与大自然发生了非常密切的关系,文人文化素质,因而成为领略和欣赏自然美的先行者。东汉末年的学者、旅行家仲长统,"使居有良田广宅,背山临流,沟池环节,竹木周布,场圃筑前,果园树后……蹰躇畦苑,游戏平林,濯清水,追凉风,钓游鲤,弋高鸿。讽于舞雩之下,泳归高堂之上……弹南风之雅操,发清商之妙曲。逍遥一世之上,脾睨天地之间。不受当时之责,永保性命之期。如是,则可以陵霄汉,出宇宙之外矣。"(《后汉书·仲长统传》)这是桃花源式的隐遁游乐思想。南朝刘宋的谢灵运经始山川就受他的影响。东汉以后的隐士身上,大都有着仲长统的影子。经始山川,以山水草木填补失落的精神,园林与隐士有着密切关系。

2)从囿到苑发展的建筑标志——台苑

图2.50　苏州琴台远眺

春秋战国时期,各国竞相争霸,亦大兴土木,夸耀宫室之壮。这一时期,原来单个的狩猎通神和娱乐的囿、台发展到城外建苑,苑中筑囿,苑中造台,集田猎、游憩、娱乐于一苑的综合性游憩场所。作为敬神通天的台,其登高赏景的游憩娱乐功能进一步扩大,苑中筑台,台上再造华丽的楼阁,为园林中一道道美丽的风景线。

秦国有风台(宝鸡县)、具囿(凤翔县);赵国有丛台(邯郸城内,数台连聚,故名);楚国有章华台、荆台;齐国有青丘;卫国有淇园;蜀国有桔林;吴国有长洲、华亭、姑苏台;韩国有乐林苑;郑国有原囿。其中,以楚国的章华台、荆台,吴国的姑苏台最为著名(图2.50)。

春秋战国时期,诸侯列国广筑台榭,出现了一批"高台榭,美宫室"的宫苑建筑群。社会秩序大改组,象征天命、天子禁脔之"台",逐渐成为诸侯贵族园林的审美主体。木结构建筑发展到新的水准,宫苑建筑"团块美"转变为"结构美",为宫苑园林艺术质量的提高创造了条件。楚灵王的"章华台",高33 m,基广50 m,上台顶需休息三次,故又名"三休台"。台濒临湖,充分借景湖光水色,为章华宫中一处重点园囿,极为有名,影响很大。吴王夫差的"姑苏台","三年乃成。周旋诘屈,横亘五里。崇饰土木,殚耗人力。宫妓数千人,上别立'春宵馆',为长夜之饮,造千石酒盅。夫差作天池,池中作青龙舟,舟中盛陈妓乐,日与西施为水嬉"(梁任日卉《述异记》)。已利用水面作泛舟水嬉之游,对后世"舟游式园林"的造园技法影响明显。吴王夫差在宫苑中另造"梧桐园",一名"鸣琴川",是以植物及水景为主的自然景观园林。

3)文化由神本到人本,园林由娱神转向娱人

自两周以来,中国文化发展是由神本到人本,春秋战国时代的园林,其性质也基本上由娱神转向娱人。台榭建筑意义淡化,园林景观越来越多地融入基于现世理性和审美情趣,游宴享乐之风超越巫祝和狩猎活动,使宫苑园林更富于人情味。河南辉县赵固村战国墓出土的一面刻有王公贵族燕乐射猎图景的铜镜,很形象地描绘了先秦园囿的风貌。随着宗教"礼法"的逐渐松弛瓦解,原来依附于卿大夫的家臣开始从贵族中分化出来,形成独立的士人阶层。学术思想的空前活跃,哲学领域的异彩纷呈,山水渐显丰华瑰秀的素质,园林审美中山水人格化始露端倪。士人凭借时代赋予的观念和感受,努力将自然审美与人格完善有机联系起来。士人逐步崛起,士人私园也渐次出现,如庄子漆园等。

春秋战国时期,学者或思想家,对宇宙、社会等万事万物作出解释,提出各自的主张,出现了一个思想领域里的"百家争鸣"的局面。史称参加争鸣的各派为"诸子百家",主要有儒、道、墨、法、杂家等,其中儒、道思想对中国后世造园影响最大。

孔丘是儒家的创始人,曾删定六经(诗、书、易、礼、春秋、乐)为儒家的教材,他的主要言论汇集在《论语》一书中。儒家还有两个代表人物,一为孟轲,一为荀况。道家的代表人物是老子和庄子,墨家的代表人物是墨子,法家的代表人物是李斯、商鞅、韩非。

　　中国文化史在世界文化史上是较早从神话时代发展到社会理性时期的。儒家思想代表了早熟的民族精神,它重伦理,轻功利,主张人伦教化,追求山林人德,"情""志"融于山水之间。道家阴阳学说则倡导"天人合一""返璞归真",以及后来的佛家注重"冥和自然""物我唯一"和"超凡脱俗"。中国园林是三教合一的物化,有形的园林建构中承载着无形的思想理论。

　　(1)中国古代设计思想中重要的美学价值观——儒家美学思想　儒家作为由孔子开创的中国古典文化的正统意识形态,其宇宙观上袭远古文化,下开封建文化的正道。在中国宅园一体的建筑空间,建立起一种以"家"为中心而层层扩展的宇宙观,发展为以中轴线为中心平面展开的宅园建筑形式,成为中国政治文化结构的图示。

　　儒家以"士"的身份,视天下为己任,担当起沟通天人的职责,并把"天地之道"重新引向现实政治,引向以"家"为中心的父权体制,他们的理想即是社会政治生活中的充分实现"天下一家,中国一人(《礼记·礼运》)"的天地之道。

　　儒家美学的中心首先是"中和"之美。在《中庸》一著中,"中和":"中也者,天下之大本也;和也者,天下之大道也。致中和,天地位焉,万物育焉"。透视出宇宙是一个以"家"为中心的结构,强调父权体制为中心的宇宙间的一切,尤其是人际关系的普遍和谐。"中和"的宇宙是一个以现实政治和人伦社会为中心的整体和谐的宇宙,把环境发展成为一种社会观念,它作为儒家文化的思想是美的极致。中国的建筑集中体现了儒家文化的这种"中和"之美。对人际关系和谐的重视,把中国人的审美心理引向"吟咏情性"方面,导致中国造园设计中的抒情达意和象征性倾向。

　　其次,表现为"雄健"与"充实"之美。儒学环绕着现实政治和父权体制展开,必然要求与之相应的"雄健""充实"之美。《易传》揭示的君子必须仿效"天行健"和"生生不息"的宇宙生命,以"自强不息"、积极向上的方式参与自然宇宙的造化,建筑、园林环境向上、乐观、豁达,祈求着家道昌吉,平和中充满未来的希望。"充实"之美的可能,是以"养气"为基础,因此儒家美学特别重视设计中的"气概"以及景观中的"气势"。"气势"的潜隐与含藏又导致设计中的沉郁、劲健的风格美。

　　春秋战国时期成熟的儒家思想,是中国人精神高层的文化支柱。在人际为人关系上,倡导正心、修身、齐家以治国、平天下;在宇宙观上提出气、理两说;在伦理道德上提倡三纲五常;在政治上提倡仁政、保民;在教育上,"有教无类",倡导办学;在思想上,表现为高度的国家主义、等级主义、整体协调意识;中国原始哲学传承下来的"天人合一",血缘伦理融儒家体系之中,在理论上高度地凝练,有着灵活的动态结构、模糊的内容边缘。

　　春秋战国时期同样成熟的道家思想是国人精神高层的另一面,同样传承着天人合一的思想,行为却实践着"清静无为""大道无极""无为而无不为"与自然和谐为美,儒道互补构成中国社会文化主流,引导着园林。

　　(2)道家的美学观使中国环境设计艺术因之而得到巨大的解放　道家文化作为中国本土文化的产物,与正统的儒家文化构成一种互补关系,这一互补关系深深植根在中国文化的远古时代。

　　"祀于内为祖,祀于外为社",坛所代表的权力中心是道家文化的渊源所在。如果说儒家以有屋顶的庙堂、以父权为中心的现实政治体制为"家"的话,那么,道家便以没有屋顶的社坛,以母性的自然为理想的"家园"。

　　道家崇尚"自然"之美。与儒家强调的"中和"之美相反,道家提倡一种非人工的"自然"理想。老子《道德经》："人法地,地法天,天法道,道法自然"。如果人、地、天中的一切都以道为规则,道则以自然的状态为规则,"自然"即"自己如此""自然而然"之意。与儒家政治相反,道家尊崇的是天地万物的一种自然而然的生成之道,是"生而不有、为而不恃、长而不宰"的母性原则,它作为"玄扎之门",是谓"天地之根"和"天地母",然而它依据的原则是顺应万物的自然成长,这种自然的母德甚至也为儒家宗师孔子所称赞,"天何言哉? 四时行焉。天何言哉? 万物生焉。"庄子进一步把它普遍化为"天地有大美而不言"这一美学命题。天地自然运行的节奏,万物无言的生长,都是自然之道"大美"的体现。通过"自然"这一终极价值,把审美对象的领域扩展为存在的一切,它为中国艺术设计提供了一种超越日常的审美标准,使中国环境设计艺术因之而得到巨大的解放。

(3)我国最早的一部有关设计门类的专著　春秋末期(公元前770—公元前476年),产生了我国最早的一部有关设计门类的专著《考工记》,它也是世界上最早的一部科技文献。它是齐国人记录工匠设计技术的官书,遂成《周礼》之一篇,故也称《周礼·考工记》。它记述"百工"之事,许多涉及建筑环境设计,分别对园林环境包括建筑在内的设计作了规范,不仅代表当时的设计和工艺水平,并对以后两千年的手工设计与施工生产有着直接的指导意义。它所体现的思想和法则,仍给今人许多启迪。

第一,确立了设计的职能范围和价值取向。

第二,为设计之优劣规定了科学原则和标准。

第三,制订了关于营建城市、王宫、宗庙、水利工程等整体规划设计的原则。

第四,在实用之中体现审美的原则。

与自然和谐为美——中国人居环境建设最早的生态观念;重己役物——中国美学思想的设计重要基石;致用利人——实用、尽善尽美功能思想;审曲面势,各随所宜;巧法造化;人工天巧的设计追求;技以载道;文质彬彬的社会人伦教化效益。其生态及设计思想深深启示和影响当代。

4) 帝王陵寝制度及其演变

中国陵寝园林有严格的等级制度,从战国中期开始,《史记·赵世家》载,赵肃侯十五年(公元前335年)的"起寿陵",是最早的君王墓称"陵"的记载,秦惠衷王规定"民不得称陵"。陵就成为帝王墓葬的专用词,也是中国陵寝园的雏形。墓葬都有严格礼仪制度,包括陵寝地下和地面建筑及其附属设施、陪葬品,陵园内的花木鸟兽品种及其多少。陵园神道、石刻群是其重要组成部分。华表、石碑、石像生、石柱与古墓、建筑及小品,寓意其中的雕刻、遒劲秀美的书法题字,杨柳悲风,松柏垂青,凭添怀古寻根敬祖之情。

春秋时代,社会舆论上猛烈抨击殉葬制度,以人俑、畜俑陪葬制即应运而生。春秋中晚期,中原出现坟丘墓葬,茔地称墓,其上封土称坟,寝扩大形制为祭祀祠堂,为祭祀先祖之用,植树种草沿袭传承。帝王生前活动时,文武大臣班列两行,铠甲卫士警卫森严,仿制这一阵容制作了大量的人俑、畜俑,埋入陵寝附近。此时有秦公一号大墓,孔子去世安葬地—山东曲阜孔墓、孔庙、孔林等(图2.51)。

图2.51　山东曲阜孔庙

2.2.5　秦代时期园林

1）秦代时期背景

秦王政11年（公元前236年）起，接连对外用兵。公元前230年，秦王派内史腾率大军灭韩；公元前229年，秦王遣名将王翦率军攻赵，一举破赵；公元前227年，燕国惧秦统一，太子遣食客荆轲刺杀秦王未遂；翌年秦集中兵力于易水西，击败燕国主力；公元前225年秦将王贲引黄河、鸿沟之水灌大梁，灭魏；接着先后用李信、王翦伐楚，王翦采用切断粮草，围城打援之术，楚终于投降；公元前221年，秦将王贲灭燕赵残余，以秋风扫落叶之势南下临淄，齐亡。经过艰苦激烈的16年战争（公元前236—公元前221年），秦陆续消灭了六国，"六王毕，四海一"，建立了中国历史上第一个统一的中央集权的封建王朝，秦王嬴政将传说中的三皇、五帝合在一起，称"始皇帝"。

秦始皇实行中央集权，分全国为36郡，改官制，统一货币，统一文字，统一度量衡，兴修驰道、直道、水利等，有力促进了秦统一后全国经济的发展。筑长城，以阻挡游牧族南侵。秦始皇还聚敛天下财富，营造国都咸阳，大修上林苑，起骊山陵园，开创了我国造园史上一个辉煌的篇章。但采取严法重刑，至秦二世，秦很快灭亡。

2）秦代时期园林

秦始皇统一中国后，为了防范旧贵族的反抗，迁徙六国贵族和豪富十二万户于咸阳及南阳、巴蜀等地，削弱他们的政治、经济势力。也在咸阳营造宅地，"写放"六国宫室，照式建筑在北阪上，集中国建筑艺术之大成。

图2.52　万里长城（祝建华摄）

为了政治和军事的需要，秦始皇在全国范围内修筑"驰道"（即皇帝行车的路），驰道宽50步（按秦制6尺为步，10尺为丈，每尺合今制27.65 cm），路边高出地面，路中央宽3丈，是天子行车的道。每隔3丈种植青松，可谓"行道树"，标明路线。

秦始皇灭6国后，拆除六国战时的城廓。于公元前215年（始皇三十二年），派将军蒙恬率士卒20万人，北击匈奴。修缮连接旧秦、赵、燕长城，这就是有名的万里长城（图2.52）。佑护捍卫着中华文明，演化至今，万里长城已不仅仅是物质存在，而是中华民族的精神象征。

（1）"象天法地""一池三山"——中国园林营造的第一次飞跃　秦始皇统一中国三年后登泰山，山下设坛祭地，山上设坛祭天，向天地宣布：大一统中国的诞生，一个强大帝国的出现，秦始皇是中国封建社会第一个登上泰山的千古一帝，是泰山封禅第一人。从此，泰山五岳独尊，贯穿中国整个封建社会始终，赋予人民心目中山的精神意义，是江山一统的神圣象征。

秦始皇以天界的秩序在地上造起臆想的"天堂",人造仙境,仙居楼台,"一池三山",成为造园后世典范。修宫殿,造坟墓,伐南越,筑长城,修驰道。仅宫殿这一建筑类型,大小不下300余处,比较著名的宫室有信宫和阿房宫(图2.53)。

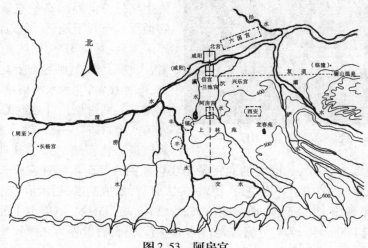

图2.53 阿房宫

《史记·始皇本记》记载秦始皇27年作信宫渭南,后更名信宫为极庙。自极庙道骊山,作甘泉前殿,筑南道,自咸阳属之。《三辅黄图》载:"始皇穷极奢侈,筑咸阳宫(信宫亦称咸阳宫),因北陵营殿,端门四达,以制紫宫,象帝居。引渭水贯都,以象天汉;横桥南渡,以法牵牛"。咸阳"北至九峻、甘泉(山名),南至鄠、杜(地名鄠县和杜顺),东至河,西至汧、渭之交,东西八百里南北四百里,离宫别馆,相望联属,木衣绨绣,土被朱紫,宫人不移,乐不改悬,穷年忘归,犹不能遍"。信宫的规模之大,前所未有。

秦始皇建造了历史上著名的朝宫——阿房宫(图2.53)。《史记·始皇本记》载"始皇帝35年,以咸阳人多,先王之宫庭小,乃营朝宫于渭南上林苑中。阿房为朝宫先作之前殿,庭中可受10万人,车行酒,骑行炙,千人唱,万人和。""阿房宫,亦曰阿城。惠文王造,宫未成而亡。姑皇广其宫,规恢300余里。离宫别馆,弥山跨谷,辇道相属,阁道通骊山80余里。表南山之颠以为阙,络樊川以为池。"(《三辅黄图》)"周驰为复道,度渭属之咸阳,以象太极阁道抵营室也。阿房宫未成,成欲更择令名名之。作宫阿基旁,故天下谓之阿房宫"。在终南山顶上建阙,山本静,水流则动。把樊川的水引来作池,苑中涌泉、瀑布,以及种类繁多的动植物,"引渭水为池,筑为蓬、瀛",规模壮观。

囿的生产功能逐步消退,观赏游乐功能成为主要目的。秦时期园林的形式在囿的基础上发展成广大地域宫室组群的"建筑宫苑"。它的特点一是面积大,周围数百里,保留囿的狩猎游乐的内容;二是在广大自然环境中的建筑组群,因势而筑,规模宏伟壮丽,极尽帝王的尊严和极权。苑中有宫,宫中有苑,离宫别馆相望,周阁复道相连。

秦汉幻想做"活神仙"的帝王,"象天法地"的宫苑、"一池三岛(山)"(图2.54)成其为物化在园林的外在模式,完成了中国园林营造的第一次飞跃。

(2)封土为陵——成就中国陵寝园规模 秦始皇为自己修筑了规模空前的寿陵,移宗庙的"寝"到陵墓边侧。汉承秦制,并连同宗庙也造到了陵园附近,陵与寝、陵园与宗庙结合,初步形成了帝王陵寝制度。陵墓封土形,秦汉时期,封土为陵,以方土为主,成为方锥体,成就中国陵寝

图 2.54　北海琼岛"一池三山"

园规模。自秦时将寝造到陵侧，陵园的地面建筑发展成以寝为主体的大规模建筑群，包括祭祀建筑物、神道和石刻像。幻想死后还能主宰另一世界的秦始皇陵，将士战阵多以陶俑形式布列于地下，形成庞大的地下军阵，车巡卫队、兵戈车马，俨然大秦帝国的地下缩影，人物写实，刻画精细，表情各异，形态逼真，形神兼备，艺术水准极高，场面宏伟，其庞大超乎人们想象！世界绝无仅有，被誉为"世界第八大奇迹"。有可供万人上朝的建筑群，规模是历代帝陵之最！其地宫南北 460 m；东西 392 m，面积 2.5 万 m^2，如此大的地宫是无法想象的！其跨度即便在今天仍是技术难题！地宫上封土，夯土墙围；陵园里外有寝殿、便殿；专人管理，形成制度，后世沿袭。

秦始皇陵南依骊山，北绕渭河，西临灞沪，四季常流，鸟语花香，铠甲卫士警卫森严，其秘密藏于地下已静穆 2 000 多年，当打开秦陵地宫的那一天，仍会使世界为之惊叹！

2.2.6　汉代园林

1）社会背景

秦亡汉兴，经过 4 年楚汉战争，汉高祖刘邦战败项羽，在萧何、陈平等谋臣的辅佐下，雄视天下，立都选址，定鼎长安。封建和郡县两制并行，提倡儒学，以礼治国，呈现出蓬勃的生机。高祖在位 12 年而崩。至于孝文、孝景二帝在位五六十年间，力图改变吕后之乱所带来的重创，倡导老庄"无为而治"而"达到天下大治"，史称"文景之治"，国家殷富，可与周代的"成康盛世"相媲美，老庄思想深深影响宫廷造园活动。

继文、景二帝数十年恢复发展而登基的汉武帝，雄才大略，文武兼备，倡导儒学，在位 56 年。汉武帝对内任用董仲舒大兴儒学，设五经博士之官，文化呈现空前繁荣局面，儒道互补成为造园思想主流。张骞出使西域，进行贸易往来与文化交流，西佛东渐，使汉代进入全盛时期。武帝晚年，太子反叛事件（巫蛊案），使汉武帝痛恨之余，恍然悔悟，废除苛政，出现小康。信神仙方士之说，大兴土木，建造宫室苑囿。西汉皇家园林与秦代相比，将建筑山水宫苑这一园林形式已发展到了顶峰（图 2.55）。

武帝死后，汉昭帝幼年即位，大司马大将军霍光掌握朝政，继续武帝晚年的与民休养生息政策。宣帝时，尊崇儒学，任用官吏注重名实相符，选用熟悉法令政策的"文法吏"，恢复和发展生产，史称"中兴之王"。元帝以后，宦官专权，被王莽篡夺，史称前汉，因建都关中，又称西汉（公元前 206—公元 24 年），在政治、经济方面基本上承袭了秦王朝的制度。西汉时期是中国封建社会的经济发展最快、最活跃的时期之一。在哲学与宗教方面，秦始皇"焚书坑儒"之后，儒家的经典几乎无存。西汉前有些老儒依靠记忆，传授了一些经书，以隶书记录下来，叫作今文经。此后，又相继在孔子的旧宅或其他地方发现了一些用战国文字写的经典。西汉末年，刘向等人整理旧的经典，叫作古文经。直到东汉末年，今、古文经两派斗争激烈。

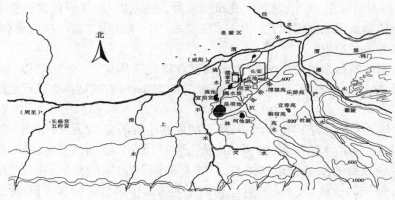

图2.55　西汉长安宫苑

　　王莽篡汉称帝15年，被更始所灭。汉宗室刘秀原为更始的大司马，杀绿林、赤眉等农民起义军，又玩弄"赤符伏"以奉天承运而继帝位，改年号为建武，定都于洛阳，汉室复兴。汉明帝承光武帝的遗命而奖励文学，施行善政，引佛教入中国，奠定中外文化交流融合之根基。明帝外征西域塞外诸国，促进与西域文化交流。在国内修筑汴河的堤坝。汉章帝为守成之君，内政上颇有建树。章帝宠爱皇后窦氏，外戚专权，宦官跋扈，朋党之争，他们相继拥立幼帝，引起群雄蜂起，全国陷入混乱状态。

　　东汉前期60余年政治较清明，统治者在新都洛阳建造了若干大型苑囿。后期少有建树。汉末，豪强混战，长期以来形成的长安、洛阳等政治、经济、文化中心，遭受毁灭性的破坏，大小苑囿难逃厄运。

　　主要宗教有道教和佛教。道教是由黄老学说与巫术结合而产生的，约成于东汉（公元25—公元220年）中期。最早的经典是《太平清领书》，共170卷，今存的《太平经》残本基本上保存了这部经典的面貌。佛教是西汉之际由西域传来的，东汉明帝时，蔡愔至印度研究佛学归来，在京师洛阳建寺译经，中国开始有汉译本佛经。东汉末，西域僧人安世高来洛阳译经175部，100余万言。从此，佛教教义在中国流传。

　　儒教学说的发展，道教产生，佛教的传入，对汉以后寺院园林的产生与发展有着直接的关系。

2）汉代园林类型及特征

　　东汉永平十一年（公元68年），由鸿胪寺官署转建的洛阳城的白马寺，为中国寺观园林之首。"王侯弟宅，多题为寺"。佛寺、佛塔同化为中国式，"堵坡"成为中国"古刹"形制，奠定了"寺园一体"中国特色。

　　汉代的文学家许多有作赋的特长，如贾谊、司马相如、张衡等。两汉时期的绘画、雕塑、舞蹈、杂技等都有很大发展，张衡等人的作品可以说是当时的代表。

　　汉代著名思想家董仲舒，为钻研儒家和黄老经典，下帷盖三年，"不观于舍园"（《史记·儒林列传》）。宅园与生活区是隔开的，园不太小，颇耐观赏，引人流连。司马迁"舍园"二字，这里的"舍"字，含有休息、止息的意思，"舍园"，可谓私家游园。

　　另外如侍中习郁，在襄阳岘山南建有宅园"高阳池"。秦末，郦食其求见刘邦时，自称高阳酒徒，习郁将家园名高阳，即用此典。可见他是以郦食其自比，意欲暂居田园以待机出山。他利用大小面广植芙蓉、菱、芡等，并在园内高堤上大种竹子和楸树（见《世说新语·任诞》）。

（1）中国独特木结构建筑语言成熟　建筑的发展，在春秋至西汉时代就已奠定了良好的基础。汉武帝时期使建筑形成固定模式。建筑作为"礼"的一项重要内容，在构图和形式上，充分体现了礼制精神为最高追求。

汉代也是我国建筑业发展较快的时期，如砖瓦在汉代已具有了一定的规模。除一般的筒板瓦、长砖、方砖外，从汉代的石阙、砖瓦、明器、画像等图案来看，框架结构在汉代已经达到完善的地步。

两汉形成中国独特的木结构建筑风格，独有的成熟建筑语言，又是中国园林的中心和重心，统领和辐射着园林。斗拱木结构、悬山、硬山、歇山、四角攒尖、卷棚、柱形、柱础、门窗、拱券、栏杆、台基，形成中华独有的木结构建筑体系。"重坐曲阁""台城层构"。西汉"井干楼"、东汉"梁架式"。穿斗结构源于巢居，土木混合结构源于穴居。中国社会的古建筑，形成两种不同的人工环境：一种是宅院建筑群，表现出理性而规整的布局；一种则是与山水等自然景观相结合的园林式建筑，它的构图是自由地以巧于因借的手法来完成。布局程序都是建筑创意的核心，宅园合一。因此，"布局中程序的安排是中国古典建筑设计的灵魂，由于它们控制人在建筑群中运动时所得到的感受，因此景象大小强弱、次序的安排就成了表达完美意念的重要手段"。

西方重静态形象美的创造，而中国强调人在其中运动的视觉感受，这是中西建筑设计观念的一种差别。中国梁柱式结构形成并影响至日本。

（2）"囿""宫苑"到"苑"的转换　秦汉以来在囿的基础上发展起来的、建有宫室的园林，称宫苑，汉起称苑。"古谓之囿汉谓之苑"，汉朝在秦朝的基础上把早期的游囿，发展到以园林为主的帝王苑囿行宫，园景供皇帝游憩，朝贺，处理朝政。汉高祖的"未央宫"，汉文帝的"思贤园"，汉武帝的"上林苑"，梁孝王的"东苑"（又称梁园、菟园、睢园），宣帝的"乐游园"等，都是这一时期的著名苑囿。

从敦煌莫高窟壁画中的苑囿亭阁，元人李容瑾的汉苑图轴中（图2.56），可以看出汉时的造园已经有很高水平，规模很大。枚乘的《菟园赋》、司马相如的《上林赋》、班固的《西都赋》、司马迁的《史记》，以及《西京杂记》、典籍录《三辅黄图》等史书和文献，对于上述的囿苑，都有比较详细的记载。

图2.56　敦煌莫高窟壁画中的苑囿亭池阁

苑中养百兽，供帝王射猎取乐，保存了囿的传统。苑中有宫、有观，成为以建筑组群为主体的建筑宫苑。

汉武帝刘彻时国力强盛，大造宫苑。把秦的旧苑上林苑，加以扩建形成为苑中有苑，苑中有宫，苑中有观。汉武帝刘彻于建元2年（公元前138）在秦代的一个旧苑址上扩建而成的宫苑，规模宏伟，宫室众多，有多种功能和游乐内容。"周20余里，千门万户，在未央宫西、长安城外"（《三辅黄图》）。上林苑地跨长安、咸宁、周至、户县、蓝田五县县境，纵横300里，霸、产、泾、渭、丰、镐、牢、橘八水出入其中。据《汉书·旧仪》载："苑中养百兽，天子春秋射猎苑中，取兽无数。其中离宫70所，容千骑万乘。"供游憩的宜春苑，供御人止宿的御宿苑是汉武帝的禁苑，是他在上林苑中的离宫别馆："游观止宿其中，故曰御宿"；为太子设置招宾客、搜罗人才的思贤苑、博望苑等。全园划分成若干景区和空间，各景区都有景观主题和特点。为历代皇帝所造园林所师承，并有所发展。

据《汉旧仪》记载，"上林苑中有6池、市郭、宫殿、鱼台、犬台、兽圈"，仅建筑而言，除了36苑外，还有12宫，25观。如建章宫、承光宫、储元宫、包阳宫、师阳宫、望远宫、犬台宫、宣曲宫、昭台宫、蒲陶宫；茧观、平乐观、博望观、益乐观、便门观、众鹿观、榴木观、三爵观、阳禄观、阴德观、鼎郊观、椒唐观、当路观、则阳观、走马观、虎困观、上兰观、昆池观、豫章观、朗池观、华光观"，不同功能的建筑数量相当多。各有用途的宫、观建筑，如演奏音乐和唱曲的宣曲宫；观看赛狗、赛马和观赏鱼鸟的犬台宫、走狗观、走马观、鱼鸟观；饲养和观赏大象、白鹿的观象观、白鹿观；引种西域葡萄的葡萄宫和养南方奇花异木如菖蒲、山姜、桂、龙眼、荔枝、槟榔、橄榄、柑橘之类的扶荔宫；角抵表演场所的平乐观；养蚕的茧观；还有承光宫、储元宫、阳禄观、阳德观、鼎郊观、三爵观等。

武帝为了往来方便，跨城筑有飞阁辇道，可从未央宫直至建章宫。建章宫建筑组群的外围筑有城垣。建章宫是其中最大的宫城（图2.57），"其北治大池，渐台高20余丈，名曰太液池，中有蓬莱、方丈、瀛洲，壶梁象海中神山、龟鱼之属。""一池三山"的形式，成为后世宫苑中池山之筑的范例模式，对后世园林有深远影响。就建章宫的布局来看，从正门圆阙、玉堂、建章前殿和天梁宫形成一条中轴线，北部为太液池，筑有三神山，宫城西面为唐中庭、唐中池。中轴线上有多重门、阙，正门曰阊阖，也叫壁门，高25丈，是城关式建筑。后为玉堂，建台上。屋顶上有铜凤，高五尺，饰黄金，下有转枢，可随风转动。在壁门北，起圆阙，高二十五丈，其左有别凤阙，其右有井干楼。到达建在高台上的建章前殿，气魄十分雄伟。壁门之西有神明，台高50丈，为祭金人处，有铜仙人舒掌捧铜盘玉杯，承接雨露（图2.58）。

1. 壁门；2. 神明台；3. 凤阙；
4. 九室；5. 井干楼；6. 圆阙；
7. 别凤阙；8. 鼓簧宫；9. 娇娆阙；
10. 玉堂；11. 奇宝宫；12. 铜柱殿；13. 疏圃殿；14. 神明堂；15. 鸣銮殿；16. 承华殿；17. 承光宫；18. 兮指宫；19. 建章前殿；20. 奇华殿；21. 涵德殿；22. 承华殿；23. 婆娑宫；24. 天梁宫；25. 饴荡宫；26. 飞阁相属；27. 凉风台；28. 复道；29. 鼓簧台；30. 蓬莱山；31. 太液池；32. 瀛洲山；33. 渐台；34. 方壶山；35. 曝衣阁；36. 唐中庭；37. 承露盘；38. 唐中池

图2.57　建章宫

建章宫北为太液池。太液池是一个宽广的人工湖，因池中筑有三神山而著称。太液池畔有石雕装饰。《三辅故事》载："池北岸有石鱼，长2丈，广5尺，西岸有龟2枚，各长6尺。"池畔植物和禽鸟，"太液池边皆是雕胡（茭白之结实者）、紫择（葭芦）、绿节（茭白）……其间凫雏雁子，布满充积，又多紫龟绿鳖。池边多平沙，沙上鹈鹕、鹧鸪、䴔青、鸿鹅，动辄成群"（《西京杂记》）。三神山源于神仙传说，据之创作了浮于大海般巨浸的悠悠烟水之上，水光山色，相映成趣；岸边

图 2.58　北海仙人承露盘图

图 2.59　模山范水

满布水生植物,平沙上禽鸟成群,生意盎然,开后世自然山水宫苑的先河。建章宫北太液池是组景很好的园林景区,"太液池西有一池名孤树池,池中有洲,洲上杉树 1 株,60 余围,望之重重如彩盖,故取为名"(《两京杂记》)。又有彩蛾池"武帝凿池以玩月,其旁起望鹊台以眺月,影入池中,使宫人乘舟弄月影,名影娥池,亦曰眺蟾台"。太液池水景区的水面划分与空间处理,意境都是很有奇趣的。

上林苑中水景区,有昆明池、镐池、祀池、麋池、牛首池、蒯池、积草池、东陂池、当路池、大一池、郎池,在建章宫有太液池等。其中昆明池是汉武帝元狩四年(公元前 119)所凿,在长安西南,"昆明池 325 顷,池中有豫章台及石鲸,刻石为鲸鱼,长 3 丈,每至雷雨,常鸣吼,鬐尾皆动","池中有龙首船,常令宫女泛舟池中,张凤盖,建华旗,作棹歌,杂以鼓吹,帝御豫章观临观焉"(《三辅故事》)。在池的东西两岸立牵牛、织女的石像。昆明池也用以载歌载舞,皇亲贵族乘舟听萧妓,游乐临观,其乐无穷。

上林苑中的植物配置也相当丰富,朝臣所献就有 2 000 多种。建章宫是上林苑中最重要的宫城,上林苑既有优美的自然景物,又有华美的宫室组群分布其中,是包罗多种多样生活内容的园林总体,是秦汉时期建筑宫苑的典型。

作为皇家禁苑上林苑,一方面苑中养百兽供帝王狩猎,这完全继承了古代囿的传统,苑中登高远望的建筑宫与观等园林建筑,为上林苑的主题,自然条件的人工内容成了很重要的组成部分。

在汉代的宫室建筑中,长乐宫和未央宫规模都较大,还有长杨宫、甘泉宫等。但在汉代众多的宫殿建筑中,上林苑是汉代皇家禁苑的代表作。

园林布局中,栽树移花、凿池引泉普遍运用,利用自然与改造自然,自然山水,人工为之。以动为主的水景处理,是写实了自然山水的形式,以期达到坐观静赏、动中有静的景观目的。

私家园林最早出现在汉代。西汉时已有贵族、富豪的私园,规模比宫苑小,内容仍不脱囿和苑的传统,以建筑组群结合自然山水。《西京杂记》记载西汉文帝第四子——梁孝王刘武喜好园林之乐,在自己的封地内广筑园苑,其中"兔园",园中山水相绕,宫观相连,奇果异树,瑰禽怪兽毕备。

(3)"模山范水"(图 2.59)自然山水园前导　西汉茂陵富人袁广汉于北邙山下筑私园,"构石为山",首开"模山范水"先河,是魏晋自然山水园先声,在中国造园史上具有特殊意义。"于北邙山下筑园,东西四里,南北五里,激流水注其中。构石为山,高十余丈,连延数里。养白鹦鹉、紫鸳鸯、牦牛等奇兽珍禽,委积其间。积沙为洲屿,激水为波涛,致江鸥海鹤孕雏产毂,延缦林池；奇树异草，靡不培植。屋皆徘徊连属，重阁移扉，行之移晷不能偏也"(《西京杂记》)。

(4)陵寝园朝拜、祭祀制度确立，"树碑立传"成其为重要景观　西汉时的陵寝园，"寝"有正寝与便殿之分，正寝为墓主灵魂日常生活起居之所，便殿供墓主灵魂游乐。东汉时，在寝殿、便殿的同一地方，建造专供墓主起居、饮食的寝宫。汉明帝开始举行上陵礼，确立了以朝拜和祭祀为主要内容的陵寝制度，寝的功能也转为供朝拜和祭祀。

古碑多指墓碑以及追述功德的纪念性刻石，碑的本来作用是悬棺下葬。西周以前，当时贵族殡葬时，墓坑边竖立若干上有圆孔的木柱，施以辘轳，用绳索牵引，把棺放入墓穴，木柱称为"丰碑"。殡葬结束后时，丰碑就遗留在墓地，在上面刻划有关文字，以作冢墓的标识。渐渐以石代木，但墓碑的上部仍凿有一个圆孔(称"穿")，并刻有数道阴纹通于穿眼。王惕甫《碑版广例》认为这种碑石"尚存古制引埤之意"。在墓碑上镌刻成篇赞颂墓主事迹文字以"树碑立传"，始于两汉，从此，专门纪事铭功的刻石也谓之"碑"，成其为陵寝园一景观。

华表亦称桓表或表，是柱形的标识性建筑物。两汉盛行一时，常用于宫殿、宗庙、亭邮等建筑物前、交通大道和坟墓的神道上，以作标识。与墓道对立的华表又称神道碑，它的标识作用和墓碑有所区别。墓碑是冢墓的标志，带有一定的纪念性，神道碑则主要标识墓道。汉以前墓道上的华表为木制，东汉时多改用石柱，其形制以方石为基座，上竖圆形石柱，雕以花纹；柱顶有方石，往往题刻墓主官职及神道字样；柱顶之上还饰有比柱围稍大的石盖和立兽。

图2.60　霍去病陵墓前石刻像
"马踏匈奴"(祝建华摄)

秦汉诸帝陵，尚未有石像，而霍去病墓前的石刻像是汉武帝为表彰霍将军灭匈战争建立的赫赫战功，其性质与皇陵神道石像生有所不同。大批以石雕动物为主体的雕刻群，其独特简练的造型，对石块的巧妙利用，尤以"马踏匈奴"令世人为之惊叹(图2.60)。日本学者称之为"自然与艺术融为一体的东方美的典型"。东汉中叶在河南、四川等地的墓阙旁出现石兽，名叫"辟邪"，有守墓之意。陵称谓与地名有关，如西汉长陵、安陵，因位于长安而得名，阳陵因位于戈阳县而得名，平陵因位于平原乡而得名，茂陵因位于茂乡而得名，灞陵因灞水而得名等。

汉代始建筑的轩辕黄帝陵，依传统风水相地理论，选取桥山与沮水环抱，聚风、水、气于一体的生态环境，松柏常青，地气最旺，风水绝佳，是风水相地理论最早成功运用的实例之一。汉11陵，西汉王朝11位帝王，除文帝刘恒、宣帝刘询在西安东的霸陵、杜陵外，其余9位帝王与皇后均合葬于咸阳原上，嫔妃、功臣陪葬于诸陵近处，墓冢500余座，东西绵延百余里，陵园外建庙宇，设游园，以高祖刘邦的长陵、武帝刘彻的茂陵规模最大。咸阳原上陵冢高低错落，壮丽雄伟，为咸阳原上一大奇观！"经过此地无穷事，一望凄然感愤兴。渭水故都秦二世，咸阳秋草汉诸陵"(刘沧《咸阳怀古》)。东汉光武帝陵，位于河南孟津铁谢村，南依邙山，北濒黄河，光武殿前28棵古柏参天，传为刘秀的28位大臣所栽，陵园古柏成千，阴郁幽静，挺拔苍劲。

小　结

1. 西亚体系,源于"天堂""众神说",受制于自然地域的巴比伦、埃及、古波斯的园林,它们采取方直的规划、齐正的栽植和规则的水渠,气候干旱,重视水的利用,园林风貌较为严整,世界上最早的园林可以追溯到公元前16世纪的埃及。西亚的亚述猎苑,后演变成游乐的林园。波斯庭园的布局多以位于十字形道路交叉点上的水池为中心,经阿拉伯人继承,成为伊斯兰园林的传统,流传于北非、西班牙、印度。传入意大利后,演变成各种水法,成为欧洲园林的重要内容。

2. 古希腊于公元前5世纪逐渐学仿波斯的造园艺术,发展成为四周为住宅围绕,中央为绿地,布局规则方正的柱廊园。为古罗马所继承,发展为大规模的山庄园林,继承了以建筑为主体的规则式轴线布局,而且出现了整形修剪的树木与绿篱,几何形的花坛以及由整形常绿灌木形成的迷宫。

3. 中国文化史在世界文化史上是较早从神话时代发展到社会理性时期,中国园林源于神话和植物灵性崇拜,是昆仑神和蓬莱仙境的模拟。按照自己的地理环境所创造的昆仑神话,形成了上古园林文化背景。遂演变成具有海岸地理型特色的蓬莱神话传说,衍生出的蓬莱、方丈、瀛洲诸仙岛神山及岛上宫阙苑囿,春秋战国时期成熟的儒家思想,是中国人精神高层的文化支柱。代表早熟的民族精神,它重伦理,轻功利,追求山林人德,主张"情""志"融于山水之间。

4. 道家阴阳学说则倡导"天人合一""返璞归真"。春秋战国时期成熟的道家思想是国人精神高层的另一面,传承着天人合一的思想,行为却实践着"清静无为""大道无极""无为而无不为"与自然和谐为美,是人类社会早熟的生态思想,儒道互补构成中国社会文化主流,以及后来的佛家注重"冥和自然""物我唯一"和"超凡脱俗"。中国园林是三教合一的物化,通过五行学、堪舆术被实践化、神秘化,且具备了道德和政治意义;风水学实质上是通过审察自然山川形势、地理脉络、时空经纬,以择定吉利的聚落和建筑的基址、布局,成为中国古代涉及人居环境的一个极为独特的自然知识门类。追求的审美理想是求取自然天地与人的亲和浑一,蕴涵了传统的人与自然环境意识,且有形的园林建构中承载无形的思想理论,形成中国造园的主导思想和理论体系。

5. 东方园林体系可追溯到夏商时期,距今已有4 000年历史。至汉代建筑宏伟装饰穷极华丽,规模空前绝后,完成了中国建筑形制,在世界上形成独特的木结构体制;园林总体布局模拟天上星宿图案,敬天法天思想,造园"象天法地""一池三山";开泰山封禅先河,创陵寝园林规制;神性模仿发展为自觉自然地对应,完成中国园林营造的第一次飞跃。从登临望气的"台",到满足"人王"精神需求的囿、圃、琼室宫汉起称苑,其写实造园发生了质变,超越了功利价值,"范山模水"演变为具有审美价值,"构石为山"首开"模山范水"先河,开启魏晋自然山水园先导;受士人影响,园中已开始出现诗情画意,文人宅园初见端倪;隐士和隐逸思想开始对园林发生影响,倾心林泉的言行,与自然和谐为美,成为后世经始山川的思想基础,成为领略和欣赏自然美的先行者;隐士、隐逸思想对东汉后期的园林山水化、魏晋六朝山水园林风格形成发生了重要影响;中国园林植物其功能作用具有灵性、崇拜和人格化意义,成为人化植物的某种精神寄托,以士人宅园最具代表性。形成世界独特的东方园林艺术体系并影响整个汉文化体系始及日本。导源于神话的中国园林,被称为世界园林之母。

6.希腊民族的童年是无拘无束而天真的,华夏民族的童年却是有负担而早熟的,他们"筚路蓝缕,以启山林"。远古神话内涵的差别,体现了东西方两个文明伟大民族在性格上的深刻差别,也决定了东西方园林全然不同的发展方向;在其深层结构中,深刻体现着一个民族的早期文化,并在将来的历史进程中,积淀其在民族精神底层,转化为一种自律性的集体无意识;转化为一种内向忧患意识和理性认识;转化为一种内在的变革动力,深刻影响和左右着园林整体的发展和沿革。

复习思考题

1.4世纪以前古埃及、古巴比伦、古希腊、古罗马、古代波斯、古印度、古代美洲园林的类型和特点是什么?

2.中国古代园林是怎样形成的? 有何特征?

3.何谓"囿"? 何谓"苑"?

4.试述秦汉园林在中国园林史的意义。

5.4世纪之前外国古代园林与中国古代园林有何区别?

6.夏、商、周的环境建设思想有哪些? 对后世有何影响?

7.我国最早的设计类科技文献成书于什么时期? 其内容和意义是什么?

8.试述儒家的美学思想。

9.试述道家的美学思想。

10.试述中国阴阳五行的中国园林堪舆术。

11.谈谈"囿""宫苑""苑"在秦汉时期的转换。

12.中国园林营造的"第一次飞跃"标志是什么?

13.导源于神话的中国园林,被称为"世界园林之母",谈谈你的感想。

职业活动

1)目的

 古代造园要素运用认知识别能力

通过环境实地现场感知互动教学,在现代实际环境体验中,认识古代造园要素,及如何应用的认知能力。

2)环境要求

选择运用古代造园要素造景的现代东西方风格园林环境。

3)步骤提示

①园林环境实地现场感知互动教学。

②通过园林环境感知,整体认识实地造园基址。

③感知运用不同造园要素造景的现代园林环境。

④认识及识别环境现场有哪些运用了古代造景元素,如图 2.61 所示。

建议课时:6—12 学时

图 2.61

第 2 章实习大纲   第 2 章实习指导

3 中古时期园林

中古(公元 500—1400 年)

随着西罗马帝国余辉泯灭,公元 479 年后的动荡逐渐沉寂。孕育了封建制度的诞生,至 1400 年西方资本主义萌发,基督教的两大宗派——天主教和东正教成为主要社会意识形态。中世纪文明基础主要是基督教文明,园林也必然打上深深的社会文化烙印,同时也伴有古希腊、古罗马文明的残余。中世纪西欧园林主要为在禁欲主义、刻苦修行的基督教义下的实用性为主的寺庙园林建筑庭园和简朴的城堡园林。

公元 395 年后逐渐建立起来庞大的拜占庭帝国到公元 8 世纪中叶更加强大,横跨亚、非、欧三大洲。阿拉伯帝国,征服了几乎除罗马和中国之外的所有世界文化发达早的地区,揉和了所有被征服地区的优秀传统文化,形成了阿拉伯文化,并吸附物化在阿拉伯伊斯兰园林活动上。中世纪伊斯兰园林,阿拉伯人的建筑、园林艺术被称为"波斯伊斯兰式";摩尔人移植西亚文化,创造了富有东方情趣的"西班牙伊斯兰样式"。西方辉煌着波斯伊斯兰园林、印度伊斯兰园林、西班牙伊斯兰园林。屹立在世界东方的中国唐宋,以独到的儒、道,印度西来的佛教文化,弘扬着东方深远的造园文化内涵。融汇成中国佛教禅宗无色世界造园思想,士人园、文人园,光芒四射。中国先哲老子、庄子的美学思想,使中国成为世界自然山水园之母。

中国 5—15 世纪时期园林与西方的停滞相反,中国园林稳步发展,寺观园林的兴起,寺园一体,互为补益,相得益彰。由写实到写意,自然美与人格美,园林具有很高的艺术意境,与中国深厚的美学思想、诗画入园有直接的关系。奠定了 1 500 年来中国的美学观、道德观,东方的中国园林此时是世界造园史的高峰(表 3.1)。

表 3.1　中古时期园林分布情况表

中古时期(公元 500—1400 年)	主要园林类型
公元 395 年 西部欧洲拜占庭帝国	寺院庭园　建筑庭园 城堡庭园　哥特风格
公元 7—9 世纪 阿拉伯帝国	波斯伊斯兰园 印度伊斯兰园 西班牙伊斯兰园

续表

中古时期(公元 500—1400 年)	主要园林类型
中国 隋、唐、宋(辽、金)元时期	自然山水园　皇家园林　士人园 寺观园林　文人园　主题园 城市大型园林 佛教禅宗园林并影响日本
公元 593—1333 年(公元 593—701 年) 日本 飞鸟时代 公元 701—1185 年 平安时代 公元 1192—1333 年 镰仓时代	"一池三山"受中国影响 池泉庭园 净土庭园 舟游式池泉庭园 回游式池泉庭园

3.1　中世纪西欧园林

3.1.1　中世纪西欧园林背景

　　中世纪是西欧历史上光辉思想泯灭、科技文化停滞、宗教蒙昧主义盛行的所谓"黑暗时代"。从 5 世纪罗马帝国瓦解到 14 世纪伟大的文艺复兴运动开始,历经大约 1 000 年。在蛮族不断入侵,充满血泪的动荡岁月中,人们纷纷皈依天主基督,或安身立命,或求精神解脱,教会势力长足发展,占据政治、经济、文化和社会生活的各个方面。所以,中世纪的文明主要是基督教文明,与此呼应,中世纪的园林建筑则以寺院庭园、城堡庭园为代表。同时,闪烁着哥特建筑神圣忘我的光辉。

　　从 5 世纪开始,罗马帝国陷入政治危机,公元 395 年分裂为东、西罗马。东罗马建都于拜占庭,西罗马仍以罗马为首都。从此,西罗马历经日耳曼、斯拉夫民族等大举南侵,476 年西罗马终于覆灭。与此同时,基督教亦分裂为东正教和天主教,获得出人意料的发展,形成政教合一的局面。教会全盛时期拥有整个欧洲的超过 30% 的良田沃土。在拥有大量土地财产的主教区内又设有许多小教区,由牧师管理。另一个重要的社会集团是贵族。大贵族既是领主,又依附于国王、高级教士和教皇。领主们在自己封地内享有特殊的权利,并层层分封,等级森严。11 世纪后,欧洲大部分地区采取世袭制,领主权力进一步集中,国王权力相对削弱,出现城堡林立现象。

　　中世纪社会动荡,战争频频,教会排斥一切世俗文化,排斥古希腊、古罗马文化,4 世纪末叶,罗马皇帝狄奥多西一世竟以镇压邪教为名,将全国所有古希腊、古罗马的庙宇建筑及雕塑等统统毁掉。在美学思想方面,中世纪虽然仍有古希腊、古罗马的影响,并与宗教神学相联系,把"美"神学化和宗教化。

　　基督教是西方文明的另一精神动源。基督教向西方艺术提供了一种与希腊古典美学思想大不相同的美学价值观,基督教的"道成肉身"与象征主义。上帝让自己的独生子耶稣基督被钉死在十字架上,以此救赎人类的罪恶。从此,上帝与人类之间超绝的鸿沟,终于被耶稣基督这一人神兼备的形象而接续,这就是"道成肉身"。用人的形象表现基督,其理论根据便是"道成肉身"以及神、人之间的新型关系。"道成肉身"的观念打破了希伯来宗教中"不可制作偶像"的绝对规律,从而创立了一整套基督教的图像志和象征主义。

基督教的象征主义,渗透在西方古代环境设计领域,现代建筑环境也仍受其影响。西方古代建筑的成就主要是教堂建筑,哥特式建筑之美学思想的主导,即为基督教象征主义,其特点是从教堂整体到细部均呈尖形,轻盈垂直,直插苍穹——是基督教升腾天国理想的象征;教堂顶端造型挺秀的塔钟,堂内外精雕细刻的祭坛、歌坛、壁龛里供有基督蒙难"肉身"的雕像,阳光从彩色玫瑰窗外透入,环境中拖着长长影子的十字架……充满基督教的神秘气氛。即使是世俗的哥特式住宅及公共建筑环境,也无不直接表现基督"道成肉身"或间接作为宗教象征表现。

在希腊,是形式的理式在世界之上,成为现实世界的本质;在基督教方面,则是上帝超然的绝对美在世界之外,以声音和光的形式使万物成为美。一方面是它制作圣象的传统与希腊古典美学"形式"观念合流并作为条件之一,促成了文艺复兴运动;另一方面,在寻求象征性表现神圣的上帝过程中,设计艺术杰出地发展了光和色彩及其象征性作用,使西方的设计格外重视光影响下的体量、色彩的视觉效果,园林设计也不例外。二者的相互渗透和彼此交错,共同构成了西方设计在美学风格上的总体面貌。

没有"道成肉身"的观念,整部西方环境艺术、设计史便不可能像现在这样。也正是在由"道成肉身"开始的一套象征主义体系中,我们才能读懂西方设计史的独特面貌。

中世纪也酝酿产生了伟大建筑——哥特建筑,继而也影响了园林。

哥特(Goth)包含多种意思,主要有:①哥特人的,哥特族的(指曾入侵罗马帝国的一支日耳曼民族);②哥特式建筑的(12—16世纪流行于西欧的建筑风格,以尖拱、拱顶、细长柱等为特点);③哥特派的,哥特风格的(18世纪的一种文学风格,通常描述有神秘或恐怖气氛的爱情故事);④指字体,哥特字体的;⑤指颜色,红与黑哥特(Gothic)这个特定的词汇原先的意思是西欧的日耳曼部族;⑥在18—19世纪的建筑文化与书写层面,所谓"哥特复兴"(Gothic Revival)。

哥特人是日耳曼部落的人,来自波罗的海的哥得兰岛(瑞典语:Gotland,今属瑞典),哥特人在488年进入意大利,并在493年完全征服它。其势力最后扩展到今天的整个西班牙。

哥特人很欣赏罗马城并加以维护,让许多罗马文化得以留存下来。

哥特式建筑是11世纪下半叶起源于法国,是以法国为中心发展起来的,13—15世纪流行于欧洲的一种建筑风格。百年战争发生后,法国在14世纪及至哥特式建筑复苏,到了宙棂形如火焰的火焰纹时期。第一座真正的哥特式教堂是巴黎郊区的圣丹尼教堂。这座教堂四尖券巧妙地解决了各拱间的肋架拱顶结构问题,有大面积的彩色玻璃窗,被以后许多教堂所效法。哥特式建筑主要由石头的骨架券和飞扶壁组成。其基本单元是在一个正方形或矩形平面四角的柱子上作双圆心骨架尖券,四边和对角线上各一道,屋面石板架在券上,形成拱顶。采用这种方式,可以在不同跨度上作出矢高相同的券,拱顶质量轻,交线分明,减少了券脚的推力。这种建筑主要见于天主教堂,也影响到世俗建筑。最负著名的哥特式建筑有被称为法国四大哥特式教堂:兰斯主教堂、沙特尔主教堂、亚眠主教堂、博韦主教堂。亚眠教堂是哥特式建筑成熟的标志。还有俄罗斯圣母大教堂、意大利米兰大教堂、德国科隆大教堂、英国威斯敏斯特大教堂、法国巴黎圣母院,斯特拉斯堡主教堂也很有名,其尖塔高142 m。

中世纪欧洲哥特式建筑风格是中世纪天主教神学观念在艺术上的一种反映。建筑要表现光、高、数这三个理想,按此要求而在教堂中采用向高处延伸、增大窗户和改变比例的方法,以加强教堂垂直上升、高耸入云的效果,在12—15世纪,城市以极高的热情建造教堂。

典型的哥特式建筑的特点是尖塔高耸、尖形拱门、玫瑰窗、大窗户及绘有圣经故事的花窗玻璃。强调光影响下的色彩象征作用。利用有"向上"的视觉暗示尖肋拱顶、飞扶壁、修长的束柱,营造出轻盈修长的飞天感。以及新的框架结构以增加支撑顶部的力量,使整个建筑以直升线条、雄伟的外观和教堂内空阔空间,再结合镶着彩色玻璃的长窗,花窗玻璃使教堂内产生一种浓厚的宗教气氛。强调光的神圣寓意,向民众宣传教义,具有很高的艺术成就。花窗玻璃以红、蓝两色为主,蓝色象征天国,红色象征基督的鲜血。窗棂的构造工艺十分精巧繁复,如"柳叶窗""玫瑰窗",光通过花窗玻璃造就了教堂内部神秘灿烂的景象,表达了人们向往天国的内心理想。教堂的平面仍基本为拉丁十字形,层层往内推进的门,并有大量浮雕,有着很强烈的吸引力,其西端门的两侧有一对高塔。哥特式建筑以其高超的技术和艺术成就,在建筑史上占有十分重要的地位。

3.1.2 中世纪西欧园林类型

欧洲中世纪数百年政教合一,政权强大统一,王权却分散孤立,虽然有歌特建筑闻名于世,却没有出现过像中国皇家园林那样壮丽恢弘的宫苑,有以实用性为目的的寺院园林和城堡园林。中世纪前期以寺院庭园为主,后期以城堡庭园为主。

1)寺院园林

中世纪战乱频繁之际,教会寺院相对保持一种宁静、幽雅的环境,加之寺院拥有政教一体的权力,又有良田广财,因此,寺院庭园得以发展。早期寺院多在人迹罕至的山区,僧侣们相伴清风明月和贫困。随着寺院进入城市,罗马时代的一些公共建筑如法院、广场、大会堂等成为宗教礼拜的场所。后又仿效长方形大会堂的建筑形式营造寺院,称为巴西利卡寺院,建筑物的前面有拱廊围成的露天庭院,中央有喷泉或水井,供人们进入教堂时以水净身,成为寺院庭园的雏形。

从布局上看,寺院庭园的主要部分是教堂及僧侣住房等建筑围绕着的中庭,面向中庭的建筑前有一圈柱廊,类似古希腊、古罗马的中庭式柱廊园,柱廊的墙上绘有各种壁画装饰,其内容多是《圣经》或圣者的故事写照。不同的是,古希腊、古罗马中庭旁的柱廊多是楣式的,柱子之间均可与中庭相通,而中世纪寺院内中庭柱廊多采用拱券式,柱子架设在矮墙上,如栏杆一样将柱廊与中庭分隔开,只在中庭四边的正中或四角留出通道,起到保护柱廊后面壁画的作用。中庭内仍由十字形或交叉的道路将庭园分成四块,正中的道路交叉处为喷泉、水池或水井,水既可饮用,又是洗涤僧侣们有罪灵魂的象征,四块园地上以草坪为主,点缀着果树和灌木、花卉等,形式上极具象征意义。有的寺院有院长及高级僧侣私人使用的中庭,有专设的果园、药草园及菜园等。

中世纪的寺院庭园其布局尚保留着当年痕迹的著名寺院有:意大利罗马的圣保罗教堂、西西里岛的蒙雷阿莱修道院以及圣迪夸罐寺院等。

2)城堡园林

与寺院园林的象征意义相反,城堡园林却充溢着世俗的享乐装饰意味。中世纪前期,为应对社会动荡,城堡多建在山顶上,由带有木栅栏的土墙或内外壕沟围绕,中间为高耸的碉堡或中心建筑作为住宅。11世纪,诺曼人征服英格兰之后,石造城墙出现,城堡有护城河环绕,在堡内的空地上布置庭园。十字军东征,为实用性城堡庭园开辟了新的道路。十字军骑士们在拜占庭和耶路撒冷等东方繁华的城市中,感受到东方文化艺术的魅力,把包括建筑、绘画、雕像、花卉等先进园林艺术成果带回欧洲,欧洲城堡庭园逐渐流行装饰和娱乐风习。13世纪法国寓言长诗"玫瑰传奇"描绘出当时城堡园林的景象,果园四周环绕高墙,墙上只开一扇小门,庭园由木格子栏杆划分成几部分,小径两旁点缀着蔷薇、薄荷,延伸到小牧场,草地中央有喷泉,水花由铜狮口中吐出落入圆形的水瓶中,草地天鹅绒般的纤细轻柔,上面散生着雏菊,有修剪得整齐漂亮的花坛、果树与欢快的小动物,洋溢着田园牧歌式的情趣(图3.1)。

图3.1　绘画描述的城堡庭园

　　13世纪后,由于东方园林艺术的影响,城堡庭园的结构发生了显著变化,以往沉重抑郁的造型消失,代之以开敞、适宜的宅邸结构。15世纪末,已完全住宅化了。这时城堡面积扩大了,内有宽敞的厩舍、仓库、赛场、果园及花园等,庭园扩展到城堡周围。法国的比尤里城堡和蒙塔尔吉斯城堡是这一时期的代表性城堡园林。

3)猎苑

　　中世纪除了寺院庭园和城堡庭园两大园林类型外,后期又增添了贵族猎苑。在大片土地上围以墙垣,种植树木,放养鹿、兔和鸟类,供贵族们狩猎游乐。

4)"迷园"

　　城堡园林中也有局部设置迷园,用大理石,或草皮铺路,以修剪的绿篱围在道路两侧,形成图案复杂的通道。

3.1.3　中世纪西欧园林风格与特征

　　中世纪欧洲园林最初都是以实用性为主,寺院庭园、城堡庭园是政教合一的折射。前者是巴西利卡寺院:建筑物前有拱廊围成的露天庭院,十字形的道路,将庭园分成四块,道路交叉处为喷泉、水池或水井,并且形式上具有宗教内容的象征内涵;后者园林围绕多建在山顶上城堡建筑内,随着战乱平息和生活稳定,园林装饰性、娱乐性日趋浓厚。果园逐渐增加观赏树木,铺设草地,种植花卉,点缀凉亭、喷泉、座椅等设施,将果园演变为游乐园。

　　植物运用上,常用低矮绿篱的体量变化、色彩及光线的影响组成象征意义的花坛图案,图案呈几何形、鸟兽形或徽章纹样,在空隙填充各种颜色的碎石、土、碎砖或色彩艳丽的花卉。最初花坛高出地面,周围环绕木条、砖瓦等,后与地面平齐,常设在墙前或广场上。花架式亭廊也较为常见,廊中设坐凳,廊架上爬满各种攀缘植物。

3.2　中世纪伊斯兰园林

伊斯兰园林的总体结构,更加系统化,在泰姬·玛哈尔陵园中显露无遗。其内的凉亭、树木、植物和灌木都经过认真设置。园林通常会将一块场地划分为四个正方形,以代表源于神力四部分组成的宇宙。中世纪药草园则更具有结构性,对于瘟疫盛行的欧洲民众而言,是临时的避难天堂。中世纪的伊斯兰园林,基于精心设计的直线型,谨慎设置的边界、路径和方形花坛,均为无序社会中的有序慰藉。在历史上,伊斯兰园林可分为三个组成部分,即波斯伊斯兰园林、西班牙伊斯兰园林和印度伊斯兰(莫卧尔帝国)园林。

3.2.1　波斯伊斯兰园林

历史上的波斯位于亚洲西部和西南部。波斯帝国鼎盛时期,其范围扩展至埃及与印度。公元前334—公元前331年,波斯帝国被亚历山大所征服。直至公元1935年,波斯都是伊朗的正式官方名称。波斯古典园林的个体特征,与其地域环境、历史沿革和宗教习俗等都有着密切的联系。

波斯所经受的苦难深重。继阿拉伯人之后,一批又一批"野蛮人"的掳掠,当地优雅的文化习俗却令其折服,文明从未消亡,且促进了文明融合。外来侵袭肆虐在波斯的山顶地区,那些受到庇护和处于侵袭范围之外的地区,则能够继续繁衍自己的文化,由此而促进了"家居"艺术的发展。

一个世纪之后,蒙古人帖木儿(1336—1405年)进攻了整个亚洲,即使是这样一位以暴力闻名于世的君王,也是园林艺术作品强有力的支持者。他试图兴建一座纪念性的建筑物,来铭记自己的每项精湛武艺和其他赏心乐事。在帖木儿统治下,布哈拉和撒马尔罕的领土再度增长和繁盛。公元9世纪,布哈拉城的周边建设了一些人所赞誉的别墅和宫殿,其中的果园也得到阿拉伯旅行者的褒扬。帖木儿在城市周围建造了11条大运河。其中一条运河两岸就有2 000个游乐场所。将撒马尔罕定为自己的首都,其中的花园面积就有260~390 hm²。花园东侧为"安乐园",该园林具有动人心魄的优雅品质,它通过一条长长的林荫道与城市连接,最闻名的"八个乐园",又称"天堂园"。它建于一个台地上,台地周围是一条很深的沟渠,并有两座园桥将人们引领入园,花园旁侧还有一个野生动物的饲养园地,花园的建筑材料主要选用了大不里士城优良的白色大理石,还有一个"白杨树花园",它因其特有的白杨树林荫大道而闻名。

土耳其人也建造了杰出的伊斯兰园林。据史书记载,在土耳其花园(或天堂园)的中部,有一个非常高耸的穹顶建筑物,与某些公共浴室的更衣间一样,建筑物的顶部也部分中空,而中空顶部下方有一个水池,其间有溪流和喷泉飞溅。在穹顶下则是冬季和夏季公寓,各有8个房间,冬季公寓位于上层,其窗户交替地朝向水池和花园;夏季公寓的房间是开敞式的,房间的三面侧墙选用大理石作材料。花园内分布着悠长的林荫道,种有玫瑰、葡萄和果树,其间还设置有许多喷泉。在春季,园内还有许许多多的花卉植物,如长寿花、希腊縻香、水仙、桂竹香、石竹、罗勒、郁金香、风信子等。这些开花植物其繁盛期都充满芬芳而受到人们喜爱,同时还具有药物性能。

16世纪的苏非王朝,整个波斯王国被合为一体。波斯最伟大的统治者大沙赫阿拔斯(1587—1629年)的伊斯法罕波斯的建筑园林奇观,代表着波斯王国的最后辉煌。

波斯园林主要有留有大面积的林地,供王公贵族狩猎和骑马的王室猎园、天堂乐园两类。

1) 天堂乐园

受波斯艺术,特别是诗歌和绘画广泛影响,代表了波斯人对天堂的想法。波斯庭园主要采用两种自然元素:水和树,水是生命的源泉,树则因其顶部而更加接近天堂。其造园类型有着盛誉为"天堂园"之说,让后来者纷纷心醉神迷。

波斯伊斯兰园林的主题来自古代美索不达米亚神话:生命中有四条河流,它将场地分成更小的庭园,如我们今天看到的莫卧尔园林查尔—巴格。

随着伊斯兰教进入波斯地域,波斯文化也不加区别地被伊斯兰所吸收。杰弗里·杰里科在《人类的景观》中指出,波斯伊斯兰园林吸取了两个相反的构想:一个是《可兰经》中的天堂,伊甸园中,树荫底下,河水流淌。另一个是沉思和交谈的场所,在那里,人的身体和心灵都得以休息,思维从成见中解放。在建筑是天堂和尘世统一物的构想影响下,产生了一种新象征主义,波斯伊斯兰园林中,穹顶建筑,联系着方与圆。

著名的园林城市、由国王沙赫阿拔斯规划设计的伊斯法罕是萨非王朝的首都,在干旱的沙漠上,它无异于一座花城,其规划深受传统波斯风格的启发。金字塔般的雪松为庭园提供了荫凉,其他树木则因其果实、花朵和芳香增添了庭园魅力。其代表是伊斯法罕的园林和阿什拉弗国王花园。

2) 伊斯法罕的园林

大沙赫阿拔斯使这座城市具备了最早的形态,其城市的中心场地被称为"麦丹",该操场的稳固结构如今尚存。场地为386 m×140 m的矩形,周围是林荫道和一个两层高的环形柱廊。柱廊的底层为弹药库,上层为一个开放的包厢,可于此观看操场中心的比赛和宴会。在城市西面,建造了一条有名的"四庭园大道"。"四庭园大道"有3 km长,其间有一双层桥跨越。大道沿着低缓宽广的平台上升,中间为一条水渠,水渠在每层平台处向外扩展为一个水池。17世纪的法国旅行者夏尔丹对整个大道地区都进行了详细描述:其水池和水渠都有各自的水源,水流呈瀑布状从一个平台跌落至另一个平台,提供了一幅连续的画面。大道两端的交叉口设置了两座凉亭,大道两侧也有一些相似的凉亭,它们被用作通向各个花园的入口。每个花园的中心处有第二座凉亭,全身都被镀成金色,虽然其形态不一,却有着相同的尺度感。在"麦丹"和"四庭园大道"之间是宫殿区的大广场,有各种各样的园亭及四周的花园,园林构筑物"40柱宫"最为著名。

17世纪末期的一场大火之后,大沙赫阿拔斯对原来的"40柱宫"进行了重建,花园仍保留了原始的平面形态,在矩形围墙的中心处建造了一个园林构筑物,构筑物前部窄边是一前厅,其厚重的木屋顶由3排柱子(每排6根柱)支撑。狭长的渠水环绕着整个建筑流动,在两端被打断,从构筑物平台处源出一条非常宽的水渠,它穿越整个规则式花园,在构筑物的一间房内设有凹室,其装饰和陈设让人想起拜占廷风格的金色餐室。

城市外部的宫殿区,夏尔丹是这样阐述的:大量的流水使得这些壮美的宫殿"宛若仙境"。花园沿着长长的林荫道设置,花床中种满鲜花,其中的八边形双层构筑物的设计非常奇妙,水可从建筑物中流出，下落在平台上，"如果某人将一只手伸出窗外，马上就会被濡湿"。波斯人非常喜欢俯瞰大面积巨形水池那闪闪发光的反射水面，他们称其为"小海"。

在伊斯法罕城远郊仍幸运的保留有古城遗迹。这一遗迹位于阿什拉弗，地处厄尔布鲁士山的斜坡。阿什拉弗的建设时期要回溯至大沙赫阿拔斯时期，这里有七个完美的规则式矩形花园，布局设计并列设置，为所在场地提供了最大程度的便利性。

3）阿什拉弗的国王花园

阿什拉弗中的波斯园林被很多围墙分隔成若干部分，每一部分的主体建筑会设置向北、或向西北下落的平台。穿过一个大面积的前庭，人们可以到达这里的第一园林，即"波斯王之庭"，是一个最大的园林，有十级平台。大水渠在渐次分布的平台间穿行，从瀑布中部跌落，并形成一股溪流，穿过园中的构筑物，最后注入矩形的尽端水池。

"波斯王之庭"的水池由四个花床围合，水渠则向两侧延伸，将花床十字交叉分隔。其他花园大都按照相同方式布局，场地最高处有着穹顶构筑物的花园和老人园。宫庭中的女眷闺房"内园"，周边围以高墙。主体花园以东有高台，为女士们的临时住所或接待厅。为水池及水渠边界的、枝干粗大壮美引人注意的柏树，成为一种传奇式的原野景观。

水在波斯庭园中非常重要，如果在某处能够找到富足的水源，那精美的花园就会如同一处绿洲，而卡香水源来自邻近小山的费因园即为一例。现存的波斯伊斯兰园林并不多，在历史的长河中，那精美珍贵的园林触动心灵深处的感应和记忆都是始终让人无法释怀的。

3.2.2 波斯伊斯兰园林特征

波斯伊斯兰古典园林的营建，主要为留有大面积的林地，分为供王公贵族狩猎的王室猎园和天堂乐园两类。天堂乐园思想主题来自古代美索不达米亚神话，生命中的四条河流，将场地分成庭园。在波斯的气候和地理条件下，水在波斯庭园中意义非凡。

波斯庭园受波斯艺术的影响，特别是受诗歌和波斯细密绘画风格的广泛影响，建筑及景观、装饰极为精美细致，纹样呈现缎面般华彩，艺术风格独树，造园要素运用取得极其强烈的艺术效果，代表了波斯人对天堂的想法。因其强烈的园林美而赢得很高的名望，盛誉为"天堂园"之说。

波斯庭园主要采用两种自然元素，即水和树，水是生命的源泉，树则有接近天堂的神圣。

在波斯伊斯兰园林的轴线中，园林构筑物通常始于一个开敞的、设有立柱的门厅或走廊，且常常还设有一个喷水池。

数个世纪以来，尽管花草和多种乔灌木的变化赋予西亚伊斯兰园林以不同风貌，园林的种植者还喜爱在植物的老茎上嫁接新品种的植株，但园林的总体概貌却几乎没有任何改变。

3.2.3 西班牙伊斯兰园林

公元 640 年，在攻占叙利亚之后，阿拉伯人向埃及进军。对南部地中海岸展开数年的征战和攻掠之后，公元 711 年，第一批穆斯林信徒越过了直布罗陀海峡。原基督徒统治下的安大路

西亚被摩尔人征服,是西班牙伊斯兰的开始。通过在科多巴和格兰纳达兴建大型宫殿和清真寺,摩尔人逐渐控制了南部西班牙。摩尔人对户外有深厚感情,相伴而来是对波斯艺术设计、希腊科学数理、先进灌溉知识的认知。西班牙摩尔人在这片分离的土地上创造了一种新文化、相应的新环境,并将其反映于当时的园林设计理念之中:由厚实坚固的城堡式建筑围合而成的内庭院;利用水体和大量的植被来调节园庭和建筑的温度;用灰泥墙体所分隔的台地花园成为这种新文化的最爱。在摩尔人统治下,伊斯兰西班牙超越了欧洲其他国家而成为文明中心,对于整个西欧景观设计的影响是深远的。1492年,费迪南德和伊莎贝拉将摩尔人驱逐出西班牙,基督教徒们保留了摩尔人的建筑辉煌,并将那些建筑物转变成大教堂和私人宫殿。

科多巴的清真寺建于公元785—987年,基址为一个带围墙的170 m×130 m的矩形,矩形的三分之一为纳兰霍斯中庭或橘园。清真寺建筑自身即是一个奇观,而橘园中庭同样亦是一处非常迷人的空间。在开花时节,整个院落充溢芳香,成行种植的橘树具有自身的灌溉系统,每行橘树都挖设有一条水渠。大小形状均一的树木,成排重复布局的相同植物,赋予空间独特个性。

公元1250—1319年,摩尔人在格兰纳达建造了阿尔罕布拉宫和格内拉里弗伊斯兰园林。其中,具有重要意义的是阿尔罕布拉庭园,桃金娘中庭(图3.2)、狮庭和格内拉里弗的花园。

在西班牙的阿拉伯式宫殿中,阿尔罕布拉宫是保存得最好的。这座孤立的宫殿位于西班牙南部的格拉纳达城东南山地外围一个丘陵起伏的台地上,建于9世纪,保留了摩尔人建筑风格,其厚重的、堡垒式的外形,集城堡、住所、王城于一身的独特建筑综合体中,伊斯兰艺术及建筑的精致、财富、微妙达到其最后的顶点。在阿拉伯语中,"阿尔罕布拉"是红色的意思,故又称其为"红堡"。高地环境中,阿尔罕布拉宫具有鲜明的色彩,摩尔诗人用"翡翠中的珍珠"来描述其建筑明亮的色泽及其周边丰饶的森林。春季,阿尔罕布拉繁衍着由摩尔人种植的野花和野草,以及玫瑰、柑橘和桃金娘,构成了阿尔罕布拉独特的环境特征。宫殿用不同的台地连接,与周围地形相适应。台地长约730 m,最宽处约200 m,覆盖面积约14 hm^2。阿尔罕布拉宫中,有四个主要的中庭(或称为内院):桃金娘中庭、狮庭、达拉哈中庭和雷哈中庭。最负盛名的当属"桃金娘中庭"和"狮庭"(图3.3)。"桃金娘中庭"是一处引人注目的大庭院,是阿尔罕布拉宫最为重要的群体空间,是外交和政治活动的中心。它由大理石列柱围合而成,其间是一个浅而平的矩形反射水池,以及漂亮的中央喷泉,在水池旁侧排列着两行桃金娘树篱,这也是该中庭名称的渊源。

图3.2 桃金娘中庭

图3.3 阿尔罕布拉庭园精美柱头

桃金娘树篱的种植溯源于1492年西班牙占领该地之后。在桃金娘中庭内,主景为一座超出 40 m 的高塔,在塔上能够观看引人入胜的美景。周边建筑投影于水池中,纤巧的立柱、优雅的拱券、回廊外墙上精致的传统格状图案,与静谧而清澈的池水交相辉映,使人恍如处于漂浮空灵的圣地之中。

通过桃金娘中庭东侧到狮庭,即苏丹家庭的中心。在这个穆罕默德五世宫殿中,四个大厅环绕著名的中庭——狮庭(图 3.4)。列柱支撑起雕刻精美考究的拱形回廊,中心处有 12 只强劲有力的白色大理石狮托起一个大水钵(喷泉),布局成环状。在阿拉伯艺术中,用狮子雕像来支撑喷泉的做法可视为君权和胜利的象征,两条水渠将其四分,水从石狮的口中泻出,经由这两条水渠流向围合中庭的四个走廊。走廊由 124 根棕榈树般的柱子架设,拱门及走廊顶棚上的拼花图案尺度适宜,相当精美,拱门由石头雕刻而成,精细考究,走廊顶棚极其精湛。四根立柱组合增添了庭院建筑的层次感,使空间更为丰富、细腻。人们在这里放松精神和转换个人心态。与中世纪修道院相似的回廊,按照黄金分割比加以划分和组织,比例及尺度都堪称经典。水景体系既有制冷作用,又具有装饰性。"装饰"在阿尔罕布拉宫具有显著的重要性。在西班牙伊斯兰园林中,最有意义的装饰元素包括:铺砌釉面砖的壁脚板、墙身、横饰带、覆有装饰性植物主题图案的系列拱门,以及用弓形、钟乳石等修饰的顶棚等。在这些装饰性元素的作用下,中庭回廊的外观显得豪华而耀眼。

图 3.4　狮庭

第三个重要庭园是格内拉里弗的花园。格内拉里弗有"建筑师之园"的含义,它与阿尔罕布拉宫接壤,通过一座架设于溪谷之上的桥梁就可从阿尔罕布拉宫抵达。它是苏丹的夏宫,其内的设施略感凉爽,包括数个非同寻常的园庭。建造于 14 世纪初,迄今仍保持其原有形态,包括若干对称种植的台地花园。花园内,有着不计其数的小水渠、喷泉和喷射水流。

对称种植的台地园,由台地园可抵达所有花园的顶点、格内拉里弗内庭,一个典型的精美园庭,即水渠中庭。中庭内有一条纵贯整个庭院的水渠,沿水渠两侧排列有喷泉,在满园的植物映衬下熠熠生辉。为使该空间更为凉爽,水渠两侧的若干喷头,产生一道道高射的、连续不断的拱形水流,悦目悦耳。庭院的中心主要由一个长形的水渠构成,周边的建筑物是一条开放的拱廊,边缘是装饰性的拱门。俯瞰中庭,是格内拉里弗最为壮观的景致。水渠中庭的环境气氛显得活泼、亲近。

水渠中庭北面是一个水景庭园——罗汉松中庭,呈规则的几何形态,同样设有喷射的水流及高大的周边建筑物,修剪得四四方方的树篱凸显了建筑物的形体,为白色的墙面增添了深色的对比。其中高的平台,后来重建。

中世纪的西班牙伊斯兰建筑,外观常用的建筑材料是灰泥、木材和瓷砖等。建筑内外空间的组合及布局却反映出摩尔人式建筑的要旨,既营造优美的居住环境,又能为居者提供凉爽的小气候条件。它们的外观朴素耐用,内部却如同豪奢华美的天堂。伊斯兰园林的起源是对农业的直接摹仿,后来它发展为对灌溉、气温调节和植物种植的一种研究,逐渐风行,并出现于许多其他类型的园林设计之中。因其整体设计非常注重细部,常令人驻足。如今的格内拉里弗,花园场景,带来历史文明厚重感,在这样的庭园中,人们依然被庭园的环境气氛所深深打动。

3.2.4 西班牙伊斯兰园林特征

在摩尔人统治下,伊斯兰西班牙超越了欧洲其他国家而成为文明中心。西班牙摩尔人创造了一种新文化、相应的新环境,摩尔人对波斯艺术设计、希腊科学数理、先进灌溉知识的认知,将其融于园林设计理念之中。伊斯兰信徒向往的"天国",水、乳、酒、密河呈十字交叉,以喷泉为中心的布局,封闭的拱形建筑,反映伊斯兰园林的基本形式和阿拉伯人对绿洲、水的崇敬。利用水体和大量的植被来调节园庭建筑的温度,用灰泥墙体所分隔的台地花园,是基督教徒们保留了摩尔人建筑的辉煌,并将其发展成大教堂和私人宫殿。

西班牙人后来效法意大利、荷兰、英国、法国造园艺术,推广水法、绿化,使伊斯兰教与西欧风格结合,形成了风格独特的西班牙伊斯兰园林,对于整个西欧景观设计的影响是深远的。

3.2.5 印度伊斯兰园林

14世纪,蒙古铁骑征服了整个亚洲,也征服了印度,蒙古统治者着迷恒河繁多可爱的动植物,在园林中创造了繁多的图案,驯养了许多观赏实用的自然生灵与动物,蒙古人在印度被誉为"自然的崇尚者"。随着伊斯兰教徒东征,17世纪印度成为莫卧尔帝国所在地。莫卧尔自称是印度规则式园林设计的导入者。莫卧尔帝国的领导人巴布尔带来了波斯风格的园林,建于1528年阿格拉、朱木拿河东岸的拉姆巴格园即是一例。

莫卧尔园林和其他伊斯兰园林的一个重要区别在于不同植物的选择上。由于气候条件不同,伊斯兰园林通常如沙漠中的绿洲,且具有多花的低矮植株,而莫卧尔园林中则有多种较高大的植物,且较少有开花植物。

莫卧尔人在印度建造了两种类型的园林:其一是陵园,它们位于印度的平原上,通常建造于国王生前,当国王死后,向公众开放。陵园的最佳实例即是闻名世界的泰姬·玛哈尔陵(图3.5)。其二是游乐园,这种庭园中的水体比陵园更多,呈静止状态,游乐园中的水景多采用跌水或喷泉的形式,游乐园也有阶地形式,如克什米尔的夏利马庭园。

图 3.5　泰姬·玛哈尔陵

在印度伊斯兰园林中,也有与印度模式相混合的伊斯兰几何形,如斯利那加庭园,它位于达尔湖的东北部,竣工于1619年。该园呈阶地状,并分为三部分,一部分为妇女使用,一部分为国王使用,还有一部分供公众使用。妇女的活动通常是隐蔽的,她们的庭园处于最上层,以提供最大私密性和最好的视野。距夏利马庭园不远处是尼夏特巴格园,该园亦为阶地状,最初12个层次,并有一条狭长的水渠联系着不同层面。尼夏特巴格园以其场地规划著称。在台地后方,可饱览壮观的群山风景。在轴线另一端则是一个湖泊,花园的场址观景与园外景致完美融合。受地域、气候条件及本土文化影响,伊斯兰园林大多呈现为独特的建筑中庭形式,也因此在世界园林史上,伊斯兰传统园林可谓最为沉静而内敛的庭园,被誉为尘世中的天堂。

3.3 中国5—15世纪时期园林

3.3.1 两晋与南北朝时期的园林

1)两晋与南北朝时期概况

东汉末年,中央极权崩溃,政治失控,对学术、艺术干预弱化。农民起义,导致汉王朝覆灭,形成魏、蜀、吴三国鼎立的割据局面。司马炎称帝,出现西晋王朝。西晋末年,匈奴、鲜卑等族崛起,灭了西晋政权,在北方出现5胡16国。公元317年,晋元帝在建康(今南京)成立新政权,为东晋。政权频繁更替为宋、齐、梁、陈,史称南朝。公元386年,北魏道武帝统一北方,又被东魏、西魏、北齐、北周取代,史称北朝。

三国两晋南北朝时的宫苑,如曹魏在邺城定都称邺都(其原城址在河南安阳北,河北临漳西),建了铜爵园(图3.6)。以后的朝代北齐·武成帝也曾于邺城建都,改修原有的华林园为仙都苑。刘备占蜀为王称帝(图3.7)。孙权于秣陵建都,改其名为建康,以后各代又称之为建邺、金陵、集庆、应天、江宁、南京等名,自吴始,东晋、宋、齐、梁、陈均建都于此,人称六朝。六朝时代,建邺园林有很大发展。

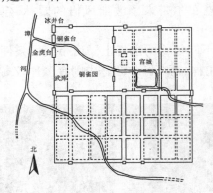

图3.6 曹魏邺城宫苑

图3.7 成都武侯祠(祝建华摄)

此时期帝王服膺士人山水园的高逸格调,欣赏仿效士人风范,"身处朱门,情游江海;形入紫闼,而意在青云"(齐·衡阳王东钧《南史·齐宗室传》)。进入极高审美境界,与士人园感受几无二致。

2)两晋与南北朝时期的园林

(1)"士人园"——中国园林的第二次飞跃　北魏·道武帝拓跋,原为鲜卑族,受汉族文化影响,他称帝后在云中(今山西大同附近)亦修建宫殿苑园。登国六年(391年),于该地建河南宫。天兴元年(398年)建天文殿。次年又于南台之阴建鹿苑,北临长城,东包白登,西山属之,广轮数10里,凿渠,引武川之水注之苑中,疏为三沟,分注宫墙内外,又穿鸿雁池,作天华殿,京师12门,西武库,太庙。宫苑仍有较大规模,注重引水入园,重视动物饲养,水禽出没池沼之中,使园林富有游牧民族粗犷之特色。

在河南洛阳,则有魏明帝营造的芳林园和华林园。古代有同园异名和同名异园的情况,上述两处华林园,为不同的园林。《宋书·礼志》载:"魏明帝时于天渊池南设流杯沟,燕群臣。"在上流放置酒杯,任其缓缓而下,停在谁的面前,谁即取饮,叫做"流觞"或"流杯"(图3.8)。苑园内设置曲水流觞,始于此时。

图3.8 "流觞曲水"画

《宋书·礼志》提到,宫城北三里有晋之芍药园,后改名乐游苑。东晋时的一个帝王海西公司马奕(366—371年执政),于建康钟川建立流杯曲水,以请众官。曾任右军将军、会稽内史的王羲之(图3.9),在其名篇《兰亭集序》中明确提到"流觞曲水",会稽文人一次在春天参与修禊春游时的活动,"曲水流觞"往往成为王公贵族游园时的一项时尚(图3.10)。

图3.9 王右军祠

图3.10 兰亭(祝建华摄)

北魏自武帝迁都洛阳后,大量的私家园林也经营起来。洛阳造园之风极盛。在平面的布局中,宅居与园也有分工,"后园"是专供游憩的地方。石磴碓尧,朱荷出池,绿萍浮水。桃李夏绿,竹柏冬青的绿化布置,多讲究造园的意境,写实向写意转化。

南朝时,南京的园林尤为著名。《南朝宫苑记》提到,乐游苑处覆舟山南北,连山筑台观,苑内起正阳、林光等殿。刘宋·元嘉11年(434年)文帝禊饮于乐游苑。元嘉23年,帝于华林园内筑景阳山,并在乐游苑北修玄武湖,意欲于湖中立方丈、蓬莱、瀛洲三神山,后遭何尚之固谏乃止。其实,玄武湖东临崔巍的钟山,尚有景可借。大明三年(459年),孝武帝慕汉上林苑之名,在玄武湖北也建了一个上林苑。

永明五年(487年),齐武帝于孙陵岗(今南京东郊梅花山)建商飙馆,是年还建新林苑。齐·谢赫《入朝曲》描述当时情景:"江南佳丽地,金陵帝王州,逶迤带绿山。迢递起朱楼,飞甍夹驰道,垂杨荫御沟"。此诗脍炙人口,广为流传。据《南齐书》提到,齐明帝建武三年(496

年），于阅代堂起芳乐苑，石皆涂以五彩，跨池水立紫阁；并不顾节气时令限制，随心所欲，在盛暑季节，令园内种以好树美竹，未经及日便已枯萎，后竟征求民家，望树便取，毁墙拆屋以移之，朝栽暮拔，道路相继，花药杂草，亦复皆然。

梁武帝改修华林园为仙都苑。天监四年（505 年），在建兴里筑建兴苑。太清元年（547 年）建成王游苑。昭明太子是梁武帝之子，性爱山水，喜好营建宫馆苑园。建康一带，当时的苑园还有桂林苑、别苑、芳林苑、方山苑、博望苑、娄湖苑、灵邱苑、古东园等，不胜枚举。梁元帝在江陵（今湖北）营建湘东苑。据《诸宫故事》记述，此苑穿池构山，长数百丈，缘岸植莲，杂以奇木，上有通波阁，跨水为之。周围有芙蓉堂、禊饮堂、隐士亭、乡射堂、连理堂、映月亭、修竹堂、临水斋；斋前有高山、石洞、潜行逶迤 200 步，山上有云阳楼，楼极高峻，远近皆见之。该园池山花木俱全，楼、阁、斋、堂、亭、桥兼备，构筑精巧，富有雅趣。人工构筑石洞，叠洞用于园林，从此时开始。

魏晋南北朝时期的著名画家谢赫在《古画品录》中提出的"气韵生动""骨法用笔""应物象形""随类赋彩""经营位置""传移模写"六法，对我国园林艺术有重要的影响。魏晋南北朝时期，是中国古代园林史上的一个重要转折时期。文人雅士厌烦战争，玄谈玩世，思想解放，寄情山水，风雅自居。豪富们纷纷建造私家园林，把自然式风景山水缩写于自己私家园林中。如晋武帝时任荆州刺史的石崇"金谷园"洛阳城西北郊金谷涧畔之"河阳别业"。"余有别庐在金谷涧中，或高或下。有清泉茂林，众果竹柏药草之属，田 40 顷，羊 200 口，鸡猪鹅鸭之类莫不毕备。又有水礁鱼池土窟，其为娱目欢心之物备矣"（《金谷诗》）。晋代著名文学家潘岳有诗咏金谷园之景物，享山林之乐趣，并作为吟咏作乐的场所。园内树木繁茂，植物配置以柏树为主，其他的种属则分别与不同的地貌相结合而成景，如前庭配有沙棠，后园植有乌，柏木林中梨花点缀等，集功能精神于一身，开自然山水园先河，但仍显富贵之气。

士人园最具代表性的是"面城""近市""闲居之乐"的士人小园。以吴中第一私园著称的东晋顾辟疆苏州筑宅园"顾辟疆园"，以美竹扬名，以后王献之曾往游览；戴宅园，以"有若自然"为人所羡；有"尽可观游之乐"的广陵徐湛私园；北魏张伦所造景阳山私园，匠心巧思，将自然作了艺术的人化。王珉在虎丘山下也建宅园，从而苏州的园林有了长足的发展。

北齐庚信的《小园赋》，说明了当时私家园林受到山水诗文绘画意境的影响，而宗炳所提倡的山水画理之所谓"坚画三寸当千仞之高，横墨数尺体百里之回"，成为造园空间艺术处理中极好的借鉴。南朝"广陵城旧有高楼，湛之更加修整，南望钟山，城北有陂泽，水物丰盛。湛之更起风亭、月观、吹台、琴室，果竹繁茂，花药成行，招集文士游玩之适，一时之盛"（《宋史·徐湛之传》）。这几座南朝园林，呈现出一种新的趋势，即士人园由追求质朴自然的风格向写意发展，静心、息性、寄情，才不疲园林的经营，山、水、花、树、风、月已不是单纯的自然之物了，都已成了老庄哲学中"恬静无欲"最好的注脚，都已被人格化了，同他们一起愤世嫉俗、心心相印，能给他们以藉慰的须庚不可分离的知音，不是去占有山水，而是赋予山水以情感，与山水同在。即所谓"非必丝与竹，山水有清音"（左思《招隐诗》）便是对他们新的开拓最深层的揭示。

（2）寺观园林兴起的历史原因　佛教早在东汉中期已传入中国，汉明帝曾派人到印度求法，指定洛阳白马寺藏佛经。"寺"本来是政府馆驿机构的名称，从此便作为佛教建筑的专称。佛教寺院园林在布局上随着时代的不同呈现出三种类型：

①廊院式寺院。印度佛寺中心设佛塔，周围布以僧房，东汉末年传入中国后，演变为廊院式寺庙。大塔高耸，置于正中，为构图主体，院庭四角若有角楼，与大塔形成呼应，是大塔的陪衬，为景观构成，如东汉末年徐州的浮屠祠。

②廊院式向佛殿中心过渡式寺院。南北朝时期,寺院由廊院式向以佛殿为中心的中心布局形式过渡。当时"舍宅为寺"之风盛行,由于无法再在"宅"院内主要地位立塔,所以就不建塔,将宅院按照佛寺要求重新布置,如北魏时的永宁寺。

③纵轴式寺院。隋唐及以后,寺院布局形式以房屋围合成的庭院为单位,多个院落不同组合的平面形式,把主要殿堂布置在一条轴线上。大型寺院则在主轴两侧发展平行的多条轴线,布置附属的殿堂与僧房。从此,中国佛寺园林的布局基本定型,如北宋的智化寺。

因佛教信仰兴盛,豪华宫殿般的建筑方式也大量地用在佛寺建筑上,尽显华丽和金碧辉煌。

道教开始形成于东汉,其渊源为原始巫术、神仙、阴阳五行之说,奉老子为教主。

道教的正式建立是在东汉顺帝在位时期,创始人是张陵,又名张道陵(民间俗称张天师),江苏沛国丰(今江苏丰县)人,相传他是张良的八世孙,曾任巴郡(今重庆)令。晚年隐居四川鹤鸣山(在今四川大邑县),改修长生之道,掌握了炼金丹的方法。

张陵仿照汉代行政制度,组织起严密完整的宗教集团。因入教者须交五斗米为活动经费,称"五斗米道",以老子为教主,以《道德经》为主要经典。因为"五斗米道"尊张陵为天师,因此又称天师道。

道教文化崇山,与山有着不解之缘。首先,与远古先民的自然崇拜有着直接的关系;其次,道家崇尚自然,提倡清静无为、遁世隐修,而深山正是他们理想的世外桃源;再次,山中有着丰富的矿物质和药用植物,这些丹砂铅汞和灵花仙草,为隐士们采药炼丹、制作"不死之药"提供了必要条件。

因此,千百年来,众多的道家隐士遁迹于名山大川之中,"得山川之灵气,受日月之精华",潜心修道。开山辟路、凿洞筑庵,这些成为后世的洞天福地。山不在高,有仙则名。名山为修道者提供了栖隐、采药、炼丹的理想场所,而道家瑰丽的神话传说和丰富的仙真遗迹也为名山平添了奇幻的色彩和迷人的魅力。寺观借名山扬名,名山借寺观增色。

佛教的活动场所称寺庙,而道教的活动场所称"宫"或"观"。

道教最初的活动场所称"治""静室""静庐",到南北朝时,南朝称"馆",北朝的传道场所开始称"观",宫观之名早在道教产生之前就已经出现了。"宫"是帝王居室的专称;"观"是城门两旁可供望远的高楼,含有登高观察之意。相传春秋时期函谷关令尹喜曾在终南山结草为观,观星望气,人称草楼观。道教将终南山草楼观看作道教宫观的鼻祖。唐朝时,由于李家王朝自称是老子的后人,供奉老子的场所自然应该被称为"宫",逐渐流行到全国。从此以后,道教建筑中,规模较大者称"宫",规模较小者称"观",更小些的称"道院",而供奉自然神和民间俗神的也常称庙,如岱庙等。

道教的宫观按其所奉主神的不同大致分为四类:一为尊神宫观,二为仙真宫观,三为自然神庙,四为俗神庙宇。

供奉尊神为主的道观,称为尊神宫观。为道教宫观中数量最大、最具代表性的。尊神宫观规模有大有小,建筑格局却相对统一。一般皆由山门,包括幡杆、华表、棂星门、钟鼓楼等附属建筑、灵宫殿、正殿、配殿、后罩楼等部分组成,有的带有花园,其主要特点为主殿供奉道教尊神。

供奉仙真为主的道观,称为仙真宫观。仙真是真实的修道者,他们或为开宗立坛的教派宗师,或为道行高深的玄门隐士,或为著书立说的道教学者,他们是道教真正的创造者和完善者。在得道仙真的家乡,或生前传道、死后埋骨的地方,后人建起宫观供奉,便形成了仙真祖庭。祖庭制的宫观以供奉本观祖师为主,祖师殿是宫观建筑的中心,配祀的或为祖师道友,或为弟子,尊神只是陪衬。不同派系的祖庭,供奉的祖师也不同,各自祖师遗迹、修道、传教、显圣的神话尽显观内,人间香火最盛,引人寻幽探胜。因此,仙真祖庭是道教宫观中最具观览价值的部分。

自然神庙是供奉山水神的宫观。在中国民间信仰中,山都有山神,水有水神,而五岳、四渎神则是众多山水神的代表,享受历代香火。秦以后,天子封禅泰山、祭祀五岳四渎(江、淮、河、济四水的总称)逐渐形成定制。道教产生后,岳镇海渎神被纳入了道教的神仙体系。自然神庙与其他宗教建筑的格局迥然不同,自然神庙无一例外皆是前为朝殿、后为寝宫的形制,前朝后寝,构成寺庙的主体。它建筑规格高,规模宏大,殿宇宏敞,园林周围,装饰华丽。

俗神庙宇是供奉民间俗神的宫观。兼收并蓄,无所不包,是道教神系的一个突出特点。中国有着多神教的传统,民间信仰丰富多彩,道教在造神过程中,将他们一一网罗进来,形成一个庞大的道教俗神系列,如其遍布全国的土地神及其在城镇中的变种——城隍神,治病救命的药王,海上的保护神妈祖,河湖的主宰龙王以及牛王、花神,等等。他们各司其职,无所不在,为百姓祈福避祸、家道昌吉提供精神慰藉。

佛、道盛行,作为宗教建筑的佛寺、道观大量出现由城市波及近郊而逐渐流行于远离城市的山野名胜。随着寺、观的大量兴建,新型的园林——寺观园林出现了,如同寺、观建筑的世俗化一样,不但表现宗教的意味、显示宗教特点,而受时代园林艺术思潮的浸润,更多地追求人间的赏心悦目、畅情舒怀。

魏晋六朝,僧侣、道士有着很高的文化修养,他们精研老庄,进入人迹罕至的山野,谈论玄理,殿宇僧舍,无异于园林。"如蠏首峨嵋、细而长、美而艳"的四川峨眉山,相传天师道的创始人张道陵在峨眉山修持炼丹,魏晋六朝时期,为道教名山驰名天下。东晋孙绰《道贤论》将七位名僧比拟"竹林七贤",僧侣、道士与名士相提并论。

图3.11　敦煌莫高窟

两晋、南北朝以后,私家园林中"士人隐逸园"异军突起,这是因为东汉以来两晋、南北朝时期社会不安,有所谓"对酒当歌,人生几何"的叹谓。思想的追求而大兴园林之风。士大夫出于愤世嫉俗,而玩世不恭,醉心老庄哲学及玄学,清谈不拘礼法,任性放荡。他们常常饮酒、修禊、服散,寄情山水。青山绿水,挖池堆山,有了有若自然,任人笑傲的"仙境","玄对山水"滋长了隐逸思想。佛教的出世思想又助长了这种风气的蔓延,激发了"士人园"的兴起,使中国园林产生第二次飞跃。

(3)创造世界最伟大的"公共艺术环境"——石窟艺术

寺园艺术继往开来,其重要标志是开凿的石窟艺术,形成许多驰名中外的"公共艺术环境",为世界数量之最,是世界艺术奇观!这一历史时期主要有,大同云冈石窟、敦煌莫高窟、洛阳龙门石窟、巩县石窟寺、麦积山石窟等多处石窟群,龙门、云冈、莫高窟被称为中国艺术三大宝库。建于公元366年的敦煌莫高窟(图3.11),其彩雕和壁画,排列起来可长达25 km。人们在这里升起发愿,祈求黎明和安慰。在悲壮之中,造就时代雄壮、悲丽之美,是中国环境艺术史上具有世界意义的光辉篇章!

贤人贡上、"王仁"和迩吉师,汉籍东传。公元5世纪日本古坟时代汉字使用,标志日本跨入文明社会之门槛。中国文明包括园林艺术影响日本。

3) 两晋与南北朝时期的园林特征

魏晋六朝是中国历史政治最混乱、社会最痛苦的时代。由于各地战乱,朝代众多,南北对峙,历时360多年,"然而却是精神史上极自由、极解放、最富于智慧、最浓于热情的一个时代"(宗白华)。晋人以生活上、人格上的自然主义和个性主义,"以虚灵的胸襟,玄学的意味体会自然、清澄,一片空明,建立最高的、晶莹的、美的意境"。

(1)士人园的自然美和人格美 汉末(公元166—169年)的"党锢之祸",影响持续一百多年,淡化了"以天下为己任""捐躯赴国难"的冲动,促成隐逸文化精神气候,出现并造就了伯夷、叔齐等大批为顾全气节、隐居山林的隐士追求清高和自由不羁的个人生活,为保持独立人格或理想而终生不仕,思考人生命的价值,重人的精神与人体的"永恒",求生命超功利的人生境界。"山居""岩栖""丘园""城傍"而居,深入人心,谈玄论道,"诗画入园","士人园"诞生。对帝王宫苑形成文化冲击,也与"王侯弟宅、多题为寺",寺园一体的寺观园林有着血缘关系。表现为对探求哲理、宇宙、友谊、生命本体的"一往情深","精神上的真自由、真解放"(宗白华)。"才能推己及物",推己及人,向外发现了自然,向内发现了自己的深情,"士人园"的山水虚灵化了、情致化了,构成一种"不沾滞于物的优美而自然的心态,具有事外而致远的心灵美和人格美,超然于此生祸福之外,发挥出一种镇定的大无畏精神来"(宗白华),"把玩现在",生活求极量的丰富和充实,寄于过程于自身美的价值而非外在的目的。"士人园"的自然美和人格美同时为晋人所发现。以老庄哲学的宇宙观为基础的这种美与美感,奠定了1500年来中国的美学观,也形成了晋人的道德观(图3.12)。

两晋南北朝时期,是我国古代思想文化及艺术大变革时代。这一时期政治动荡,玄学受崇,文人为逃避现实,以归隐山林为高雅,园林建筑冲破追求气派、规模宏大的苑囿式花园模式,更加艺术化、人格化,一批文人在江南营建了小巧精致、风格典雅朴素的私家园林,这是我国园林艺术的一个重要转变。近宅近城建造,规模较小,注意园景的自然野趣,常以松、竹、菊、花体现含蓄、雅朴的风格。石窟寺人像艺术再造精神环境,中国石窟寺人像艺术

图3.12 嵩阳书院(北魏太和八年,公元484年)

第一次和"巨大""坚硬""崇高""不朽""权威""神圣""理想"等哲学概念结合起来,营造"精神环境",那端庄严正、雄浑无畏的巨大精神力量,再次唤醒了中国人内在的阳刚进取而威猛的精神。

(2)士人园深刻地影响了皇家园林 在我国古代园林发展史上,两晋、南北朝时期,是一个重要的历史阶段,它奠定了我国古代私家园林的基本风格和"诗情画意"的写意境界,士人的"道"高于了皇权,并深刻地影响了皇家园林的发展。

(3)天人合一,与自然和谐为美,传统美学思想更加成熟 中国风景式园林由自然天成、创造、追求绘画,尤其中国山水画的意境,移情于景,并使之上升到人格化、道德化的高度,追求功能与精神的统一,与自然和谐为美的传统美学思想更加成熟。造园活动同样也体现出"魏晋风骨",造园与理论实践的探索,是中国造园史上的一个高峰。

(4)中国园林体系的完成 佛教盛行,"南朝四百八十寺,多少楼台烟雨中",寺庙园林也得到了发展。佛教进入中国,与中国文化结合导致禅宗寺观园林的出现。从此,中国园林形成以

皇家、禅宗寺观、私家宅园、士人园、自然山水园、陵寝等园林类型并行发展的局面，标志着中国园林体系的完成。私家园林作为一个独立的类型异军突起，集中地代表了这个时期造园活动的成就。出现两种明显的倾向：一种是以贵族、官僚为代表的崇尚华丽、以争奇斗富开始逐渐向文人园转化的倾向；另一种是以士人为代表的表现隐逸、追求山林泉石之怡性畅情的倾向，开后世文人园林即山水写意园林的先河。两者在形式上的共性，都传承着与自然和谐为美的民族美学思想。南北朝时陵寝园，石像生已成为帝王陵寝的必备建筑。自佛教传入后，印度的佛像雕凿技术与中国传统的雕塑艺术融合，逐渐形成了中国独特风格的石像艺术。除了雕造佛像外，还雕刻了形态各异的人、兽石像。

园林作为一个建筑主体的延续，成为更加整体和谐的关系并承载着思想。园林的规划由粗放方式转变为细致精密的设计，升华到艺术、人格、道德的境界。两晋南北朝是中国历史上思想最为解放、艺术气氛最为浓厚的时期。中国山水画的意境，诗、书法的高度成熟，佛教和道教的流行，园林艺术兼融儒、道、佛、玄诸家的思想及国粹艺术精神，为中国风景式园林奠定了坚实的基础。随着自然山水园林的出现，人们对植物在园林中的造景也愈加讲究，配置上已很讲究意境、灵性和人格意义，写实向写意发展。

3.3.2　隋时期园林（公元581—618年）

图3.13　隋唐九成宫殿遗址

公元589年，隋文帝灭陈，结束了两晋南北朝历时369年的分裂时期。从隋文帝至隋炀帝杨广被宇文化及杀死，隋亡还不满30年。隋炀帝杨广是我国历史上以荒唐著名的皇帝，隋朝虽短，但在我国建筑、环境史上却留下了许多令后人炫目的建筑作品（图3.13）。如大运河，今天仍是我中华民族的骄傲；兴建大兴城（即唐长安），以空前的规模与布局独步世界城市；河北赵县的安济桥，无论是从工程结构上看，还是从艺术造型上看，都是世界上一流的杰作；敦煌、龙门等石窟，表现出佛教艺术民族化的新趋向。

隋朝也大造宫苑，隋炀帝所修的显仁宫，"周围数百里，课天下诸州，各贡草木花果，奇禽异兽于其中"（《隋书》卷24《食货志》），"五年，西巡河右，……帝乃令武威，张掖士女，盛饰纵观。夜服车马不鲜者，州县督课，以夸示之"（同上），"登极之处，即建洛邑，每月役丁200万人。导洛至河及淮，又引沁水达河，北通涿郡，筑长城东西千余里，皆征百万余人，丁男不充，以妇人兼役，而死者大半……"。

隋炀帝大业元年（606年）在洛阳兴建的西苑，是继汉武帝上林苑后最豪华壮丽的一座皇家园林。它使山水、建筑、花木交相辉映，景色如画。"西苑周二百里，其内为海周十余里，为蓬莱、方丈、瀛洲诸山，高百余尺，台观殿阁，罗塔山上。海北有渠，萦纡注海，缘渠作十六院，门皆临渠，穷极华丽"（《隋书》）。《大业杂记》载："苑内造山为海，周十余里，水深数十丈，上有通真观、习灵台、总仙宫，分在诸山。风亭月观，皆以机成，或起或灭，若有神变，海北有龙鳞渠，屈曲周绕十六院入海"。关于西苑十六院,《大业杂记》中记载:每院开东、西、南三门,门开临龙鳞渠,渠宽二十步,上跨飞桥,过桥百步即杨柳修竹,四面郁茂,名花异草,隐映轩陛(台阶)。另有逍遥亭,结构之丽,冠于古今。十六院相互仿效,每院置一屯,每院置四品夫人一人,有宫人管理,养猪、牛、羊等,穿池养鱼,为园种蔬菜瓜果等无所不有。另外筑游观数十,或泛轻舟画舸,习采菱之歌,或升飞桥阁道,奏游春之曲。西苑总的布局,是以人工叠造山水,以山水为园的主要脉络,龙鳞渠为全园的一条主要水系,贯通十六个苑中之园,每个庭院三面临水,因水而活,跨飞桥,建逍遥亭,丰富了园景。绿化布置隐映园林建筑,隐露结合,注重造园的意境,每个庭院虽是供妃嫔居住,与皇帝禁宫却有着明显的不同,对唐代宫苑带来重大的影响。

3.3.3 唐代园林 (公元 618—907 年)

1) 唐代园林背景

公元 618 年,唐高祖李渊太原起兵,很快削平割据势力,统一全国,建立唐王朝。唐初汲取隋亡的教训,实行轻徭薄赋政策,励精图治。政治上继承隋朝创立的三省六部制,经济上采取北魏以来的均田制和租庸调制,经济发展,政局稳定,开创了中国历史上空前繁荣兴盛的局面。盛唐以后,均田制遭到破坏,边塞各地的节度使拥兵自重,形成藩镇割据。天宝末年,节度使安禄山、史思明发动叛乱,唐玄宗被迫逃亡四川。藩镇之祸愈演愈烈,吏治腐败,国势衰落。公元 907 年,节度使朱全忠自立为帝,唐王朝亡,中国又陷入五代十国的分裂局面,政治动荡持续半个世纪。

唐代国势强大,版图辽阔,初唐和盛唐成为古代中国继秦汉之后的又一个昌盛时代,是一个朝气蓬勃、彪炳功业的时代,贞观之治和开元盛世把中国封建社会推向繁荣兴旺的高峰。文学艺术方面,如绘画、诗歌、雕塑、音乐、舞蹈等,在弘扬汉民族优秀传统的基础上汲取其他民族甚至外国文化,呈现出群星灿烂、盛极一时的局面。绘画的领域,花鸟、人物、神佛、鞍马、山水均成独立的画科,山水画已脱离在壁画中作为背景的状态而趋于成熟,山水画家辈出,开始有工笔、写意之分。"李思训数月之工,吴道子一日之迹,皆极其妙"。无论工笔或写意,既重客观物象的写生,又注入画家的主观意念和感情。即

图 3.14　唐朝长安城苑

所谓"外师造化,内法心源",确立了中国山水画创作的准则。山水画家著有"画论",山水诗、山水游记已成为重要的文学体裁,园林深受其影响,造园中又运用其构景,对大自然山水风景的构景规律和自然美又有了更深一层的把握和认识(图 3.14)。

2）唐代园林

（1）"士人园"到"文人园"　唐代已出现诗、画互渗的艺术风格，大诗人王维的诗作生动地描写了山野、田园如画的自然风光。他的画也同样富有诗意，"诗中有画，画中有诗"。山水画也直接影响并引导造园艺术，王维、杜甫、白居易等一大批文人、诗人、画家直接参与造园活动，使诗文、绘画、园林这三种艺术门类互相渗透，园林艺术开始呈现诗情画意。隋、唐两代，特别是在唐代的文人士大夫中，酷爱园林的风气十分盛行。两晋、南北朝以来"士人园"在给予精神寄托和心灵净化上，而成为一种传统风尚的缘故；另一方面在唐代国家强大、经济发达、文化艺术欣欣向荣的社会大背景下，知识分子的心态是积极的，又有感于心力的疲惫，宦海沉浮的无拘而向往"寂无城市喧，渺有江湖意"的既不脱离功业、仕途，又能享受山林野趣洗礼的"中隐"生活，是其主要的原因。盛唐对自然美的认识有了完全的自觉。私家园林中士人园林在诗人、画家直接参与构筑下达到"诗情画意"的艺术境界，其造园的美学宗旨、艺术手法进入成熟阶段。

中国历史上杰出的造园家从来都少不了画家和诗人。这一时期，诗人和画家的造园活动，引人注目，涌现出不少杰出的"造园艺术家"。他们按照诗论和画论来建造园林，推动了造园理论的深化和确立。山水田园诗派代表有"南宗文人画"之祖王维的"辋川别业"。云横秦岭家何在，他以诗人的激情，画家的敏锐赋予"辋川别业"及周边自然景观以人文色彩，从而使"辋川别业"具有超然的智慧。大诗人李白恋庐山的壮丽等成为盛唐诗人结庐名山胜景雅尚。

白居易的庐山草堂，原创性意义和原朴规则：选址借景，俯仰有景；四季有景，运用植物和环境的原生态。"隐在留司官"的"中隐"理论是白居易在他的园林中的实践，开创后世"文人园"之先河。晚年归休的"履道里园"："水解性淡为吾友，竹解心虚即我师，何必悠悠人世上，劳心费目觅亲知？"抒情写意色彩浓郁，又是江南文人写意园之首。私家园林的这种追求，直接影响了这一时期皇家宫苑的发展取向，如唐长安的禁苑（即隋大兴苑）、大明宫太液池、兴庆宫龙池以及骊山临潼华清池等，其规模已远不及秦、汉宫苑所特有的恢宏气势，内涵和性质上却还是一脉相承。规模的缩小，注意造园要素的典型化，山、水、花、木的"比兴"和"隐喻"，完全脱离了简单仿写自然的初始形态，即便是自然山水园，也被人们赋以深层的寓意，用拟人的手法给打扮了起来。

（2）园林技艺成熟，全面向写意发展　传统的木构建筑无论在技术还是艺术方面均已完全成熟，建筑物的造型丰富，形式多样，迄今保留的一些殿堂、佛塔、石窟、桥梁、壁画以及山水画等文物便是明证。花木栽培技术也有很大进步，能够引种驯化、移栽异地花木。李德裕在洛阳经营私园平泉庄的《平泉山居草木记》，记录园内珍贵的观赏植物七八十种，其中大部分是从外地移栽的。在这样的历史、文化背景下，中国园林开始向写意化发展，进入风华正茂、聪明睿智朝气勃勃的时代。

中唐，传统文化主体的儒、道、佛三大思潮都处在一种蜕变之中，在中国文化史上是一个转化阶段。佛教衍生出禅宗，士大夫道教向老庄、佛教靠拢。中国园林作为文化的重要载体深受繁荣的文化大背景影响，唐代山水园林继续在写意化的道路上延伸与发展。

（3）唐代园林的主要类型

①唐代寺、观园林　唐代的 20 个皇帝中，除了唐武宗之外其余都提倡佛教，有的还成为佛教信徒。随着佛教的兴盛，佛寺遍布全国，寺院的地主经济亦相应地发展起来。农民大量依附于寺院，百姓大批出家为僧尼，政府的田赋、劳役、兵源都受到影响，终于酿成武宗时的"会昌灭佛"。不久，佛教势力又恢复旧观。唐代皇室奉老子为始祖，道教也受到皇室的扶持。宫苑里

面建置道观,皇帝贵戚多有信奉道教的。各地道观也和佛寺一样,成为地主庄园的经济实体。"凡京畿上田美产,多归浮图"。

寺、观的建筑制度已趋于完善,大的寺、观往往是连宇成片的庞大建筑群,包括殿堂、寝膳、客房、园林四部分的功能分区。封建时代的城市,市民居住在封闭的坊里之内,佛教提倡"是法平等,无有高下",佛寺更成为各阶层市民平等交往的中心。法会、斋会,入内观赏殿堂的壁画,聆听通俗佛教故事的"俗讲",环境处理必然会把宗教的肃穆与人间的愉悦相结合考虑,更重视庭院的绿化和园林的经营。寺观的园林绿化亦追摹私家园林,一般都是开放的,文人们都喜欢到寺观以文会友、吟咏、赏花。寺院还兴办社会福利事业,为贫困的读书人提供住处,收养孤寡老人等,道观亦如此。寺、观往往于进行宗教活动的同时也是社交和公共园林性质,成为城市公共交往的中心。山岳风景地带,几乎都有寺观的建置,"天下名山僧占多"。全国各地以寺观为主体的山岳风景名胜区,到唐代差不多都已陆续形成。6世纪的峨眉山,已是菩贤菩萨道场扬名天下,佛教的大小名山,道教的洞天、福地、五岳、五镇等,既是宗教活动中心,又是风景游览的胜地。寺观作为香客和游客的接待场所,对风景名胜区的区域格局的形成和旅游的发展起着决定性的作用。佛教和道教的教义都包含尊重大自然的思想,又受到魏晋南北朝所形成的传统美学思想的影响,寺、观建筑力求和谐于自然的山水环境,起着"风景建筑"的作用。郊野的寺观把植树造林列为僧、道的一项公益劳动,郊野的寺观往往内部花繁叶茂,外围古树参天,成为风景名胜之地。栽培名贵花木,保护古树名木,使一些珍稀花木得以繁衍(图3.15)。

河南洛阳城南的龙门石窟寺艺术,龙门山从北魏开凿迄于唐,现存石窟1 852个,具有很高的艺术成就。莫高窟(敦煌石窟、千佛洞),位于甘肃敦煌东南,现尚存4—14世纪壁画和雕塑的洞窟492个。隋唐时期,敦煌、龙门天山、麦积山、乐山、安岳等石窟继续发展,公元713—公元803年,海通法师等在四川乐山三江交汇处,历经90年,开凿了世界最大的弥勒佛像,高达71 m,宏大魁伟,"佛是一座山,山是一尊佛",永远载入世界文化史册(图3.16)。"大像"体现了弥勒信仰,原有十三层楼阁;"大像阁",唐后有称"天宁阁、凌云阁、宝鸿阁,后经战乱毁坏。造像渗透了现实的气息,为社会风貌的写照。雕塑走向圆熟洗练,形体饱满,衣着瑰丽的成熟阶段;佛的森严,菩萨温和而妩媚,迦叶含蓄,阿难潇洒,天王力士威力雄健,各自充满了时代活力,使人直面那个时代的灵魂,令人震颤,艺术风格达到了前所未有的完美与成熟,在石窟寺院、园林环境中起着非常重要作用,标志着隋唐文化艺术的鼎盛。

图3.15　峨眉山金顶(祝建华摄)

图3.16　乐山大佛(祝建华摄)

②唐代文人园林　唐朝是我国封建社会的全盛时期,国富民强,文化艺术空前繁荣。唐诗是中国古典诗歌发展达到高峰的体现,仅据《全唐诗》所收录,诗人达2 200余人,诗歌近五万首,内容涉及唐代社会生活的各个方面。李白、杜甫、白居易是唐代最著名的三大诗人。

在绘画方面,阎立本、阎立德兄弟为隋唐间著名的艺术家,绘有反映汉藏友好关系的《步辇图》等。擅长绘山水画的李思训、画佛道人物的吴道子等。书法方面有对后世有很大影响的柳公权,笔画清劲遒美,人称"柳体"。中国绘画、书法极为重要且深刻地影响着园林,促使园林大为发展。北宋时期的李格非在《洛阳名园记》中提到,唐贞观开元年间,公卿贵戚在东都洛阳建造的邸园,总数就有1 000多处,足见当时园林发展的盛况。唐朝文人画家以风雅高洁自居,多自建园林,并将诗情画意融贯于园林之中,追求抒情的园林趣味。园林是诗,它是立体的诗;园林是画,它是流动的画。

中国园林从仿写自然美,到掌握自然美,由掌握到提炼,进而把它典型化,使园林发展形成为写意山水园。如白居易、王维等都是当时的代表人物。后因五代十国的战乱,池塘竹树被兵车蹂躏,皆废而为丘墟,高亭大榭也都为烟火焚燎化为灰烬,唐代洛阳的园林艺术"与唐共灭而俱亡"了。

王维(公元700—760年)知音律,善绘画,爱佛理,以诗和山水画方面的成就而著名。他是盛唐时期著名的画家和诗人,晚年在陕西蓝田县南终南山下作辋川别业(图3.17)。"维别墅在辋川,地奇胜,有华子冈、歌湖、竹里馆、茱萸汴、辛夷坞"(《唐书》)。《山中与裴迪书》中有:北涉玄霸,清月映郭。夜登华子冈,网水沦涟,与月上下,寒山远水,明灭林外。深苍寒犬,吠声如豹……步厌经,临清流也。当待春中,草木蔓发,卷山可望。轻倏出水,白鸥骄翼。入画的描绘和《辋川集》的诗句中,可体会到王维别业的诗情画意了。

图3.17　辋川别业局部

华子冈"飞鸟去不穷,连山复秋色。上下华子冈,惆怅情何极。"山岭起伏,树木葱郁的冈峦环抱中的辋川山谷,隐露相合,是王维很得意的好居处。文杏馆一景,"文杏裁为梁,香茅结为宇",文杏馆是山野茅庐的构筑,更富山野趣味了。

还有以树木绿化题名的辛夷坞、漆园、椒园等。辋川别业是有湖水之胜的天然山地园,在造园中吸取了诗情画意的意境,精心的布置,充分利用自然条件,构成湖光山色园林胜景。再加上有诗人、画家的着力描绘,辋川别业处处引人入胜,流连忘返,犹如一幅长长的山水画卷,淡雅超逸,耐人寻味,既有自然情趣,又有诗情画意,开人文景观之首。

一代诗人白居易,游庐山时被自然景观所吸引。元和年间,白居易任江州司马时在庐山修建庐山私家园林——庐山草堂,开创文人园之先河,并自撰《草堂记》,记述了园林的选址、建筑、环境、景观以及作者的感受。基址选择在香炉峰之北,遗爱寺之南,堂前有平地广十丈,中为平台,台前有方池,广二十丈,环池多山竹野卉,池中种植有白莲,亦养殖白鱼。由台往南行,可抵达石门涧,夹涧有古松老林,林下多灌丛萝。草堂北五丈,依原来的层崖,堆叠山石嵌空,上有杂木异草,四时一色。"面峰腋寺","白石何凿凿,清流亦潺潺;有松数十株,有竹千余竿;松张翠缴盖,竹倚青琅玕。其下无人居,悠哉多岁年;有时聚猿鸟,终日空风烟。"草堂东有瀑布,草堂西依北崖用剖竹架空、引崖上泉水,自檐下注,犹如飞泉。草堂南面"抵石涧,央涧有古松。老杉……松下多灌丛、萝茑,叶蔓骈织,承翳日月,光不到地。草堂附近四季景色,春有杜鹃花,夏有潺潺门前溪水和蓝天白云,秋有月,冬有雪。晨昏千变万化各有异景,犹如多变的水墨画了。

草堂建筑和陈设极为简朴,三间两柱,二室四墉。洞北户,来阴风,防徂暑,敞南甍,纳阳日,寒堂中设木榻四,素屏二,漆琴一张,儒道佛书各二至三卷。草堂附近景观亦冠绝庐山,"春有'锦绣谷'花,夏有'石门涧'云,秋有'虎溪'月,冬有'炉峰'雪,阴晴显晦,昏旦含吐,千变万状,不可殚记。所谓甲庐山"。

白居易贬官江州,心情十分抑郁,需要山水泉石作为精神的寄托。他的《香炉峰下新置草堂即事咏怀题于石上》一诗表达了白居易历经宦海浮沉、人生沧桑于退居林下、独善其身作泉石之乐的向往之情:"何以洗我耳,屋头飞落泉;何以净我眼,砌下生白莲。左手携一壶,右手挈五弦;傲然意自足,箕踞于其间。兴酣仰天歌,歌中聊寄言;言我本野夫,误为世网牵。时来昔捧日,老去今归山;倦鸟得茂树,涸鱼还清源。舍此欲焉往,人间多险艰。"晚年白居易的"履道里园",又开创江南文人写意园之首。

成都私家园林(浣花溪草堂)。大诗人杜甫为避安史之乱,流寓成都,得到友人剑南节度使严武的襄助,于上元元年(760年)择地城西外之浣花溪畔建置草堂,两年后建成(图3.18)。"诛茅初一亩,广地方连延,经营上元始,断手宝应年。敢谋土木丽,自觉面势坚;亭台随高下,敞豁当清川;虽有会心侣,数能同钓船"(《寄题江外草堂》)。利用天然的水景,"舍南舍北皆春水,但见群鸥日日来"。园内的主体建筑物为茅草葺顶的草堂,建在临浣花溪的一株古楠树的旁边,园内大量栽植花木,"草堂少花今欲栽,不用绿李与红梅",主要有果树、桤木、绵竹等。因而满园花繁叶茂,阴浓蔽日,再加上浣花溪的绿水碧波

图3.18 成都浣花溪杜甫草堂(祝建华摄)

以及翔泳其上的群鸥,构成一幅极富田园野趣且寄托着诗人情思的天然图画。诗人蓉城仍穷困,三年后,草堂因八月大秋风所破,大雨接踵而至,诗人又作《茅屋为秋风所破歌》,虽写数间茅屋,却是诗人忧国忧民的仁爱情怀和改变现实的理想。

唐代,文人到山岳风景名胜区择地修建别墅的情况比较普遍。在北宋初年,李格非所作《洛阳名园记》中,介绍了在唐代陪都洛阳兴建的洛阳名园19个,指出唐代园林布局上的变化:园景与住宅分开,专供官僚富豪游赏或宴会娱乐之用,详尽介绍在19个名园的类属及各具的特色。

属于花园类型的有:天王院花园子,园中既无池也无亭,独有牡丹十万株。归仁园,原为唐丞相朱僧孺所有,宋时属中书李侍郎(李清臣),以花木取胜,一年四季花期不断是百花园。李氏仁丰园,名花在李氏仁丰园中应有尽有,远方移植来的花卉等也种植,总计在1 000种以上,

已用嫁接的技术来创造新的花木品种,这在我国造园史上是了不起的成就,并以四并、迎翠、灌缨、观德、超然五亭等园林建筑,供人们在花期游园时赏花和休息之用。

属于游憩园类型的有:董氏西园,"亭台花木,不为行列",模仿自然,又取山林之胜,"开轩窗四面甚敞""幽禽静鸣,各夸得意",先收后放,是障景和引人入胜的设计手法,意境幽深,空间变化有致,不愧"城市园林"。董氏东园是载歌载舞游乐的园林。园中宴饮后醉不可归,便在此坐下,流杯亭、寸碧亭,"有堂可居",清意幽新的水面和喷泻的水,凉爽宜人的醒酒池,真是水景的妙用了。刘氏园以园林建筑取胜,凉堂建筑高低比例构筑非常适合人意,楼横堂列,廊庑相接,使得该园的园林建筑更为优美。丛春园的树木皆成行排列种植,受唐宋时期对外交流影响,在洛阳各园中恐怕也只此一园。另一特点是借景与闻声,丛春亭、先春亭,丛春亭出茶园架上,北望洛水,听洛水声,辟地建亭得景,为我所用借景园外,景、声俱备。古朴幽雅的松岛园,在唐朝时为袁象先园,宋为李文(李迪)公园,后为吴氏园,园中多古松参天,苍劲古老,双松尤奇,竹篱茅舍古雅幽静、野趣自然形成本园的一大特色,松岛园也就此得名。实为今日造园者的样板。东园有一片浩淼弥漫的大水,舟游湖上,如江湖间,渊映、摄水二堂建筑倒映水中,湘肤、药圃二堂间列水石,叠石理水的创新,是景色优美的水景园。紫金台张氏园是借景湖水,引水园中,设四亭,远眺近览,一个非常好的游憩类的园林。水北、胡氏二园是相距仅十多步的两个园子,依就地势,沿渭水河岸掘窑室,开窗临水,远眺"使画工极思不可图……"近览花草树木荟萃,"相地合宜""构图得体""天授地设"的境界,为洛阳城中胜景。独乐园面积虽小,钓鱼庵、采药圃竹林蕃蔓自然有趣,更有司马光咏诸亭台诗,诗情画意,园林因诗而传诵于世,园不在大,园以文传,园以文存了。吕文穆园利用自然水系,因地制宜,三亭一桥的园林建筑,为宋以后园林艺术中的楷模,木茂竹盛,清澈流水,可谓是"水木清华"了。

属于宅园类型的有:富郑公园的艺术特点在于以景分区,经"探春亭,登四景堂","土筠""水筠""石筠""榭筠"四洞,"丛玉""披凤""漪岚""夹竹""兼山"五亭错列竹中,梅台、天光台,或为幽深的景,半路半含于花木竹林中,翠竹摇空,曲径通幽;或为开朗之景,或以梅台取胜,园中园的园林空间艺术效果,空间起景、高潮和尾声,多层次多变化,充盈着乐感!达到岩壑幽胜、峰峦隐映、松桧荫郁、秀若天成的意境。环溪王开府宅园,以水景取胜,临水建亭、台、轩、榭等园林建筑,"洛中无可逾者",环溪的园林建筑成为洛阳名园中之最;收而为溪,放而为池,溪水潺潺,湖水荡漾,水景为主题,松梅为主调,南望层峦叠嶂,远景天然造就,北望有隋唐宫阙楼殿,千门万户,巧于因借,花木丛中辟出空地搭帐幕供人赏花,匠心独运。苗帅园,唐朝天宝年间宰相王溥的宅园,"……园既古,景物皆苍老"。七叶树二棵,"对峙,高百尺,春夏望之如山然",竹万众杆,伊水分行,行大舟,溪旁建亭,大松七棵,引水绕之,水景布置自然得体,轩榭桥亭因池、溪流,就势而成,更有景物苍老,古木大松,为该园大为增色。赵韩王园,名园记关于该园的记载甚简。大字寺园是唐代白乐天之宅园,以水竹茂盛为其主要的特点,一池水,并翠竹千竿,以水竹组成的园标正是甲洛阳之名园了。湖园为唐代裴晋公(裴度)宅园,从总体布局来看是一个水景园,湖池岛洲,洲中有堂,遥相呼应;湖岸望湖中,湖中望湖岸,景可对应,而又在构图上取得平衡。横地林莽,林中穿路,梅台知止,翠樾环翠,开朗通幽,波光倒影,青草动、林荫合,水静而鱼鸣,动观与静观,相映成趣的园林建筑艺术气氛,浓郁引人。因时而变,因季而变,木落而群峰出,四时不同而景物皆好。真不可殚记也,妙处难言,难怪李格非对该园推崇备至了。

③唐代宫苑　唐朝所建著名园林之一是骊山华清宫,是中国皇家园林史最早"宫""苑"分置,兼政治、行宫、御苑于一身,于后世皇家宫苑影响重大,至今保存比较完整。它位于陕西临潼

县,离西安东约 50 km 的骊山之麓,以骊山脚下涌出的温泉得天独厚,以杨贵妃赐华清池的艳事而闻名于世。华清宫的最大特点是体现了我国早期的自然山水园林的艺术特色,随地势高下曲折而筑,是因地制宜的造园佳例。青松翠柏遍岩满谷,风光秀丽。绿荫丛中,隐现着亭、台、轩、榭、楼、阁,高低错落有致,大殿小阁鳞次栉比,楼台亭榭相连,浑然一体。登望京楼,远眺山形,犹如骊马,故名"骊山"。奇树异花点缀其间,尤其当夕阳西下时更是神奇绚丽,"骊山晚照",被誉为"关中八景"之一。

华清宫苑中的华清温泉,发现于 3 000 年前的西周。从周幽王在此修建骊宫起,成为秦、汉、唐代帝王游乐沐浴的离宫别苑,一年四季景色不同,一天四时景色各异。华清宫是一宫城,占地 2 000 m^2,其形方正,由宫殿、亭阁、回廊组成。座北面南,为高台建筑。进华清宫西门,就是九龙汤,堤上排列着九条精雕细刻的石龙。出九龙汤南小门,东行百余米,有著名阿房宫遗址和贵妃池。在贵妃池南面不远处,山势陡峻,攀缓而上,是唐代长生殿遗址,"七月七日长生殿,夜半无人私语时",是《长恨歌》里唐玄宗和杨贵妃卿卿我我山盟海誓的地方。还有朝元阁、集灵台、宜春亭、芙蓉园、斗鸡殿等组成规模较大的宫苑,园林与传说、文化历史相结合,岁月流逝,历尽沧桑,天然的温泉依然长流。

隋唐时期农业生产空前繁荣,同时也是园林的全盛时期。唐朝的长安城人口 100 多万,是当时世界上规模最大、规划最严谨的一座繁荣城市。政府对城市街道绿化十分重视,严禁任意侵占街道绿地。绿化由京兆尹直接主持。居民分片包干种树,"诸街添补树……价折领于京兆府,乃限八月栽毕"。主要街道的行道树以槐树为主,间植榆、柳;皇城、宫城内则广种梧桐、桃树、李树和柳树。据此,可以设想长安城内城市绿化是十分出色的。唐朝鼎盛期,帝王的宫苑仍然向宏伟、奢华发展,大明宫空前绝后,在唐明皇的宫苑中,植物配置合理,沉香亭前植木芍药,庭院中植千叶桃花,后苑有花树,兴庆池畔有醒醉草,太液池中栽千叶白莲,太液池岸有竹数十丛;官宦文人、商贾巨富也大兴私家园林。

④唐代陵寝园 魏晋隋唐时的陵寝园,流行"因山为体、以山为陵"的筑墓方式。唐诸帝陵,耸立北山之峦,鸟瞰三秦,缠泾带渭,规模空前。兽石像生,唐代陵前神道上的大型石刻仪仗队已经形成,作为帝王陵寝的护卫偶像逐渐取代了埋入地下的人俑、畜俑,立于陵墓的神道上,其造型生动,唐宋墓前华表多用棱形石柱。唐太宗修昭陵,采纳了"因山为陵,不复起坟"的方案,从此,以山为陵成为后代帝陵的既定制度。唐代将寝殿、寝宫分开建造,寝殿称献殿,建在陵侧,寝宫称下宫,建在山下,分别适应上陵朝拜祭祀和供墓主灵魂饮食起居的需要。

唐太宗昭陵中的"昭"字,就是一个褒义词,也和唐太宗的尊号"文武大圣大广孝皇帝"相吻合。据谥法解释:"圣文周达曰回,明德有功曰昭。"观太宗一生,文能知人善任,"圣文周达";武能统率千军,"明德有功"。唐其他帝陵的取名,大致如此。如高祖李渊献陵,中宗李显定陵、睿宗李旦桥陵、玄宗李隆基泰陵、德宗李适崇陵、穆宗李恒光陵等,其献、定、桥、泰、崇、光等字都是与皇帝的尊号或谥号有关的褒义词,乾陵也是如此。帝陵的命名是一项十分严肃的事,属事先命名的,后辈不得擅自改动。唐代 21 位帝王,除昭宗和哀宗分别葬于河南渑池和山东菏泽外,其余均葬于关中渭北高原。唐诸陵园的形制如昭陵,有"山陵"之称的"唐 18 陵",东西连绵150 km,与汉陵南北相望,为咸阳原上极为壮丽的寝庙园林景观!

唐太宗李世民的昭陵范围宽广,面积达 2 万公顷,陪葬墓多达 225 座,为面积最大的帝王陵园。周围筑城垣,园内遍植松柏,又名"柏城",石刻艺术是园内重要组成部分,玄武门内侧祭坛东西庑殿门前的"昭陵六骏"是稀世的艺术珍品,雕刻艺术,前无古人。李治、武则天合葬的乾陵,因梁山主峰为陵,左右两峰在前,三峰耸立,主峰始尊,客峰供伏,主峰立宫,侧峰立阙,俯瞰关中平野,远眺太白终南,把传统风水相地理论运用发挥到极致。南唐二主陵:位于南京江宁西北、牛首山南祖堂山下,为五代南唐烈祖李昪的钦陵、中主李璟的顺陵,1950年被挖掘。

关中自古帝王州。从炎黄到汉唐诸帝,陵寝园林遍布陕西关中以汉唐陵寝园林最具代表性(图3.19)。汉十一陵、唐十八陵大部分都集中分布在咸阳北坂上。"渭水桥边不见人,摩挲高冢卧麒麟。千秋万古功名骨,化作咸阳原上尘"(金·赵秉文)。其他陵寝散布于各地,相对集中的地区有凤翔的秦陵、长安、户县的周陵。

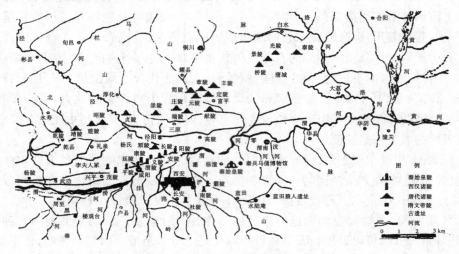

图3.19　关中帝王陵园分布图

3)隋唐时期园林特征

隋至盛唐,中国文化如日中天,带着世界主义色彩。民族文化大融合,文化多元化,思想上儒、道、佛三教并存。艺术审美理论突破性发展,诗画高度发达并引领园林艺术,晋人"以形写形,以色貌色",追求"形似"到"外师造化,中得心原"的"神似",绘画原则成为构园艺术创作所遵循的原则,在魏晋南北朝所奠定的风景式园林艺术的基础上,随着封建经济和文化的进步,由唐到宋,持续发展到写意化园林的境地,这是中国园林史上一个极其重要的历史时期。这一时期造园活动及其主要成就,大致概括为以下几个方面:

①建筑园林规模的宏丽,皇家园林的"皇家气派"已经完全形成。这个园林类型所独具的特征,反映在园林总体的布置和局部的设计上。隋唐皇家宫苑气势磅礴,整体规划是画的意境,重建筑美、自然美的和谐,宫殿、园景结合紧密寓文化语言严整之中。它的形成,标志着皇权的神圣独尊和封建经济、文化的繁荣。

②造园艺术性较之上代又有所升华,着意于刻画园林景物的典型性格以及局部,小品细致,诗文绘画,诗、画互渗的自觉追求以渗透造园活动中。中唐以后,文人画家如王维、白居易等均参与经营园林。诗、画情趣赋予园林山水景物,因画成景、以诗人园的做法伊始;白居易的庐山草堂开创后世"文人园"之先河,运用植物和环境的原生态,是白居易"隐在留司官"的"中隐"理论在他的园林中的实践。白居易晚年归休的"履道里园":抒情写意色彩浓郁,为江南文人写意园之首。山水景物诱发的联想,意境的塑造,促成了园林的全面"文人化",文人园林作为一种活动,导致整个皇家、私家、寺观园林的全面写意化,完成中国园林的第二次飞跃。

③佛教禅宗兴盛,佛寺确立七堂伽蓝制度表明佛教建筑已完全汉化。禅宗与儒学结合,文人禅悦之风,僧侣的文人化等因素,促成了寺观园林由世俗化更进一步地文人化,文人园林的风格涵盖了绝大部分寺观的造园活动。

寺观园林的普及是宗教世俗化的结果,同时也反过来促进了宗教和宗教建筑的进一步世俗化。在中国,城市寺观具有城市公共交往中心的作用,寺观园林发挥着城市公共园林的职能。郊野寺观的园林,包括独立建置小园、庭院绿化和外围的园林化环境,把寺观本身由宗教活动的场所转化为风景造园活动,吸引香客和游客,有着生态环境意义。宗教建筑与风景建筑更高层次上相结合,建立了风景名胜尤其是山岳风景景观名胜区的分布格局。

私家、皇家、寺观三大园林类型都已形成独到鲜明的中国风景式园林特征。

石窟寺艺术在中国历史上最为辉煌灿烂,与环境园林、人文伦理、社会宗教结合,形成了独自的美学观念,在与世界的文化、贸易交往中,发展创造了影响世界的盛唐文化。

④魏晋隋唐时的陵寝园,流行"因山为体,以山为陵"的筑墓方式。唐太宗修昭陵,"因山为陵,不复起坟",以山为陵成为后代帝陵的既定制度。

山水画、山水诗文孕育了山水园林,又互相融合,形成中国山水园林的独特艺术风格,影响及于亚洲汉文化圈内的广大地域。以山水画、佛教禅宗影响日本最甚。

3.3.4　宋时期园林

1)宋时期园林背景

公元960年,宋太祖赵匡胤陈桥兵变,黄袍加身,建都开封(汴梁),改名东京。从此,封建王朝的都城便逐渐东移。宋朝实行以文治国,解除骄兵悍将的兵权,在异族侵略战争中节节败退,称臣纳贡。1126年,金军攻下东京,又改名汴梁。次年金太宗废徽、钦二帝,北宋灭亡。宋高宗赵构逃往江南,建立半壁河山的南宋王朝,1138年定杭州为"行在",改名临安。南宋王朝政治上苟且偷安,终于不能享国日久,几番异族的铁蹄蹂躏之后,被元朝取而代之。

中唐到北宋,是中国文化史上的一个重要的转化阶段。作为传统文化主体的儒、道、佛三大思潮都处在一种蜕变之中。儒学转化成为新儒学——理学,佛教衍生出完全汉化的禅宗,道教从民间的道教分化出向老庄、佛教靠拢的士大夫道教。佛教发展到宋代,内部各宗派开始融汇,吸收而复合变异。天台、华严、律宗等唐代盛行的宗派已日趋衰落,禅宗和净土宗成为主要的宗派。禅宗势力尤盛,作为一种哲理渗透到社会思想意识的各个方面,与传统儒学相结合而产生新儒学——理学,成为思想界的主导力量。

宋代禅宗在宗教思想和教理上与唐代相比,大量的"灯录"和"语录"的出现。早期的禅宗,提倡"教外别传""不立文字",以"体认""参究"的方法来达到"直指人心、见性成佛"的目的,不需要发表议论和借助于文字著述。这种方法对宗教的传播不利,"禅"不仅只是"参""悟",而且要靠讲说和宣传,大量文字记载的"灯录"和"语录"便应运而生了,标志着佛教进一步汉化。

与汉唐相比,两宋人士心目中的宇宙世界缩小了。文化艺术已由面上的外向拓展转向于纵深的内在开掘,其所表现的精微细腻的程度则是汉唐所无法达到的。著名史学家陈寅恪先生所说:"华夏民族之文化历数千载之演进,造极于赵宋之世。"中国园林作为文化的重要载体深受繁荣的文化大背景影响,在唐代山水园林写意化的道路上,至宋达到全盛时代。

　　两宋城市商业和手工业空前繁荣,资本主义因素已在封建经济内部孕育。像东京、临安这样的繁华都城,传统的坊里制已经名存实亡。高墙封闭的坊里被打破,张择端《清明上河图》描绘的繁华商业大街形成。而宋代又是一个国势羸弱的朝代,于隋唐鼎盛之后的衰落之始。北方和西北的辽、金、西夏相继崛起,强大的铁骑挥戈南下。"澶渊之盟""靖康之难",割地赔款,南渡江左,偏安于半壁河山。一方面是城乡经济、科技的高度繁荣发展,另一方面长期处于国破家亡忧患意识的困扰中。社会的忧患意识固然能激发有志之士的奋发图强,匡复河山的行动,也滋长了沉湎享乐、苟且偷安的心理。而科技经济发达与国势羸弱的矛盾成为这种心理普遍滋长的温床,终于形成了宫廷和社会生活的浮荡、侈靡和病态的繁华。上自帝王,下至富豪,大兴土木,广营园林。皇家园林、私家园林、寺观园林大量修建,其数量之多,分布之广,造诣之高,已超越前代。

　　知识分子的数量陡增,地主阶级、城镇商人以及富裕农民中的文化人而跻身知识界。宋徽宗政和年间,由地方官府廪给的州县学生就达 15 万 ~ 16 万之多,在当时的世界范围内实属罕见。科举取士制度更为完善,政府官员绝大部分由科举出身担任,唐代尚残留着的门阀士族左右政治的遗风已完全绝迹。开国之初,宋太祖杯酒释兵权,根除了军人拥兵自重的祸患。文官执政是宋代政治的特色,也是宋代积弱的原因之一,却成为科技文化繁荣的一个重要因素。科技成就在当时的世界上居于领先的地位。世界文明史上占着极重要地位的四大发明均完成于宋代,在数学、天文、地理、地质、物理、化学、医学等自然科学方面有许多开创性的探索,总结为专论或散见于当时的著作中。政府官员多是文人,能诗善画的文人任重要官职的数量之多,在中国整个封建时代无可比拟。许多大官僚同时也是知名的文学家、画家、书法家,最高统治者的皇帝如宋徽宗赵佶亦是名画家、书法家。朝廷执行比较宽容的文化,儒、道、释三教并尊的政策,文人士大夫率以著述为风尚,新儒学"理学"学派林立,设书院授徒讲学。两宋人文之盛,是中国历代之最。文化背景下掀起"文人园林"的高潮,民间的士流园林更进一步文人化,皇家园林、寺观园林亦更多地受到士流园林和文人园林的影响。

　　宋代诗词失去唐代阔放的、波澜壮阔的气度,主流转向缠绵悱恻、空灵婉约的风格,其思想境界进一步向纵深挖掘,宋代是历史上以绘画艺术为重的朝代。政府特设"画院"罗织天下画师,兼采选考,常以诗句为题,促进了绘画与文学的结合。画坛上呈现以人物、山水、花鸟鼎足三分的兴盛局面,山水画备受社会重视而达到最高水平。宋词,是诗词文学的极盛时期,随绘画流行之甚,出现了许多著名的山水诗、山水画。文人画家陶醉于山水风光,企图将生活诗意化。借景抒情,融汇交织,把缠绵的情思从一角红楼、小桥流水、树木绿化中泄露出来,一派文人构思的写意山水园林艺术。

　　文人画家亲自参加造园,以山水画为蓝本,诗词为主题,以画设景,以景入画,寓情于景,寓意于形,以情立意,以形传神。楹联、诗对与园林建筑相结合,诗情画意,耐人寻味。画家参与园林设计,使三度空间的园林艺术比一纸平面上的创作更有特色,对造园活动带来深刻影响,园林艺术达到了妙极山水的空间意境。"……林泉之志,烟霞之侣;梦寐在焉,耳目断绝。今得妙手,郁然出之,不下堂筵,坐穷泉壑,猿声鸟啼,依约在耳,山光水色,荡漾夺目,此岂不快人意,实获我心哉,此世之所以贵夫画山水之本意也"。就"山本有可行者,有可观者,有可游者,有可居者……"但"可行可望,不如可居可游之为得。何者? 观今山川,地占数百里,可游可居之处,十无三四,而必取可居可游之品,君子所以渴慕林泉者,正谓此佳处故也"(郭熙《林泉高致》)。如此山水画对造园的深刻影响,可行可望可居可游才能"得其欲",是"画山水之本意也"。因此,宋代的造园活动,山居别业转而在城市中营造城市山林;因山就涧转而人造丘壑;大量的人工理水,叠造假山,再构筑园林建筑成其为重要特点。

　　五代、北宋山水画的代表为董源、李成、关仝、荆浩四大家的风景画幅,崇山峻岭、溪壑茂林,点缀着野店村居、楼台亭榭。以写意表现了"可望、可行、可游、可居"的理想境界,及"对景造意,造意而后自然写意,写意自然,不取琢饰"的道理。南宋马远、夏珪一派的平远小景,空虚之中,顿觉水天辽阔、发人幽思而萌生出无限的意境。文人画异军突起,苏轼等一批广征博涉、多才多艺、集哲理、诗文、绘画、书法诸艺于一身的文人画家的出现,意味着诗文与绘画在更高层次上的融糅、诗画作品对意境的追求内力。园林中熔铸诗画意趣自然比唐代更为精致。私家园林如此,皇家和寺观园林亦如此,宋代已经达到诗、画、园三位一体的艺术境界,园林成就蜚声中外。

2)宋时期园林

　　(1)城市园林——从山居别业到营造城市山林　北宋建都汴梁后,重文轻武,数代皇帝多才多艺,深受文人风习感染,园林艺术追求文人风格,宫室御苑,离宫别馆的规划设计思想,工艺水平超过前代。

　　①大内御苑:著名的大内御苑有延福宫、寿山艮岳等园林,以"寿山艮岳"(汴京今开封西北角)最具代表性,是宋代写意山水园的代表。

　　寿山艮岳是先根据设计画意施工建造的,设计者就是精于书画的宋徽宗赵佶。宋徽宗是一位素养极高的艺术家。主持修建工程的宦官梁师成"博雅忠荩,思精志巧,多才可属"。两人珠联璧合,规划设计,"按图度地",使艮岳具有浓郁典雅的文人园林意趣。宋徽宗赵佶笃信道教,于政和七年(1117年)"命户部侍郎孟揆于上清宝箓宫之东筑山,仿余杭之凤凰山,号曰万岁山,即成更名曰艮岳",又叫作寿山、艮岳寿山。凿池引水、亭阁楼观,奇花异树。直到宣和四年(1122年)终于建成这座历史上最著名的皇家园林。园门题名"华阳",又称"华阳宫"。华阳者,象征道教洞天福地。

　　宋徽宗经营此园,特设专门机构"应奉局"于平江(苏州)。命平江人朱缅专搜集江浙一带奇花异石进贡,就是殚费民力的"花石纲",并专门在平江设应奉局狩花石。载以大舟,挽以千夫,凿河断桥,运送汴京,营造艮岳。凡被选中的奇峰怪石、名花异卉"皆越海、渡江、凿城郭而至",艮岳建成,宋徽宗亲自撰写《艮岳记》,僧人祖秀也记写《华阳宫记》《枫窗小牍》《宋史·地理志》《大宋宣和遗事》记载了这座经典名园。

　　艮岳(图3.20)也属于大内御苑的一个相对独立的部分,以山水而"放怀适情,游心赏玩"。艮岳以山、池作为园林骨干,山石奇秀、洞空幽深为园内各景的构图中心,成"左山右水"的格局。寿山仿杭州凤凰山,用土筑成。"山周十余里,其最高一峰九十步,上建介亭,分东西二岭,直接南山"。艮岳的缀山,雄壮敦厚,是主岳,而万松岭和寿山是宾是辅,形成主从,是我国造园艺术中"山贵有脉""岗阜拱状""主山始尊"的造园手法。

　　介亭建于艮岳的最高峰,为群峰之主,用山水画的创作原则,叠石理水,使得山无止境,水无尽意,"左山而右水,后溪而旁陇",山因水活,绵延不尽,山水生动。从洞庭、湖口、丝溪、仇池的深水中,泗滨、林虑、灵壁、芙蓉等山上的上好石料,堆叠为大型土石山。主峰之南,"两峰并峙",山上"蹬道盘纡索曲,扪石而上,既而山绝路隔,继之以木栈,倚石排空,周环曲折,有蜀道之难"。山南怪石林立,紫石岩,均极险峻,建龙吟堂、绛霄楼、揽秀轩,山南麓"植梅万数,绿萼承跌,芬芳馥郁",建萼绿华堂、书馆、八仙馆、承岚亭、昆云亭。自介亭遥望景龙江"长波远岸,弥十余里,其上流注山间,西行潺溪",景界开阔。寿山三峰西面隔溪涧为"万松岭",上建集云

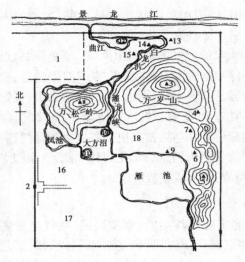

1. 上清宝箓宫;2. 华阳门;3. 介亭;4. 萧森亭;
5. 极目亭;6. 书馆;7. 尊绿华堂;8. 巢云亭;
9. 绛霄楼;10. 芦渚;11. 梅渚;12. 蓬壶;
13. 消闲馆;14. 漱玉轩;15. 高阳酒肆;16. 西庄;
17. 药寮;18. 射圃

图 3.20　艮岳平面图
(摹自周维权《中国古典园林史》)

亭,与介亭东西对景呼应。寿山东南面小山横亘二里曰芙蓉城。景龙江之水,入园摹曲江池名"曲江",池中筑岛,岛上建蓬莱堂。折而西南,名曰回溪,两岸漱玉轩、清渐阁、高阳酒肆、胜筠庭、萧闲阁、蹑云台、飞岑亭,至寿山东北麓一分为二,入凤池;入寿山与万松岭之间的峡谷南流入山涧,"水出石口,喷薄飞注如兽面",名白龙沜、濯龙峡,旁建蟠秀、练光、跨云诸亭。涧水出峡谷南流入"大方沼",池中筑二岛,东曰芦渚,上建浮阳亭。西曰梅渚,上建雪浪亭。"沼水西流为凤池,东出为研池。中分二馆:东曰流碧,西曰环山。馆有阁曰巢凤,堂曰三秀"。雁池是园内最大的一个水池,"池水清澈涟漪,凫鹰浮泳其面,栖息石间,不可胜计"。雅池之水从东南角流出,水系完整。园中之园,药寮、西庄,前者种"参、术、杞菊、黄精、芎芎,被山弥坞";后者种"禾、麻、菽、麦、黍、豆、粳秫,筑室若农家,故名西庄",为皇帝行籍耕礼的籍田。这座历史上著名的人工山水园有如下特点:

　　a. 园林掇山构思精心经营。宾主分明,有远近呼应,有余脉延展的完整山系,是天然山岳典型化的概括,体现了山水画论"先立宾主之位,决定远近之形""客山供伏、主山始尊"的原则和构图规律,位置经营遵循"布山形,取峦向,分石脉"的画理。

　　掇山叠石的用石、品质、构成、造型、组构、特置、规模集群反映了极高的艺术水平。"瑰奇特异瑶混之石",太湖石、灵璧石,形态各异的峰石,形成人工的"石林"。徽宗癖石,天下莫之能比,为以后的造园积累了很好的经验。

　　b. 园内形成一套完整的水系。河、湖、泉、沼、溪、涧、瀑、潭等,包罗了内陆天然水体的全部形态。山嵌水抱,是大自然界山水成景最理想的地貌态势,合于堪舆学说的上好风水条件,体现了儒、道思想最高哲理——阴阳、虚实的相生互补、统一和谐,与自然和谐为美。遵循画论"山脉之通,按其水径,水道之达,理其山形"的画理,谷深林茂,曲径两旁。合理的水系,形成极好布局,"穿凿景物,摆布高低"。

　　c. 动、植物珍奇,为意境景题,平添诗情画意。园内植物乔木、灌木、果树、藤本植物、水生植物、药用植物、草本花卉、木本花卉以及农作物等,加之江、浙、荆、楚、湘、粤引种驯化,异常丰富,主要有枇杷、橙、柚、橘柑、栝、荔枝之木,金蛾、玉羞、虎耳、凤尾、素馨、渠那、茉莉、含笑、珍奇异草等。漫山遍岗,沿溪傍陇,连绵不断,为花木淹没。孤植、对植、丛植、混交,成片栽植。华阳门御道丹荔八千,植物之景:"梅岭"梅万株,药用植物,农家村舍,"放怀适情,游心玩思"别苑,田野风味,山岗"杏纳",石隙"黄杨谳",山岗险奇,丛植丁香"丁嶂",槎石叠山杂植椒兰"椒崖",水泮龙柏万株"龙柏陂",竹林"斑竹麓",海棠川、万松岭、梅渚、芦渚、萼绿华堂、雪浪亭、药寮、西庄等。到处郁郁葱葱、花繁林茂,珍禽奇兽数十万,又是天然动物园。

d.园林建筑包罗了当时的全部建筑形式,集宋代建筑艺术之大成。因势因景点,充分发挥其"点景""引景"和"观景"的作用,山、岛建亭,水畔建台、榭,山坡建楼阁,有了使用与观赏的双重作用。建筑物为游赏性的,与唐以前的宫苑有了不同。疏密错落,清淡脱俗,典雅宁静,坐观静赏,峰峦之势,远眺近览,意蕴无穷。

e.艮岳景观以仙风道骨为基本格调,造园意境多样。宋徽宗崇侫道教,是一国之君,又是集文学、书画、造园艺术于一身的艺术大师,天地大美,大道无极,"天造地设",依山就势,"自然生成",与自然和谐为蓝本,因地制宜,使艮岳构园得体,精而合宜。"宜亭斯亭,宜榭斯榭",华阳宫、介亭、老君洞、蓬壶,洞天仙地;"曲江"有曲院风荷之妙;"回溪"有曲水流觞之境;"龙吟堂"有奔腾咆哮之势;"巢凤堂"有筑巢引凤之愿;"萼绿华堂"有兄弟、君臣联袂之情;"芦渚""雁池"有归隐江湖之志;"高阳酒肆"取郦食其,习郁之义、暂栖园田、待机而行之策。

艮岳是一座掇山、理水、花木、鸟兽、建筑完美结合,具有浓郁诗情画意而较少皇家气派的人工山水园林,把大自然生态环境和山水风景高度地艺术化、概括、提炼和完美结合,汲取了文人写意园林的创作艺术,把皇家园林艺术提高到前所未有的水平。

艮岳园林,是中国古典园林山水宫苑的伟大典范,为元、明、清宫苑的重要借鉴与楷模。

②离宫别馆:即所谓"东京四苑"——琼林苑、玉津苑、宜春苑、含芳苑,均为北宋初年建成,分布于城外。

北宋初年,李格非所作《洛阳名园记》,介绍了在唐代洛阳是陪都,贵族官僚在洛阳兴建的洛阳名园19个,是分类系统地介绍园林的专著。

北宋王朝,也是个大兴园林的王朝。据有关文献记载,仅东京城内和近郊皇家宫苑就有琼林苑、金明池、玉津园和撷芳园等不下八九处之多。宋徽宗更倾尽全国财力兴建艮岳,不过,规模更趋小型化。这除同宋代审美情趣的偏于细腻、婉约、写实外,还与"文人园"日臻成熟有着直接关系。北宋时期,私园也遍及汴城内外。

南宋,因国难并未泯灭兴建园林的风气。据《都城纪胜》《梦粱录》中记载,临安一地就有大内御园宫苑,德寿宫等10多处御园,环西湖周边而建(图3.21)。西湖及近郊一带,皇戚官僚及富商们的园林数以百计,"湖上春来似画图,乱峰围绕水平铺。松排山面千重翠,月点波心一照珠……""水光潋滟晴方好,山色空蒙雨亦奇。欲把西湖比西子,淡妆浓抹总相宜。"白居易、苏东坡这些描写西湖的名诗,脍炙人口,他们写园、造园,加上民间流行的许多传说故事,西湖的丰姿倩影使人们一见倾心。难怪林升发出"山外青山楼外楼,西湖歌舞几时休?暖风熏得游人醉,直把杭州作汴洲"的感慨了。

山水秀丽,绿荫丛中,到处隐现着数不清的楼台亭榭和岚影波光、丰姿绰约,确实使西湖有"古今难画亦难诗"的园林艺术好景。最富诗情画意的"西湖十景",如:苏堤春晓、柳浪闻莺、花港观鱼、曲景风荷、平湖秋月、断桥残雪、雷峰夕照、南屏晚钟、双峰插云、三潭印月等闻名中外的景点,从南宋流传至今,在七百多年的历史过程中,使西湖形成了具有诗情画意、自然山水园林美的传统风格(图3.22)。

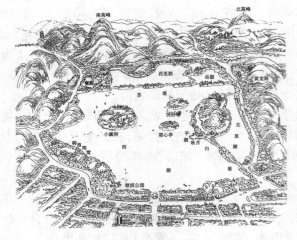

图 3.21　杭州西湖

图 3.22　西湖景观　慕才亭（祝建华摄）

　　"柳浪闻莺"，原是聚景园，为南宋高宗、孝宗御花园，以聚景园最为宏丽。它由会芳、瀛春、瑶萍、寒碧等亭台轩榭楼阁组成，循湖岸行，铺岸如茵，泉池碧澄，小桥流水，万树柳丝倒挂轻垂，"晴波淡淡树冥冥，乱掷金梭万缕青"，清脆莺啼悦耳，莺啼点出了静中闻声的绝好意境。取名"柳浪闻莺"真是十分得体了。

　　"天上月一轮，湖中影成三"，"三潭印月"素有"小瀛州"之称。用古仙岛名比作"蓬莱仙境"的造园意境，苏东坡任杭州知州时，造成"湖中有岛，岛中有湖"，风光旖旎。运用亭、榭、桥、石、廊等园林建筑，组成富有变化的景区。湖中有湖，陆地虽狭，却引人入胜，九转三回三十个弯的九曲桥，到碑亭和"心心相印"亭，从曲桥的湖面望去，三塔亭亭玉立，恰在"心心相印"亭的框景之中，如中秋赏月，皓月中天，月色湖波塔影，相映成趣，诗情画意，景色奇丽，尽孕育其中。

　　横贯两湖南北的苏堤，全长 2.8 km，"四湖景致六条桥，一枝杨柳一枝桃"。风光迤逦的"苏堤春晓"，桃、柳点出春意，绿色的长廊柳影波光，视野深远，临水小坐，心旷神怡。1071 年，苏东坡组织修建了长堤，后人为纪念他，定名为苏堤。用一条长堤，建成重要一景。

　　"断桥残雪""平湖秋月""双峰插云"等，为自然美人工为之的美好园林艺术佳例。唐代对园林意境的开拓，经两宋的进一步发展，为中国古代造园术登入艺术大雅之堂成为一门独立的艺术品类奠定了基础。在杭州，南宋皇家宫苑虽然已基本上都荒芜，却留下了人们号称为"人间天堂"的西湖自然山水园林，大范围中的设计构思，是我国早期城市"公共园林"的极好实例，成为古今人们游园的胜地。南宋时期，富裕的江南乡村，也出现了"公共园林"。苍坡村——迄今发现的唯一一处宋代农村公共园林。苍坡村位于现浙江省温州市，总体景观注重蕴含文化的内涵。南宋时，村上世族按"文房四宝"构思来重新进行布局：针对村右状似笔架的"笔架山"，以一条东西向铺砖石长街为"笔"，称为"笔街"，凿两条 5 m 长的大青石为"墨"，辟东西两方池为"砚"，垒卵石成方形的村墙，使村庄象征一张展开的"纸"。笔墨纸砚一应俱全，构思奇特，独具风格。这是"耕读"思想在山村规划建设中的充分体现，是宋代社会尚文特征的折射。

　　(2)环境石窟寺艺术继续发展，完成了世俗化、生活化、民族化转化　五代战乱，仅西蜀成都较为安定繁荣，环境石窟寺艺术仍在发展中。公元 892 年，韦君靖成为大足石刻凿石第一人，是中国 5—7 世纪继魏晋云岗、龙门的早期时代，隋唐盛期时代，石窟寺艺术第三次，也是中国历史上最后一次大规模开凿较晚期的杰出代表，北山修凿历唐、五代、宋两百余年。宋代僧人赵智

风(1179—1249年)用70余年经营开凿宝顶山石窟摩崖造像群,为最大佛教密宗道场,将其推向极致。万尊雕像,1252年完工,前后300余年,精美绝伦,有"上朝峨眉,下朝宝顶"之说、"东方维纳斯"之美誉(图3.23)。佛、儒、道三教共处一座大山石窟寺园,是三教融汇的历史见证。

图 3.23　大足宝顶山石刻(祝建华摄)

　　(3)形制如唐的陵寝园　宋代陵寝园,北宋九位帝王,除徽、钦二帝囚死漠北,"七帝八陵",均葬于河南巩县西村、芝田、孝义、回郭镇附近。赵宏殷的永安陵、赵匡胤的永昌陵、赵光义的永熙陵、赵恒的永定陵、赵祯的永昭陵、赵曙的永厚陵、赵顼的永裕陵、赵煦的永太陵。附葬皇后二十多个,陪葬宗室、大臣如寇准、包拯等百余人,形制如唐,都有大的陵台,称献殿为上宫,与下宫相对。石刻雕塑雄伟壮观,溪流淙淙,邙岭起伏,气魄豪放,苍松翠柏,蔚为大观。

　　宋代陵寝园直接影响位于宁夏银川以西、贺兰山东麓的西夏王陵,西夏王陵范围东西4 000 m,南北10 000 m,依势错落着八位西夏帝王的陵园和70余座陪葬墓,每个陵园均占地十万平方有余,具有西夏和汉文化艺术的重大历史资源价值。

　　金陵寝园林,在有"幽燕奥堂"之誉的北京房山西北隅云峰山南麓,有迁葬始祖以来的十三位帝王与中都五位皇帝,各陵均有皇后衬葬和妃陵、诸王陵陪葬墓,绵延百里,金陵贞元三年(1156年)始建,帝陵区、妃陵园、诸王兆域设"封堠"为禁区,峰峦叠嶂,"九龙"蜿蜒,林木隐映,溪流淙淙,红墙绿瓦,青冢白栏,云苍雾莽,宏大壮观,但明代的毁坏令人遗憾!

3)宋时期园林特征

　　北宋都城汴梁,皇家园林、私园数量更多。随着宋代城市商业经济的发展,城郊园林也得到了发展,杭州西湖既有自然山水的秀丽,也有精心营造。中国园林在宋时期独具特色的政治、经济、文化等综合因素影响下,诗文、绘画、园林三者互相渗透,各展其长,使园林更富诗情画意,异乎寻常地出现了写意山水园林的新阶段。基本形式有以艮岳为代表的皇家宫苑,以杭州等地为代表的自然式城市风景园,以洛阳等地为代表的私家园林。艮岳、杭州西湖且都属于城市大型园林,在形式、造园规模、艺术手法等方面,开创了我国园林艺术的一代新风,达到了极高的境界。

　　(1)寓情于景,诗情画意——写意山水园林的新阶段　这一时期园林艺术总的特点是,效法自然而又高于自然。寓情于景,情景交融,极富诗情画意,形成写意山水园。极注意开发、利用原有的自然环境,风景资源,逢石留景,见树当荫,依山就势,按坡筑庭,因地制宜的造园,宋代有"苏湖熟,天下足"的谚语,又有"上有天堂,下有苏杭"之称,因而杭州成为美丽的风景园林城市。

　　皇家园林的"皇家气派",出现了像兴庆宫、九成宫、寿山艮岳等具有划时代意义的作品。

皇家气派的内容、功能和艺术形象的综合而给人一种整体的审美感受。所独具的特征,表现为园林规模的宏丽、艺术的极致,反映在总体的布置和局部的设计处理上,标志着皇权的神圣独尊和封建经济、文化的繁荣。同时,皇家园林还吸取了文人园林的诗情画意,呈现出文人化园林风格的倾向。

公共园林性质的寺院丛林在宋代也有所发展,佛教禅宗兴盛,禅宗与儒学融和,佛教建筑汉化。名山胜景庐山、黄山、嵩山、终南山等地,修建了许多寺院园林。

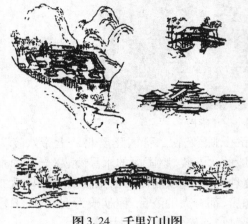

图3.24　千里江山图

（2）造园理论成熟为后世技术典则　建筑技术方面,李戒(字明仲)的《营造法式》和喻培的《木经》,是建筑工程技术实践经验的理论总结,集前人及宋代造园经验成为后代园林建筑技术上的典则。园林建筑的造型到了宋代,达到了完美的程度,木构建筑相互之间的恰当比例关系,构件安装的方法,是建筑史上了不起的成就,是中国木构建筑的顶峰时期。还有造假山的"山匠""堆垛峰峦,构置涧壑,绝有天巧……"的能工巧匠,宋画王希孟的《千里江山图》(图3.24),一幅山水画中就表现了建筑的各种平面:一字形、曲尺形、折带形、丁字形、十字形、工字形的各种造型;单层、二层、架空、游廊、复道、两坡顶、歇山顶、庑殿顶、平顶、平桥、廊桥、亭桥、十字桥、拱桥、九曲桥等应有尽有;建筑为构图中心,以院落为基本模式的各种建筑群体组合,倚山、临水、架岩跨涧结合于局部地形地物。

造园中植物设计运用,非常注意绚丽多彩、姿态,季相变化的不同观赏和造园的艺术效果。乔木以松、柏、杉、桧等为主;花果树以梅、李、桃、杏等为主;花卉以牡丹、山茶、琼花、茉莉等为主。临水植柳,水面植荷渠,竹林密丛等植物配置,不仅起绿化的作用,观赏树木和花卉栽培技术在唐代的基础上又有所提高,已出现嫁接和利用实生变异发现新种的繁育方式。许多专业花木论著面市,如范成大的《梅谱》《兰谱》《菊谱》和另一专著《桂海花木志》;王观的《扬州芍药谱》;政府编纂的类书《太平御览》从卷953到卷976共登录了果、树、草、花近300种,卷994到卷1 000共登录了花卉110种。周师厚的《洛阳花木记》记载了近600个品种的观赏花木,其中牡丹103种、芍药132种、桃6种、梅6种、杏16种、梨27种、李27种、樱桃11种、石榴9种、林檎6种、木瓜5种、奈10种、刺花37种、草花89种、水花19种、蔓花6种,介绍了许多具体的栽培方法:四时变接法、接花法、栽花法、种祖子法、打剥花法、分芍药法。刊行出版了多种《石谱》,出现了专以叠石为业的技工,"山匠""花园子"。更重石的鉴赏品玩,园林叠石技艺水平大为提高,有李格非的《洛阳名园记》这种评论性的专著。在宋朝出现了以花木为主的园林,如至宋代的天王花园子、归仁园、李氏仁丰园。

（3）"人工天巧""天巧人工"的自然风景园——全面写意化完成　这一时期园林艺术另一特点是各种意境的自然风景园。此种园林又受文人画家的影响,也具有写意园林艺术的特色。不同的是,建于城市中的写意山水园是人工为主,兼有写意的艺术特色,人工天巧。而自然风景园则以原自然风景为基址条件,经人为组织,天巧人工。

私家园林的艺术性较之前代又有所升华,着意于园林景物的典型性格、局部小品的细致处理。宋代,儒家的现实生活情趣、道家的清心寡欲和神清气朗、新兴的佛家禅宗依靠自醒而寻求解脱,三者合流融汇于造园思想中,继承魏晋、隋唐以来的大足石刻、石窟寺艺术,完成了其世俗化、生活化、民族化的转化,是三教合流的唯一记录和表现的见证。形成独特的文人园林观,标志着士流园林的全面"文人化",皇家、私家、寺观园林的全面写意化的完成。

文人园林经过唐代发展至两宋,空灵深远,疏朗雅致,人工天巧,寓意于境,寓情于景,画意诗情,情景交融,成为中国写意山水园林的杰出代表。

在造园的手法上,有了很大的提高。为园林意境,引注泉流,或为池沼,或挂天飞瀑。临水置以亭、榭,划分景区空间,大范围内组织小庭院,力求建筑的造型、大小、层次、虚实、色彩并与石态、山形、树种、水体等配合默契,融为一体,具有曲折、得宜、描景、变化等特点,构成园林空间整体的艺术效果。

（4）辽、金园林　宋时期的北方,南京——北京外城之西的强悍辽、金政权,其园林主要代表是皇家园林。辽代皇家园林代表作有内果园、瑶池、柳庄、粟园、长春宫等,金代皇家园林代表作有西苑、东苑、南苑、北苑、兴德宫等,其中,西苑是金代最大的一座御苑。

4）宋文化影响与日本五山文化

山水画、山水诗文交融的中国山水园林影响当时的朝鲜、日本,全面吸收唐宋文化及文人园林观,随着佛教禅宗传入日本,在宋代文化影响下产生了五山文化。

12世纪末,武士的势力逐渐强大。1192年,源赖朝任"征夷大将军",建立镰仓幕府(1192—1332年),政治中心东移,日本开始了武士执政的历史,贵族政治改变为武士政治。

镰仓后期,幕府分裂,群雄四起,14世纪中叶,征夷大将军足利尊氏统一全国,重开幕府。史称足利政权为室町幕府(1338—1573年)。京都因而再次兴旺,由镰仓时期开始兴起的武士文化至室町时代已经完全形成,随着政治上的稳定,前期以将军义满的别墅北山(建有金阁)为代表,形成北山文化,北山文化具有传统的公家(贵族)文化和新兴的武士文化相融合的特征。后期以八代将军足利义政的别墅东山(建有银阁)为代表,史称东山文化,东山文化是公家文化、武士文化、宋代文化和新兴的庶民文化相融合的复合文化。

文化的主角主要仍是僧侣和失意的贵族。镰仓、室町时代很多人到宋朝去求佛法,南宋灭亡时,有些中国的僧侣到日本避难,僧侣的文化水平很高。武家统治对佛教尤其是禅宗采取笼络政策,促使佛教出现了前所未有的鼎盛景象。镰仓时期,天皇居住的京都和武士开幕府的镰仓,模仿中国的禅林制度,各自确立了五山。室町幕府时,将京都与镰仓的禅寺混合成新五山,五山禅僧中很多人留学过中国,汉学造诣很深,以五山僧侣形成的以汉诗、汉文为中心的文化,被叫作"五山文化"。

五山文化的特点是接受宋朝以后的风尚。由于宋代中日禅僧过从甚密,文化交流由入宋学佛的学问僧来担任,文化带上浓厚的一层佛教色彩。文化理念为"幽玄"。中国的古籍大量流入日本。五山僧讲的文学主要有《韩愈文》《胡曾咏史诗》《长恨歌》《琵琶行》《杜甫》《柳文》《文选》《山谷诗》《东坡诗》《古文真宝》《阿房宫赋》《三体诗》《联珠诗格》等。戏剧"能乐"非常流行,其中不乏以中国故事为题材,促成了盛极一时的禅宗园林(如书院庭园)、枯山水及茶庭的相继兴起。

3.3.5　元代园林

1) 元代园林背景

元代的成吉思汗(1271—1368年)原名铁木真,为蒙古某部落的贵族。原居于黑龙江上游东南一带,7世纪西迁瓦鲁伦河流域,1189年被推为蒙古部落首领,1205年,先后征服了各兄弟部落,1206年蒙古各部推举铁木真为全蒙古大汗,尊称成吉思汗,结束了草原上的纷争。起兵西征,创建了版图辽阔、幅员广大的帝国,后意图灭金而在南征西夏的途中病死。其第三子窝阔台即帝位,继其父太祖遗志,率军南征,与南宋联合而灭金。然后东降高丽,西平波斯,征服欧洲诸地。定宗(窝阔台之子贵由)享国日短,宪宗蒙哥旋即竞争为帝,派其弟旭烈兀征服波斯及小亚细亚诸地,完成了四大汉国的设计。又派其弟忽必烈经略南国,征服大理及吐蕃,平交趾,正将攻宋的时候,宪宗死于军中,忽必烈不得已暂时与南宋议和。宋朝的奸相贾似道将此次议和伪称为大捷,粉饰太平,而失于戒备。1260年,忽必烈即大汗位,以中统为年号。1271年取《易经》"大哉乾元"之义,号为大元,次年以大都为都城,再图南征。南宋抵抗乏术,虽有文天祥、陆秀夫辈而不能胜,1276年元军入临安,俘宋恭宗。南宋灭亡之后,元朝统一中国。

世祖意图渡海征日本,但突遇台风,樯倾楫摧,数万将士或为鱼鳖。遂向南征服缅民族、安南、爪哇诸地,版图之大,历代罕见。元朝统治者起自漠北,征服四方而得以统治广大地域,广为招收人才,辽、金遗臣来归者皆授以官职,汉人之有才能者则延为幕宾,远自波斯、阿拉伯、欧罗巴亦有不少人来仕于元。如马可·波罗由意大利渡海来到中国,任扬州都督、枢密副使等官职。

元代频频外征而荡尽国力,重聚敛苛捐杂税,招致国家紊乱。赋予喇嘛以特权,结果却带来了僧人跋扈。实行民族压迫之策,汉人屈居蒙古人、色目人之下,招致汉人反抗。海都之乱连续30年,成为元帝国分裂的根源。元世祖以后,帝位继承时总要发生党争纠纷,成为元朝崩溃的祸根。"以至于制度无法上轨道",90年后,这个中国历史上空前的大帝国被明朝取代。

2) 元代园林

元大都早在战国时代,燕的都城叫"蓟"(指今北京城区的西城部分)。秦、汉、唐时期,蓟城既是商业中心,又是军事上的重镇。金灭辽之后,迁都到蓟城,改名为"中都"。元在金中都的基础上建宫城,以金离宫为中心,东建宫城,西建太后宫,外以城墙回绕,两宫和琼华岛御苑为王城,并在外廓建土城,称为"大都"。元大都周围60里,南北稍长,内有宫城(大内),宫城居中,左庙右社,前朝后市,形同周制(图3.25)。

元朝统治时期,以"马上"得天下的蒙古统治者,仍然以"马上"得天下的精神来治理这个国家,重视武治而轻视文治,知识分子不屑于侍奉异族,或出家为僧道,或遁迹山林,或出入柳街花巷,放浪形骸。即使出仕为官的,也一样心情抑郁。于是在绘画上借笔墨以自示高雅,山水画发展了南宋马远、夏圭一派的画风而更重意境和哲理的体现。黄公望、王蒙、倪瓒、王冕、吴镇各家皆另辟蹊径,别开生面。他们用水墨或浅绛描绘山水,形成山水画的主流。

中国元代是传统的中原农耕文化和特点鲜明的蒙古游牧文化并存的时代。元朝统治者将民族分为蒙古、色目、汉人和南人四等,科举制度停止了七八十年,汉族文人失去了传统的"学而优则仕"的进身之路,对宗教采取兼容并蓄的优礼政策,除了禅宗、道教外,萨满教、喇嘛教、

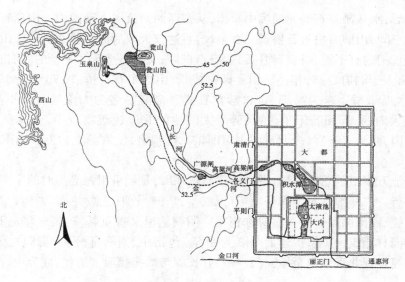

图 3.25 元大都城苑

伊斯兰教、基督教等亦皆在国内流行,文人中消极遁世以及复古主义思想泛滥。经过宋元易代,一向信守夷夏之别的汉族文人,思想苦闷,民族情绪终元之世,没有稍减,他们"思肖"(肖者,赵宋也),画无土之兰,发泄愤懑。走向山林,既然是"兴亡千古繁华梦",那就去做"酒中仙、林间友、尘外客""数间茅舍,藏书万卷,投老村家",去享受松花酿的酒,春水煎的茶。艺术上,追求抒发内心的意趣和超逸意境,文人画在倪云林为代表的"元四家"手里更发展了诗的表现性、抒情性和写意性这一美学原则,逸笔草草,直泻胸中逸气。

儒学的沉沦、文人地位的下降,文人园林一度萧条。元初有赵孟頫在归安的莲庄,元末画家倪瓒(字云林)在无锡的清閟阁,常熟有陆庄和贾氏园等,留存至今的苏州狮子林,虽然已非原貌,作为禅宗寺庙园林的代表,有很高的文化艺术价值。北方有元汝南王张柔在河北保定市中心开凿的"古莲花池",役使江南俘掠来的园林工匠所构,引城西北鸡距泉与一亩泉之水,种植荷莲,构筑亭榭,广蓄走兽鱼鸟,名为雪香园。

元代的皇家宫苑主要有禁苑、御苑和后苑。皇家宫苑体现了汉族和蒙古族文化的融汇,在传统的皇家宫苑中融入了某些游牧文化因子。

公元 1215 年元代统治者攻陷了金王朝中都,到忽必烈至元四年(1267 年),由于全国逐步统一,便决定在金中都的东北郊重建静的都城,命名为大都。大都的规划与建设以金的琼华岛海子作为新城的核心部分,东西旃置大内与许多宫殿建筑。由辽金时代的郊外苑囿,成了包围在城市中心宫殿内部的一座封建帝王的禁苑:元皇家宫苑——上苑。

上苑位于今北海,辽建燕京时曾在此建瑶屿行宫,金又在此修离宫,名为大宁宫。完颜雍迁部燕京后,公元 1163 年称金海(即大液池),垒土成山(即琼华岛),栽植花木,琼华岛上建广寒殿,水面为太液池,包括今之北海和中南海,营建宫殿,琼华岛上有瑶光殿。正八年(1348 年)又赐名岛上之山为万岁山,皆以玲珑石叠垒成自然峰峦形态。据说,叠山之石是金灭北宋以后,北宋京城(汴梁)里寿山所拆"艮岳"之山石。但与宋徽宗艮岳的模写自然山水、追求山林气势不同,是将这些玲珑山石,置于"松桧隆郁"之下,造成"峰峦隐映",秀若天成的意境,空间与山体缩小,构园艺术写意,忽必烈就住在这里。万岁山在大内(即今故宫位置)的西北,太液池的南面,峰峦松桧隐映,隆郁秀若天成。金水河的水引到山后,汲水至山顶,石龙嘴流出,注入方池,伏流至仁智殿后,水从昂首石蟠龙的嘴中喷出,从东西两面流入太液池内。山顶有广寒殿七间,山半有仁智殿三间,山前有白玉石桥长二百余尺,直达仪天殿后面。桥北有玲珑山石,拥木门五道,门皆为石色,门内有平地,对立日月石,西有石棋坪,又有石坐床。平地的左右,有登山路径,萦纡万石中,出入于洞府,宛转相迷。山上殿亭成景,山之东有石桥,长76尺,阔11.5尺,桥上石渠,以载金水汲于桥。东为灵圃,奇兽珍禽在焉。金海易名为太液池。又据陶宗仪《辍耕录》,太液池在大内西,周回若干里,植芙蓉。太液池的北岸建筑物较少,尚具自然成分较多。太液池东为大内,西为兴圣宫(今北京图书馆旧馆),隆福宫,三宫鼎立。万岁山南有仪天殿(今日团城)。

元代太液池万岁山的总体布局:中心山顶是广寒殿,是元世祖忽必烈时的主要宫殿,元代不少盛典在此举行。广寒殿左有金露亭,右有玉虹亭,广寒殿前,三殿并列,中为仁智,左为介福,右为延和。方壶、瀛洲两亭一左一右对称相望。明朝这里又曾重新修治,琼华岛和太液池沿岸部分有的增加园林建筑,修缮、扩建后易名为西苑(包括中、南海部分)。御苑在太液池西边隆福宫西侧。后苑在现北京景山至地安门一带,有长廊与禁苑相通。清代,成为中、南、北三海,简称三海。

元朝多教并尊,寺观园林遍布城乡郊野,以大都北京最为发达。西湖之滨的大承天护寺是其代表。消极的循世思想,复古主义观念得到发展。文人画盛极一时,形成独霸画坛之势,元代四大画家的黄公望、王蒙、吴镇、倪瓒,黄公望提出"画不过意思而已",倪瓒(字云林)说"所谓画者,不过逸笔草草,不求形似,聊以自娱耳",又说"余之竹,聊以写胸中逸气耳,岂复较其似与非,叶之繁与简,枝之斜与直哉"。追求是超然物外,抒发自己胸中逸气,用水墨山水画,表现和抒发意趣,达意境,影响着园林写意。叠石技艺愈加精湛。元代建国后,将大宁宫扩而大之,形成后来明、清时北海和中海的规模(南海是明中叶以后才开发的)。皇家宫苑进一步趋于小型化,在内涵上也有了新变化,已不见狩猎及生产性质。

3)元时期园林特征

元、明、清初是中国古典园林成熟期的第二个阶段。元朝统一全国后,随着农业、手工业的恢复和发展,生产逐渐兴盛,商品经济长足发展。商品经济的发展带动了市民文化及民间造园艺术的发展,文化艺术异彩纷呈。其中,经济文化最发达的江南地区,造园活动最兴盛,园林的地方风格最突出。

元开国之初建都开平(今内蒙正蓝旗东),至元元年(1264)迁都燕地,但并未因金中都之旧,而是在其东北以金朝琼华岛离宫为中心,重新规划新城。历时8年,新城竣工,其规模宏大,制度严整使之成为继隋唐长安以来又一座气度雄伟的大都城。为了城中的用水和潜运,由郭守敬主持对城市水系作了大规模的疏浚和改造,解决了实际的功能需求,也成为城市重要景观。

元代都城中的苑囿仅宫城之中一处,也就是金朝的琼华岛及周围地带,元时称万岁山太液池。元大都皇城主要由三组宫殿围绕苑囿布置,大内在太液池东,踞于城市轴线南端,其北为禁苑。池西南是太后居住的隆福宫,西北是太子居住的兴圣宫。太液池及禁苑占据了皇城一半以上的土地。元大都的苑囿虽然沿用了前朝的旧苑,但苑中还是依据当时的需要进行了增筑和改造,殿宇型制出现了前所未见的盈顶殿、畏瓦尔殿、棕毛殿等形式,殿宇材料及内部陈设也按照元人固有的风俗习惯大量使用诸如紫檀、楠木、彩色琉璃、毛皮挂毯、丝质帷幕以及大红金龙涂饰等名贵物品和艳丽色彩,形成了以往所没有的特色。

元代的私家园林主要是继承和发展唐宋以来的文人园形式,其中较为著名的有河北保定张柔的莲花池,江苏无锡倪赞的清闷阁云林堂,苏州的狮子林,浙江归安赵孟頫的莲庄以及元大都西南廉希宪的万柳园、张九思的遂初堂、宋本的垂纶亭等。有关这些园林详尽的文字记载较少,但从留至今日的元代绘画、诗文等与园林风景有关的艺术作品来看,园林已开始成为文人雅士抒写自己性情的重要艺术手段。由于元代统治者的等级划分,众多汉族文人往往在园林中以诗酒为伴,弄风吟月,提高了园林审美情趣,对明清园林起着较大的影响。

元时期为我国中原农耕文化和游牧文化融合时期。元朝的版图大,多教并尊,宗教活动多且复杂,寺、观、庙宇园林以公共园林性质多有发展。以位于西湖北岸的大承天护圣寺景观最美。"殿前阁后,擎天耐寒傲雪苍松,也有带雾披烟翠竹,诸杂名花奇树不知其数"(《朴通事》)。

皇家宫苑,代表性的是元大都和太液池。

对花木的选择栽植,园林植物造景已形成其独特的风格,运用绚丽多彩植物姿态、色彩、季相不同观赏效果,更注意艺术效果。

元代园林特点:

①建筑方面,木结构技术在宋代的基础上继续完善,装修装饰趋于精致,如《鲁班经》《工段营造录》等。

②叠山方面,园林使用石材多样化,技法也趋于多样化,还出现不同的地方风格和匠师的个人风格。

③文人、画家参与造园活动,甚至成了专业造园家,造园工匠也努力提高自己的文化素养。景题、匾额、在园林中普遍使用。

④造园出现地方风格,主要体现在艺术格调、审美意识、造园手法和使用材料方面,是中国古典园林成熟时期的"前夜"。

小　结

1. 西方中世纪欧洲园林大多以实用性为主,寺庙园林建筑庭园和简朴的城堡园林是政教合一的折射。波斯伊斯兰古典园林,受其波斯细密绘画风格影响,建筑及景观、装饰极为精美细致。纹样,呈显缎面般华彩,艺术风格独树,造园要素运用有着极其强烈的园林美的艺术效果。

2. 东方的中国,是古代思想文化及艺术大变革、中国园林体系完成的时代。两晋南北朝时期,士人营建风格典雅的私家园林,是我国园林艺术的一个重要转变,奠定了我国古代私家园林的基本风格和"诗情画意"的写意境界;"道"第一次高于了皇权,深刻地影响了皇家园林的发展;佛教盛行,以老庄哲学的宇宙观为基础的美与美感、与自然和谐为美的传统美学思想更加成熟。中国风景式园林由自然天成、创造、追求绘画——尤其中国山水画的意境,移情于景,上升到人格化道德化的高度,独立的人格或理想,思考人生命的价值,重人的精神,求生命永恒的、超功利的人生境界,更加艺术化。"山居""岩栖""丘园""城傍"而居,谈玄论道,"诗画入园",追求功能与精神的统一,造园与理论实践的探索,造园活动也体现出"魏晋风骨","士人园"的自然美和人格美的崇尚,奠定了1 500年来中国的美学观。"士人园"的兴起,使中国园林产生第二次飞跃。

3. 盛唐思想上儒、道、佛三教并存,儒、释、道互补共尊。艺术审美理论突破性发展,诗画高度发达并引领园林艺术,"以形写形,以色貌色",追求"形似"到"外师造化,中得心原"的"神似",绘画原则成为构园艺术创作所遵循的原则,中国园林在魏晋南北朝所奠定的风景式园林艺术的基础上,唐王朝开创了中国历史上的一个全盛时代。科举制的发展,极大地调动了中国文人、士流建功立业的创造性。这个时代,中国传统文化曾经有何等宏放气度和旺盛的生命力。园林的独特风格即写意山水园林在文人士流的作用下开始出现了:辋川别业是诗、画情趣赋予园林山水景物因画成景、以诗入园的做法伊始;庐山草堂开创后世"文人园"之先河;"隐在留司官"的"中隐"理论在园林中的实践;"履道里园"为江南文人写意园之首。山水景物诱发的联想、意境的塑造,追求园林内在人格内质,承载着人文精神。

4.两宋时期,中国封建科技、文化更加灿烂辉煌,商业空前繁荣。儒家、道家、新兴的佛家禅宗三者合流融汇,儒学转化成为新儒学——理学,形成独特的文人园林观,皇家园林的"皇家气派",市民文化的勃兴,文人园林持续发展写意化园林的境地,效法自然而又高于自然,寓情于景,情景交融,诗情画意,写意山水园成为中国山水园林写意的杰出代表。士流园林的全面"文人化",皇家、私家、寺观园林的全面写意化的完成;造园理论完善成熟,这是中国园林史上一个极其重要的历史时期。大批文人参与园林营造,可行,可观,可游,可居……使写意山水园林向更高水平迈进,山水画、山水诗文孕育了山水园林,又互相融合,形成中国山水园林的独特艺术风格,从而影响及于亚洲汉文化圈内的广大地域。以山水画、佛教禅宗影响日本最甚。欧洲园林面对"中世纪的黑暗",中国园林呈现一派欣欣向荣的繁盛景象,是我国古代园林发展史在世界园林史的辉煌时期。

复习思考题

1.简述中世纪欧洲园林的类型和特征。为什么说"道法肉身"对西方设计影响深远? 试举例说明。

2.简述波斯伊斯兰古典园林的类型与特征。

3.简述西班牙伊斯兰园林的类型与特征。其代表作品有哪些? 举例说明。

4.为什么说魏晋南北朝"士人园"的兴起使中国园林产生第二次飞跃?

5.试述魏晋南北朝园林的特征。

6.中国园林全面写意化出现在哪个时代? 文人写意园有哪些特征? 举例说明。

7.唐代园林的类型及特征有哪些?

8.为什么说山水画、山水诗文孕育了山水园林,形成中国山水园林的独特艺术风格?

9.简述宋代园林的基本特征。其造园专著有哪些?

10.试述寿山艮岳园林的特征。

职业活动

1）目的

东西方造园实践形式上的差异认知

通过东西方园林环境实地现场感知互动教学,感受东西方造园思想在造园实践形式上的差异。

2）环境要求

选择东西方风格迥异的园林环境如图3.26所示。

3）步骤提示

①通过东方园林环境感知,在对比中认识"与自然和谐为美"的造园思想。

②认识在此思想基础上的"虽由人作,宛自天成"的外在形式。

③通过园林环境实地教学,认识西方古代宗教及"人文、理想、人性主义"影响的造园思想。

④园林环境互动分析,引导认识其造园的外在形式特点。

⑤在对比中引导、讨论,归纳并得出结论。

建议课时:5 学时

图3.26

第3章 实习大纲

第3章 实习指导

4 15—19世纪初园林

（公元 1400—1800 年）

欧洲在这一重要历史时期有三个阶段：即文艺复兴时期（公元 1400—1650 年）、勒·诺特尔时期（公元 1650—1750 年）、自然风景式园林时期（公元 1750—1850 年）。

产生于意大利的文艺复兴新兴阶层反对教会精神，提倡古典文化和文艺复兴新兴资产阶级思想文化，反对禁欲主义和宗教观，用古希腊、古罗马的哲学、文学、艺术等反映和肯定人的人生倾向，提出人文主义思想价值，重人的价值、人的自由意志。崇尚发挥人的才智、人性和现实生活的积极进取，影响波及各个领域。古典文化对人性化的继承，标志着这个阶段的欧洲文化达到西方希腊时代以后的第二高峰，带来了欧洲园林的新时代。

欧洲的勒·诺特尔时期——伟大的法国造园世家、画家出身的勒·诺特尔（Le Notre，1613—1700）及以他名字命名的勒·诺特尔园林是法国古典主义园林的划时代的作品和杰出代表，体现法国文化艺术、工程技术在园林上的最高成就，建筑与环境，雕塑林立，序列高潮迭起，绘画、造园喷泉技术、输水管道建造给法国带来永久的光荣。欧洲君主纷纷效仿，对整个欧洲园林产生了深刻的影响，盛誉为时代的"伟大风格"。

18 世纪中叶，英国首先出现了自然风景式花园，一改勒·诺特尔园林的规划，欧洲进入了一个自然风景式园林时期（公元 1750—1850 年）。以艺术开始的思想，在造园实践中得到共鸣，导致产生了波及更大范围的启蒙运动。历经意大利文艺复兴时期影响的英国，模仿法国勒·诺特尔园林，并结合本地域环境追求广阔，加上自然优美的园林空间，也使之接受中国造园思想成为必然。17 世纪中叶至 18 世纪，剧烈的社会体制变革，使西方进入一个崭新的发展时期。

中国（明、清）时期，政治、思想失控，人欲张扬，自我价值苏醒，迎来文人园又一个高峰。园林集成、终结定型。中国古典园林的造园思想、理论技法的总结，园林技术向精深、完美发展，达到造园艺术的高峰，也是中国古典园林的"晚期"，成为最后的辉煌。西学东渐，中国园林也注入了异质文化因子（表4.1）。

表 4.1　15—19 世纪初园林分布情况表

15—19 世纪（公元 1400—1800 年）	主要园林类型
公元 1400—1650 年 欧洲文艺复兴时期	台地园 巴洛克风格
公元 1650—1750 年 欧洲勒·诺特尔时期	勒·诺特尔园林 中国影响下的特瑞安农（Trianon）花园洛克可风格
欧洲自然风景式 公元 1750—1850 年	自然风景园 伏尔泰、卢梭发起启蒙运动
美国	城市公园 奥姆斯特德原则（The Lnstedian Princples）
中国（明、清时期）	自然山水园 私园 祭祀园 离宫别苑
日本 室町时代（1334—1573 年） 挑山时代（1583—1603 年） 江户时代（1603—1868 年）	回游式池泉庭园 石庭枯水园 茶庭

4.1　西方文艺复兴时期园林

4.1.1　文艺复兴的历史背景

　　文艺复兴是 14—16 世纪欧洲的新兴资产阶级思想文化运动,开始于意大利,后扩大至德、法、英、荷等欧洲国家。在 14、15 世纪,以复兴古希腊、古罗马文化为名,提出了人文主义思想体系。人文主义以人为衡量一切的标准,重视人的价值、人的自由意志和人对自然界的优越性,反对中世纪的禁欲主义和宗教观,摆脱教会、神学和经院哲学基础的一切权威和传统教条对于人们思想的束缚。文艺复兴主要表现为文学、艺术和科学的普遍高涨,哥白尼(Nicolaus Copernicus,1473—1543 年)的日心说,哥伦布(Cristoforo Colombo,约 1451—1506 年)和麦哲伦(Fernao de Magalhaes,1480—1521 年)等人在地理方面的发现,伽利略(Galileo Galilei,1564—1642 年)在数学物理学方面的创造发明,使自然科学得到极大发展。文学、艺术方面也取得了巨大成就,代表人物有但丁、薄伽丘(Giovanni Boccaccio,1313—1375 年)、达·芬奇(Leonardo da Vinci,1452—1519 年)等。

　　文艺复兴首先发生于意大利,其中佛罗伦萨最为繁荣,此外,经营航运和贸易的港口城市威尼斯、热那亚也比较发达。在佛罗伦萨,出现了以毛织、银行、布匹加工业等为主的七大行会,在这种政治、经济背景下,佛罗伦萨成为意大利乃至整个欧洲的中心和文艺复兴发源地。

文艺复兴使西方从此摆脱了中世纪封建制度和教会神权统治的束缚,精神上的解放促进了生产力的解放,新兴资产阶级势力日益发展,为近代资本主义社会打下了基础;在精神文化方面,动摇了基督教的神学基础,把人和自然从宗教统治中解放出来,而对自然的研究结果又改变了人们对于世界的认识。文艺的世俗化和对古典文化的继承都标志着这一时代的欧洲文化达到了希腊时代以后的第二高峰,其影响波及各个领域,也带来了欧洲园林的新时代。

4.1.2　文艺复兴时期的意大利园林

16 世纪欧洲以意大利为中心兴起文艺复兴运动,造园出现了意大利文艺复兴初期、中期、后期三个阶段以庄园为主的新面貌。

意大利位于欧洲南部的亚平宁半岛上,境内山地和丘陵占国土面积的 80%。意大利的地中海气候与西欧的温带海洋性气候有明显的差异。意大利半岛气候温暖,雨量充足,树花繁茂,有丰富的花岗岩、石灰岩、大理石等石料,为造园提供了有利的条件。其繁荣富裕使造园极为盛行。公元 408 年北方异族侵入意大利时,罗马城区有大小园庭的住宅多达 1 780 所。这种贵族的府邸,常以房围之,设庭于其中,一般呈几何形状,利用雨水水道为喷泉、流泉,以花坛、剪饰、迷阵或盆栽植物及大理石制作的雕像装饰。建筑在郊外的别墅,大多数选择山麓、海岸等风光优美之地,建以华丽建筑,植以奇树异卉,修剪的树丛、雕像喷泉与建筑组成一体,成为后来意大利文艺复兴时期台地园的地域自然条件。

1)文艺复兴初期的意大利庄园

欧洲的中世纪,艺术在宗教神权的统治下脱离了生活和个性两大要素,变得衰颓不振。13—14 世纪时期佛罗伦萨开始出现了接近自然的写实主义的美术描写。美术描写自然、人性和自由创造的精神,使艺术走向绚丽繁荣的黄金时代。

意大利佛罗伦萨是一个经济发达的城市。艺术上的思辨物化在华丽的庄园别墅,佛罗伦萨的执政者科西莫·德·美第奇首先在卡来奇建造了第一所庄园,其后他的儿孙们又继续营建多处,营造庄园或别墅在意大利的广大地区逐渐展开。这一时期,阿尔贝蒂(Leon Battista Alberti,1401—1472 年)建筑师著有《建筑学》,论述了庄园或别墅的设计,推动了庄园的发展。著名的美第奇庄园有三级台地,顺山南坡而上,别墅建在最上层台地的西端,第二层台地狭长,用以连接上下两层台地。中间台地的两侧有低平的绿地,对称的水池和植坛显得活泼自由,富于变化,在别墅的后边还有椭圆形水池。这一时期还有贵族们所营造的狩猎园形式,周围圈有防范用的寨栅,其内以矮墙分隔,放养许多禽兽,中心有大水池,高处堆土筑山,其上建有瞭望楼,各处遍植林木,林中建有教堂。

(1)庄园形成"台地园雏形"　意大利文艺复兴初期的庄园多建在佛罗伦萨郊外风景秀丽的丘陵坡地上,选址时注重周围环境,依据地势高低开辟台地,各层次自然连接,主体建筑在最上层台地上,以借景园,保留城堡式传统,有远眺的前景。园地顺山势辟成多个台层,各台层相对独立,设有贯穿各台层的中轴线,形成"台地园"特征,其分区简洁,有树坛、树畦、盆树,并借景于园外,喷水池在一个局部的中心,池中有雕塑。

建筑和庭园分布都比较简朴、大方,有很好的比例和尺度。喷泉、水池中常以雕塑为序列中心,雕塑本身就是艺术品。绿丛植坛是常见的装饰,设计以图案花纹,多设在下层台地上。

（2）欧洲最早的植物园   意大利还出现了欧洲最早的植物园。由于对植物学的兴趣浓厚，引起了对古代植物学著作的研究，同时也开展了对药用植物的研究。在此基础上产生了用于科研的植物园，1545年，威尼斯共和国与帕多瓦（Padua）大学合作，由建筑师乔万尼（Giovanni，1487—1564年）与植物学家彭纳番德教授合作规划了帕多瓦（Padua）植物园和比萨植物园。帕多瓦（Padua）植物园中还有土丘及一座温室，温室修建时间最早，诗人歌德（Johann Wolfgang Von Goethe，1749—1832年）曾来此参观，因在其著作中有所描述而引起人们的注意。帕多瓦植物园所引种的许多植物不仅在意大利，甚至在全欧洲也属于首次引进，如凌霄、雪松、刺槐、仙客来、迎春花以及多种竹子等。

比萨植物园则引种了七叶树、核桃、椿树、樟树、日本木瓜、玉兰以及鹅掌楸等植物。由于帕多瓦和比萨植物园的影响，在佛罗伦萨等地也陆续建造了几个植物园，并且波及到欧洲其他国家，成为后来各地植物园的范例，而后发展成为一种更具综合功能的园林类型。

2）文艺复兴中期的意大利庄园

公元15世纪，佛罗伦萨被法国查理八世所侵占。美第奇家族覆灭，佛罗伦萨文化解体，意大利的商业中心随之转移到了罗马，成为意大利的文化中心。15世纪时司歇圣教皇控制了局势，各地的学者或名家涌向罗马聚集，到16世纪时，罗马教皇集中全国建筑大师兴建巴斯丁大教堂。佛罗伦萨的富户和技术专家们也纷纷来到罗马营建庄园，罗马地区的山庄兴盛起来。

（1）巴洛克园林产生   公元16世纪中后期，在罗马出现了被称为巴洛克式的庄园。巴洛克（Barogue）本来是一种建筑式名词。巴洛克（Baroque）一词原为奇异古怪之意。巴洛克风格的主要特征是反对墨守成规的僵化形式，追求自由奔放的格调。巴洛克式庄园更富于色彩和装饰变化，形成了一种新风格。比较典型的是埃斯特庄园（图4.1），公元1550年，罗马红衣主教埃斯特在罗马郊区蒂沃利的一座山上，由建筑师李果里渥设计建造了一处宏伟的庄园，这座山阜高48米，自山麓到山

图4.1 意大利埃斯特庄园鸟瞰

顶开辟出5层台地，西边砌筑高大的挡土墙以保证台地的宽度。最上层台地建有极为华丽的楼馆宅舍。中心有圆形的小喷泉广场，周围配植高大的丝杉。从园门向内透视有层层蹬道，透过中部喷泉，可以看到高踞顶端的住宅建筑，主轴透景效果极佳。前庭区外围还有四个迷园。主轴线中部有一大型水池，与水池相连的是弧形蹬道阶梯，两侧对称排列出八块绿树植坛，规则严谨，整齐配植花木。东边尽头留有水扶梯和瀑布，由水渠疏通山泉分流而成，发出各种抑扬缓急的水声。在半圆形的柱廊里可观赏瀑布，在椭圆形大水池边可观赏壁龛中的雕塑，又可沿着水扶梯上到高处俯视全园。

（2）文艺复兴中期意大利庄园特征   16世纪后半叶的意大利庄园多建在郊外的山坡上，依山就势辟成若干台层，形成独具特色的台地园。园林布局严谨，有明确的中轴线贯穿全园，联系各个台层，使之成为统一的整体。中轴线上则以水池、喷泉、雕像形成序列中心，造型各异的台阶、坡道等加强透视线的效果，景物对称布置在中轴线两侧。各台层上常以多种理水形式与雕像相结合作为局部的中心，建筑作为全园主景而置于最高处。庄园的设计者多是著名的建筑师，将庭园看作建筑的室外延续，运用建筑原则来布置园林。

理水技巧已十分娴熟,强调水景与背景在明暗与色彩上的对比,注重水的视觉光影和音响效果,甚至以水为主题,形成丰富多彩的水景。以音响效果为主的水景有水风琴(Water Organ)、水剧场(Water Theatre)等,还有突出趣味性的水景处理,如秘密喷泉(Secret Fountain)、惊愕喷泉(Surprise Fountain)等,产生出其不意的游戏效果。

植物造景艺术化,将密植的常绿植物修剪成高低不一的绿篱,绿墙,绿荫剧场的舞台背景、侧幕,绿色的壁龛、洞府等。迷园轮廓、园路也愈加繁富变化。花坛、水渠、喷泉等的细部造型也富有韵律感。

16世纪中后期,罗马出现巴洛克园林,开后世巴洛克园林风格之先河。

3)文艺复兴后期的意大利庄园

从公元17世纪开始,在巴洛克建筑风格影响下,艺术更加自由奔放,富于生动活泼的造型、装饰和色彩。这一时期的庄园受巴洛克浪漫风格的影响很大。16世纪末到17世纪初,罗马城市发展得很快,住房拥挤,街道狭窄,环境恶劣。意大利人纷纷追求自由舒适的"第二个家",去享受园圃生活,在古罗马的郊区多斯加尼一带兴起了选址造园的风尚,一时庄园遍布,致力于精美的装饰、强烈的色彩。

16世纪末至17世纪,欧洲的建筑艺术全面进入巴洛克时期,影响至园林。文艺复兴运动是在文化、艺术、建筑等方面首先开始,逐渐波及园林的。当建筑艺术已进入巴洛克时期,园林艺术则处于文艺复兴时代的盛期,极力追求主题的表现、境界创造,造成美妙的意境。局部塑造各具特色的优美效果,园内的主要部位或大门、台阶、壁龛网等作为视景的焦点而极力装饰,在构图上运用对称、几何图形或模纹花坛等。半个世纪以后,出现了巴洛克式园林。

巴洛克建筑倾向于细部装饰,喜欢运用曲线加强立面效果,以雕塑或浮雕作品来形成建筑物华丽的装饰。园内建筑物的体量都很大,占有明显的统率地位。

受巴洛克风格的影响,园林艺术也出现追求新奇、表现手法夸张的倾向,并且园中大量运用装饰小品。园中的林荫道纵横交错。植物修剪注重造型和建筑原则的运用,绿色雕塑物的形象和绿丛植坛的花纹日益复杂和精细。郊外建造庄园之风日盛,庄园大都建在风景优美的丘陵上。

4)文艺复兴时期的意大利园林类型

意大利园林属于郊外别墅,与别墅一起由建筑师设计,布局统一。它继承了古罗马花园的特点,采用规则式布局而不突出轴线。园林分两部分,紧挨着主要建筑物的部分是花园,花园之外是林园。意大利境内多丘陵,花园别墅造在斜坡上,花园顺地形分成几层台地,在台地上按中轴线对称布置几何形的水池,用黄杨或柏树组成花纹图案的剪树植坛,很少用花,重视水的处理。藉地形修渠道将山泉水引下,层层下跌,叮咚作响,或用管道引水到平台上,因水压形成喷泉;跌水和喷泉是花园里很活跃的景观。外围的林园是天然景色,树木茂密。别墅的主建筑物通常在较高或最高层的台地上,俯瞰全园景色和观赏四周的自然风光。

图4.2　美第奇家族别墅

文艺复兴时期,自然美重新受到重视,城市里的豪富和贵族恢复了古罗马的传统,到乡间建造园林别墅居住,佛罗伦萨附近费索勒(Fiesole)的美第奇别墅(1458—1461

年)(图4.2)是比较早的一座。它依山辟两层东西狭长的台地,上层植树丛,主建筑物造在它西端,下层正中是圆形水池,左右有图案式剪树植坛。两层台地之间高差很大,因而造了一条联系过渡用的很窄的台地,以绿廊覆盖。园林风格简朴,虽有中轴线而不强调。16世纪上半叶在罗马品巧山造的另一所美第奇别墅,园林风格也很简朴,以方块树丛和植坛为主,在两层台地间的挡土墙上筑很深的壁龛,安置雕像,上层台地的一端有土丘,可远眺城外的野景。这一时期的造园形态,突出了几何造园与自然地域相结合。

欧洲的水源很丰富,造园的水法使用了多条水路分割法则。植被繁茂,有赖于植物的丰富,衍生出一整套几何造园的理论,而水法的运用也日趋宏大。推崇古希腊哲学家"秩序是美的"的说法,人工造型的植物形式、园林中的道路都是用几何分割设计,体现了秩序美感。从古希腊、古罗马的庄园别墅,到文艺复兴时期意大利的台地园,18世纪以前的西方古典园林景观都是沿中轴线对称展现,园林艺术主题是有神论的"人体美"。宽阔的中央大道,含有雕塑的喷泉水池,修剪成几何形体的绿篱,大片开阔平坦的草坪,树木成行列栽植。地形、水池、瀑布、喷泉的造型都是人工几何形体,全园景观是一幅"人工装饰画",是一种开放式的园林,一种享乐的"众乐园"。

西方古典园林的创作主导思想是以人为自然界的中心,以中轴对称规则形式体现出超越自然的人类征服力量,人造的几何规则景观超越于一切自然。造园中讲究完整性和逻辑性,以几何形的组合达到数的和谐和完美,如古希腊数学家毕达哥拉斯所说:"整个天体与宇宙就是一种和谐,一种数。"追求图案的美、人工的美、改造的美和征服的美。

文艺复兴的意大利园林是写实的、理性的、客观的,重图形、重人工、重秩序、重规律,以一种对理性思考的崇尚而把园林也纳入到艺术严谨、认真、仔细的科学范畴。

5)意大利台地园特征

意大利特殊的人文地理条件和气候特点,是台地园形成的重要原因之一。人文主义者渴望古罗马人的生活方式,向往西塞罗提倡的乡间住所,在风景秀丽的丘陵山坡上建造庄园,采用连续几层台地的布局方式,地形和气候特征造就了意大利独具特色的园林风格——台地园。

台地园依山就势,分成数层,庄园别墅主体建筑常在中层或上层,下层为花草、灌木植坛,且多为规则式图案。园林风格为规则式,规划布局常强调中轴对称,注意规则式的园林与大自然风景的过渡,向天然树林逐步减弱其规则式风格。

意大利台地园林突出的特点之一,花园被看作是建筑府邸的室外延续部分。佛罗伦萨无冕王朝的创建者——科西莫·德·美第奇(Cosimo de Medici,1389—1464年)和科西莫的孙子罗伦佐·德·美第奇(Lorenzo de Medici,1449—1492年)。罗伦佐21岁时成为佛罗伦萨的统治者,他既是政治家,又是极有天赋的诗人,还是文学艺术的保护者,是15世纪下半叶"柏拉图学园"、圣马可雕塑学校的创办者。罗伦佐在此遇到年仅15岁的文艺复兴三杰之一,后来的巨

图4.3 米开朗琪罗的大卫(祝建军摄)

匠米开朗琪罗(Michelangelo Buonarroti,1475—1564年)(图4.3)。在罗伦佐的支持和鼓励下,艺术创作空前繁荣。理论上,13世纪末,博洛尼亚的法学家克雷申齐(Pietro Cresoenzi,1230—

1305年）写过一本庭园指导书 *Opus Ruralium Connodorum*，1471年出版后曾译成意、法、德文，广泛传播。书中把花园分成三种类型作为介绍。人文主义思想启蒙者的三大杰出人物，但丁、薄伽丘和彼特拉克（Francesco Petrarca，1304—1374年）对园林都有深深的影响。但丁在菲埃索罗有一座邦迪别墅庄园；薄伽丘在《十日谈》中介绍了一些别墅建筑和花园，《十日谈》中的故事发生在优美的别墅园林之中；彼特拉克则被人们称为是园林的实践者。文艺复兴时期三杰——达·芬奇、米开朗琪罗、拉斐尔更是文艺复兴的旗帜性人物。多才多艺的建筑师、建筑理论家阿尔贝蒂，在他的《论建筑》（*De Archi Tectura*）中真正系统地论述了理想的园林以及庭园，阿尔贝蒂因此被公认为是园林理论的先驱者。

　　庄园的设计者多为建筑师和画家，善于以建筑设计的方法来布置园林，使造园要素组成一个协调的、建筑式的整体，融合于统一的构图之中。中轴对称反映着古典主义的美学原则。运用透视学、视觉原理来创造出理想的艺术效果。

　　台地园的平面是严整对称的，庭园轴线有时只有一条主轴，或分主、次轴，甚至还有几条轴线或直角相交区域平行，或呈放射状。尽力使中轴线富于变化，各种水景，如喷泉、水渠、跌水、水池等，以及雕塑、台阶、挡土墙、壁龛、堡坎等，都是轴线上的主要空间序列设计及装饰，有时以不同形式的水景组成贯穿全园的轴线。

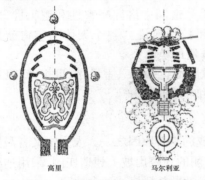

高里　　　　　　马尔利亚

图4.4　高里及马尔利亚庄园中露天剧场的平面图

　　府邸或设在庄园的最高处，作为控制全园的主体显得十分雄伟、壮观，给人以崇高、敬畏之感；或设在中间的台层上，从府邸中眺望园内景色，出入方便，府邸在园中这种亲切宜人的尺度，给人以亲近之感；或由于庄园所处的地形、方位等原因，府邸设在最底层，重在序列设计（图4.4）。

　　庄园中有凉亭、花架、绿廊等，设置拱廊、凉亭及棚架，既可遮阳又便于眺望。在较大的庄园中，常有露天剧场和迷园。露天剧场多设在轴线的终点处，或单独形成一个局部，往往以草地为台，植物被修剪整形后做背景及侧幕。

　　园中还有一种娱乐功能建筑——娱乐宫（Casino），供主人及宾客休息、娱乐，有的专为收集、展览艺术品，特别是为了收集从古代遗址中发掘出的艺术品。

　　这种建筑本身往往为园中主景。今日的娱乐宫有不少已作为美术馆对外开放。意大利台地园的规划又是严整对称的格局，以达到完美的艺术效果。庄园面积都不很大，因此扩大空间感、开阔视野、借景园外是设计中的重要手段，与周围的自然景色融为一体（图4.5）。规划中以建筑为中心，以其中轴线为园林的主轴，向外逐渐减弱其严谨规整性，植物是表现这种过渡的主要材料，如绿丛规则式到方形树畦式，已保留了部分自然的树冠，再到丝杉和石松的孤植和丛植，已能显出植物无人工雕凿的斧痕了，由此渐变再与周围山林融合，显得十分自然。

　　在水景的处理上，也有类似做法，由中心部分精雕细刻的水池、雕塑、喷泉，逐渐转变为人工痕迹较少的水景，直至山林间的溪水或峭壁上的瀑布，由规则向自然过渡。

　　台地园的结构，应运而生了各种形式的挡土墙、台阶、栏杆等。这些功能上所需的构筑物，成为庄园的重要组成部分。挡土墙内常有各种壁龛，内设雕像，或与水景结合；墙上往往有不同材料、图案各异的栏杆，具有很高的艺术水平。

图4.5   马尔利亚庄园的露天舞台

以避暑为主要功能的意大利园林中,水是选
址时考虑的一个重要因素,由远方引水入园,创
造水景。在台地园的高层常设贮水池,有处理成
洞府的形式,洞中设雕像,作为"泉眼";或布置岩
石溪流,任水源更具真实感,增添了几分山野情
趣(图4.6)。沿斜坡可成水阶梯、跌水,在地势
陡峭、高差大的地方,成奔泻的瀑布,在不同台层
的交界处,有溢流、壁泉。在下层台地上,借用水
位差可形成各种各样的喷泉,或与雕塑结合,或
以喷水的图形优美取胜;创造了水剧场、水风琴
等具有音响效果的水景。种种愉悦游人的魔术

图4.6   托里加尼庄园的挡土墙设计为洞府形式

喷泉,平静的水池,并随环境不同而轮廓丰富多彩。十分注意水池与周围环境的关系,使之有恰
当的比例和适宜的尺度。重视喷泉与背景在色彩、明暗方面的对比。在平坦的地面上,沿等高
线做成的水渠小运河。有动有静,动静结合,或宁静幽邃,或奔泻如注,或如轻轻细语,或如啾啾
鸟鸣,一曲曲水的乐章,令人叹为观止。

台地园中的植物是适应其功能运用的。由于意大利地处西欧南部,阳光强烈,植物运用以
不同深浅的绿色为基调,尽量避免一切色彩鲜艳的花卉,在视觉上得到凉爽宜人、宁静悦目的效
果。树形高耸独特的丝杉,又称意大利柏(Cupressus Sempervirens),是意大利园林的代表树种,
往往种植在大道两旁形成林荫夹道,有时作为建筑、喷泉的背景,或组成框景,有很好的效果。
园中常用的树木还有石松、月桂、夹竹桃、冬青、紫杉、青栲、棕榈等。其中石松冠圆如伞,与丝杉
形成纵横及体形上的对比,往往作背景用,其他树种多成片、成丛种植,或形成树畦。月桂、紫
杉、黄杨、冬青等是绿篱及绿色雕塑的主要材料。阔叶树常见的有悬铃木、榆树、七叶树等。

台地园中将植物作为建筑材料,起着墙垣、栏杆的作用,形成绿丛剪树植坛。迷园外,露天
剧场中也得到广泛的应用,形成舞台背景、侧幕、入口拱门和绿色围墙群等。可修剪出壁龛,内
设雕像。绿墙也是雕塑和喷泉的良好背景,白色大理石雕像,在绿墙的衬托下更加突出。绿丛
植坛是台地园的产物。在方形、长方形的园地上,组成种种图案、花纹,或家族徽章、主人姓名
等。作为装饰性园地,绿丛剪树植坛设在低层台地上,居高临下清晰地欣赏其图案、造型。在规
则地块上种植不加修剪的乔木,形成树畦,也是台地园中常见的种植方式。树畦既有整齐的边
缘,又有比较自然的树冠,常作为水池、喷泉的背景,起到组织空间的作用。树畦又是由规则的
绿丛剪树植坛向周围自然山林的过渡部分。

柑橘园也是意大利园林中常见的组成部分,柑橘和柠檬等果树都种在大型陶盆中,摆放在

园地角隅或道路两旁,点缀园景,伴随着温室建筑。

文艺复兴时期的意大利园林表现了这一时代意大利人特有的人文精神、思想意识。园林是一种以建筑、自然材料、雕塑、植物、水体、山石等为艺术创作素材的艺术品,是思想精神的外在反映,同时又是户外的沙龙,为人们创造适宜于生活和休闲的艺术环境。

6）文艺复兴时期的意大利台地园对欧洲的影响

意大利是古罗马中心,经过15世纪中叶文艺复兴,造园艺术成就很高,在世界园林史上占有重要地位,意大利的台地园对欧洲园林影响巨大,波及到德、法、英、俄、荷等国家,其影响波及各个领域。艺术的世俗化对古典文化的继承迎来了继希腊文化的第二个文化高峰,意义深远。人文主义思想在精神、思想、物质、经济、自然科学等领域产生了极其重要的作用,也翻开了欧洲园林崭新的一页。

4.2　法国园林

（1）法国历史背景　法国位于欧洲西部,地势东南高西北低,国土以平原为主,有少量的盆地、丘陵及高原。中南部为中央高原,西南部边境有比利牛斯山脉,东部是阿尔卑斯山地,北部为巴黎盆地,南部属亚热带地中海气候。其他大部分地区属海洋性温带气候,比较温和、湿润,雨量充沛。尤其是巴黎盆地地区,河流纵横交错,土壤肥沃,宜于种植。茂盛的森林占国土面积近1/4。在树种分布上,北部以栎树、山毛榉为主,中部以目孵、桦和杨树为多,而南部则多种无花果、橄榄、柑橘等。开阔的平原、众多的河流和大片的森林是法国国土景观的特色,对园林风格的形成具有很大的影响。古代法国曾是罗马统治下的高卢省,罗马帝国崩溃后,于843年成为独立的民族国家。腓力二世（Philippe Ⅱ Augustus,1180—1223年在位）统治时期,从英国人手中收回了诺曼底。同时期十字军东征,客观上使西方受到东方文化的影响,拜占庭、耶路撒冷豪华的建筑群园林,以及国王贵族们的生活方式,令西方人羡慕不已！还从东方带回了不少珍稀植物。路易九世（Louis Ⅸ,1226—1270年在位）是卡佩王朝时期最著名的统治者。从13世纪始,法国人口不断增长,城市工商业繁荣。此后英、法"百年战争"（1337—1453年）,至1453年,战争虽以英国的失败而告终,法国本身也是元气大伤。15世纪末,法国又开始了与意大利之间的战争,历时半个世纪。1495年查理八世的那波里远征,虽然在军事上无所建树,在文化方面却硕果累累,法国人由此接触到意大利的文艺复兴运动。15世纪后期,路易十一（Louis Ⅺ,1461—1483年在位）建立了比较稳定的国防,王权有所加强。弗朗索瓦一世也曾远征意大利并取得胜利,受到教皇在博洛尼亚的迎接,并赐给他拉斐尔所绘的圣母像,得到极大荣誉。一时之间,王国辉煌灿烂,群贤毕至,意气风发,使法国进入文艺复兴盛期。此后,由于宗教改革,导致1562年爆发了长达30年的宗教战争（1562—1594年）,直至亨利四世（Henri Ⅳ,1589—1610年在位）,在位时期颁布了"南特赦令"结束了宗教冲突。17世纪的欧洲进入巴洛克（Barrcoque）时代,1661年路易十四亲政,雄心勃勃,目的直指欧洲称霸。在文化艺术方面也颇有建树,大兴土木,建造宫苑,不仅在法国历史上取得空前成就,也登上了欧洲规则式园林的顶峰。

（2）巴洛克风格　"巴洛克"一词源于葡萄牙语Barrccque,意为未经雕琢、外形不规则的珍珠。17世纪末前该词最初用于艺术批评,泛指各种不合常规的、稀奇古怪的,因此也是离经叛道的事物。18世纪的新古典主义者,则用该词来讽刺17世纪意大利流行的一种反古典主义的风格,在建筑方面指"荒诞离奇的建筑样式"。富有戏剧性的巴洛克建筑,各部分堆砌了大量建筑语汇,即艺术家完全凭自己的灵感随心所欲地进行创作的、不拘泥于规正比例的艺术表现形式。16世纪末期文艺复兴运动进入尾声。这时,艺术和设计领域出现了相悖于文艺复兴所推崇的古典主义原则,对"严肃""含蓄""平衡""均衡"的传统产生强烈的对抗。它打破了对古罗马理论家维特鲁威的盲目崇拜,也废弃了古典主义者所制定的各种清规戒律。从另一个侧面反映了一种向往自由的追求,这就是兴起于罗马"巴洛克"精神,是在为天主教及红主教的服务中产生的,随即波及欧洲的天主教国家。

在美术和设计史上,习惯将整个17世纪称为巴洛克时代,天主教国家为对抗新教而崇尚奢华,从而使巴洛克风格流行。

巴洛克建筑主要表现在教堂设计上,并以教堂的室内设计为主线,调动一切装饰手段,使艺术设计进入又一个高峰。其特色主要是废弃了对称和均衡,追求强有力的块体造型与光影变化,废弃了方形和圆形的静态形式,运用曲面、波折、流动、穿插等灵活多变的夸张强调手法创造特殊的艺术效果,以呈现神秘的宗教气氛和有浮动的幻觉美感。同时大量使用贵重的装饰材料,追求珠光宝气,以此炫耀财富,为当时宫廷贵族赏识,被大量用到城市广场和宫殿府邸建筑中,也影响了园林。

进入18世纪,以法国为中心的路易十四时代的巴洛克风格最终进入罗可可风格。

(3)"罗可可"风格　　"罗可可"(Rococo)一词,是从法语Rocaille一词转变而来的。1699年建筑师与装饰艺术家马尔列在金氏公寓室内装饰设计中,大量采用了曲线形的贝壳纹样并因此而成名,其特征是喜用纤细、轻巧、华丽和繁琐的装饰性,喜用C形、S形和类似蚌壳漩涡形水草等曲线形花纹图案,并施以金、白、粉红、粉绿等颜色,讲究妖艳的色调和闪耀的光泽,还配以镜面、帐幔、水晶灯和豪华的家具陈设;其风格细腻柔媚,脂粉气极其浓厚,影响遍及18世纪欧洲各国,在庭园布置、室内装饰、陈设工艺品等方面尤为突出。欧洲罗可可装饰风格在形成过程中曾受到中国清代工艺品装饰风格的影响。

"罗可可"设计风格的产生,是与17世纪末18世纪初法国宫廷的权势和财富日益扩张、王室的奢侈享乐与日俱增,并从而导致享乐主义审美思潮分不开的。华丽而空虚的罗可可美术也代替了巴洛克风格,它倡导一种轻松活泼的艺术,以鲜明饱满的色彩和起伏动荡的曲线表现肉感的人体和闪光的绸缎,满足贵族的感官,以统治者为中心的宫廷生活,大多是矫揉造作和充满戏剧性的,他们假借幻想空间和配置空间的各式各样的道具来表演,内部空间建得辉煌灿烂。绝对君权在路易十四统治时期达到了高峰,为了集权统治的需要,兴建了欧洲最典型的标志性建筑——凡尔赛宫。17世纪60年代,由设计师勒·诺特(1613—1700年)开始设计与建造大花园,其跨度有3 km的中轴线,与宫廷建筑群中心线连成一体。

4.2.1　法国文艺复兴时期的园林

(1)意大利文艺复兴的影响　　在法国人接触意大利文艺复兴运动以前,园林主要处于寺院和贵族庄园之中,有高高的墙垣及壕沟围绕。开始是以果园及菜地为主的实用性园地,后来逐渐加强了装饰性和娱乐性。规则的构图中,以十字形的道路或水渠将园地等分成四块,中心或道路的终点布置水池、喷泉或雕像。古罗马传下来的技术仍十分流行,除绿篱外,还有修剪成各种几何形体甚至鸟兽形象的绿色装饰物。园中常设置爬满攀援植物或葡萄的花架、步廊、亭、栅栏、墙垣等,它们既有实用价值,也有美化庭园的作用。园中的花卉和观赏树木,常见的有鸢尾、百合、月季及各种芳香植物,还有梨、李、月桂、核桃等树木。

15 世纪初,以佛罗伦萨为中心的意大利文艺复兴运动逐渐向北发展。当法国园林还处在谨小慎微的尝试中的时候,意大利园林已具有很高的艺术成就了。法国的文艺复兴运动始于国王查理八世的那波里远征。1494—1495 年,法国军队入侵意大利,查理八世本人对意大利花园喜爱之极,认为"园中充满了新奇美好的东西,简直就是人间天堂,只少了亚当和夏娃"。

在这场战争中,法国虽然在军事上遭到惨败,但查理八世却从意大利带回了大量的文化战利品和 22 位意大利工匠,其中有造园师迈柯利阿诺(Pasello da Mercoliano)。国王将他们安置在都城安布瓦兹,迈柯利阿诺为国王在宫殿的平台上修建了由方格花坛构成的庭园。

查理八世去世后,其子路易十二(Louis XII,1498—1515 年在位)将都城迁至布卢瓦(Blois)。1500—1510 年,迈柯利阿诺为国王在宫殿的西面修建了一座花园(图 4.7),有三层台地,各有高墙围绕,只有中层台地为纯粹观赏性的,十块花坛成对排列,以花卉和药草作图案,边缘有绿廊,中间是穹顶木凉亭,亭中有白色大理石的三层盘式涌泉。

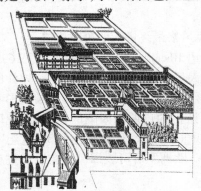

图 4.7   布卢瓦城堡花园透视图

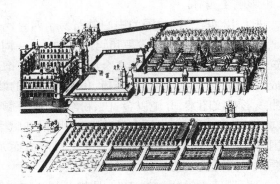

图 4.8   加甫城堡透视图

红衣主教安布瓦兹(Cardinal Amboise,1460—1510 年)在加甫(Gaillon)的府邸花园(图 4.8),由迈柯利阿诺设计,建于 1501—1510 年,同样有高墙围着;三层台地分别为菜园、花园和大型果园。游乐性花园在中层,由方格形花坛组成,其中两格做成迷园,其余为纹样,以碎瓷片和页岩为底,中央有栅格式凉亭,装饰着盘式涌泉。当意大利园林进入文艺复兴鼎盛时期,法国园林中仍然保持着自己的高墙、壕沟等中世纪城堡园林的特色。意大利的影响主要表现在造园要素和手法上,法国人对建筑及小品装饰开始重视了,也注重对石质的亭、廊、栏杆、棚架、雕塑及艺术品的运用。花园中已出现了纹样花坛,意大利园林中常见的岩洞或壁龛也传入法国。

园中常见的隐居所(Hermitage),是圣徒真正用于祈祷的小礼拜堂,设在非常幽静的花园深处,形成独特的局部。在建筑方面,法国保留着中世纪城堡的角楼、高屋面和内庭院。园林仍然处在建筑形成的封闭空间中,亲密而简朴。城堡周边的水壕沟也保留着,小桥跨越,成为装饰性的水渠。这种手法以后形成法国式园林的特征之一,即除了喷水、瀑布和泉池之外,通常以水渠和运河的形式,成功地创造出壮观的镜面似的水景。弗朗索瓦一世时期,法国文艺复兴运动处于盛期,建筑和园林艺术也得以向前发展。著名的意大利建筑师维尼奥拉·罗索(Giovanni Battistail Rosso,1494—1540 年)、普里马蒂乔(Francesco Primaticcio,1504—1570 年)、塞里奥(S. SeHio,1475—1554 年)等人都曾被弗朗索瓦一世邀请到法国。他们对法国的建筑师莱斯科

（Pierre Lescot，约1515—1578年）、德劳姆和雕塑家古戎（Jean Goujon，1510—1568年）等人产生了深刻的影响。这一时期的代表作品是两座大型的王宫别苑：尚蒂伊（Chantilly，1524年）、枫丹白露（Fontainebleau，1528年）。1543年塞里奥在松树园中建造了三开间的岩洞，外面是毛石拱门，里面布满钟乳石。这些16世纪上半叶的花园，仍然没有完全摆脱中世纪的影响。

16世纪中叶，中央集权的君主政体要求在艺术上有与其相适应的审美观点。意大利的影响更加广泛、深刻。艺术家达·芬奇晚年应弗朗索瓦一世之邀，作了一个庄园的规划，以意大利古典主义手法将宫与苑统一起来，并相互渗透，形成有机的整体。虽然未能实现，但却给法国人以极大的启示。府邸不再是平面不规则的封闭的堡垒，建筑风格趋向庄重。花园纯粹是观赏性的了，建筑师统一设计府邸和花园，采用对称式布局。从1554年开始，亨利二世为王后兴建的阿奈（Anet）府邸花园，是第一个宫与苑结为一体的作品，由从意大利归来的建筑师德劳姆设计。虽然仍以水壕沟包围建筑，但是宽阔的水面在视觉上非但没有隔断建筑与园林，相反，水面产生的倒影，将花园一直引伸到建筑边，起到很好的造景和联系宫与苑的作用。

（2）法国式园林的探索 从意大利学成回国的建筑师杜·塞尔索1560年设计的凡尔内伊（Verneuil）府邸花园（图4.9），坐落在瓦兹（Woise）河谷的山坡上，采用了中轴对称式构图，带有明显的意大利文艺复兴时期的特点。杜·塞尔索协助其子让·巴蒂斯特·杜·塞尔索（Jean Baptiste du Cerceau，1545—1590年）为查理九世（Charles Ⅸ，1560—1574年在位）设计建造的夏尔勒瓦勒（Charleval）宫苑（图4.10），采用了一种庄严的、富有贵族气势的构图。虽因查理九世的去世最终未能建成，但是它的设计标志着一个园林艺术新阶段的开始。从夏尔勒瓦勒宫苑的平面图上看，它与埃斯特庄园很相似。纵向布置的树丛，将花坛与水壕沟分隔开来。中轴的尽端，是椭圆形小广场。花园构图有很强的整体感。然而，这仅是查理九世设想的花园的一半，他原打算以椭圆形广场作为花园的中心。

凡尔内伊府邸花园和夏尔勒瓦勒宫苑标志着法国园林新时代的到来。从16世纪后半叶开始，法国造园艺术的理论家和艺术家纷纷著书立说，他们在借鉴中世纪和意大利文艺复兴时期园林的同时，努力探索真正的法国式园林。这些先驱者们的著作与实践，起到承上启下的作用，为法国园林的发展作出了很大的贡献。

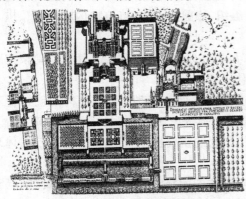

图4.9 凡尔内伊府邸平面图

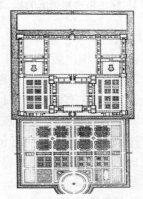

图4.10 夏尔勒瓦勒宫苑平面图

埃蒂安·杜贝拉克（Etienne du Perac，1535—1604年）是奥马勒公爵（Charles de Lorraine. duc d'Aumale，1555—1631年）的总建筑师，在阿奈、枫丹白露、丢勒里宫等处工作过。他曾在意大利学习，是国王亨利四世的建筑师，并于1582年出版了《梯沃里花园的景观》。他热衷于意大利的园林艺术，却运用了一种适应法国平原地区的做法，以一条道路将刺绣花坛分割为对称的两大块,具有法国的民族特色,图案时而采用阿拉伯式的装饰花纹与几何图形相结合(图4.11)。

花坛是法国花园中最重要的构成要素之一。从把花园简单地划分成方格形花坛,到把花园当作一个整体,按图案来布置刺绣花坛,形成与宏伟的宫殿相匹配的整体构图效果,是法国园林艺术上一个重大进步。克洛德·莫莱(Claude Mollet,1563—1650年)是法国园林中刺绣花坛真正开创者。衣服上刺绣花边纹样的时尚,

图4.11　法国花园在总体构图上的刺绣花坛图

是17世纪初由西班牙传入法国的。克洛德常向国王的刺绣匠瓦莱(Pierre Vallet)请教,用花草、黄杨组织图形纹样,使用彩色页岩细粒或沙子作底衬,创造出一种新的称为"摩尔式"或"阿拉伯式"的园饰艺术形式。

克洛德与建筑师杜贝拉克合作,为奥马勒公爵成功地建造了阿奈花园。他认为园艺师必须与建筑师合作,园林才能成为统一的整体。此后,法国园林彻底摆脱了实用园林的单调与乏味,保留了几何划分的格局,使它成为更富于变化、更富有想象力和创造性的艺术,并且出现了追求

图4.12　绿色植物修剪成的墙、篱、柱图

壮丽、灿烂的倾向。克洛德的儿子安德烈(Andre MoNet)也是著名的造园家,他曾经是路易十三的花园主管,后来去英国为詹姆士一世(James I,1566—1625年)宫廷服务,为法国式园林的对外传播作出了贡献。他将不同的一年生、多年生花卉成片混植,使其开花不断,此起彼落,是花境(Border)的创始者,以其后面的绿篱或建筑墙面做背景并形成对比。他也喜欢用编织、修剪的方法,将植物构成门、窗、拱、柱、篱垣等(图4.12)。

安德烈在1651年出版了《游乐性花园》(*Le Jardin de Plaisir*)一书,完善了他父亲在园林总体布局上的设想,也更接近于后来路易十四的"伟大风格"。

他认为,宫殿前应有壮观的、具有两三行行道树的林荫道,有法国"行道树的创始者"之称,以宽阔的半圆形或方形广场做起点,在宫殿后面布置刺绣花坛,从窗中可以欣赏其全貌。他提出的递减设计原则,即随着与宫殿的远离,花园中景物的重要性和装饰性要逐渐减弱,体现了花园是建筑与自然之间过渡部分的思想。

雅克·布瓦索(Jacques Boyceau)是即将到来的法国园林艺术伟大而辉煌时代的真正开拓者。他为园林艺术理论的发展作出了伟大的贡献,认为造园家必须掌握艺术原理,有艺术素养,熟悉植物配置及设计技术。1638年,他出版了《依据自然和艺术的原则造园》,共三卷。在他的著作中,布瓦索主张人工美高于自然美,而人工美的基本原则是艺术的原则,都应该"井然有序,布置得均衡匀称,并且彼此协调配合"。园林应遵循艺术的构图法则,其基本形式都要服从美的比例。该书论述了艺术与造园要素、林木及其栽培养护和花园的构图与装饰,为古典主义

园林艺术理论奠定了坚实的基础。

16 世纪初期,法国大量的官邸及贵族的府邸、猎园和别墅建造在美丽的罗亚尔河沿岸地带上,继承了中世纪城堡式的布局。城堡外围还保存有大片的森林作为庄园的园林部分,在林区里开辟出许多直线形的道路,用放射纵横的轴线互相连成网状路线系统,分割成许多有序的几何形视景线。

17 世纪上半叶,古典主义已经在法国各个文化领域中发展起来,造园艺术也发生重大变化。花园里除植坛上很矮的黄杨和紫杉等以外,不种树木,以利于一览无余地欣赏整幅图案。当时,从意大利回国的建筑师设计了一批意大利式的花园,它们对这时法国花园的演进影响很大。从 16 世纪后半叶起,经过将近一个世纪,法国园林在意大利的影响和法国造园师的努力下,取得了一定的进展,但直到 17 世纪下半叶,勒·诺特尔式园林的出现,才标志着法国园林艺术的成熟和真正的古典主义园林时代的到来。

4.2.2　法国勒·诺特尔式园林

1)17 世纪法国历史背景

16 世纪末,波旁王朝的第一个国王亨利四世继位后极力恢复和平,休养生息,经过黎塞留和马扎然的整顿,到路易十四亲政时期,法国专制王权进入极盛时期。宣称"朕即国家",集政治、经济、军事、宗教大权于一身,经济上推行重商主义政策,促进了资本主义工商业的发展;文化方面,在他的支持和资助下,古典主义的戏剧、美学、绘画、雕塑和建筑园林艺术都取得了辉煌成就。

在绝对君权专制统治下,古典主义文化成了路易十四的御用文化。古典主义文化体现着唯美主义的哲学思想,而唯美主义、理性哲学则反映着自然科学的进步,以及渴望建立合乎"理性"的社会秩序的要求,君主被看作是"理性"的化身。

法国古典主义园林艺术理论在 17 世纪上半叶已逐渐形成并日趋完善。到 17 世纪下半叶,绝对君权专制政体的建立及资本主义经济的发展,促进社会安定,进而追求豪华排场的生活,都为法国古典主义园林艺术的发展提供了适宜的环境。安德烈·勒·诺特尔这位天才得以脱颖而出,使古典主义园林艺术在法国取得了辉煌的成就。

2)勒·诺特尔式园林

造园世家、画家出身的勒·诺特尔及以他名字命名的勒·诺特尔园林,是法国古典主义园林划时代的作品和杰出代表,他继承和发展了整体设计的布局原则,借鉴意大利园林艺术,眼界更开阔,构思更宏伟,手法更复杂多样。他使法国造园艺术摆脱了对意大利园林的摹仿,成为独立的流派,体现了法国文化艺术、工程技术在园林上的最高成就。建筑与园林、雕塑林立、绘画、造园喷泉技术、输水管道建造给法国带来永久的光荣,对整个欧洲园林产生了深刻的影响,盛誉为时代的"伟大风格"。

勒·诺特尔于 1613 年 3 月 12 日出生在巴黎的一个造园世家,其祖父皮埃尔(Pierre Le Notre)是宫廷园艺师,在 16 世纪下半叶为丢勒里宫苑设计过花坛。其父让(Jean Le Notre)于路易十三时期在克洛德·莫莱手下为圣·日耳曼花园(图 4.13)工作过,1658 年以后成为丢勒里宫苑的管理人,去世前是路易十四的园艺师。安德烈·勒·诺特尔13岁起师从巴洛克绘画大师伍埃(Simon Vouet,1590—1649年)习画。在伍埃的画室里,他结识了许多来访的当代艺术家,其中著名的古典主义画家勒布仑(Charles Le Brun,1615—1690年)和建筑师芒萨尔(Fran-qol's Mansart,1598—1666年)对他的艺术思想影响很大。1636年勒·诺特尔开始进行园艺设计,在此后的许多年里,他与父亲一起在丢勒里花园从事园艺工作。同时,他还学习建筑、艺术透视法和视觉原理,受古典主义影响,研究过笛卡尔(Ren Descartes,1596—1650年)的唯理论哲学,这些在他的作品中都有所表现。

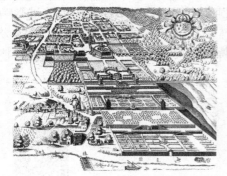

图4.13　圣·日耳曼·昂·莱庄园鸟瞰图

图4.14　由山坡上的绿荫剧场中回望沃·勒·维贡特府邸花园图

　　勒·诺特尔的成名作是沃·勒·维贡特府邸花园(图4.14)。它采用了一种前所未有的样式,是法国园林艺术史上一件划时代的作品,也是法国古典主义园林的杰出代表。路易十四看到沃·勒·维贡特府邸花园之后,羡慕、嫉妒之余,激起要建造更宏伟壮观宫苑的想法。大约从1661年开始,勒·诺特尔便开始投身于凡尔赛宫苑的建造中。从那时起直到1700年去世,他作为路易十四的宫廷造园家长达40年,被誉为"王之造园师和造园师之王"(The Gardner of KinKs,The King of Gardners)。他设计或改造了许多府邸花园,表现出高超的艺术才能,形成了风靡欧洲长达一个世纪之久的勒·诺特尔式(Style Le Notre)园林。他的主要作品除著名的凡尔赛宫苑、沃·勒·维贡特府邸花园外,还有枫丹白露城堡花园(Le Jardin du Chateau de Fontainebleau)、圣·日耳曼昂·莱庄园(1663年)、圣克洛花园(1665年)、尚蒂伊府邸花园(1665年)、丢勒里花园(1669年)、索园(1673年)、克拉涅花园(1674—1676年)、默东花园(1679年)等。勒·诺特尔的杰出才能和巨大成就,为他赢得了极高的荣誉和地位。路易十四本人对勒·诺特尔非常赞赏,认为他"具有坦率、真诚和正直的性格,因而受到所有人的爱戴"。法国古典主义园林在最初的巴洛克时代,由布瓦索等人奠定了基础,在路易十四的伟大时代,由勒·诺特尔进行尝试并形成伟大的风格,最后在18世纪初,由勒·诺特尔的弟子勒布隆(Le Blond,1679—1719年)协助德扎利埃(Dezallier d'Argenville,1680—1765年)写作了《造园的理论与实践》(Thdorie et Pratique du Jardinage)一书,被看作是"造园艺术的圣经",标志着法国古典主义园林艺术理论的完全建立(图4.15、图4.16)。勒·诺特尔的索园中最突出的是水景的处理手法,尤其是大运河,完全可以和凡尔赛的运河媲美。以后,高勒拜尔的侄子赛涅莱侯爵(Le Marguis de Seignelay,1651—1690年)又在运河两岸列植意大利杨,高大挺拔的树姿与水平面形成强烈对比,加以汹涌壮观的大瀑布,水景动静有致,给人留下极深的印象。

3) 法国勒·诺特尔式园林特征

　　路易十四提出了"君权神授"之说,自称为"太阳王"。在他统治期间,对内以法兰西学院来

图4.15　德扎利埃著作中的插图：
分格花坛平面图

图4.16　德扎利埃著作中的插图：
剧场、台阶透视图

控制思想文化,对外施以铁腕政策。法国古典主义园林,反映的正是以君主为中心的封建等级制度,是绝对君权专制政体的象征,它在路易十四统治时期发展到不可逾越的顶峰。

　　勒·诺特尔是法国古典主义园林的集大成者,他把艺术原则运用得更彻底,将要素组织得更协调,使构图更为完美,体现出一种庄重典雅的风格,这种风格便是路易十四时代的"伟大风格",也是古典主义的灵魂,它鲜明地反映出这个辉煌时代的特征。勒·诺特尔成功地以园林的形式表现了皇权至上的主题思想。东、西方统治者们都有共同的追求,即企图以宫苑体现皇权的尊贵,凡尔赛宫苑亦是如此(图4.17),位于放射线道路焦点上的宫殿,宫苑中延伸数千米的中轴线,强烈地表现出唯我独尊、皇权浩荡的思想。路易十四则自喻为天神朱庇特之子——太阳神阿波罗。在贯穿凡尔赛宫苑的主轴线上,除了阿波罗,只有其母拉托娜的雕像;宫苑的中轴线采取东西布置,宫殿的主要起居室、神驾马车、从海上冉冉升起的阿波罗雕像均面对着太阳升起的东方;夕阳西下,正是以太阳运行的轨迹,象征一种周而复始、永恒的主题,集权政体得到合乎理性的体现。此时,也有受中国影响下的特瑞安农(Trianon)花园(图4.18)。

图4.17　凡尔赛宫苑中的阿波罗泉池局部

图4.18　中国影响下的特瑞安农花园

　　勒·诺特尔式园林的构图中,建筑府邸总是位于园林中心,通常建在地形的最高处,其后面的花园在规模、尺度和形式上都服从于建筑。在其前后的花园中都不种高大的树木,花园里处处可以看到整个府邸,从建筑内向外看,则将整个花园尽收眼底。从府邸到花园、林园,人工味及装饰性逐渐减弱,林园既是花园的背景,又是花园的延续。

　　花园本身的构图贯穿全园的中轴线,并加以重点装饰,最美的花坛、雕像、泉池等都集中布置在中轴上,形成全园的视觉中心。横轴和一些次要轴线,对称布置在中轴两侧。小径和甬道的布置,以均衡和比例为原则。整个园林因此编织在条理清晰、秩序严谨、主从分明、序列感极强的几何网格之中。各个节点上布置的装饰物,强调了几何形构图的节奏感和序列感。

庄重典雅的贵族气势,是完全人工化的特点。广袤无疑是体现在园林的规模与空间的尺度上的最大特点,追求空间的无限性而具有外向性的特征。许多瓶饰、雕像、泉池等,使园林上升到很高的艺术层次,具有庄重典雅的效果。

法国式园林又是作为建筑府邸的"露天客厅"来建造的,高差一般不大,整体上有着平缓而舒展的效果。

在水景方面,勒·诺特尔有意识加强了应用法国平原上常见的湖泊、河流的形式,以形成镜面似的水景效果为主。除大量形形色色的喷泉外,动水较少,以静态水景为主,只在缓坡地上作出一些跌水的布置。以辽阔、平静、深远的气势取胜,尤其是运河的运用,成为勒·诺特尔式园林中不可缺少的组成部分。

在植物种植方面,法国式园林中广泛采用地域性具有季相变化的阔叶乔木,常见的乡土树种有椴树、欧洲七叶树、山毛榉、鹅耳枥等,集中种植在林园中,是法国平原上森林的缩影,是地域的象征,边缘经过修剪,又被直线形道路所范围,这种丛林的尺度与巨大的宫殿、花坛相协调,形成统一的效果。丛林内部又辟出许多丰富多彩的小型活动空间,在统一中求变化,是一个众多树木枝叶的整体形象。丛林作为建筑要素来处理,布置成高墙,或构成长廊,或围合成圆形的天井,或似成排的立柱,是一座绿色的宫殿。

府邸近旁的刺绣花坛,在园林中起着举足轻重的作用,创造出以花卉纹样为主的大型刺绣花坛,组成精美的装饰纹样,富丽辉煌。在园内道路上,将水池、喷泉、雕塑及小品设计在重要的路边或交叉口,如同一首首动人的音乐,引人入胜。

4)勒·诺特尔式园林在欧洲的影响

勒·诺特尔式园林形成之时,正是欧洲艺术上的巴洛克时代(1660—1770年前后)之初,勒·诺特尔式园林传递着巴洛克艺术高贵典雅的风格。一方面,勒·诺特尔式园林的特征迎合了教皇、君主及贵族们的喜好;另一方面,17世纪下半叶,法国不仅在军事、经济上成为全欧洲首屈一指的强国,文化随巴洛克艺术的发展成为艺术中心,在政治及文化方面也成为全欧洲效法的榜样。因此,法国勒·诺特尔式园林也随着巴洛克艺术的流行,迅速传遍了欧洲,趋之若鹜,其影响长达一个世纪之久,成为统率欧洲造园的样式。勒·诺特尔本人去过意大利和英国指导造园,克洛德·莫莱的两个儿子曾先后为瑞典和英国的宫廷服务,勒布隆在圣彼得堡参与园林和城市的建造,开创了造园家参与城市设计的先河。由于他们的努力和法国文化在欧洲的影响,欧洲北部的国家由于地理特征与法国相似,因而更多地保持了勒·诺特尔式园林的整体特征。欧洲南部的国家山地较多,园林通常就势而建,很难展现勒·诺特尔式园林辽阔广袤的空间和深远的透视效果,其常用手法是在中轴线上将人们的视线引向天空,从而扩大园林的空间感。台地层数减少而面积扩大了。法国古典主义园林在欧洲的统率地位一直延续到18世纪中叶,影响至今。

5)荷兰勒·诺特尔式园林

荷兰王国位于欧洲西部,西、北两面临北海,东与德国、南与比利时毗邻。全境均为低地,1/3的土地海拔不到1 m,1/4的土地低于海面,靠堤坝和风车排水防止水淹。境内河流密布,温带阔叶林气候,冬温夏凉。约公元前11世纪,一些日耳曼和克尔特部族在此定居,后沦为罗马帝国的一个边疆省份。4世纪,基督教传入。10世纪末,荷兰人开始大量建筑海堤和河堤,并为此设立专门机构。1463年正式成为国家,16世纪初受西班牙统治,1566—1568年掀起尼德兰资产阶级革命,1579年北部7省独立,联合建成共和国。17世纪继西班牙之后成为世界上最大的殖民国家,阿姆斯特丹随着航海业和海外贸易的发展,迅速成长为欧洲的银行业中心和"世界的仓库"。荷兰的科学和文化事业取得了辉煌的成就,荷兰建立了欧洲第一个天文台,荷兰物理学家发明了望远镜和显微镜,涌现了许多现实主义艺术家,如画家伦勃朗(Rembrandt,1606—1669年)。17世纪荷兰允许宗教自由、政治自由和新闻自由,吸引了大批外国政治家和学者到荷兰生活和工作,如笛卡尔、洛克(John Lock,1632—1704年)等,17世纪成为荷兰人的"黄金世纪"(图4.19)。荷兰人素以喜爱花草而闻名于世界。15世纪末,荷兰就有了城堡庭园和城市居

图4.19　荷兰园林图

民宅园。园林构图十分简单,面积也不大,以一个或几个庭园组成,适宜家庭生活需要,园内普遍种植蔬菜,而药草园是园中最令人赏心悦目的地方。

(1)意大利文艺复兴的影响　16世纪初期,荷兰受到意大利文艺复兴运动的影响,园林有了较大的发展。16世纪的荷兰造园家中最著名的是德·韦里埃斯(Jan Vredeman de Vries)。他于1583年在安德卫普出版了10卷本的造园指导书,书名为Hortorum Riridariorumque,其中汇集了有关喷泉及洞窟的设计作品。他还在他的版画作品中效法建筑式样的分类方法,对园林的样式进行分类。虽然德·韦里埃斯建造的园林甚少,但他创造的样式以后逐渐发展成一种园林形式,对当时的英国及德国园林有所影响。

图4.20　以砂砾铺设园路图

17世纪上半叶以前建造的城堡庭园大多毁于战火。荷兰的城堡建筑通常都饰有各种形式的山墙、塔、烟囱和精制的风标等,城堡中的主要房屋围绕中庭而建,城堡又被景色优美且舒适宜人的庭园所围绕。园内喷泉的设计结构精巧,并饰以青铜、大理石或铅制雕塑作品(图4.20)。

鱼池在荷兰乡村住宅中具有双重功能,既是景观,又比较实用,面积通常很大。设有挡水坝、水车、水闸等设施,保持不同高度的水平面。园亭的设计丰富多彩,屋顶造型多样,常饰以镀金风向标和色彩艳丽的百叶门,为园林增添了地域魅力。园中少有台地,而常以人工建造的假山代替台地,以眺望园内外风景,有时将假山与迷园结合布置。

(2)法国勒·诺特尔园林的影响　直到17世纪末,法国勒·诺特尔式园林对荷兰的影响仍不十分显著。当威廉三世(Williams Ⅲ,1650—1702年,1689—1702年为英国国王)在荷兰建造宫苑时,才开始小规模地模仿法国式园林。在荷兰的大部分地区,树木生长常受到强风的袭

击,由于国土地势低而地下水位很高,难以生长根深叶茂的大树,从而无法产生法国式园林中极为重要的丛林及森林的景观效果,加之荷兰人民主精神的阻碍,使勒·诺特尔式园林在荷兰难以流行。尽管如此,崇尚勒·诺特尔式园林的荷兰造园家西蒙·谢伍埃特(Simon Schynvoet)、丹尼埃尔、马洛特(Daniel Marot)以及雅克·罗曼(Jacques Roman)等人仍为宫廷设计了多座勒·诺特尔风格的园林。谢伍埃特设计了索克伦园,还建造了海牙附近的主要园林以及阿姆斯特与威赫特两河沿岸的许多别墅。马洛特是勒·诺特尔的弟子,年轻时从凡尔赛赴海牙,不久便成为威廉三世的宫廷造园师。他为国王建造了休斯特·迪尔伦园,为阿尔贝马尔公爵在兹特芬附近建造了伏尔斯特园。而罗曼则为威廉三世设计了著名的赫特·洛花园。除上述3人外,1689年生于海牙的让·凡·科尔(Jan van Call)设计的海牙附近的克林根达尔园和其他一些作品也都是勒·诺特尔式的。

图4.21　修剪的黄杨数字图案

1669年,凡·德·格罗恩(J. van de Groen)出版了《荷兰造园家》一书,是18世纪中叶之前最通俗的造园著作(图4.21)。1676年他又出版了《宫廷造园家》(De Konin ycke Hovenier),书中收集了种类繁多的花坛。这本书在英国影响很大,英国的许多优秀园林作品都是借鉴它的设计建造的。荷兰勒·诺特尔式园林的代表作品有赫特·洛宫花园(Gardens of the Her Loo Palace)。

6)德国勒·诺特尔式园林

德国位于中欧西部,北临北海和波罗的海,地势由南向北逐渐低平,中部为丘陵和中等山地。属温带气候,从西北向东和东南逐渐由海洋性转为内陆性气候。公元前后,在多瑙河和莱茵河流域,定居着许多日耳曼部落。在民族大迁徙的洪流中,日耳曼民族中的萨克森人和弗里森人定居德意志北部,法兰克人定居于西部,图林根人定居于中部,阿雷曼人和巴伐利亚人定居于南部,逐渐形成部落联盟和部落公国。919年,萨克森公爵亨利一世(Heinrich I,919—936年在位)当选为东法兰克王国的国王,建立萨克森王朝,正式创立德意志国家。其子奥托一世(Otto I,936—973年在位)962年由罗马教皇加冕为神圣罗马帝国皇帝。11世纪上半叶,德意志皇权处于极盛时代,神圣罗马帝国皇帝与罗马教皇产生激烈冲突,由此导致皇权的衰落。14世纪中叶确立的诸侯邦国分立体制,更加剧了德意志的分裂。16世纪初叶,出现了要求摆脱教皇控制、改革封建关系的宗教改革运动,继之又出现了大规模的农民战争。17世纪初叶发生的30年战争,是欧洲历史上的第一次大规模的国际战争,德意志成为外国势力角逐的场所,社会经济遭受严重破坏。战后,神圣罗马帝国分裂为300多个小邦,建立起各自专制主义政权,最大的两个权力中心是普鲁士和奥地利。一直到1871年,普鲁士国王威廉一世(Wilhelm I,1797—1888年)加冕成为德意志帝国皇帝,才结束了德意志分裂割据的局面,实现了民族国家的统一。

(1)意大利文艺复兴影响　16世纪初期,德国也受到意大利文艺复兴运动的影响,大批的德国学者奔赴意大利,然而,在文艺复兴时期的德国,宫廷花园都是由荷兰造园家们仿照意大利或法国样式来建造的。由富裕阶层建造小规模的城市庭园,则表现出了德国传统的兴趣及爱好。文艺复兴时期德国造园的发展主要表现在对植物学的研究及新品种的开发上。1580年在莱比锡建造了第一个公共植物园,接着在其他几个城市也相继建造了植物园。

直到18世纪,德国的大部分城堡仍保留着防御性的壕沟,园林也处于壕沟的包围之中,由一系列大小不一的庭园和花坛组成。园中装饰性喷泉的设计常常作为主要部分,花坛也十分精美,植物造型在德国也非常流行。园内大多建有园林建筑,如园亭、凉亭、高台等,布置在花坛中央或四周。果园和菜园大多建在远离主庭园的地方,并有坚固的栅栏或壕沟保护。

(2)法国勒·诺特尔园林影响　17世纪后半叶,法国勒·诺特尔式造园样式也随即传入德国。这些园林作品大多是由法国造园师设计建造的,也有一些是荷兰造园家的作品。海伦豪森宫苑就是勒·诺特尔本人设计,由法国造园师夏尔博尼埃父子(Martin & Henri Charbonnier)建造的(图4.22)。而林芬堡则是由荷兰造园师创建,后来经过法国造园师吉拉尔(Dominique Girard)改造而成的。

设计建造夏尔洛滕堡的造园师高都(Simeon Godeau)和达乌容(Rene Dahuron)都来自凡尔赛。因此,德国的勒·诺特尔式园林,主要反映的是法国勒·诺特尔式造园的基本原则,同时受荷兰勒·诺特尔式园林风格的影响。

图4.22　版画(1700年):**海伦豪森宫苑全景图**

(3)德国勒·诺特尔式园林特征　德国本身并没有自己的造园传统。尽管法国勒·诺特尔式造园之风在德国盛行一时,也建造了许多规模宏大的勒·诺特尔式园林,带有强烈的法国或荷兰勒·诺特尔式园林的特征,同时也受意大利园林风格的影响,但是德国园林自身的特点并不明显。其自身特点主要体现在造园要素的处理上。

首先,德国勒·诺特尔式园林中最突出的还是水景的运用。法国式的喷泉、意大利式的水台阶以及荷兰式的水渠,处理得非常恢宏、壮观。林芬堡宫殿前的水渠和林荫道,长达数千米,从花园中引伸出来,一直通向慕尼黑。海伦豪森也以大规模的水景而闻名于世,园中的喷泉水柱高达80多米,成为当时欧洲之最。威廉山(Wilhel-mshohe)卡尔斯堡园中的水台阶成为巴洛克式水台阶的代表作品。

绿荫剧场也是德国园林中常见的要素,比意大利园林中的剧场更大,布局紧凑,结合雕像,具有很强的艺术性和实用功能。现在德国一些园林中的绿荫剧场还能举行露天演出活动。绿荫剧场中的雕塑,空间中创造出深远的透视效果,是巴洛克风格强调透视原理的典型实例。

德国勒·诺特尔式园林有着多种风格并存的特点。建筑物或花园周围设有宽大的水壕沟,有中世纪园林的痕迹。巴洛克透视原理的运用、巴洛克及洛可可式的雕塑和建筑小品,结合古典主义园林的总体布局,使德国园林的风格不那么纯净,却富于变化。

7)俄罗斯勒·诺特尔式园林

俄罗斯位于欧亚大陆北部,地跨东欧北亚的大部分土地。境内地势东高西低,70%的土地是平坦辽阔的平原,河流湖泊众多、沼泽广布。欧洲部分的河流以河网稠密、水量丰富为特点,沼泽主要分布在北半部。北部至南部依次跨越极地荒漠、苔原、针叶林、森林草原和草原等自然带。全境多属温带和亚寒带大陆性气候,冬季漫长严寒,夏季短促凉爽,春秋季节甚短。

公元6世纪,东斯拉夫人散居在德涅特河以东、第聂伯河中游一带;9世纪,东斯拉夫人原始公社制度日趋瓦解;9世纪末形成一个大公国——基辅罗斯;12世纪,基辅罗斯分裂为若干独立的公国。13世纪,蒙古人西侵俄罗斯,在伏尔加河下游建立金帐汗国,从此,东北罗斯(后称俄罗斯)处在蒙古人的统治下,西南罗斯(后称乌克兰)和西部罗斯(后称白俄罗斯)归并于波兰和立陶宛。在东北罗斯中,莫斯科公国日渐强大,成为东北罗斯的政治中心,在15世纪末到16世纪初,建立统一的俄罗斯国家,摆脱蒙古人两个多世纪的统治。17世纪,俄国在法律上确立农奴制度,在经济、军事、文化上落后。17世纪末,彼得大帝执政,他仿效西欧国家,对内实行改革,加强了俄国的经济、军事实力,夺得波罗的海的出海口,向南一直扩张到黑海,在文化上获得显著进展,俄国开始成为欧洲强国之一,园林艺术也因此得到发展。

(1)俄罗斯传统园林　俄罗斯园林始于12世纪上半叶,在一些城市及郊外出现了称为"乐园"的别墅花园,有实用性的果园、菜园,也有游乐性的花园。14—15世纪,莫斯科的花园建造有所发展。在克里姆林山的南坡,沿莫斯科河建了亚历山大主教花园及其他一些花园。1495年,莫斯科遭受一场毁灭性的大火。花园绿地因此开始受到重视,国王伊凡三世(1462—1505年在位)于当年下令拆除了城市中沿莫斯科河岸的建筑物,建造了名为"察理津草原"的宏伟花园,此园一直保存到17世纪末。16—17世纪时,在莫斯科还建了一些宫廷花园,比较著名的是在克里姆林宫中为彼得大帝的母亲建造的"上花园"。此园建于宫中一座服务性建筑的拱门顶上,其上铺了1m厚的沃土,木铺装的小径,将园地分成数块花坛及种植畦,种植了苹果、梨、浆果、各种灌木及花卉,实是屋顶花园。

彼得大帝以前的俄罗斯园林,与欧洲中世纪园林有许多类似之处。实用与美观结合、规则式规划与自然环境结合是这一时期俄罗斯园林的特色(图4.23)。

(2)法国勒·诺特尔园林影响　彼得大帝曾到过法国、德国、荷兰,对法国式园林印象极为深刻,在他的倡导下,法国勒·诺特尔式园林风格得以在俄罗斯广为传播。1714年,彼得大帝在阿默勒尔蒂岛、涅瓦河畔开始建造的避暑宫苑,设计构思就是以凡尔赛为样板的。1715年建造彼得宫时,特地从巴黎请来了法国造园师,其中有勒·诺特尔的高徒勒布隆,彼得大帝对他委以重任,付以高薪。法国造园师们巧妙利用天然地形,创造出绮丽的景观,使彼得宫成为堪与凡尔赛媲美的园林佳作。代表作品有:彼得堡夏宫(Gardens of the Summer Palace at Petersbourg)(图4.24)。

图4.23　莫斯科雕塑公园列宁像
（吕华摄）

图4.24　彼得堡夏宫大喷泉(吕华摄)

（3）俄罗斯勒·诺特尔式园林特征 在俄罗斯园林发展史上,彼得大帝时代处于转折期。在园林功能方面,由过去以实用为主转向以娱乐、休息为主,规模上日益宏大。俄罗斯勒·诺特尔式园林的特征主要体现在其造园要素的精心处理上。像勒·诺特尔式园林一样,在总体构图上追求完美的统一性,在规划中往往以辉煌壮丽的宫殿建筑为主体,形成控制全园的中心,由宫殿向外展开的中轴线贯穿花园。建造在山坡上的彼得宫,虽然是仿凡尔赛宫苑建造的,但是从选址和地形处理上,还借鉴意大利台地园的经验,注重园址上有充沛的水源,保证了园林水景的用水。俄罗斯园林中既有法国园林那样宏伟壮观的效果,又有意大利园林中常见的那种处理水景和高差较大的地形的巧妙手法,使得这些园林常具有深远的透视线,而且形成辽阔、开朗的空间效果。

以地域乡土树种为主的植物种植,都使俄罗斯园林带有强烈的俄罗斯地域色彩和风格。由于寒冷的气候条件,园中难以种植黄杨,而黄杨却是法国、意大利园林中组成植坛图案的主要材料,俄罗斯人试用樾橘(Vaccmium)及桧柏代替黄杨,取得了成功,以乡土树种栎、复叶槭、榆、白桦形成林荫道,以云杉、落叶松形成丛林(图4.25)。

图4.25 沙俄冷宫(吕华摄)

8）奥地利勒·诺特尔式园林

奥地利位于欧洲中部,阿尔卑斯山脉自西向东横贯全境,东北部为维也纳盆地,北部和东南部为丘陵、高原,多瑙河流贯北部,森林和水力资源丰富。温带阔叶林气候,低处气候温和,高山较寒冷。约公元前1750—前450年间,伊利亚人在奥地利地区创造出有较高水平的哈尔施塔特文化。公元前400年,克尔特人自南北两面涌入。公元前2世纪初,罗马帝国向多瑙河地区扩张,在克尔特王国的基础上设置罗马帝国的瑙里库姆行省。376年,西哥特人入侵,这一地区成为民族大迁徙的角逐场,日耳曼人、匈奴人、阿瓦尔人和马扎尔人交迭统治。8世纪末,法兰克王国的查理大帝(Charlemagne,约1742—1814年)击败阿瓦尔人,建立起边疆伯爵领地,1156年升为公国,迁都维也纳,其地成为神圣罗马帝国的世袭公爵领地。13世纪末期,开始哈布斯堡家族的统治。16世纪中叶,奥地利领土扩张达到顶点,被称为"日不落帝国"。17世纪至18世纪初,哈布斯堡家族不断对外用兵,扩张疆土。西班牙王位继承战争后,奥地利获大片土地,成为强国。为巩固哈布斯堡家族的统治,玛丽亚·特蕾西亚(Maria Theresia,1717—1780年)及其子约瑟夫二世(Joseph Ⅱ,1741—1790年)锐意改革,使奥地利的经济、文化获得巨大进步,影响巨大。

传统的奥地利园林与西欧中世纪的庭园相似,以实用园为主。意大利文艺复兴园林盛行之际,许多意大利建筑师来奥地利建造园林。而法国勒·诺特尔式园林在欧洲流行之时,帝国的统治者们又纷纷以法国式园林为样板,改造自己的王宫别苑。

图4.26　宣布隆宫花园平面图

受地形的限制,奥地利的勒·诺特尔式园林大多建造在像维也纳这样的大城市中心或周围,一些是在意大利和法国造园师的指导下建造的,大多是由奥地利本国的建筑师模仿法国园林建造的。在德国建造林芬堡的著名造园师吉拉尔曾在1720年指导建造了施瓦森堡园(Schwarzenberg),他巧妙地利用斜坡地形布置喷泉设施的手法为后人视为楷模。

山地之国的奥地利,早期的奥地利园林以意大利园林为样板,当法国式园林在欧洲流行时,奥地利的文艺复兴式园林大多被改造成法国式园林,代表作品有宣布隆宫花园(Gardens of the Schonbrunn Palace)等(图4.26)。

9) 西班牙勒·诺特尔式园林

西班牙有着独特的自然地理与气候条件,但是本身并未能开创出独具特色的园林形式。在漫长的中世纪,占领西班牙的摩尔人在此留下了许多精美的伊斯兰式园林作品。文艺复兴时期,西班牙人建造的王宫别苑又大量地借鉴了意大利及法国的造园手法。18世纪上半叶西班牙人建造的皇家园林,明显是法国勒·诺特尔式园林影响的产物。

1701—1716年,西班牙王位继承战争以波旁家族(Bourbons)夺取政权而宣告结束。波旁家族自身与法国宫廷的血缘关系,自然在政治文化等方面受法国的影响,西班牙建筑与园林都明显地表现出法国的风格,其典型实例就是在马德里西北部圣伊尔德丰索(San Ildefonso)建造的拉·格兰贾庄园。宫殿和园林都是在路易十四之孙、菲力五世(Felipe V,1700—1746年在位)统治时期建造的。国王的第二任王后是意大利法尔奈斯家族的伊丽莎白(Elisabeth Farnese,1692—1766年),国王虽然在政治上受她的左右,但是他并没有选用意大利人来建造宫苑,而是特地聘用了法国造园师卡尔蒂埃(Cartier)和布特莱(Boutelet)。由于菲力五世出生在凡尔赛,便以凡尔赛宫苑来建造他的拉·格兰贾庄园。代表作品有:阿兰若埃兹宫苑(Aranjuez Gardens)(图4.27)、拉·格兰贾宫苑(La Granja Gardens)。

西班牙勒·诺特尔式园林特征　西班牙独特的气候条件和地理特征本不适于建造法国勒·诺特尔式园林,在起伏很大的地形上缺少广袤而深远的视觉效果。其结果是,从平面构图上来看,西班牙园林与法国勒·诺特尔式园林十分相似,但是从立面效果上看,空间效果就大相径庭了(图4.28)。然而,园址中起伏的地形变化和充沛的水源,加上西班牙传统的处理水景的高超技巧和细腻手法,使得园中的水景多种多样,空间也极富变化。大量的喷泉、瀑布、跌水和水台阶给园中带来了凉爽和活力,反而使之具有西班牙园林的特色和迷人魅力(图4.28)。

在西班牙炎热的气候条件下,花园中也种植乔木,这是在意大利和法国园林中所罕见的。园中的花坛时常处在大树的阴影之中,周围的水体带来的湿润,形成了非常宜人的环境空间。

在铺装材料上,西班牙勒·诺特尔式园林中仍然采用大量的彩色马赛克贴面,为园林增色许多,同时也形成浓郁的地方特色和西班牙园林的识别性特征。

西班牙人继承了摩尔人的传统,在造园中更多地融入了人的情感,使得园林在局部空间和细部处理上,显得更加细腻、耐看。

图4.27 阿兰若埃兹宫苑中"岛花园"
中的黄杨植坛细部图案

图4.28 西班牙勒·诺特尔式园林

4.3 英国园林

18世纪英国风景式园林的出现,改变了欧洲由规则式园林统治长达千年的历史,是西方园林艺术领域的一场革命,这场重大的变革使英国的园林从"庄园"贵族的私有化空间时代进入到"公园"开朗、民主的公共性空间时代。这一精神不仅仅在英国而且影响了世界的造园艺术,并渗透到今天的城市绿化系统,为创造新时代需求的园林艺术奠定了基础。

4.3.1 英国风景式园林产生的背景

英国是一个岛国,由大西洋中大不列颠岛、爱尔兰岛东北部及附近众多的小岛组成,西临大西洋,东隔北海,南以多佛尔海峡和英吉利海峡与欧洲大陆相望。大不列颠岛包括英格兰、苏格兰和威尔士三部分,英格兰是其中面积最大、人口最多、文化发展最早、经济最繁荣和最发达的地区。最初生活在这里的居民是凯尔特语民族,公元1世纪被罗马人征服,5—6世纪盎格鲁撒克逊人开始移入,6世纪基督教传入,7世纪形成封建制度,8—9世纪受到北欧海盗的不断骚扰。1066年,法国诺曼底公爵征服英格兰,于当年圣诞节加冕,成为威廉一世(William I the Conqueror,1066—1087年在位),并于1072年入侵苏格兰,1081年入侵威尔士。通过分封土地,建立起一套严密的封建等级制度,授以贵族爵位。1086年,威廉一世派大臣调查掌握封臣的财产,要求严格履行封建义务,组织枢密院,诺曼王朝建立起强大的中央集权的封建统治。金雀花王朝,又称安茹王朝,于1154—1485年间统治英格兰。金雀花王朝时期,1215年,约翰王在圆亭接受了限制君王权力、注入英国法制根基的《大宪章》,14世纪形成具有立法权的上、下两院议会制度。之后的都铎王朝(House of Tudor),封建社会向资本主义社会过渡,王权空前强化,至伊丽莎白一世(Elizabeth,1558—1603年在位)时代国力强盛,开始了一系列对外扩张,经1642年"英国革命",1688年"光荣革命",1707年正式形成大不列颠王国,率先走入文明入口处。1801年建立了大不列颠及爱尔兰联合王国。

英国是个发达的工业国家,人口密度大,多集中在城市。英国的森林面积只占国土面积的10%,主要分布在英格兰的东南部和苏格兰的东北部,传统的畜牧业占主要地位,至今,牧场仍占到土地面积的 2/5,很大程度上影响到国土的自然景观。英格兰北部为山地和高原,南部为平原和丘陵,属海洋性气候,雨量充沛,气候温和,由于有墨西哥湾的强大暖流影响,即使是冬季也常常是温暖多雨的气候,为植物生长提供了良好条件,多雨、多雾是英格兰的气候特色。

图 4.29　典型的英国牧场风光

英伦三岛多为丘陵,其北部苏格兰最高山峰也不过 1 300 多米。从 16 世纪开始,由于争夺海上霸权而造船的需要,于 1544 年就颁布了禁止砍伐森林的法令,很大程度上保护了树木。17、18 世纪以来,毛纺工业的发展又使得畜牧业繁荣起来,大量的牧场与森林陵地相结合,构成了天然别致的风景(图 4.29),改变了英国的乡村景观和风貌,成为风景式园林产生的必要物质准备。

英国园林在经过了中世纪的禁欲主义和意大利文艺复兴后的花园样式,以及 17 世纪法国勒·诺特尔风格样式之后,对中国园林思想的赞美与推崇在一定程度上促进了英国园林的形成。

18 世纪英国风景园产生的重要因素仍然是英国本身的地理条件和气候条件,这一时期的政治、经济、文化艺术的发展,尤以文学艺术界兴起的尊重自然风潮,认为规则式园林是对自然的歪曲,要求自然情感的流露与表达,为风景式园林奠定了理论基础。自然式风景园的出现是西方园林艺术一场重大的变革。

1)英国文艺复兴时期的园林

英国从都铎王朝开始(1485—1603 年)结束了漫长而黑暗的中世纪,因受文艺复兴影响,在文学、艺术上显现出新的活力。1558 年,伊丽莎白一世即位,英格兰由此迎来了繁荣时代,出现了莎士比亚(1564—1616 年)、培根(1561—1626 年)、斯宾塞(1552—1599 年)等著名作家其思想对园林有着深深的影响力。都铎王朝的君主们对花卉、园林的爱好,加上在商业上的成功已使英国成为强国,帝王贵族纷纷建造宫殿、宅院,要求摆脱城堡的束缚,结合过去的传统,引入法、意、荷的园林风格。英国的阴雨霏霏的天气很频繁,在这种灰暗的背景下,用鲜艳和明快的色调,结合生长适宜绿色的草地、色土、砂砾以及雕塑和瓶饰,以绚丽的花卉来弥补,追求更为宽阔优美而色彩艳丽的园林空间。

英国文艺复兴时期园林主要有:汉普顿宫苑和农萨其宫苑。

汉普顿宫苑(Hampton Court),是英国文艺复兴时期最著名的大型规则式作品(图 4.30),位于伦敦以北 20 km 处的泰晤士河畔,占地 810 hm²,1530 年亨利八世还修建了网球游戏场地,也是英国最早的网球场地。1533 年,亨利八世又在园中新建了"秘园",在整形划分的地块上有小型结园,绿篱中填满了各色花卉,并有彩色的砂砾铺路。另一空间以圆形水池喷泉为中心,两端为图案精美的结园。秘园的一端为"池园",它是园中最古老的部分,现在仍然保持良好。长方形的池园以申字形道路划分,中心交点上为水池及喷泉,纵轴的终点用修剪的紫杉形成半圆形壁龛,内有白色大理石的维纳斯雕像,整个池园是一个沉床园,周边逐层上升,形成三个低矮的台层,最外围是绿墙及砖墙,池园的一角是亨利八世的宴会厅。

农萨其宫苑(Nonesuch Court),是亨利八世在晚年建造的。据 1591 年访问过该园的亨兹耐

图4.30 从汉普敦宫远眺布希公园水景(吕华摄)

图4.31 希德柯特(Hidcate)庄园中的百合

尔(Hentzner)记载,该园是一个养有很多鹿的林苑,园中有大理石柱和金字塔形的喷泉,喷泉上面有小鸟的装饰,水从鸟嘴中流出,还设有"魔法喷泉",这些设施以及所有宫苑如今均已荡然无存了。

2)英国勒·诺特尔式园林

17世纪上半叶,英国人热衷于植物学的研究及植物引种工作(图4.31)。1632年在牛津建造了英国最早的植物园,面积2 hm²,由著名建筑师伊尼果(Jones Inigo,1573—1652年)设计,其中的温室及庭园保留至今。意大利和法国的园林著作也在英国翻译出版,对英国园林的发展起到促进作用。1617年,英国人马卡姆(Gervase Markham)出版了《乡村主妇的庭园》(The Country Housewife's Garden)一书,主张庭园应主从建筑窗口欣赏,反映出受到意大利文艺复兴园林和法国园林的影响。次年,罗宋(William Lawson)出版了《新型果园和花园》(A New Orchard and Garden)。英国艺术家、造园师不单纯翻译国外的著作,还出版有本国特色的园林著作,寻求英国园林风格。

查理一世(Charles Ⅰ,1625—1649年在位)时代英国在造园方面无大发展。进入共和制时期(1649—1660年),由于政局不稳,只注重园林的实用性,几乎没有建造一个游乐性的花园。特别是在共和战争时期(1642—1648年),连都铎王朝和伊丽莎白时代建造的一些美丽庭园也几乎毁灭殆尽,只有汉普顿宫苑得以保留下来。

17世纪下半叶,英国受勒·诺特尔式造园热潮的影响。1660年流亡法国的英国查理二世(Chars Ⅱ,1660—1685年在位)即位后,法国造园世家莫莱家族的安德烈和加伯里埃尔来到英国,成为查理二世的宫廷造园师。以后勒·诺特尔也被邀请来英国指导造园。查理二世还派人去法国学习,其中以约翰·罗斯(John Rose)最为著名。他回国后曾任查理二世的园林总监,并经营一个园林设计公司,为大型宅邸设计建造过不少花园,如肯特郡的克鲁姆园(Croome)以及达必郡的梅尔本宅园,是小规模的勒·诺特尔式花园。法国勒·诺特尔式园林18世纪时已风靡整个欧洲,一时间勒·诺特尔式园林成为英国上流社会的时尚(图4.32)。布希公园的水景与大型喷泉,使它在规模和气派上可与法国的凡尔赛宫媲美。主要在造园家乔治·伦敦(George London,1650—1714年)和亨利·怀斯(Henry Wise,1653—1738年)的指导下,英国建造了如"肯辛顿宫"(Kenshingon Palace)和汉普顿宫苑(Gardens of the Hampton Court)的勒·诺特尔风格的园林(图4.33)。

英国勒·诺特尔式园林特征 英国的规则式园林虽然受到意、法、荷等国的影响,但也有自己的特色,虽用喷泉,却不十分追求理水的技巧,也有所谓的"魔法喷水",保持了比较朴素的风

图4.32　汉普顿宫中长长的运河图

图4.33　汉普顿宫苑图

格。英国国土以大面积的缓坡草地为主,树木也呈丛生状。受荷兰园林的影响,英国园林中的植物雕刻十分精致,造型多样,形象逼真;花坛也更加小巧,以观赏花卉为主;园林空间分隔较多,形成一个个亲切宜人的小园。

英国规则式花园中除了结园、水池、喷泉等以外,常用回廊联系各建筑物,也喜用凉亭,是多雨气候条件下的产物。亭常设在直线道路的终点,或设在台层上便于远眺。有些亭装饰华丽,蒙塔丘特园(Montacute)中的亭子就十分著名。也有用茅草铺顶的亭,有的亭中还可生火取暖,供冬季使用。柑橘园、迷园都是园中常有的局部,迷园中央或建亭,或设置造型奇特的树木作标志。此外,在大型宅邸花园中,还常常设置球戏场和射箭场(图4.34)。

日规是英国园林中常见的小品,有时以日规代替喷泉,如白厅宫园中的"日规喷泉"。初期的日规比较强调实用性,后来有的日规与雕塑结合,如林肯郡的贝尔顿宅邸园中有爱神丘比特托着的日规。有的日规具有一定的纪念意义,如荷利路德宫苑(Holyrood)中设在三层底座上的多面体日规,有20个不同的雕刻面,有的面上雕彩色的纹章。随着历史的变迁,英国风景园兴起时,日规却被保存下来组织到新的园景中而成为时代园林的标志。

图4.34　维尔顿宫花坛图

图4.35　都铎王朝时代的绿色雕塑图

英国规则式园中对于结园和花坛的形状、草地中道路的设置等十分注意,有的设计图至今仍保存在大英博物馆中。从都铎王朝开始,约在两个世纪里,植物造型一直是英国园林中装饰庭园的主要元素(图4.35)。由于紫杉生长慢、寿命长,一经整形后,可维持很长时间,如今保留下来的多以紫杉为主。此外,也有用水腊、黄杨、迷迭香等做造型植物的。植物雕刻的造型多种多样,功能上则可作为绿篱、墙、拱门、壁龛、门柱等,或作为雕塑的背景、露天剧场的舞台侧幕等,也有的修剪成各种形象的绿色雕塑物,植物的整形修剪是以后风景园支持者们攻击的主要对象。

英国规则式园的园路上常覆盖着爬满藤本植物的拱廊,称为"覆被的步道"(Covered Walk),或以一排排编织成篱垣状的树木种在路旁。汉普顿宫苑中至今仍保留了一条覆盖着金练花的长长的拱廊,图4.36为汉普顿宫苑中的金练花拱廊。金练花为豆科植物,花开时一片金黄,光彩夺目,既可遮阳,又很美观,在拱廊下行走,别有一番情趣。

图4.36 "覆被的步道"图

3)中国园林的影响

17、18世纪的英国由于毛纺工业的发展而开辟的牧场与本土固有的丘陵山地结合,构成了一幅幅田园风景,本身就非常富有诗情画意。英国人对自然之美的深厚感情使之接受中国园林思想成为必然。同时对规整严谨的勒·诺特尔式园林进行反思,崇尚以培根为代表的经验主义,开始怀疑勒·诺特尔几何比例在美学上的意义。而且勒·诺特尔式的园林由于由人作,无"宛如天开"顺应自然的深远意蕴。

4.3.2 英国风景园林

图4.37 英国自然风光(吕华摄)

英国风景园林是在其固有的自然地理、气候条件下(图4.37),在当时政治、经济背景下,在文学、艺术思潮影响下产生的园林风格。这是欧洲园林艺术史上的一场革命,并且对以后园林的发展产生了巨大而深远的影响。现在伦敦的大型园林几乎都是风景式园林的天下,比如"肯辛顿公园""海德公园""圣·詹姆斯公园",等等,成为伦敦最美丽的一隅,也是人们休息运动的最佳场所。这些大型园林脱离了"宫殿"和"私家"的概念成为英国公众的天堂,顺应自然的园林景观也使伦敦人自豪地称为"伦敦的肺",在净化城市污染方面起着不可替代的作用(图4.38、图4.39)。

图4.38 肯辛顿公园运动的人们(吕华摄)

图4.39 圣·詹姆斯公园(吕华摄)

1）英国风景式园林的产生

英国自然风景式造园思想首先在英国政治家、思想家和文人艺术家中产生,他们的思想为风景式园林的形成奠定了理论基础,借助他们的影响,使得自然式风景广为传播,影响深远。

英格兰政治家和外交家威廉·坦普尔(William Temple,1628—1699年),他的思想和写作风格对18世纪的许多作家都产生过很大的影响。他于1685年出版了《论伊壁鸠鲁的花园》(Upon the Garden of Epicurus)一书,其中介绍了中国园林。书中不无遗憾地回顾了英国园林的历史,认为过去只知道园林应该是整齐的、规则的,却不知道另有一种完全不规则的园林,却是更美的,更引人入胜的。他认为一般人对于园林美的理解是:对于建筑和植物的配植应符合某种比例关系,强调对称与协调,树木之间要有精确的距离,在中国人眼里,这些却是孩子们都会做的事。他认为中国园林的最大成就在于创造了自然和谐悦目的风景,创造出一种深刻认识、难以掌握的自然的美。他的论点引起当时正处于勒·诺特尔热潮中的英国园林反思。

政治家、哲学家的沙夫茨伯里伯爵三世(Anthony Ashley Cooper Shaftesbury Ⅲ,1671—1713年)是最早影响到风景园产生的人。他受柏拉图主义的影响较深,认为未经过人手玷污的自然有一种崇高的美,他对自然美的歌颂,认为与规则式园林相比,自然景观要美得多。即使是皇家宫苑中创造的美景,也难以同大自然中粗糙的岩石、布满青苔的洞穴、瀑布等所具有的魅力相比拟。他的自然观是英国造园界新思潮的一个重要支柱,对法、意等国的思想界都有巨大的影响。

图4.40　伦敦肯辛顿内古老的沉园(吕华摄)

约瑟夫·艾迪生(Josepb Addison,1672—1719年)是一位艺术家、散文家、诗人、剧作家。他于1712年发表《论庭园的快乐》(An Essay on the Pleasure of the Garden),认为大自然的雄伟壮观是造园所难以达到的,园林越接近自然则越美,与自然融为一体,园林才能获得最完美的效果。他批评英国的园林不是与自然融合,而是采取脱离自然的态度,他认为造园应以自然为目标,是风景园在英国兴起的理论基础。

18世纪前期著名的讽刺诗人亚历山大·蒲柏(Alexander Pope,1688—1744年),曾翻译过著名的荷马史诗。1719年起,在泰晤士河畔的威肯汉姆别墅(Twickenham)居住,经常聚名流,此间他发表了有关建筑和园林审美观的文章。"论绿色雕塑"(Essay or Verdant Sculpture)一文对植物造型(Topiary)进行了深刻的批评,认为应唾弃这种违反自然的做法,其造园应立足于自然的观点对英国风景园的形成有很大的影响。当时英国文坛对风景园的形成有直接的推动力,成为园林发生巨大转变的舆论基础。

乔治·伦敦和亨利·怀斯也是自然式园林的倡导者,并曾参与了肯辛顿园(Kensington)及汉普顿宫苑的初期改造工作(图4.40)。他们还翻译了一些有关园林的著作,如1669年出版了《完全的造园家》(Complete Gardener)一书,该书作者是法国路易十四时代凡尔赛宫苑的管理者卡诺勒利(La KanoMi);1706年出版了《退休的造园家》(The Retired Gardener)及《孤独的造园家》(The Solitary Gardener),表达了作者对造园的见解。

斯梯芬·斯威特则(Stephen Switzer)是伦敦和怀斯的学生,也是蒲柏的崇拜者。他于1715年出版的《贵族、绅士及造园家的娱乐》(*The Nobleman's Gentlemen's and Gardener's Recreation*)一书是为规则式园林敲响的丧钟。文章批评了园林中过分的人工化,认为园林的要素是大片的森林、丘陵起伏的草地、潺潺流水及树阴下的小路,对于多年来英国园林中盛行的规划方式——将周边围起来的规则式小块园地尤为反感。

贝蒂·兰利(Batty Lanley,1696—1751年)于1728年出版了《造园新原则及花坛的设计与种植》(The New Principles of Gardening or the Layingout and Planting Parterresl)一书,其中提出了有关造园的方针,共28条,例如:在建筑前要有美丽的草地空间,并有雕塑装饰,周围有成行种植的树木;园路的尽头有森林、岩石、峭壁、废墟,或以大型建筑作为终点;花坛上绝不用整形修剪的常绿树;草地上的花坛不用边框范围,也不用模纹花坛;所有园子都应有一种自然之美,在景色欠佳之处,可用土丘、山谷作为障景以掩饰其不足;园路的交叉点上可设置雕塑,等等。贝蒂·兰利的思想与真正的风景园林时代尚有距离,但已从过去的规则式园林的束缚中迈出了一大步。

真正的自然式造园是从布里奇曼(Charles Bridgeman)开始的。他曾从事过宫廷园林的管理工作,是伦敦和怀斯的继任者,也是一位革新者,曾参与了著名的斯陀园(Stowe)的设计和建造工作。在斯陀园的建造中,已从对称原则的束缚中解脱出来。他首次在园中应用了非行列式的、不对称的树木种植方式,放弃了长期流行的植物雕刻。他首创了称为“哈哈”(ha-ha)的隐垣作为园林的边界,既限定了园林的范围,又以“借园”的方式在视觉上扩大了园林的空间。第一个把自然式园林的思想运用到实践中,运用“不规则化”的方式成为自然式造园的开始。他虽然还没有完全摆脱规则化园林的总体布局,但已使自然式造园从理论中迈出了实践的第一步。斯陀园也因此给人的感觉是比实际面积扩大了3倍。他是规则式与自然式之间的过渡状态的代表,其作品被称为“不规则化园林”(Irregular Gardening)。

威廉·肯特(William Kent,1686—1748年)是第一个真正摆脱规则式园林的造园家,也是卓越的建筑师、室内设计师和画家。肯特初期也一样未完全脱离布里奇曼的手法,但不久就完全抛弃一切规则式束缚,成为真正的自然风景园的创始人。他也参加了斯陀园的设计,十分赞赏“哈哈”,将直线的隐垣改成曲线,并将植物改造成群落状种植,使得园林与周围更加自然地融为一体。他在设计中摒弃绿篱、行道树、喷泉等,让山坡和谷地高低有致,追求自然再现,而“自然是厌恶直线的”。英国园林界的权威,肯特的学生朗斯洛特·布朗(Lancelot Brown,1715—1783年)随肯特参加了斯陀园的设计,并最终完成斯陀园,充分展示了他作为画家的审美高度,再现名画风景的意境,在更广阔的空间和更悦目的色彩中给人以全新的审美体验。他认为画家是以颜料在画布上作画,而园艺家则以山、水、植物在大地上作画,为造园设计注入了全新的理念。布朗的时代正是英国风景园兴盛的时代,他成为这一时代的宠儿。由他设计和建造的风景园有两百多处,尤以改建而大显身手。布朗在水景的处理上别有心得,为格拉夫顿公爵设计的自然水池使他一举成名。他改造规则式花园的手法是:去掉围墙和规则式台层,恢复自然的坡地,让水面恢复自然的曲折湖岸,道路弯曲;植物按自然形状种植,孤树、树丛、树林和草坪分布有致。在他的设计下已经没有了园与林的区别,大片的草坡一直延伸到建筑物前,阳光下的树丛在草地的衬托下清晰而稳重,远处的湖水泛着耀眼的亮光,动静分明,画意盈然。

威廉·钱伯斯(Willioam Cham bers,1723—1776年)是苏格兰人,曾经到过中国的广州。钱伯斯既是理论家又是实践者,出版了《中国建筑意匠》《东方庭园》等书籍。他在丘园(Kew Carden)工作了6年,留下了一些中国风格的建筑,1761年建造的中国塔和孔庙正是当年中国风风靡一时的历史写照。今天的丘园(图4.41)、中国塔和罗马废墟仍然是重要的景点,可惜的是孔庙和清真寺已不复存在了。

图4.41　伦敦丘园一景（吕华摄）

钱伯斯对于布朗的造园有自己的看法，认为布朗的风景园不过是原有的田园风光，而中国的园林是源于自然而高于自然。造园不仅是要改造自然，而应该成为更为高雅的、供人娱乐休息的场所，要体现出深厚的文化素养和崇高的艺术情操，这也正是中国园林的精髓之所在，为英国园林发展起到了指导性作用。

胡弗莱·雷普顿（Humphry Repton，1752—1818年）是18世纪后期英国最著名的风景园林师。他从小有着良好的艺术素养，有环境设计坚实的基础。由于他本人是画家，强调园林应与绘画一样重视效果，重视色彩的变化。他认为画家的视点就这幅画而言是固定的，而造园则要使人在动态中观全园，应有不同的视点。这与中国"一步一景，步步新意"的园林思想相吻合；其次，绘画中光影色彩是固定的，而园林则随其气候、季节而千变万化；再者，绘画是画家根据构图的需要而取舍，造园家却是面对大自然，园林要满足人们的实用需求，绘画只供艺术欣赏。这一理论的提出，是雷普顿对园林艺术的重大贡献。

雷普顿创造了一种设计方式，即在设计之前先画一幅园址的透视图，而后在透明纸上画出设计稿，两者加以重叠比较，使得设计后的效果一目了然。文特沃尔斯园（Wentworth）就是这样设计的。雷普顿还是著名的理论家，出版了许多著作，其中1795年出版的《园林的速写和要点》、1803年出版的《造园的理论和实践的考察》奠定了他在园林界的地位。

总之，在18世纪初到19世纪初的100年间，是英国自然风景园的兴盛时期。最早的肯特造园虽少，但影响很大，是风景园的始创者，后来的布朗在约40年中设计的园林遍布英国，雷普顿则是风景园的最后完成者。

2）英国风景式园林及其特征

如上所述，英国风景式园林是以政治家、哲学家和艺术家、文学家为先导的，对规则式园林进行反思，进而提出自然之美才是雄伟壮阔而大气之美，人们的园林当尽力与自然吻合，才是正确的。并提出顺应自然、模仿自然的理论，怀疑规则式园林几何形的美学意义，为自然式风景园林的产生提供了理论与舆论基础。

18世纪中叶时，规则式园林在这样理论与舆论中走到了尽头，造园家们将理论付诸实践，并逐步完善，短短的几十年间风景式园林占据了统治地位。造园家们进而提出了：造园不仅要园林美，而且要提高国土之美，这已远远超过了园林本身而上升到提高民族自豪感和热爱国家的高度。归纳英国风景式园林的特征有以下几点：

①反对规则式园林。消除直线和几何形，让植物自然生长。

②反对绿篱、围墙。拆除绿篱和围墙，让园向林过渡，追求更为广阔的视觉空间。

③色彩更加丰富。在园林中设计种植各式花卉，因而使园林四季鲜花不断，色彩纷呈。

④增加缓坡草地。让草地与树木对比，自然成趣。

⑤恢复水景的自然形态。水岸曲折，岸边植物错落有致倒映水中，极近自然。

4.3.3 英国风景园在欧洲的影响

1)法国"英中式园林"

(1)法国"英中式园林"的产生　18世纪初期,法国绝对君权的鼎盛时代一去不复返了,古典主义艺术逐渐衰落,洛可可艺术开始流行。随着英国出现了自然风景园并逐渐过渡到绘画式风景园以后,在法国出现了启蒙运动,作家、哲学家伏尔泰(Voltaire,1694—1778年)倡导自然神论,提出审美无绝对"规格",其思想准备直接导致了建造绘画式风景园林的热潮。由于法国的风景式园林借鉴了英国风景式园林的造园手法,又受到中国园林的影响,所以称之为"英中式园林"(Jardin Anglo-Chinois)。

然而,自然风景式园林艺术在英国和法国却表现出不同的特点。在英国,这场艺术革命总带有几分"天真"的成分;而在法国,人们竭力利用它来对抗过去的思潮。英国人关心的只是怎样创造美丽的花园,追求一个更适合散步和休息的理想场所,英国颠覆规则式花园,目的不是指责建造规则式花园的那个时代,甚至也没有可以责难者;而法国的规则式花园,被人们与宫廷联系在一起,对过去喜爱它的人的憎恨,就足以导致对这类花园的憎恨了。

贵族们也同样厌倦了持续半个多世纪的秩序和规则的园林风格,艺术家、哲学家、建筑师、园林设计师在理论上对规则式园林的批判,不约而同与过去的时尚背道而驰。

为英国风景式造园理论在法国的传播做好充分准备的人是卢梭(Jean Jacques Rousseau,1712—1778年)。卢梭主张回到淳朴的自然状态中,提出"天赋人权、返于自然"的著名口号。1761年,卢梭发表了小说《新爱洛绮丝》,被称为是轰击法国古典主义园林艺术的霹雳。卢梭在书中构想了一个名为"克拉伦的爱丽舍"(I'Elysee de Clarens)花园。在这个自然式的花园中,只有乡土植物,绿草如茵,野花飘香,园路弯曲而不规则,"或者沿着清澈的小河,或者穿河而过,水流一会儿是难以觉察的细流,一会儿又汇成小溪,在卵石河床上流淌"。在花园里,"那两边是高高的篱笆,篱笆前边种了许多槭树、山楂树、构骨叶冬青、女贞树和其他杂树,使人看不见篱笆,而只看见一片树林,你

图4.42　路易十四统治后期的法国园林图

看它们都没有排成一定的行列,高矮也不整齐,大自然是从来不按一条线把树木笔直地一行一行地种的"(图4.42)。

启蒙主义思想家狄德罗(Denis Diderot,1713—1784年)在他的《论绘画》一书中,第一句话便是,"凡是自然所造出来的东西没有不正确的",与古典主义"凡是自然所造出来的都是有缺陷的"观点针锋相对。启蒙主义思想家渴望感情的解放,号召回归大自然,主张在造园艺术上进行彻底的改革。

建筑理论权威布隆代尔(Jean-Francois Blondel,1705—1774年)在1752年就指责凡尔赛,说它"只适合于炫耀一位伟大君主的威严,而不适合在里面悠闲地散步、隐居、思考哲学问题"。

埃麦农维勒子爵（Vicomte d' Ermenonville）批评勒·诺特尔"屠杀了自然,他发明了一种艺术,就是花费巨资把自己包裹在令人腻烦的环境里"。18世纪中叶,勒·诺特尔的权威地位已经开始动摇。

法国风景式造园思想的先驱者建议向英国和中国学习,导致了大量介绍中国园林的书籍和文章的出版,一些英国人重要的造园著作,很快被译成法文。18世纪70年代之后,法国又涌现出一批新的造园艺术的倡导者。吉拉丹侯爵（Louis-Rene, lemarquis de Girardin）是一个大旅行家,是卢梭思想的追随者。1776年,他在埃麦农维勒子爵领地上,按照卢梭的设想,建成了一座风景式园林,标志着法国浪漫主义风景园林艺术时代的真正到来。吉拉丹完全抛弃了规则式园林,因为它是"懒惰和虚荣的产物"。同时他也指责尽力模仿中国式园林的做法,不赞成在园林中有大量的建筑要素。他认为,"既不应以园艺师的方式,也不应以建筑师的方式,而应以肯特的方式,即画家和诗人的方式来构筑景观"。他认为外来树木难以与整体相协调,所以应使用乡土树种。法国风景式造园先驱们在启蒙主义思想家的影响下身体力行,进行着风景园林的实践。

（2）法国"英中式园林"特征　18世纪继英国之后,法国便走上了浪漫主义风景式造园之路,由于唯理主义哲学在法国根深蒂固,古典主义园林艺术经过几个世纪的发展,有着极高的成就,在法国人的心目中,勒·诺特尔的造园艺术是民族的骄傲,权威性是不会轻易动摇的,18世纪初期追随风景式造园潮流建造的花园,仍然借鉴勒·诺特尔的设计原则,小型纪念性建筑开始在花园中出现。

18世纪的一些法国风景画家,突破古典主义绘画对题材的限制,在他们的作品中表现出愉快的自然景色和田园风光。这对法国风景园林也有很大影响,一些风景园林甚至以这样的绘画作品为蓝本,"英中式园林"中常有的"小村庄",更反映出田园风光画对园林情趣的影响（图4.43）。

图4.43　贝尔·罗伯特的油画作品

洛可可风格是路易十五统治时期所崇尚的一种艺术风格,其特征是具有纤细、轻巧、华丽和烦琐的装饰性,喜用旋涡形的曲线和轻淡柔和的色彩,具有极大的包容性。洛可可风格对法国造园艺术的影响基本只停留在花园装饰风格上,花坛图案更加生动活泼,以卷草为素材,花纹回旋盘绕,复杂纤细,色彩更加艳丽,构图也出现局部的不对称。这种绣花花坛与英国式的草坪花坛结合,在整齐精细的草坪边缘,用一些花卉作装饰,显得朴素、亲切、自然。

　　17世纪下半叶以来,中国的绘画和工艺品就深受法国人的喜爱,洛可可艺术的包容性、流行和到过中国的欧洲商人和传教士对中国工艺美术和建筑、园林艺术的描述深深激动着法国人,对法国风景园林产生了明显的影响,风景园中出现塔、桥、亭、阁之类的建筑物和模仿自然形态的假山、叠石,园路和河流迂回曲折,穿行于山冈和丛林之间,湖泊采用不规则的形状,驳岸处理成土坡、草地,间以天然石块。虽然法国人对中国园林艺术的理解还很肤浅,但中国造园的天工人巧、与自然和谐为美仍激励着法国人。作为风景园林的一种独特风格,"英中式园林"在18世纪下半叶曾风行一时,但随着1789年法国资产阶级大革命的爆发以及随后的拿破仑战争,带来了更强有力的新思潮,政局不稳也影响了园林事业的发展(图4.44)。

图4.44　巴加特尔浪漫式风景园中的
睡莲及阿尔托瓦子爵圆亭

图4.45　莫斯科自然式风景园

2)俄罗斯风景园

　　(1)俄罗斯风景园的产生　彼得大帝去世以后,俄国在1725—1762年间,更换了5位国王,直至1762年,叶卡捷琳娜二世即位,对内实行中央集权,对外扩张,重新巩固了王位。1801年亚历山大一世(1801—1825年在位)即位,由于在与拿破仑交战中取得胜利,开创了俄罗斯帝国的新时期,俄国成为欧洲大陆最强大的国家,这一局面一直持续到19世纪中叶。在此期间,英国自然风景园风靡全欧洲,俄罗斯也深受其影响,开始进入自然式园林的历史阶段。

　　根据文学家、艺术家们对美的评价,崇尚自然,追求返璞归真成为时代的趋势。同时,规则式园林需要进行复杂而经常性的养护管理,耗费大量园艺工人的劳动,也是使人感到棘手的问题。加之,叶卡捷琳娜二世本人是英国自然风景园的忠实崇拜者,她厌恶园中的一切直线条,对喷泉反感,认为这些都是违反自然本性的,并积极支持自然式风景园的建设。促使俄罗斯园林由规则式向自然式过渡。

　　俄罗斯风景园的形成和发展与当时俄罗斯造园理论的发展是分不开的。18世纪末开始出版了一系列自然式园林造园理论方面的著作,其中最著名的人物是画家和园艺学家安得烈·季莫菲也维奇·波拉托夫(A. J. Polatov,1738—1833年),他对俄罗斯园林的发展和其特色的形成均有很大影响,出版了许多关于园林建设和观赏园艺方面的著作,也曾为叶卡捷琳娜二世的土拉营区建造过园林。波拉托夫提倡结合本国的自然气候特点,创造具有俄罗斯独特风格的自然风景园;主张不要简单地模仿英国、中国或其他国家的园林,他强调应同中国一样师法自然,研究、探索在园林中表现俄罗斯自然风景之美(图4.45)。

19世纪中叶,随着农奴制的废除,俄罗斯不再出现18、19世纪初期那种建立在大量农奴劳动基础上的大规模园林了,私人的小型园林成为当时的发展趋势。随着商业经济及运输业的发展,国外植物日益引起人们的关注,观赏园艺受到重视,开始兴建一系列以引种驯化为主的各种植物园。许多大学建立了以教学及科研为主要目的的植物园。著名的疗养城市索契于1812年建立了以亚热带植物为主的尼基茨基植物园。此后,在俄罗斯各地建立了适应不同气候带、各具特色的植物园,对丰富观赏植物种类起到了很大作用,俄罗斯风景园代表作品有巴甫洛夫风景园(Pavlov Park)等。

(2)俄罗斯风景园特征 在俄国,大量建造自然式园林的时期在1770—1850年,分为两个阶段:初期(1770—1820年)为浪漫式风景园时期,后为现实主义风景园时期。

图4.46 莫斯科街道自然公园
(吕华摄)

在风景园建设的第一阶段,园中景色多以画家的作品为蓝本,如法国风景画家洛兰、意大利画家罗萨、荷兰风景画家雷斯达尔等人的绘画所表现的自然风景,成为造园家们力求在花园中体现的景观。在充满自然气氛的环境中,有体形的结合、光影的变化、植物不再被修剪,发挥其自然美的属性,浪漫式风景园中充分追求表现一种浪漫的情调和意境,人为创造一些野草丛生的废墟、隐士草庐、英雄纪念柱、美人的墓地,以及一些砌石堆山形成的岩洞、峡谷、跨水等,试图以展现在人们眼前的一幅幅画面强调人与物的通透性,有凭吊、忧伤、追忆、惆怅、庄严肃穆或浪漫情调等思绪,引起种种情感上的共鸣(图4.46)。

19世纪上半叶,在自然式园林中的浪漫主义情调已经消失,而对植物的姿态、色彩、群落美产生了兴趣,园中景观的主要组成如建筑、雕塑、装置、构成、山丘、峡谷、峭壁、跌水、植物、自然浑然一体。巴甫洛夫园和特洛斯佳涅茨园都是以森林景观为基础的俄罗斯自然式园林最出色的代表作,尤其是巴甫洛夫园以其巨大的艺术感染力展示了北国的自然之美,被誉为现实主义风格的自然式风景园的典范,其创作方法对以后的俄罗斯园林,以至"十月革命"后的苏联园林的建设都产生了深远的影响。

由于俄罗斯地处欧洲大陆北部,大部分地区气候严寒,与英国湿润温暖的海洋性气候有很大的差异,因此,典型的18世纪英国风景园主要以大面积的草地上面点缀着美丽的孤植树为其特色,而俄罗斯风景园却是在郁郁葱葱的森林中,辟出面积不大的林中空地,在密林围绕的小空间里装饰着孤植树、树丛,这种方式有利于冬季阻挡强劲的冷风,夏季又可遮阳。俄罗斯风

图4.47 被树林环绕着的中心湖景色

景园强调以乡土树种为主,云杉、冷杉、松、落叶松及白桦椴树、花楸等是形成俄罗斯园林地域自然风格不可缺少的重要元素(图4.47)。

4.4　中国明清园林

中国园林的发展,在经过了近3 000年的岁月之后,明清时期已达到顶峰,无论在理论上还是在实践上都十分成熟。虽是两个朝代,但明清两朝都各有很长的和平安定时期,朝代更替也没有对园林有太大损坏。尤其在清中期,长期的和平安定,民丰国富,使得皇家富绅、文人雅士都留下了众多园林杰作,西方17—18世纪体制的剧烈变革,预示着中国古典园林的"最后辉煌"。我们今天观赏这些园林的精美实体,体会祖先们留下的深邃文化,感受中华民族博大精深、天人合一的中国艺术哲学精神。

4.4.1　中国明清园林背景

元朝末年,濠州人朱元璋随郭子兴起兵,1368年建立明朝,建都于金陵,年号为洪武。

明太祖在位31年而死,其孙朱允炆继帝位,即明惠帝。惠帝意图削弱诸王的势力,于是燕王朱棣以"靖难"为名,率兵大举南下,攻陷金陵而登帝位,是为明成祖。明成祖改北平为北京,改旧都金陵为南京。他又怀抱雄图壮志,远征四方,北征鞑靼,南平安南,又收南海,派郑和七下西洋,布皇恩于天下。明成祖以后,经历仁宗而至于宣宗,纲纪修明,天下大治,史称"仁宣之治"。英宗正统以后,开始重演历史上宦官专权、外戚干政、朋党纷争的悲剧,使朝纲紊乱、吏治腐败,内忧外患蜂起。1644年正月,李自成改西安为西京,接着拥兵东进,威逼北京。崇祯皇帝于3月29日自缢而亡,明朝灭亡。

同一时期,女真族的杰出人物努尔哈赤起兵于建州,建立后金国,于1616年称汗,年号为天命。经抚顺东郊萨尔浒之战击败明军,后又攻占沈阳以为都城(1625年)。努尔哈赤去世后,其子太宗皇太极继位,1636年,改国号为清,次年攻陷朝鲜京城。清太宗逝世后,世祖顺治帝嗣位(1644年)。当年3月,李自成攻下了明都北京城,驻在山海关防清的明将吴三桂"冲冠一怒为红颜",联合清军,于该年5月进入北京城,取得了全国的统治地位。

康熙之世,削平三藩之乱,收取台湾,与俄国签订《尼布楚条约》,西征准葛尔,平定西藏。乾隆继祖雄风,平定回疆,使缅甸入贡;击败廓尔喀,使安南入贡;剿灭郑氏割据,收复台湾。乾隆晚年时,世风渐趋奢华,政治和武力出现缓怠之势。清朝在康熙、雍正、乾隆三代连续有130年的治世,出现了中国封建社会最后一个灿烂辉煌的太平盛世。

世事太平,封建体制却潜藏着危机。此时的西方发生着翻天覆地的巨大体制变革:1649年,英格兰爆发了资产阶级革命,将英王查理送上了断头台;1750年,英国发生"工业革命";1775年,美国革命,打响了独立战争;1789年,法国大革命,1789年,发表了反映卢梭哲学精神的伟大的法国革命纲领性文件——人权宣言;1793年,法国国王路易十六被斩首于路易十五雕像旁;1800年,拉丁美洲革命。这些革命,深入着思想革命,带来永恒成果:废除了封建特权,促进平等、法制思想和社会经济改革,把冷静的科学对接了一切生活。莫斯科大学、波士顿科学院、哥伦比亚大学等相继建立,"我们的今日文明之所以是这个样子,主要是由于1750年以来发生的历次革命。"(美国:海斯·穆恩·韦兰)这种背景下,中国的落后成为必然。

(1)中国明朝社会背景　中国明朝和最后一个封建王朝清朝,是中国的封建社会极盛而衰、传统文化向近代文化转型的时期:自耕农的普遍发展,庶族地主力量的增长,屯田向私有和民田的转化,资本主义生产关系的萌芽开始在封建制度母体内出现,古典文化成熟,有着文化大总结的意蕴。宋代开始出现的具有人本主义色彩的市民文化,明中叶以后随着商品经济更加兴盛,诸如小说、戏曲、说唱等通俗文学和民间的木刻绘画等十分流行,民间的工艺美术如家具、陈设、器玩、服饰等也都争放异彩。市民文化的兴盛影响民间的造园艺术,带来前所未有的变异。如果说,宋代的民间造园活动尚以文人、士大夫的文人、士流园林为主,明中叶以后,出现以生活享乐为主要的市民园林与重在陶冶性情的文人、士流园林分庭抗礼的局面(图4.48)。

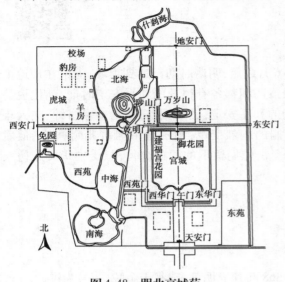

图4.48　明北京城苑

明代皇帝的集权更有过之。绝对集权的专制统治需要更严格的封建秩序和礼法制度,影响及于意识形态,由宋代理学转化为明代理学的新儒学,更加强化礼仪纲常伦纪的道德规范。皇家园林又复转向表现皇家气派,规模又趋于宏大。宋人的相对宽容的文化政策已不复存在,明中叶以后资本主义因素的成长和相应的市民文化的勃兴则要求的个性解放,文人士大夫由于苦闷感、压抑感而企求摆脱束缚,追求个性解放的意愿比之宋代更为强烈,出现一股人本主义的浪漫思潮,以快乐代替克己,以感性冲动突破理性的思想结构,在放荡形骸的厌世背后,潜存着对尘世的眷恋和一种朦胧的自我实现的追求,在当时的绘画、小说、戏曲以及通俗文学上表现得十分明显。山水画发展了南宋马远、夏圭一派的画风而更重意境和哲理的体现。黄公望、王蒙、倪瓒、王冕、吴镇各家皆另辟蹊径,别开生面。他们用水墨或浅绛描绘山水,形成宋以来山水画的主流,对明清山水画的发展有较大影响。明初由于专制苛严,画家动辄得咎。到明中叶以后,元代那种自由放逸、别出心裁的写意画风又复呈光辉灿烂。文人画则风靡画坛,在文化发达的江南地区,山水画的吴门派、松江派、苏松派崛起。明中期,以沈周、文征明为代表的吴门派主要继承宋元文人画的传统而发展成为当时画坛的主流。比宋代文人画更注重笔墨趣味即所谓"墨戏",画面构图讲究文字落款题词,把绘画、诗文和书法三者融为一体,影响园林艺术,意境更追求个性自由的色彩,促成了私家园林的文人风格的深化,把园林的发展推向了更高的艺术境界。文人、画家直接参与造园的现象比过去更为普遍,园艺师、造园工匠亦从中提高自己的文化素养,涌现出一大批知名的造园家。出现两个明显的变化:其一是由全景山水缩移摹拟的写实与写意相结合,转化为以写意为主的趋向,明末造园家张南垣所倡导的叠山流派,截取大山一角而让人联想到山的整体形象,即所谓"平岗小坂""陵阜陂陀"的做法,是写意山水园林转化的标志的意匠典型;其二是景题、匾额、对联犹如绘画的题款在园林中普遍使用,园林意境的蕴藉更为深远,赋予园林本身以更浓郁的诗情画意。

市民趣味渗入园林艺术。不同的人文条件制约着造园活动,自然条件的差异,出现明显不同的地方风格。其中,经济、文化最发达的江南地区,造园活动最兴盛,园林的地方风格最为突出。北京自永乐迁都以后成为全国统治中心之所在,人文荟萃,园林在引进江南技艺基础上逐渐形成北方风格的雏形。岭南地区虽受江南、江北园林艺术影响,但由于特殊的气候物产,加之地处海疆,早得外域园林艺术的影响,逐渐形成自己的独特风格。既蕴涵于园林总体的艺术格调和文化审美意识之中,也体现在造园的手法和使用材料更成熟的技术条件上面。私家、皇家、寺观三大园林类型都已完全体现园林文人化的特点。文人园林经唐、宋的繁荣发展,再度大盛于明末清初。园林的创作方法完全写意化,元、明文人画盛极一时,形成独霸画坛之势,影响及于园林而成就写意的主导地位。特定的政治、经济和文化背景,促成了士流园林的全面"文人化",文人园林的臻于极盛是中国园林已经达到成熟境地的标志。

工商业繁荣,市民文化勃兴,作为一种社会力量浸润于私家造园艺术,又出现文人园林的多种变体,民间造园活动广泛普及,结合于各地的人文条件和自然条件而产生各种地方风格的乡土园林,这些又导致民间的私家园林呈现为前所未有的百花争艳的局面,最终形成江南、北方、岭南三大地方园林风格鼎峙的局面。私家园林在明清之际,以江南园林为代表、达到了它所取得的艺术成就的高峰。其他地区的园林受到三大地方园林风格的影响,结合于各地的人文条件和自然条件,蔚为大观,具有浓郁的地域特征。

(2)中国清代社会背景 明末清初,造园总结为理论著作刊行于世。前所未有,也是江南民间造园艺术成就达到高峰境地的另一个标志。造园家的涌现,造园匠师社会地位的提高,在园林叠山的技艺方面表现尤为明显。如李渔倡导的土石山与流俗的石山相抗衡;张南垣、计成创造的摹拟真山的片段或截取大山一角的做法,与传统的缩移写仿真山全貌的做法相抗衡等。因而一时叠山流派纷呈,各臻其妙,大大地丰富了造园艺术的内容。乾嘉以后,上一个时期文人园林进取积极的富于开创的精神失落。在专制压迫下,造园的理论探索停滞不前,未能得到系统传承、提高而升华为科学理论。

清中叶后,宫廷和民间的园居活动频繁,园林已由赏心悦目、陶冶性情为主的游憩场所转化为多功能的活动中心。受封建末世追求形式和技巧纤缛艺术思潮的影响,园林里面的建筑密度较大,完成了中国古典园林"宅园合一"的最后一次飞跃。

康、乾之际,中、西园林文化交流得到一定发展。皇家园林都曾经引进国外园林花木、鸟兽,乃至建筑、装饰等艺术,中国造园艺术亦远播海内外。乾隆年间任命供职内廷如意馆的欧洲籍传教士主持修造圆明园内的西洋楼,西方的造园规划艺术首次全面引进中国宫苑。东南沿海地区因地缘关系,修造邸宅或园林,其中便掺杂不少西洋的因素。同时,在欧洲宫廷和贵族中掀起一股"中国园林热",在英国,促进了英国风景式园林的发展,法国则形成独特的"英中式"风格。

封建社会盛极而衰,封建体制也愈来愈呈现衰颓的迹象。园林的发展,一方面继承唐宋写意山水园林优秀传统而趋于精致,一卷代山、一勺代水,表现了中国写意园林的最成熟风格,东学西渐,影响西方,称为成熟型写意园林;另一方面,私家园林文人风格向世俗化逐渐分化,先后有江南园林、北方园林和岭南园林脱颖而出,表现出中国园林时代的发展。

4.4.2　中国明代园林类型

中国古代园林众多,但留下来多是明清时期的遗物,为我们赏析和研究提供了珍贵的例证。丰富的园林类型体现了我国园林艺术的博大精深。

1) 明代的皇家园林

皇家园林经历了大起大落的波折。明成祖自南京迁都北京,永乐十八年(1420 年)建大都为北京,确立"两京制"。建宫城为大内,称紫禁城,呈"前朝后寝"规制,大内的三大殿,踞汉白玉台基之上,后为御花园。宫城外为皇城,有大内御苑、内廷机构、府库宫城、正南承天门(天安门),左右为太庙及社稷坛。明大内御苑有六处:御花园、建福宫花园、万岁山(景山)、西苑、兔园、东苑。西苑改元时土筑高台为"团城",改木吊桥为玉河桥,改犀山为蕉园,开凿南海,成就北、中、南三海布局。水乡田野,仙山琼阁,树木葱郁,一派生态环境。建天坛,天圆地方,五礼之首,敬天法地,苍松翠柏,浩瀚绿色,环抱圆丘,予崇敬祈求之意,"亿兆影从",奉天承运,"钦若昊天",改东岳封禅之规制。"天坛是建筑与景观的杰作"(联合国科教文卫组织)。康、乾时期,其建设的规模和艺术的造诣都达到了后期历史上的高峰境地。大型园林总体规划、设计有许多创新,南北园林艺术的大融糅,西学东渐,为宫廷造园注入了新鲜营养,出现一批如天坛、地坛、日坛、月坛等具有里程碑性质的优秀的大型园林作品。

2) 明代的寺观园林

明代寺观园林因太祖朱元璋曾出家,故与佛教有着斩不断的情愫,对其保护、发展尤为不遗余力;加之三教合一的理论成熟,因"儒释不二""以道补儒"之说,释、道二教借儒学发展的契机,大量建置寺观。明代寺观十分注意精心选址,营造建筑庭院园林化环境,"景物亦清僧亦静,无心更过隔林花"(梁于涍《瓮山圆静寺》)。明代寺观园林具有代表性的有道教全真第一丛林——白云观之主殿邱祖殿,明代武当山寺观,明代南京的寺观园林等。

(1)白云观　白云观创建于唐开元二十七年(739 年),曾名天长观、太极宫、长春宫。明洪武二十七年(1394 年)易名白云观,是道教全真第一丛林,也是龙门派祖庭。

白云观主要殿堂分布在中轴线上,依次为牌楼、山门、灵官殿(主祀道教护法神王灵官)、玉皇殿、老律堂(七真殿)、邱祖殿、四御殿、戒台与云集山房等,共有 50 多座殿堂,占地约 2 万 m²。它吸取南北宫观园林特点建成,殿宇宏丽、景色幽雅,殿内全用道教图案装饰。其中四御殿为二层建筑,上层名"三清阁",内藏明正统年间刊刻的《道藏》一部。邱祖殿为主殿,内有邱处机的泥塑像,塑像下埋葬邱处机的遗骨。

(2)武当山寺观　天下名山武当山,又名太和山,位于湖北省北部,北通秦岭,南接巴山,连绵起伏,纵横 400 多千米。宋代书法家米芾曾为武当山写下了刚劲有力的"第一山"三个大字。

武当山相传为道教玄武大帝(北方神)修仙得道飞升之胜地,其名字就是由"非真武不足以当之"而来,历代道教名流曾在此修炼。武当山最早的寺观为唐太宗贞观年间在灵应峰创建的五龙祠,历代开拓扩建。明永乐年间,明成祖在京建完故宫后,由工部侍郎郭瑾率原班人马,军夫 30 多万人,浩浩荡荡,进行大规模营造,共建造 7 宫、2 观、36 庵和 72 庙等建筑群,39 座桥梁、12 座台,铺砌了全山的石磴道。宫观利用了地形特点,建筑在峰、峦、坡、岩、涧之间,布局巧妙,各具特点又互相联系,使整个武当山成为一座"真武道场",是一座大型的山岳道观园林。

南岩是武当山36岩中风景最美的一岩。唐宋以来,即有道人在此修炼。元代在此建有道观,明永乐十一年(1413年)在此营建殿宇多处。坐落在武当山主峰——天峰柱的金殿,建于明永乐十四年(1416年),是我国最大的铜铸鎏金大殿。殿外是白玉石栏杆台,台下是长约1 500 m的紫金城。城墙由巨大的长方形条石依山势垒砌而成,这座金殿及紫金城建在武当山群峰中最雄奇险峻的天柱峰上,有"天上瑶台金阙"之称谓。

(3)明代南京的寺观 根据当时掌管佛教及寺院方面事务的礼部官员葛寅亮主撰的《金陵梵刹志》记载,寺观园林尽占南京美景。南京最大的山——钟山,林木葱郁,风景独佳,其中除明孝陵以外,最大建筑群即是灵谷寺。天界寺"僧庐幽邃,松竹深通""得城南幽胜"。报恩寺在"蔚然苍翠"的雨花台处。栖霞寺在摄山,这里"峰峦入云,青迥翠合"。鸡鸣寺居鸡鸣山上,"其南则凤台、牛首,其西则石城、长江,其东则大内宫阙,其北则玄湖、钟阜,景未有若此之胜者也,而一览可以尽之"。牛首山"双峰高插云汉,实金陵之巨屏,东夏之福地,林树葱郁,泉石相映",人称"金陵多佳山,牛首为最",而占据牛首山的,则是弘觉寺。卢龙山"山岭绵延",俗名"狮子山",卢龙山之麓,即静海寺。中寺、小寺,也各得幽胜。清凉寺居清凉山,这里"山不甚高,而都城宫阙、仓廪历历可数,俯视大江如环映带"。弘济寺建于燕子矶,"俯临大江""下瞰江水,如燕怒飞,波涛喷激"。花岩寺在芙蓉峰之半,这里"岩洞甚多,俱奇绝",可坐观弘觉寺楼殿林壑,"浮图金碧,宛若画。障绝顶,望京城历历错绣,钟山连带,江外数峰青出,最登临胜处"。铜井院"背城面河,城下伏道中引水从铜井口溢出,达于御沟,霖雨后汹涌可观",有"抚槛临流,颇有濠梁之趣"。崇善寺"溪萦山映,得地幽胜"。永庆寺"其地深僻,林竹苍翠,萧然野旷,出寺左数十武(半步)有谢公墩,极登眺之胜"。

"金陵名胜在诸寺"(祝世禄),几乎每一所寺院都选于风景秀美之处。"金陵佳丽,半属江山,如钟阜、栖霞、清凉、雨花、鸡鸣、凤台、燕矶、牛首而外,何可胪列?是为花宫兰若,标奇占胜"(葛寅亮)。

3)明代的私家园林

明代的统治者对待文人所采用的是高压与笼络并举的手段。一方面大量招揽人才以供统治者驱使,另一方面明文规定"士大夫不为君用,罪该诛杀"。

在思想方面,明朝统治者提倡程朱理学,强行规定"四书""五经"为文人必读的教程,八股取士的科举程式,钳制思想。因此,唐宋文人造园的那种借园林以摆脱束缚、寻求寄托、平衡身心、不满流俗的心态,在明代文人造园中得以延续。

在经济方面,恢复经济的种种措施获得了预期的效果,社会出现了安定与繁荣,这为园林的发展提供了物质基础。明中叶之后,农村土地兼并,破产农民为城市提供了劳动力,促进了城市的繁荣。城市之中出现大批富甲商贾和手工业主,为了生活享乐和园林极大的吸引力,使他们也成为具有实力的造园者。

明代末年的政治腐败,思想领域失控。王学左派"心学"的兴起与禅宗思想的广泛渗透,主体意识加强,人的自我价值觉醒,士人冲破了僵化的思维,园林创作中的主体意识得到强化。晚明出现高扬个性和肯定人欲的思潮,肯定世俗人欲,肯定"好货""好色"。文人的市民化,审美趣味世俗化,文人园林也出现建筑化、程式化的倾向,弱化了自然野趣。

建于宅第旁的私家园林,北方以北京为中心。江南私家园林以南京、苏州、扬州、杭州、吴兴、常熟为重点,其中以苏州、扬州最为著称,也最具有代表性。扬州地处南北之间,综合了南北造园的艺术手法，形成了北雄南秀的独特园林风格。地处江南水乡、太湖流域的苏州，私家园林明代先后有 271 处，清代共有 130 处，直到 20 世纪，苏州尚存大中小园林、庭院 169 处，有"江南园林甲天下，苏州园林甲江南"之称。

明清时期以苏州园林为代表的江南私家园林，其造园艺术达到了自然美、建筑美、绘画美和文学艺术的有机统一，成为融文学、哲学、美学、建筑、雕刻、山水、花木、绘画、书法等艺术于一炉的综合艺术宫殿。它以清雅、高逸的文化格调，成为中国古典园林代表，为明清时期皇家园林及王侯贵戚园林效法的艺术模板。

文人将园林作为"地上文章"来作。由于受大夫猎奇和把玩的心态所影响，园林由"壶中天地"转向"芥子纳须弥"，空间更加狭小，清代的文人园林建筑化倾向越加明显，不但诗画艺术大量融入园林，成为园林艺术的重要组成部分，"城市山林"也成了"大隐于朝""中隐于市"的理想环境和生活模式，完成了中国古典园林"宅园合一"的最后一次飞跃。明清时期的中国园林艺术达到鼎盛。

（1）北京的私家园林　北京因其特殊的政治、文化地位而成为一代官僚云集的地方，有退官后赋闲养老的公卿大夫，凭借着声望或特定权势所拥有的实力，致使营宅造园的风气更盛于其他地方。明代北京内城和外城有众多的宅园，尤以什刹海一带为最多；在郊外，特别是在西北郊一带，有私园别墅。其中，比较重要的私人宅园和别墅有冉驸马的宜园、万驸马的曲水园和白石庄、李皇亲的清华园和新园、惠安伯园、袁伯修的抱瓮亭、宣成第园、吴魏庵园、李宗易午风亭、相国方公园、刘茂才园、梁梦龙的梁园、定国公园、成国公园、米万钟的勺园等。

园林之中有以雕饰宏丽著称的显宦、贵族园林，也有以疏朗朴质闻名的名士园林。清华园和勺园是这两种园林风格的典型代表。

①清华园　清华园建成于万历十年（1582 年），是明代后期北京海淀的一座大园，为李伟（李伟是明朝万历皇帝的外祖父，封武清侯；另一种说法为李伟的后人所建）所建，俗称"李皇亲花园""李戚畹园"，简称"李园"。它与米万钟勺园相邻，与现在清华大学所在的"清华园"同名而异地。

清华园占地 80 hm² 左右，是一座特大型的私家园林，规模宏伟，富丽精美，风景佳丽，被誉为"京国第一名园"。园入门后渐显其胜。园中厅堂、楼阁、台榭、亭廊各擅其胜，均有富丽精美的装修、雕饰及彩绘。《燕都游览志》云："武清侯别业，额曰清华园，广十里，园中牡丹多异种，以绿蝴蝶为最，开时足称花海。西北水中起高楼五楹，楼上复起一台，俯瞰玉泉山。"高道素《明水轩日记》说："清华园前后重湖，一望漾渺，在都下为名园第一。若以水论，江淮以北，亦当第一也。"园林规模和营建之华丽，"李园钜丽甲皇州"。

清华园是一座以水面为主体的水景园，水面以岛、堤分隔为前湖、后湖两部分。重要建筑物大体上按南北中轴线成纵深布置。南端为两重的园门，园门以北即为前湖，湖中蓄养金鱼。之间为主要建筑群"挹海堂"，是全园风景构图的重心。堂北为"清雅亭"，与前者互成对景。亭的周围广植牡丹、芍药之类的观赏花木，延伸到后湖的南岸。后湖之中有一岛屿，岛上建亭"花聚亭"，环岛盛开荷花。后湖的北岸，摹拟真山的脉络气势堆叠成高大的假山。山畔水际建高楼一幢，楼上有台阁可借景观赏园外西山玉泉山，是中轴线的结束。后湖的湖面开阔，可走冰船，西北岸临水建水阁观瀑和听水音。园林的理水，大体上是在湖的周围以河渠构成水网地带，因水设景。河渠可以行舟游览之用，又是其水路园林交通。园内的叠山，除土山外，使用多种名贵山石材料，其中有产自江南的。山的造型奇巧，有洞壑，也有瀑布。植物配置方面，花卉大片种植得比较多,而以牡丹和竹于当时最负盛名。低平原上土地润湿,北方极少见的竹子在这里生长茂密。园林建筑有厅、堂、楼、台、亭、阁、榭、廊、桥等,形式多样,装修彩绘雕饰富丽堂皇。

以皇亲国戚之富,经营此园可谓不惜工本。这样的私家园林,在全国范围内也不多见。清康熙时在清华园的故址上修建畅春园,清华园对于清初的皇家园林有一定的影响。

②勺园 勺园建于明万历三十九年至四十一年(1611—1613年),由著名文学家、书法家、画家米万钟精心治理,自命为"勺园",又叫"风烟里"。

米万钟,字仲诏,宛平人,万历二十三年(1595年)进士,官至江西按察使,后得罪魏忠贤党羽,被削籍为民,到崇祯初又复官为太仆少卿。米万钟擅书画,平生嗜好奇石,人称友石先生。米万钟在京城构有三园,一曰勺园,在海淀;一曰漫园,在德胜门积水潭东;一曰湛园,在皇城西墙根下。勺园擅水之胜,取海淀一勺之意,故名。勺园位于清华园(李园)之东,今北京大学未名湖一带。

《春明梦余录》说:"园仅百亩,一望尽水,长堤大桥,幽亭曲榭,路穷则舟,舟尽则廊,高楼掩之,一望弥际。"《帝京景物略》云:"福清叶公台山,过海淀,曰:'李园壮丽,米园曲折。米园不俗,李园不酸'。"

勺园比清华园小,建筑也比较朴素疏朗,"虽不能佳丽,然而高柳长松,清渠碧水,虚亭小阁,曲槛回堤,种种有致,亦足自娱"。勺园虽然在规模和富丽方面比不上清华园,但它的造园艺术水平较之后者略胜一筹。

米万钟曾手绘《勺园修禊图》长卷,参照孙国枚《燕都游览志》所记可知园林的总体规划:水是园林的主题,因水成景,是一座水景园。所谓"勺园一勺五湖波,湿尽山云滴露多"。利用堤、桥将水面分隔为许多层次,呈堤环水抱之势。建筑物配置成若干群组,与局部地形和植物配置相结合,形成各具特色的许多景区,如色空天、太乙叶、松坨、翠葆榭、林于滋。各景区之间以水道、石径、曲桥、廊子为之联络。建筑物外形朴素,多接近水面,所谓"郊外幽闲处,委蛇似浙村""到门唯见水,入室尽疑舟"。建筑的布局,园外西山的借景,所谓"更喜高楼明月夜,悠然把酒对西山"。米万钟自作的《勺园诗》中有"先生亦动莼鲈思,得句宁无赋水山"之句,因勺园而即景生情,动了莼鲈之思,园林的景物必含着江南的情调。勺园摹拟江南之所以惟妙惟肖,是由于北京西北郊的地理环境,特别是丰富的供水也为此提供了优越的条件。

戴熙1829年作《勺园第二图》,水面莲香,堤上柳烟。建筑多用朴质的外形,使之"郊外幽闲处,逶迤似浙村"(王铎《米氏勺园》)。诗人赞道:客意多生结构间,主人真自悟清闲。亭台到处皆临水,屋宇虽多不碍山。绘景于灯,丘壑亭台纤悉可辨,都人诧以为奇,称灯为"米家灯"。

清初,勺园改作郑亲王赐园,取名"洪雅园"。嘉庆初年,改"洪雅园"为"集贤院",为达官重臣入值圆明园的休息处所,后改作国宾馆。咸丰十年(1860年),英法联军焚烧圆明园时,勺园毁于一炬。

北京西北郊海淀一带,明代的私园因改朝换代多有倾圮,清初大部分收归内务府,再由皇帝赐给皇室成员或贵族、官僚营建"赐园",如含芳园、澄怀园、自恰园、洪雅园、熙春园、圆明园等。

(2)江南的私家园林 江南地区自唐宋以后就一直较为安定,有着优越的自然条件及气候条件,经济发达,为文人及富商的聚居之地。明朝财政在很大程度上须依赖江南。

明晚期,城市手工业作坊普遍出现资本主义的经营方式。江南是资本主义因素在封建社会率先成长的地区,是人才辈出、文人墨客聚集之地,文化教育水平远高于全国其他地方。江南水源充足,河湖遍布,自然造园非常普遍,明代江南私园居于全国的领先地位,诸如上海潘允端的豫园、苏州王献臣的拙政园、太仓王世贞的弇山园、扬州郑元勋的影园等都代表着当时的最高水平，堪称这一时期造园艺术的代表作。

①豫园　沪上名园——豫园，位于上海市区东南隅旧城内北部。园始建于明嘉靖三十八年（1559年），为当时刑部尚书潘恩之子潘允端所建，为其父母安度晚年提供的环境，故题名"豫园"。"豫"在古代常用于小辈对长辈的敬辞，"豫园"即为豫悦双亲、敬养父母的园林，是孝道文化意味。为了方便，花园选址紧靠潘家宅第东边的一块菜地上，"稍稍聚石，凿池，构亭，艺竹"，开始了建园活动。后潘允端中进士，去四川为官，万历五年（1577年），园主告病归沪，营建园林，总面积达70余亩，园主知诗懂画，又不惜工本，园中亭阁楼台，曲径游廊相绕，奇峰异石兀立，花树古木相掩映，景色秀丽。

豫园因"陆具洞岭洞壑之胜，水极岛滩梁渡之趣"为当时文人所称誉。有人将豫园同文坛领袖王世贞在家乡太仓所建的弇山园相提并论，两园一东一西，"百里相望，为东南名园之冠"。王世贞本人亦与潘允端相好，曾多次诗文记之。豫园武康黄石大假山是豫园景色的精华之一，也是江南地区现存最古老、最精美、最大的黄石假山。堆叠豫园黄石大假山设计大家张南阳，亦是弇山园假山景的设计者，也是他唯一存世的作品。

②拙政园　拙政园位于苏州市娄门内东北街，元朝为大宏寺，明正德年间（1506—1621年）御史王献臣始建园，名拙政园。园主王献臣，字敬止，弘治六年（1493年）进士，历任御史、巡抚等职。因官场失意，乃卸任还乡，购得大弘寺遗址，积久而园成。王献臣以西晋文人潘岳自比，并借潘岳《闲居赋》中所说："庶浮云之志，筑室种树，逍遥自得；池沼足以渔钓，春税足以代耕；灌园鬻蔬，以供朝夕之膳；牧羊酤酪，以竢伏腊之费；孝乎唯孝，友于兄弟；此亦拙者之为政也。"故乃命园之名为拙政园，明白道出园名之寓意。后多次易主，几经兴废。拙政园名冠江南，胜甲东吴，是苏州园林中最大的古典园林。

王献臣与当时挚友、画坛吴门派领袖文征明共同规划设计。因低凿池，因高堆山，又随宜点缀花圃、竹丛、果园、桃林，并错落构置堂、楼、亭、轩于园中，使这座园林一开始就具有清秀典雅的自然风貌。明嘉靖十二年（1533年），文征明依园景绘成拙政园图31幅，并各题以咏景诗，于嘉靖十二年（1533年）又作《王氏拙政园记》，文中对园内景物记述甚详：槐雨先生王君敬止所居，在郡城东北，界齐、娄门之间。居多隙地，有积水亘其中，稍加浚治，环以林木。为重屋其阳，曰"梦隐楼"；为堂其阴，曰"若墅堂"。堂之前为"繁香坞"，其后为"倚玉轩"。轩北直"梦隐"，绝水为梁，曰"小飞虹"。逾小飞虹而北，循水西行，岸多木芙蓉，曰"芙蓉隈"。又西，中流为榭，曰"小沧浪亭"。

王献臣去世后，其子好赌，一夜将园输给了徐氏，清人袁学澜曾有绝句"十亩名园宰相家，花时门外集香车，百年堂构经纶业，只付樗蒲一掷奢"来感慨！徐氏子孙后亦衰落，园渐荒废。明崇祯四年（1631年）已荡为丘墟的东部园林，归侍郎王心一所有。王善画山水，悉心经营，布置丘壑，以陶潜"归田园居"诗命名此园。其子孙世守园，未曾易手。嘉庆年间，王氏门庭中落，园林亦渐荒废。光绪年间的拙政园，仅剩下了1.2 hm² 园地。拙政园于新中国成立后重修，1997年12月4日被联合国教科文组织列入世界文化遗产名录。

拙政园具有以下特点：因地制宜，以水见长。用大面积水面造成园林空间的开朗气氛，基本上保持了明代"池广林茂"的特点；疏朗典雅，天然野趣；庭院错落，曲折变化；园林景观，花木为胜。至今，拙政园仍然保持了以植物景观取胜的传统，荷花、山茶、杜鹃为其著名的三大特色花卉。

③弇州园　弇州园是明代万历初年文坛领袖王世贞的宅园,位于江苏太仓城内,俗呼王家山。王世贞晚年偏好释道,以为神仙可致。据《山海经》所记,弇州山为神仙栖所,故慕而名园,其本人也自号为弇州山人。弇州园在当时非常有名,这当然与其地位、家资及声望有关,但此园的景物也极为丰富,据他自己称园中宜花、宜月、宜雪、宜雨、宜风、宜暑,四时变幻皆为胜绝。

园在隆福寺西,占地70余亩,园外小溪潺潺,垂柳交荫,其西有古墓,松柏古拙,再西是关帝庙,碧瓦雕亮。其南为腴田,得乡野之景,园内平地起楼台,城市出山林。园中土石十之四,为山者三,为岭者一。水十之三,有溪、有池、有滩、有濑。建筑十之二,其佛阁有二、堂三、楼五、书室四、轩一、亭十。竹木花卉不知其数,约为十分之一。其余还有桥道、石洞、岩蹬、洞壑、流杯渠之类。

自园门而入,取岑参"晓随天仗入,暮惹御香归"诗句,过惹香径;园中正厅弇山堂。竹垣之左杂种榆、柳、枇杷数株,围以养鹤,称清音栅。群鹤高唳,右侧为橘园,名为楚颂。

建阁奉佛经,竹后立石峰,其形若俯首深思者,与经阁相望,名曰"点头石",隐含晋高僧说法,诸石额首听经故事。去石不远有一石梵生桥,中建阁,阁后有池、岛,四壁绘有水墨佛经故事。经阁之东临水建屋,前植梨、枣、林檎数十树。阁西有鹿室及园丁杂屋。

弇山堂面阔五间,堂南月台平旷,于此赏月,堂北枕莲池,芙蓉渚立于池畔。池南开小溪,婉转屈曲,沿溪遍植红、白木芙蓉,也与芙蓉渚名相合。弇山堂东,左右各立一石坊,右坊门虽设,前阻小溪,取陶渊明所谓"门虽设而常关"之意。左坊四围皆美景,有"入狭而得境广"之感。左坊名为始有,左溪有池,南为琼瑶坞。其中广植红白梅花,四色桃花。

磬折沟,香雪径。其前宽敞处立小亭,饱山饱览西彝山景胜!

萃胜桥,西弇山,山中答云、伏狮、侍儿怪石林立等,数不胜数;突星濑,群石怒起,千形而百态。蜿蜒涧,天镜潭,小龙湫,潜龙洞,缥缈楼,此楼是园内最高处,大观台、超然台、眥虞榭,又有乾坤、草亭、丛桂亭等建筑,为山上增景添色。

西弇山和中弇山之间为水池所隔,上架桥曰"月波"。一峰古廉,壶公楼,率然洞,西归渡,磬玉峡,峡上有楼三楹,即壶公楼。其楼虽小,左室名曰"借芬",右室称作"含雪",回廊相连,其前一室供奉世尊,名梵音阁。

中弇山是园内三山中最先经营者,因此其用材最为精美。

东弇山"窈窕峰",舫屋,循阳面小道入山可见百纳峰、芙蓉屏、云根嶂、飞练峡、流觞所、挹青峰、娱晖滩、嘉树亭、玢碧梁、九龙岭诸胜;山阴小道则曲折幽邃,途中所见则别有一番情趣。山神祠及小亭若干,其胜多自然天趣,与中、西弇山以叠石胜形成了较强的对比,使园中人巧天趣一时并臻。

文漪堂、凉风堂、尔雅楼、风条馆,尔雅楼前凿云池以蓄养金鱼。楼西别置一院以奉三教之像,名为"同参"。左室多藏宋版书,名曰"少宛委"。右室蕴火以御寒,称作"襦云窝"。文漪堂后又有庖厨、仓察、酒库等,其西为藏书楼。楼前为高垣,其下修廊数十丈,廊尽是出园之道。

④影园　影园是明末扬州最著名的园林之一,为当时杰出的造园家计成主持设计施工,属明代文人园中的代表作。园在南城外的南湖长岛南端,这里无山,但前后夹水,遥对延绵的蜀冈,四外垂柳拂水,莲荷千顷。其地之胜在于山影、水影、柳影之间,故名之曰"影园"。

影园主人郑元勋自幼就喜好山水竹木,亦擅绘画。年逾三十尚未中举,于是购废圃准备建造园林以奉养老母。崇祯七年(1634年),他会试又未及第,时又遭丧妻、眼疾等打击,忧郁万分,因而就邀请了好友计成前往,以构筑园林来排遣。历时一年零八个月方告竣工。园中一扫流行,处处体现出新意,有朴野之致。影园大门东向临水,对岸为南城,夹岸多桃柳,俗称"小桃源"。门内积土为冈阜,松杉密布,高下垂荫,间植以梅、杏、梨、栗。有小径蜿蜒穿行林间。越过土冈,左边设荼蘼架。架外苇丛间有四五户渔庄。其右为小涧,隔涧栽疏竹百十杆,下用不加修饰的小树枝干围成短篱。其后是石砌虎皮园墙。往前又设小门二,也用树干为之,取其自然之态,古拙而有野趣。入古木门,有高梧夹道。再入一门是为书屋,内悬董其昌所书"影园"匾额。

书屋左右即为园景。墙上梅枝横出,有"一枝红杏出墙来"的景致。玉勾草堂,这里四面皆水。相邻有阎氏园、冯氏园、员氏园等。草堂边临流建"半浮"阁,阁有大半架于水上,草堂前一株西府海棠高达二丈,广十围,是为园中花木的珍品。绕池以黄石砌为高下石磴,石隙中栽种着兰、蕙、虞美人、良姜等草本植物。池畔曲板桥,过桥为一院,门上嵌"淡烟疏雨"四字。入门左右都是曲廊,循廊左行有三间西向书屋,碧梧垂柳,浓荫蔽日,亦颇凉爽幽静。藏书室、小阁韵味相伴。

庭院中多奇石,高下散布,循画理而不落俗套。室隅另作二岩,上多植桂树,得淮南小山《招隐士》,所谓"桂树丛生兮山之幽"之意境。岩下又有牡丹、西府海棠、玉兰、黄白大红宝珠茶、磬口腊梅、千叶榴、青白紫薇、香稼等花木,以备四时之色。花后立巨石为屏,旁植古桧,造型极佳。

临水建亭,名"菰芦中""湄荣亭""一字斋"。"媚幽"阁,为陈继儒所题赠,取李白"浩然媚幽独"诗意。阁三面是水,一面是石壁,上植二松,下为石涧,涧中之水自池引入,涧旁巨石仆卧,石隙俱植五色梅,绕阁三面,至池而止,池只孤立一石,其上也有一梅树。

影园占地仅为数亩,却无景尽之感,一花一石、一亭一廊均要审度再三而置之,景色协调,使处处显得优美而不见斧凿之痕,感慨设计者极高的山水造诣!

4) 陵寝园林

上至帝王陵寝,下至庶民坟丘,墓园栽植花木蔚然成风。或松柏常青,或杨柳悲风,凭添怀古之情。明清时期,虽复"积土起坟"的方法,但陵墓则由方形变为圆形,称为"宝顶"。周以砖壁,上砌女墙,称为宝城。宝城的形式,明多圆形,清多长圆形。明代取消下宫建筑,改上宫为享殿,在享殿两旁分建配殿,统称棱恩殿。清承明制,唯改棱恩殿为隆恩殿而已。帝陵除有祭祀建筑群外,陵园内的神道及石刻群,包括华表、石柱、石碑、石像生等也是重要组成部分。石碑、华表、石像生这三项一般是与古墓建筑相互配套的建筑小品,以其遒劲秀美的题字,古朴逼真的造型,把古墓建筑点缀得更加雄伟、庄严、肃穆。

明十三陵 明十三陵位于北京昌平环天寿山麓,周围峰峦起伏,盆地芳草鲜美,碧水汇流,为传统风水相地理论应用的后起之秀。明永乐七年(1409年)至清顺治元年(1644年),历经235年,修帝陵13座,依次为长陵、献陵、景陵、裕陵、茂陵、泰陵、康陵、永陵、昭陵、定陵、庆陵、德陵、思陵。长陵、永陵、定陵最为著名,石牌坊、大宫门、碑楼、石像生、棂星门等景观交相辉映,曾经几十万株苍松翠柏,"风雨三千树,婆娑十二陵。"天然植被,山水景观,殿宇亭榭,奇宏雄伟,肃穆庄重,幽雅秀丽,当红日西斜,"明陵落照",于天寿山巅,"辇路石人斜向阳,殿庭金柱冷含烟。"定陵在1956年被挖掘,建成了博物馆。朱元璋的明孝陵位于南京钟山南麓独龙阜玩珠峰下,为游览胜地。

5) 明代造园理论

明代造园活动有较大的发展,造园理论日趋完善,预示着造园理论成熟的高峰到来。明朝造园理论专著有王象晋的《群芳谱》、林有麟的《素石图谱》、高濂的《尊生八笺》、计成的《园冶》、文震亨的《长物志》、高士奇的《北野抱瓮录》等，皆为一代名著。一些园记文集，颇多理论色彩：田汝成的《西湖游览志》、王士贞的《游金陵诸园记》和《娄东园林志》、张岱的《西湖寻梦》和《陶庵梦忆》、刘侗的《帝京景物略》等。这些造园理论至今乃在被借鉴、学习和运用。特别是计成所著的《园冶》一书，可以说是我国第一本园林艺术理论的专著。

（1）计成与《园冶》　《园冶》作者计成，字无否，江苏吴江县人，生于明万历十年（1582 年）。他不仅能以画意造园，而且也能诗善画，他主持建造了三处当时著名的园林——常州吴玄的东帝园、仪征汪士衡的嘉园和扬州郑元勋的影园。

《园冶》是计成将园林创作实践总结提高为理论的专著，书中既有实践的总结，也有他对园林艺术独创的见解和精辟的论述，并有园林建筑的插图 235 张。著作原名《园牧》，由朋友郑元勋改"牧"为"冶"。"园冶"在日本的译名为"夺天工"。《园冶》采用以"骈四骊六"为特征的骈体文写成，在文学上也有一定的地位。

《园冶》共三卷，"虽由人作，宛自天开""巧于因借，精在体宜"的精神贯穿于全书。卷一的"兴造论"和"园说"，是全书的立论所在，即造园的思想和原则。"园说"包括相地、立基、屋宇、装折四篇。卷二为"栏杆"，主张园林的栏杆应信手而成，以简便为雅。卷三共六篇，分别为门窗、墙垣、铺地、掇山、选石、借景。

"虽由人作，宛自天开"，说明造园所要达到的意境和艺术效果。如何将"幽""雅""闲"的意境营造出一种"天然之趣"？以建筑、山水、花木为要素，取诗的意境作为治园依据。取山水画作为造园的蓝图，经过艺术剪裁，以达到虽经人工创造又不露斧凿的痕迹之效。这是园林设计者的技巧和修养的体现。

亭子"安亭有式，基立无凭"；长廊"宜曲宜长则胜"；楼阁必须建在厅堂之后，"下望上是楼，山半拟为平屋，更上一层，可穷千里目也"。

造园不是单纯地摹仿自然，再现原物，而要求创作者真实地反映自然，又高于自然，达到有机的统一。有的似山林，有的似水乡，有的庭院深深，有的野味横溢，池水迂回环抱，似断似续，崖壑花木屋宇相互掩映，清澈幽曲的园林景色，各具特色。真可谓"虽由人作，宛自天开"的佳作。

"巧于因借，精在体宜"是《园冶》一书中最为精辟的论断，是我国传统的造园原则和手段。"因"是如何利用基址内的条件加以加工改造。《园冶》说："因者，随基势高下，体形之端正，碍木删桠，泉流石注，互相借资；宜亭斯亭，宜榭斯榭，小妨偏径，顿置婉转，斯谓'精而合宜'者也。"而"借"则是指园内外环境的联系。《园冶》特别强调"借景""为园林之最者"。"借者，园虽别内外，得景则无拘远近"，它的原则是"极目所至，俗则屏之，嘉则收之"，布置适当的眺望点，使视线出园垣，使景尽收眼底。青山耸翠的秀丽，古寺凌空的胜景，风光旖旎田野之趣，都可借景收入园中。造园者巧妙地因势布局，随机因借，就能得体合宜。

"虽由人作，宛自天开"是园林所要达意的精辟总结。它是中国古代园林设计的一个纲，纲举目张，是评价一个园林艺术作品的重要维度。

《园冶》问世不久便销声匿迹了，直到 300 多年后的 20 世纪初才在日本发现，现在它成为研究中国园林最经典的理论名著。

（2）文震亨与《长物志》　文震亨（1585—1645 年），字启美，明末长洲人（今江苏苏州），是明代著名书画家文徵明的曾孙，曾官至中书舍人，能诗擅画，咸有家风。平时游园、咏园、画园，也在居家自造园林。窗明几净,扫地焚香。其居香草垞,水木清华,房栊窈窕,闾阆中称胜地。尝于西郊构碧浪园,南部置水嬉堂,若在画图中。告老后,于东郊水边林下经营竹篱茅舍。明亡,辟地阳澄湖滨,忧愤发病绝食死。所著《长物志》,是一部以晚明园林构建为核心,涉及士大夫生活各个方面的造物理论书籍。全书分为12卷,分别介绍了室庐、花木、水石、禽鱼、书画、几榻、器具、衣饰、舟车、位置、蔬果、香茗这12大类百余种事物,涉及园林、建筑、位置、制度。

《长物志》成书于1621年,收入《四库全书》。直接有关园艺的有室庐、花木、水石、禽鱼、蔬果五志,另外七志——书画、几榻、器具、衣饰、舟车、位置、香茗,亦与园林有间接的关系。相比于《园冶》,《长物志》更多地注重于对园林的玩赏,与《园冶》更多地注重于园林的技术性问题正可互为补充。《园冶》因为是立足于江南的造园实践,而江南花卉繁茂,水源充沛,所以计成对此措意不多;《长物志》则主要是针对北方的造园实践,而北方草木珍稀,水源匮乏,对此的重视匠心独到。

作者以"长物"名书,有逢乱世、看淡身外余物的心境;也开宗明义,书中所论,非布帛菽粟般不可须臾或缺的生活必需品,"寒不可衣,饥不可食",文人清赏而已,"长物"二字,便为此书的内容作了范围入门之钥的界定。

自然古雅,是通贯《长物志》全书的审美标准。对不古不雅的器物,文震亨几乎一概摒弃,斥之为"恶俗""最忌""不入品""断不可用""俗不可耐",等等。

文震亨最讲求的是格调品位,最讨厌的是凡、冗、俗。标榜"萧疏雅洁""宁古无时,宁朴无巧,宁俭无俗"的天然之妙,反映了不追求材料价值,而追求幽雅古朴美感的审美观。

文震亨反对人巧外露,提倡掩去人巧,认为露便不雅,工则易俗。精工华绚,雕绘满眼,铅华粉黛,新丽浮艳,都是有碍古雅的,都在排斥之列。

文震亨更讲究居室园林经营位置的诗情画意,认为建筑为园林之骨,植物为园林之容,水石为园林之魂。他认为陈设应根据环境的繁简大小和寒暑易节而变化,要与环境谐调,才得其归所,形成图画般的整体美。他认为"园林水石,最不可无""石令人古,水令人远""一峰则太华千寻,一勺则江湖万里"。物物融于造化,物物皆着我之色彩,才是中国造园的最高境界。

文震亨醉心经营古雅天然的物态环境,诚如《长物志》沈春泽序文所言:"夫标榜林壑,品题酒茗,收藏位置图史、杯铛之属,于世为闲事,于身为长物,而品人者,于此观韵焉、才与情焉。"衣、食、住、行、用亦即生活方式的选择,是文化等级的标志;品鉴"长物",是才情修养的表现。士大夫借品鉴长物品人,构建人格理想,标举人格完善,在物态环境与人格的比照中,美与善互相转化,融为一体,物境成为人格的化身。文震亨以为,一个胸襟有别于世俗的文人,着衣要娴雅,"居城市有儒者之风,入山林有隐逸气象",不必"染五彩,饰文缋""侈靡斗丽"(《长物志·衣饰》)。出游用舟,要"轩窗栏槛,俨若精舍;室陈厦飨,靡不咸宜。用之祖远钱近,以畅离情;用之登山临水,以宣幽思;用之访雪载月,以写高韵;或芳辰缀赏,或靓女采莲,或子夜清声,或中流歌舞,皆人生适意之一端也"(《长物志·衣饰》)。以此清高风雅。

4.4.3　清时期的园林类型

1)清代的皇家园林

明清时期的皇家园林多是在上一朝代的宫苑基础上扩建与完善的,气势更加宏大,制作更加精美,集中国园林艺术之大成,显现出皇家特有的霸气和至高无上的尊贵。

这一时期,全国统一,国富民安。皇家作为执政者,同时又是财富的最大拥有者,自然有大兴土木的能力与财力。尤其在清康乾时代,不仅把大量的江南私家园林艺术风格引入皇家园林,更兴建了规模更大的离宫御苑"承德避暑山庄"(图4.49)。在紫禁城内还建了御花园、慈宁花园、西花园、乾隆花园(图4.50)等,是皇家园林中的重要组成部分。

图4.49　承德避暑山庄烟雨楼

图4.50　乾隆花园

(1)清承明制　清朝统治者虽然是少数民族,却表现出对汉文化海纳百川的大胸襟,他们没有像前代战争和改朝换代时对前朝遗存作人为毁坏,而是很好地保留、利用和改造提升。因而,在中国园林的演进中,形成了清承明制、明清一体的格局。

(2)清代园林的三个阶段　清代园林的发展大致分为三个阶段,即清初的恢复期、乾隆和嘉庆时的鼎盛期、道光以后的衰退期。

清代前期经顺治、康熙、雍正三朝的治理,社会财富有了一定的积累,园林建设陆续开始。整顿了南苑及西苑,建筑了畅春园、圆明园及热河避暑山庄。清初的园林皆反映出质朴的艺术特色,建筑多用小青瓦、乱石墙,不施彩绘。

乾隆、嘉庆近百年间鼎盛期,国家财力达于极盛,园林建设亦取得辉煌成就,除了进一步改造西苑以外,还集中财力经营西郊园林及热河避暑山庄。圆明园内新增景点48处,并新建长春园及绮春园,引进了西欧巴洛克式风格的建筑,建于长春园的西北区。此时还整治了北京西郊水系,建造了清漪园这座大型的离宫苑囿,即为颐和园的前身,并对玉泉山静明园、香山静宜园进行了扩建,形成西郊三山五园的宫苑格局。乾隆时期扩建热河避暑山庄,增加景点36处及周围的寺庙群,形成塞外的一处政治中心。与此同时,私家园林亦日趋成熟,基本上形成了北京、江南、珠江三角洲三个中心,尤以扬州瘦西湖私家园林最为著名。

道光以后,国势急转直下,清廷已无力进行大规模的苑囿建设,仅光绪时重修了颐和园(清漪园)而已。私家园林的欣赏趣味大变,以造园、设景为主的景观园林向生活化园林转变,虽然私园数量仍然不少,但佳作日稀。

(3)清代宫殿的承续　满人占据北京之后,不仅对崇祯厚礼以葬作为怀柔手段,同时也没有像前代那样拆毁旧朝宫室,而是沿用了明代营建的北京紫禁城及宫城中的苑囿。顺治时期,清帝很难忍耐北京夏日的炎热,曾有兴建避暑离宫之议。清帝对西苑作了较大规模的改造,诸如在琼华岛南坡修筑了永安寺,在山顶广寒宫址新建了白塔,在中海、南海附近及沿岸又增添了许多殿宇,等等。

康熙继位后，随着三藩相继被消灭、台湾回归、西藏内附、缅甸入贡，清廷面临蒙古关系。康熙十六年（1677年）起，康熙开始定期出塞北巡，康熙二十年（1681年）在塞外设置了木兰围场，康熙四十二年（1703年）起，在围场至北京之间营建了清代最大的行宫御苑——避暑山庄。康熙虽然身为满人，但他对中国传统文化有着深厚的造诣，六次南巡使他领略到了江南绮丽的风光，各地名园胜迹，国势日趋好转，到康熙中期开始了清王朝的大规模造园活动。

康熙十六年（1677年）及十九年（1680年），康熙曾在北京西郊建造了两座行宫，香山行宫和澄心园（后改名为静明园），但两处行宫均较为简单，仅仅作为短期或临时使用的离宫，一般只是"质明而往，信宿而归"。康熙二十九年（1690年），清代第一座规模巨大的苑囿，位于海淀的畅春园开始兴建，其址原是明代李伟的清华园，营建过程中由画家叶洮参与规划，江南造园名匠张然主持施工，使园景呈现出江南山水的特色。此后，在避暑山庄的营建过程中也可以看到深受江南山水名胜以及江南园林的影响。康熙时期为了北巡的需要还对自北京至木兰围场沿途的一些行宫进行了扩充和改建，有些也具备了御苑的景致，但规模都远小于避暑山庄。康熙之后雍正继位，对他原先的赐园圆明园作了改建。

到了乾隆时期，清王朝的造苑活动进入了一个全面高涨的时期。乾隆也以其祖为榜样，六次出巡江南，因而对江南山水及园林印象极深，在位60年几乎没有停止过营造工程。乾隆三年（1738年）扩建放飞泊南苑，乾隆十年（1745年）扩建香山行宫，后更名为静宜园。乾隆十五年（1750年）开始在玉泉山前的瓮山和西湖间兴建清漪园，并将瓮山改名为万岁山，西湖称之为昆明湖。乾隆十六年（1751年）在圆明园东建长春园和绮春园，同时也在承德开始了避暑山庄的扩建改建工程。乾隆十九年（1754年）又在北京以东建造静寄山庄。乾隆年间的造园工程大多是历久经年，如避暑山庄直到乾隆五十五年（1790年）方告完工。在此时期，海淀附近有圆明三园。向西伸延直到西山几乎全为苑囿所占，号称"三山五园"。所谓"三山五园"是指万寿山、香山、玉泉山和圆明园、畅春园、静宜园、静明园、清漪园，是北京西郊一带皇家行宫苑囿的总称，其中静宜园在香山，静明园在玉泉山，清漪园在万寿山。这一组大型皇家园林是从康熙朝至乾隆朝陆续修建起来的。北京城中则对明代御苑进行了大规模的改造，紫禁城中新增了建福宫西御花园、慈宁宫御花园、宁寿宫西路花园等，在明西苑之中又增设了静心斋、濠濮间想等园中之园。

（4）西苑的改建　西苑即北海、中海、南海的总称，位于宫城之西，明代称西苑。整座园林以水景为主，以三岛仙山为骨架，是一座建筑疏朗、富于水乡田园野趣的园林。入清以来，首先在琼华岛广寒殿旧址上建立了白色的喇嘛塔，成为三海的空间构图中心，并以此为轴心组织前山的永安寺建筑群和后山北部沿湖的倚澜堂、道宁斋及沿湖楼廊。白塔琼阁交相辉映，湖光倒影，上下天光，更增强了琼华岛海上仙山的创作意图。乾隆时在北海周围岸边添置了一系列小园林及佛寺建筑，如濠濮涧、画舫斋、镜清斋、西天梵境、快雪堂、阐福寺、小西天等，形成四面有景的北海新景观。观赏视线不仅是面向琼岛，而且可以四望，扩大视野，使西苑成为内外兼顾、互为借景、多面景观的山水园林。明代南海原为空旷自然的景色，清代以来建造了勤政殿、丰泽园，以及瀛台上的大片建筑群，并聘请江南叠山名家张然主持叠山工程。

（5）避暑山庄　木兰围场原是内蒙古喀喇沁、敖汉、翁牛特诸部游牧之地，东西宽约150 km，南北长约100 km。北为"坝下"草原，水甘土肥，泉清峰秀，气候温和，雨量充沛，森林繁茂，野兽成群，是行围狩猎的理想地方。木兰围场距北京350 km，沿途有系列的行宫，较大的一处在喀喇河屯。这里"中界滦河，依山带水，比之金口浮玉，热河以南，此为最胜景"。康熙十六年（1677年）首次北巡时就驻跸于此，建离宫数十间。康熙二十二年（1683年）开始木兰秋狝之后，往北"上营"，康熙四十七年(1708 年)初建避暑山庄，康熙皇帝山庄取意为"静观万物，俯察庶类"，园内有康熙帝题名的康熙三十六景。

避暑山庄建成于乾隆五十五年(1790 年)，"宫""苑"分离，有乾隆帝题名的乾隆三十六景(图 4.51)。避暑山庄占地 564 hm²，北界狮子沟，东临武烈河，占地广阔，山区、平原区和湖区分别把北国山岳、塞外草原、江南水乡的风景名胜集萃一体。形势融结，蔚然深秀。古称西北"山川多雄奇，东南多幽曲，兹地实兼美焉"。山庄所居位置，有独立端严之威：北有层峦叠翠的金山作为天然屏章，东有磬棰诸山毗邻相望，南可远舒僧冠诸峰交错南去，西有广仁岭耸峙，武烈河自东北折而南流，狮子沟在北缘横贯，二者贯穿东、北，使山庄崛起在 U 形河谷中，环抱的群山呈奔趋之势，有"顺君"之意，众山犹如辅弼拱揖。后所建的"外八庙"，与山庄呈"众星拱月"之势，正合帝王"四方朝揖，众象所归"的政治需求。并有"北压蒙古，右引回部，左通辽沈，南制天地"的军事意义。山庄东北来水，东南积水，东南流去，西北高山。山是昆仑的代表，是玄武的象征，水是青龙和朱雀的象征。

图 4.51　避暑山庄

避暑山庄经过人工开辟湖泊和水系整理之后的地貌环境景点，以天然山水的要素构景：大小溪流和湖泊罗列；湖泊与平原南北景深，山岭环抱，平缓而逐渐陡峭，松云峡、梨树峪、松林峪、西峪四条山峪通向湖泊平原，是风景构图的纽带；山庄的宫苑建筑注意契合地形、地貌环境，构成四大景区鼎列的格局，宫殿区、山岳景区、平原景区、湖泊景区，景观特色互为成景，发挥着画论中高远、平远、深远的效果；狮子沟北岸，远山层峦叠翠，武烈河东，奇峰异石，互为借景；大小泉沿山峪汇集入湖，武烈河水，湖区北瑞的热河泉，是湖区的三大水源。湖区的山水则从南宫墙的五孔闸门再流入武烈河，构成一个完整水体造景的水系，有溪流、瀑布、平濑、湖沼等，观水形，听水音，静动之美，实为精彩；山岭屏障寒风侵袭，高峻的山峰、茂密的树木、湖泊水面调剂着夏日酷暑，冬暖夏凉，气候优越。

(6)圆明园　圆明园号称万园之园，位于畅春园的北面，先是明代的一座私家园林，清初收归内务府，康熙四十八年(1709 年)赐给皇四子作为赐园。在前湖和后湖一带，园门设在南面，与前湖、后湖构成一条中轴线的较规整的布局。雍正三年(1725 年)开始扩建，是清代的第三座离宫御苑。它以建筑造型的技巧取胜，园内 15 万 m² 的建筑中，形式就有五六十种之多，一百余组的建筑群的平面布置也无一雷同，囊括了中国古代建筑可能出现的一切平面布局和造型式样，且都是以传统的院落作为基本单元。

乾隆(弘历)在做皇子的时候，赐居在圆明园内长春仙馆，把桃花坞作为他读书的地方。乾隆登皇位后，在乾隆二年(1737 年)命画师朗世宁、唐岱、孙祜、沈源、张万邦、丁观鹏绘圆明园全图，张挂在清晖阁。1744 年，乾隆把到这时为止的圆明园取景四十，各赋有诗，命沈源、唐岱绘四十景图，汪由敦书四十景诗，加上胤禛的圆明园记和弘历的后记，合为御制圆明园图咏。计有月地云居、山高水长、慈鸿永祐、多稼如云、北远山村、方壶胜景、别有洞天、澡身浴德、涵虚朗鉴、坐古临流、曲院荷风十一区。

长春园跟圆明园并列而居其东。圆明园的东南又有一园叫做万春园或绮春园。乾隆时以圆明、长春、万春号称三园，由圆明园总管大臣统辖，把三园总称为圆明园，把长春、万春园的景物纳入在圆明园中。到了嘉庆时候，仁宋(颙琰)曾修缮圆明园的安澜园、舍已城、同乐园、永乐堂，并在园的北部营造省耕别墅。嘉庆十九年(1814年)构竹园一所，1817年曾修葺接秀山房。道光时候，曾在1836年重修圆明园殿、奉三无私殿、九洲清晏殿这三殿，又新建清辉殿，在咸丰九年(1859年)落成。

圆明园地处北京西郊一个泉源丰富的地段。圆明园的创作巧妙地利用这一地区自然条件，西南设一座进水闸，东北设两座出水闸，又把自流泉水四引，用溪涧方式构成了水系，作为构图上的分区。又把水汇注中心地区形成池、称(如前湖)，大的称海(如福海)。在挖溪池的同时就高地叠土垒石堆成岗阜，形成众多的山谷，在溪岗萦环的各个空间，构筑有成组的建筑群。山冈上、山坡上、庭院中遍植林木，尤以花木为多。"槛花堤树，不灌溉而滋荣，巢鸟池鱼，乐飞潜而自集"。

圆明园依水系构图分为五区：第一区为官区，包括朝贺理政的正大光明殿、勤政亲贤殿、保合太和殿等。第二区为后湖区，包括环后湖为中心的九处(即九洲清晏殿，慎德堂，镂月开云，天然图画，碧桐书院，慈云普护，上下天光，杏花春馆，坦坦荡荡，茹古涵今)，以及后湖东面的曲院风荷，九孔桥；东南面的如意馆，洞天深处，前垂天贶；西面的万方安和，山高水长；西南面的长春仙馆，四宜书屋，十三所，藻园等。第三区虽有水系连接，但不像第二区那样有后湖为中心而明显。就地位来说，大致万总春之庙和濂溪乐处一组居中，东部包括西峰秀色，舍已城，同乐园，坐石临流，澹泊宁静，多稼轩，天神台，文源阁，映水兰香，水木明瑟，柳浪闻莺，南面有武陵春色；西部包括汇芳书院，安佑宫，瑞应宫，日天琳宇；西南有法源楼，月地云居等；北面有菱荷香。第四区可称为福海区，中心为蓬岛瑶台。环着汪洋大水的福海有14处景观，即南岸有湖山在望、一碧万顷、夹镜鸣琴、广音宫、南屏晚钟、别有洞天、东岸有观鱼跃、接秀山房及东北隅的蕊珠宫、方壶胜景、三潭印月、安澜园等。第五区包括内宫北墙外的长条地区，东起有天宇空明、清旷楼、关帝庙、若帆之阁、课农轩、鱼跃鸢飞、顺木天，到西端的紫碧山房为止。

长春园中有人工堆成的大小叠山50余座，四条长河，两处湖池。以水体为主分隔各个景区。玉玲馆在东，思永斋在西，形成东西对称布局。茹园在东，茜园在西，映清斋位东，小有天园于西，形成均衡对称之势。狮子园、茹园、茜园、小有天园、鉴园五处为园中之园。北面狭长的东西带为欧式宫苑区，人称西洋楼，包括谐奇趣、蓄水楼、养雀笼、方外观、海晏堂、远瀛万花阵、大水法等景观。西洋楼是欧洲园林风格，但在细部处理上又吸收了中国的造园手法。

万春园(绮春园)由若干个小园合并，建于不同时期，小园之间以河渠湖泊沟通，把全园连成整体。

乾隆置园林精华、囊括天下奇观于一园，而且融会西方异质文化因子。圆明园中的"西洋楼"建筑群，那里有中国民族形式的琉璃瓦屋顶，有西洋巴洛克式建筑的骨架，有罗马式的汉白玉雕刻，三组大型喷泉，欧洲园林式的迷宫"万花阵"，欧洲中世纪园林式庭山"线法山"，利用透视学原理加大景深效果的"线法墙"等。真可谓中国的"后现代主义"！对西洋的建筑规划则表现了天朝上国"夷夏之别"的心理，故将其逼仄在长春园北面沿北墙的一条不到100 m的狭长地带，现仅存被英法联军烧毁后残存的圆明园西洋楼遗址。

皇家园林内部装修堪称集中国传统装修审美之大成。圆明园建筑的装修多采用紫檀、花梨等贵重木料制作,上镶螺钿、翠玉、金银、象牙等,使外部造型绚丽精巧,内部装修华丽精致有机组合,充分体现中国贵质的独特审美意识,卓绝的技能融于形式美的法则之中。圆明园园林艺术征服了世界,法国大文学家雨果感叹:"一个近乎超人的民族所能幻想到的一切都荟集于圆明园。圆明园是规模巨大的幻想的原型,如果幻想也可能有原型的话。只要想象出一种无法描绘的建筑物,一种如同月宫似的仙境,那就是圆明园。假如有一座集人类想象力之大成的灿烂宝库,以宫殿庙宇的形象出现,那就是圆明园。"

圆明园是中国园林艺术上一个光辉的杰作。西方园林被称之为"理性艺术",中国古典园林的诗情画意被称之为"梦幻艺术",圆明园被西方学者誉为"最辉煌的园林",是"梦幻艺术的高峰期"! 凝聚着我国传统的优秀民族风格,又是欧洲园林建筑传播到中国所出现的第一批规模完整的作品,开中国园林、欧洲园林及建筑体系融合的先河,是我国劳动人民和无数园林匠师们的智慧和血汗的结晶。然而,这座人类历史上独一无二的壮丽园林,在19世纪中叶为帝国主义侵略军所焚毁,园中所藏中国历代珍贵图籍、历史文物以及各种金珠宝物皆丧失殆尽。

清代自康熙至乾隆祖孙三代共统治中国达130多年之久,是清代历史上的全盛时期,苑囿兴建也达到了中国历史上前所未有的高度。皇家苑囿在很大程度上受着江南私家园林的影响,与汉代民间园林模仿帝王苑囿的现象相悖。

2)私家园林

承前朝之旧,实为明代的余绪。明清易代使文人士大夫遭遇了重大的变革,一种难以接受的痛苦现实,怀念故国,需要从山水林泉之中寻求寄托。入清之后,民间的造园活动就十分频繁。康熙初期天下已趋安宁,经济也恢复了繁荣,使得更多的人具备了造园的实力,自明代以来,文人园林无论是艺术水准还是施工技巧都达到了前所未有的高度,确立了它在园林发展中的主导地位,影响极大,清代各个阶层多以文人园林为楷模,甚至于形成了某种固定化的程式。康熙数度南巡描绘南方名园胜迹带回京城予以仿造,却促使南方及各地造园之风的高涨。而乾隆六下江南更多地带有游乐的目的,由于这位皇帝在传统文化方面具有极高的造诣,于造园艺术有无尽兴趣,南方各地的官宦、商贾为迎合圣意更是不遗余力地进行园林营建。乾隆一次南巡扬州时说起北京北海的白塔,询及扬州巡抚,巡抚令盐商用盐堆筑白塔。据传这就是扬州瘦西湖白塔的由来,反映了江南各地的富商为得到皇上临幸的荣耀都竞相营宅造园,致使形成了清代造园的高潮。

(1)清代私家园林的特点   清代是我国园林建筑艺术的集大成时期。清代私家园林主要是士大夫们为了满足家居生活的需要,在城市之中或近郊,与住宅相连,大量建造以山水为骨干的园林。在不大的面积内,追求空间艺术的变化,风格素雅精巧,达到平中求趣、拙间取华的意境,满足以欣赏为主的要求。饶有山林之趣的宅园,作为日常聚会、游息、宴客、居住等的场所。宅园多是因阜掇山,因洼疏地,亭、台、楼、阁众多,植以树木花草的"城市山林"。清代私家宅园达到了宋、明以来的最高水平,积累了丰富经验,形成了自己的特点。

首先,园林规划由住宅与园林分置逐渐向结合方向发展。在宅园内可欣赏山林景色、可住、可游,大量生活内容引入园内,尽享园林生活功能。

其次,景区划分或造景多曲折、细腻的手法。在空间上不断追求变化,开合、收放、明暗、大小等方面交替运用,逐层转换,以达到丰富景观的效果。

再次,清代宅园叠山中应用自然奔放的小冈,平坡式的土山较少,用大量叠石垒造空灵、剔透、雄奇、多变的石假山,并出现有关石山的叠造理论及流派,这方面以戈裕良所造的苏州环秀山庄假山的艺术成就最为明显。大量引入相关的艺术手段,为充分表达造园意匠开辟了更广泛的途径。

（2）北方、江南、岭南三大体系　清代贵族、官僚、地主、富商的私家园林多集中在物资丰裕、文化发达的城市和近郊,不仅数量上大大超过明代,而且逐渐显露出造园艺术的地方特色,形成北方、江南、岭南三大地域文化和特色鲜明的体系:巨丽庄重的北方皇家园林,古雅精巧的江南私家园林,充满世俗情趣、紧凑优美的岭南园林。

①北方私家园林　以北京最为集中,盛时城内有一定规模的宅园达150处之多,著名的有恭王府萃锦园、半亩园等;城外多集中在西郊海淀一带,著名的有一亩园、蔚秀园、淑春园、熙春园、翰林花园等,多为水景园。北方宅园因受气候及地方材料的影响,布局多显得封闭、内向,园林建筑亦带有厚重、朴实、刚健之美。在构图手法上因受皇家苑囿的仪典隆重气氛的影响,应用轴线构图较多。

②江南私家园林　多集中在交通发达、经济繁盛的扬州地区,乾隆以后苏州转盛,无锡、松江、南京、杭州等地亦不少。如扬州瘦西湖沿岸的二十四景,扬州城内的小盘谷、片石山房、何园、个园,苏州的拙政园、留园、网师园,无锡的寄畅园等,都是著名的园林。

江南气候温和湿润,水网密布,花木生长良好等,都对园林艺术格调产生影响。江南宅园建筑轻盈空透,翼角高翘,用了大量花窗、月洞,空间层次变化多样。植物配置以落叶树为主,兼配以常绿树,再辅以青藤、篁竹、芭蕉、葡萄等,做到四季常青,繁花翠叶,季季不同。江南叠山用石喜用太湖石与黄石两大类,或聚垒,或散置,气势连贯,可仿出峰峦、丘壑、洞窟、峭崖、曲岸、石矶诸多形态。且太湖石以其透、漏、瘦的独特形体还可作为独峰欣赏。建筑色彩崇尚淡雅,粉墙青瓦,赭色木构,有水墨渲染的清新格调。

③岭南园林　岭南,指我国南方五岭之南的广大地区,主要包括福建南部、广东全部、广西东部及南部,在园林史上也包括台湾在内。由于岭南在欧亚大陆的东南边缘,北有五岭为屏障,南濒南海,多山少地,河网纵横,处于低纬度,受着强烈阳光的照射和海陆季风的影响,具有优良的气候条件。山清水秀,植物繁茂,一年四季郁郁葱葱,呈现出一派典型的亚热带和热带自然景观。由南国风光和适合于岭南人生活习惯而形成的岭南私家园林,既不同于北方园林的壮丽,也不同于江南园林的精致,而是具有轻盈、自在与敞开的岭南特色。据历史记载,岭南园林始于南越帝赵陀(公元前137年),他效仿秦皇宫室园囿,在越都番禺(今广州)大举兴宫筑苑(现存的九曜园,其前身就是仙湖遗迹),把岭南的皇家宫苑推上了顶峰,而后随着割据政权的衰亡,岭南皇家园林销声匿迹。但随着岭南社会经济的逐步上升,文化艺术的发展和海内外交流的日益频繁,岭南园林逐渐呈现越来越浓厚的地方色彩。

岭南园林,以顺德清晖园、东莞可园、番禺余荫山房为代表。因气候炎热,岭南园林建筑其通透开敞程度更胜于江南宅园。同时,受西方规整式园林的影响,水体与装修多为几何式。建筑密度高,叠山多用皴折繁密的英石包镶,即所谓"塑石"技法,形态自由多变。

岭南园林文化有因自然而上升的文化,有因人工而积淀的文化。前者可归结为海岸文化和热带文化;后者可归结为远儒文化和世俗文化、享乐文化和商业文化、开放文化和兼容文化、贬谪文化和务实文化。由自然而上升为文化的方面,如建筑的高活动面和高柱础与水涝和湿气的关系,缓屋面和台风的关系,宽檐廊与多雨的关系,高墙冷巷与高温的关系,龙形、鱼形、水草、龟、蛇、芭蕉主题与装饰的关系,塑鼓石与海蕉的关系,崖瀑潭局与自然山水的关系,等等。可资利用则模仿自然之物之景,有弊有害则千方百计通过设计回避或化害为利。

如果说江南园林和北方园林的儒意较浓的话,岭南园林的儒家意味则很淡。岭南人远离政治中心的忤逆和反叛表现于古典园林建筑梁架的不规范和现代园林文联匾对的不重视,令长期处于南疆的蛮夷之族的传统造就了武家文化,表现于清代园林的碉楼形式和近代园林的"肥胖"立面和简朴粗柱。远儒性从品味上看可说是俗气,即世俗文化,它是岭南文化的主流,特别是晚清以后,北方的政客官僚,江南的文人骚客,岭南的商家富豪成为三大地域园林的创作主体。岭南园林中的空间实用性及园宅一体的设计就是它的表现。

岭南园林的开放性、兼容性和多元性最早表现在南越国皇家园林对中原园林文化的全盘吸收上。到了清代,古典园林中大量用花色玻璃,形成与江南和北方两地迥然之别的特征。对欧式园林建筑和规划布局的吸收,以及古典园林中大量的满洲窗都是开放和兼容的表现。

岭南私家园林基本上都建造于清代,比较著名的有广东的四大名园:佛山梁园、东莞可园、顺德清晖园、番禺余荫山房。梁园是清代岭南文人园林的典型代表之一,它是佛山梁氏宅园的总称,主要由"十二石斋""群星草堂""汾江草庐""寒香馆"等不同地点的多个群体组成,规模宏大,主体位于松风路先锋古道。梁园由当地诗书画名家梁蔼如、梁九章、梁九华及梁九图叔侄四人,于清嘉庆、道光年间(1796—1850年)陆续建成,历时四十余年。其布局精妙,宅第、祠堂与园林浑然一体,岭南式的"庭园"空间变化叠出,格调高雅;造园组景不拘一格,追求雅淡自然、如诗如画的田园风韵;富有地方特色的园林建筑式式俱全、轻盈通透;园内果木成荫,繁花似锦,加上曲水回环、松堤柳岸,形成特有的岭南水乡韵味;尤以大小奇石之千姿百态、设置组合之巧妙脱俗而独树一帜,闻名遐迩。如台湾的四大名园:台南市吴园、板桥林家花园、新竹北郭园、雾峰莱园,广西的雁山园等。岭南园林中保存得最好的是番禺的余荫山房,建筑上的灰塑门楣、英石堆山、规则池岸、木雕洞罩、廊桥组合都是岭南园林的典范。

私家园林的出现,更多地承载了中国传统文化,是文人墨客、豪绅商贾对人生、哲学以及政治抱负等观念的外在体现。其意义已超出了"园林""宅院"的概念范畴,而是精神的修炼与寄托,明清时期尤为甚。

清初,北京城内宅园名园都为著名文人和大官僚所有,如纪晓岚的阅微草堂、李渔的芥子园、贾胶侯的半亩园、王熙的怡园、冯溥的万柳堂、吴梅村园、王渔洋园、朱竹坨园、吴三桂府园、祖大寿府园、汪由敦园、孙承泽园等。江南著名造园家张南垣之子张然,清初应聘到北京为公卿士夫营造园林,除王熙的怡园外,还为冯博改建万柳堂并绘成画卷传世。大官僚王熙和冯溥世居北方,对于北方私家园林之引进江南技艺,却也起到了一定的促进作用。

④半亩园 半亩园在东城弓弦胡同,康熙年间为贾胶侯宅园,由著名造园家李渔参与规划,园内叠山相传皆出李渔之手。后数易其主,道光年间归麟庆所有。据麟庆《鸿雪因缘图记》记载:"李笠翁(李渔)客贾(中丞)幕时,为葺斯园。垒石成山,引水作沼,平台曲室,奥如旷如。"园内建筑物计有"正堂名曰云荫,其旁轩曰拜石,廊曰曝画,阁曰近光,斋曰退思,亭曰赏春,室曰凝光。此外有嫏嬛妙境、海棠吟社、玲珑池馆、潇湘小影、云容石态、罨秀山房诸额",以后又有所增损。

清初,北京城内兴建大量王府及王府花园,规模比一般宅园大,也有其不同于一般宅园的特点。如郑王府园、礼王府园等,为北京私家园林中一个特殊类别。北京城内地下水位低,御河之水非奉旨不得引用,一般宅园由于得水不易,属旱园的做法。

明清时期私家园林分布于全国各地,保存下来的数量众多,但多在江浙及沿海一带,有不少

图 4.52　苏州退思园图

极具艺术价值,如苏州的网师园、摄政园、怡园,绍兴沈园、上海豫园、佛山梁园,台北林家花园,等等(图 4.52)。

此外,值得提出的是在清代少数民族民间造园艺术也有一定发展,他们大多根据自己民族的居住环境和生活特点,吸收中国古典园林的某些造园方法,建造出具有民族和地域特点的园林。回族的住宅中多另辟一园林式庭院,养花种树,改善居住环境。在乾隆年间,西藏仿照汉族离宫模式在拉萨西郊建造了罗布林卡,达赖喇嘛夏天居住的离宫。它的特点是布置古树参天的林地与广场、藏式宫殿、方整的水池等,环境幽静而开阔。园林环境反映出藏族累代在大草原自由放牧,与天地为伴、与牛羊为伍的一种淳朴而开放的思想情趣。

3)宗教寺观园林

宗教庙宇寺观的选址,不论是在青山绿水间,还是在繁华都市中,都在后部或旁边植树造园,营造出幽静祥和、尽善尽美的园林,称为"清净之地",供游人香客休息游玩。园中水塘多有"放生池",以示众生平等大慈大悲,如北京碧云寺的水泉院,扬州大明寺东园,浙江杭州灵隐寺,四川成都的文殊院、青羊宫等都堪称佳作。

清代佛教主要分为藏传佛教、汉传佛教和南传佛教三大流派,以藏传佛教建筑为重点,汉传佛教与南传佛教的园林建筑同样也有着某种发展与提高。

(1)藏传佛教的寺庙和园林　清代对宗教采取比较开放的政策,尤对藏传佛教给予极大的重视,藏传佛教也因此成为协助政府统治蒙藏的得力工具。藏传佛教建筑具有神秘的艺术色彩,在空间布局、艺术造型、装饰风格等方面都有所创造与发展。

清初藏传佛教(即黄教,俗称喇嘛教)不仅在西藏,而且在藏族、蒙古族居住地广泛流传,影响很大。因当时藏传佛教是全民族信仰,而且在西藏还拥有行政权力,文化教育的职能亦归属于寺院,故藏传佛寺建筑的内容组成与汉传佛寺有很大不同。一座藏传佛教寺院内包括有信仰中心——佛殿、佛塔;宗教教育建筑——学院(藏语为"扎仓");管理机构——活佛公署,以及辩经场、僧舍、库房、厨房、管理用房等。有的寺院内拥有数个学院及佛殿,故一般藏传寺院的规模皆较大。藏传佛教建筑的主要风格是源于西藏民居的碉房体系,即砖石外墙、平顶、小窗的外观风格。但在流传过程中藏寺又与地方建筑艺术相结合,其艺术风格又有所变化,大致可分为藏式、汉藏混合式、汉式三种类型。有的寺院附带园林。

①藏式寺庙　藏式寺庙多流行于西藏、青海、四川的藏族居住地区,它的特点是因山而建,依山就势,呈错落参差的布局,不强调轴线,而以空间构图的自由均衡为原则,往往形成突出的轮廓外观。最著名的是拉萨的布达拉宫。

②布达拉宫　布达拉宫是我国著名的宫堡式建筑群,藏族古建筑艺术的精华。布达拉,或译普陀,梵语意为"佛教圣地"。相传 7 世纪时,吐蕃赞普松赞干布与唐太宗联姻,为迎娶文成公主,在此首建宫室,后世屡有修葺。至 17 世纪中叶,达赖五世受清朝册封后,由其总管第巴·桑结嘉措主持扩建重修工程,历时近 50 年,始具今日规模。布达拉宫是一座融合宫殿、寺庙、陵墓以及其他行政建筑在内的综合性建筑,它包括山脚下的方城、山上的宫堡群和山后的花园三

部分。园林部分主要体现在山后的花园。宫墙内的山后部分称做"林卡",主要是一组以龙王潭为中心的园林建筑。

布达拉宫占地 10 万 m^2,宫体主楼 13 层,高 117 m,东西长 400 余米,全部为石木结构。内有宫殿、佛堂、习经室、寝宫、灵塔殿、庭院等。建筑依山势垒砌,群楼重叠,殿宇嵯峨,气势雄伟,体现了藏式建筑的鲜明特色和汉藏文化融合的雄健风格。有达赖喇嘛灵塔 8 座,塔身以金皮包裹,宝玉镶嵌,辉煌壮观。各殿堂墙壁绘有题材丰富、绚丽多姿的壁画,工笔细腻,线条流畅。宫内还保存有大量明、清两代皇帝封赐西藏官员的诏敕、封诰、印鉴、礼品和精雕细镂的工艺珍玩,罕见的经文典籍以及各类佛像、唐卡(卷轴佛画)、法器、供器等,为游览胜地。

③塔尔寺 藏语称"衮本",意为"十万佛像"。在青海湟中县鲁沙尔镇西南隅,得名于大金瓦寺内纪念喇嘛教格鲁派(黄教)创始人宗喀巴的大银塔。始建于明嘉靖三十九年(1560 年),历时 17 年建成。与西藏的色拉寺、哲蚌寺、扎什伦布寺、甘丹寺和甘肃的拉卜楞寺并称为我国喇嘛教格鲁派六大寺院。全寺占地 39 万 m^2。整个寺院依山势起伏,由大金瓦寺、小金瓦寺、小花寺、大经堂、大厨房、九间殿、大拉浪、如意宝塔、太平塔、菩提塔、过门塔等大小建筑,组成完整的藏汉结合的建筑群。每年农历正月、四月、六月、九月举行四大法会,二月、十月举行两小法会,尤其是正月十五日的大法会,以许多美妙的宗教传说、神话故事和艺术水平很高的"三绝"(指酥油花、壁画、堆绣),吸引数以万计的藏、蒙、土、汉等各族群众来寺瞻仰朝拜,成为西北地区佛教活动的中心,在全国和东南一带享有盛名。

④罗布林卡 罗布林卡藏语意思是"珍珠宝贝似的园林",位于拉萨西郊,占地约 36 hm^2。园内建筑物相对集中为东、西两大群组,东半部叫做"罗布林卡",西半部叫做"金色林卡"。这里曾是达赖喇嘛居住的夏宫,历代达赖驻园期间,经常在这里处理日常政务、会见噶厦官员,宗教领袖也在这里举行各种法会,接受僧俗人等的朝拜。因此,罗布林卡不仅是供达赖避暑消夏、游憩居住的行宫,还兼有政治活动和宗教活动中心的功能(图4.53)。

图 4.53 金色林卡园林

这座大型的别墅型寺观园林经过近 200 年时间,三次扩建而成。乾隆年间,七世达赖格桑嘉措,为达赖修建了一座供浴后休息用的建筑物"乌尧颇章"("颇章"是藏语"殿"的音译)。七世达赖又在其旁修建一座正式宫殿"格桑颇章",高三层,内有佛殿、经堂、起居室、卧室、图书馆、办公室、噶厦官员的住房以及各种辅助用房。建成后,经皇帝恩准,每年藏历三月中旬到九月底达赖可以移住这里处理行政和宗教方面的事务,十月初再返回布达拉宫。这里遂成为名副其实的夏宫,罗布林卡亦以此为胚胎经三次扩建,逐渐地充实、扩大。

罗布林卡的外围宫墙上共设 6 座宫门,大宫门位于东墙靠南,正对着远处的布达拉宫。园林的布局由于逐次的扩建而形成园中有园的格局。三处相对独立的小园林建置在古树参天、郁郁葱葱的广阔的自然环境里,每处园林均有一幢宫殿作为主体建筑物,全园占地约 36 万 m^2,有三组宏伟的宫殿建筑群,分为宫区、宫前区、森林区三个主要部分。宫内林木葱郁,花卉繁茂,宫殿造型庄严别致,亭台池榭曲折清幽。园内还饲养有鹿、豹等多种珍禽奇兽,以动物点缀风景,更添山林情趣,为西藏最富特色的著名园林。

第一处园林包括格桑颇章和以长方形大水池为中心的一区。前者紧接园的正门,之后具有"宫"的性质,后者则属于"苑"的范畴。苑内水池的南北中轴线上三岛并列,北面二岛上分别建置湖心宫和龙王殿,南面小岛种植树木。池中遍植荷花,池周围是大片如茵的草地,在红白花木掩映于松、柏、柳、榆的丛林中若隐若现地散布着一些体量小巧精致的建筑物,环境十分幽静,是"西方净土"的复现,也是通过园林造景的方式把《阿弥陀经》中所描绘的"极乐净土"的具体表现。园林东墙的中段建置"威镇三界阁",阁的东面是一个小广场和外围一大片绿地林带,每年的雪顿节,达赖及其僧俗官员登临阁的二楼观看广场上演出的藏戏。每逢重要的宗教节日,哲蚌、色拉两大寺的喇嘛云集这里举行各种宗教仪式。

第二处园林是紧邻于前者北面的新宫一区。两层的新宫位于园林的中央,周围环绕着大片的草地,树林的绿化地带,点缀少量的花架、亭、廊等小品。

第三处园林即西半部的金色林卡。主体建筑物——金色颇章高3层,呈左右两翼环抱之势,其严整对称的布局很有宫廷的气派。金色颇章的中轴线与南面庭园的中轴线对位重合,构成规整式园林的格局。从南墙的园门起始,一条笔直的园路沿着中轴线往北直达金色颇章的入口。庭园略成方形,大片的草地和丛植的树木,除了园路两侧的花台、石华表等小品之外,别无其他的建置。庭园以北,由两翼的廊子围合的空间稍加收缩,作为庭园与主体建筑物之间的过渡。因而,这个规整式园林的总体布局形成了由庭园的开朗自然环境渐变到宫殿的封闭建筑环境的完整的空间序列。

图 4.54　罗布林卡

金色林卡的西北部分是一组体量小巧、造型活泼的建筑物,高低错落呈曲尺形随意展开,这就是十三世达赖居住和习经的别墅。它的西面开凿一泓清池,池中一岛象征须弥山。从此处引出水渠绕至西南汇入另一圆形水池,池中建圆形凉亭。整组建筑群结合风景式园林布局而显示怡人的尺度和浓郁的生活气氛,与金色颇章的严整恰成强烈的对比。

罗布林卡以大面积的绿化和植物成景所构成的粗犷的原野风光为主调,也包含着自由式的和规整式的布局(图4.54)。园路多为笔直,较少蜿蜒曲折。园内引水凿池,但没有人工堆筑的假山,故而景观均一览无余。藏族的"碉房式"石造建筑不具有空间处理上的随意性和群体组合上的灵活性。因此,园内没有用建筑来围合成景域,划分为景区,而是以绿地环绕着建筑物,或者若干建筑物散置于沐木花卉之中。园林意境的表现均以佛教为主题,园林建筑为典型的藏族风格,局部亦受到汉族和西方建筑风格的影响。

日喀则的扎什伦布寺、拉萨的大昭寺、色拉寺、哲蚌寺也都在清代经过大规模的扩建。甘肃夏河县的拉卜楞寺为藏传佛教六大寺之一(其余五寺为扎什伦布寺、甘丹寺、色拉寺、哲蚌寺、塔尔寺),建于康熙四十九年(1710年),是由六大经学院、十八座佛寺及十八座活佛公署和万余间喇嘛住房组成的,规模巨大,几乎是一座小市镇。全寺背依龙山,面向大夏河,高大的建筑全部建在北面山坡脚下,具有十分明确的建筑层次。还有建于清康熙、乾隆年间的内蒙古包头市的五当召寺庙,建筑外墙刷白色,与翠松、蓝天相互衬托,极富藏族碉房建筑所特有的风格。

⑤汉藏混合式寺庙 这类寺庙多建在北方地形平坦之处,喜欢采用轴线布局,主要建筑大经堂往往用简化的藏式装饰,其他附属建筑及塔幢的形式选用汉式、藏式不一。呼和浩特市的席力图召是这类寺庙的典型,完全采用汉族传统佛寺的形制,但在中轴线的后面布置了藏传佛寺特有的大经堂。大经堂重建于清康熙三十五年(1696 年)。大经堂在外形上显得很华丽,而无藏族寺院雄伟的气质。

承德藏传佛教寺院是汉藏风格结合的另一种情况。避暑山庄之外,半环于山庄的是雄伟的寺庙群,如众星捧月,环绕山庄,围绕离宫的东面和北面的山地上建有 11 座藏传佛寺,现存 8 座,简称外八庙,即溥仁寺(建于 1713 年)、普宁寺(建于 1755 年)、溥佑寺(建于 1760 年)、安远庙(建于 1764 年)、普乐寺(建于 1766 年)、普陀宗乘庙(建于 1771 年)、殊象寺(建于 1774 年)、须弥福寿庙(建于 1780 年)。

外八庙建筑的总体布局为依山势构建,其中普陀宗乘庙和须弥福寿庙的前面部分采取对称处理,其他部分随地形而变化。这两处寺院还在模仿藏式寺院形式的基础上,加上若干汉族建筑手法,给人以雄壮而活泼的印象。

青海湟中县的塔尔寺则是另一种汉藏混合的形式。这里既有完全汉式的建筑,如大召殿、喜金刚殿等早期建造的佛殿;亦有完全藏式的建筑,如大经堂等;还有汉藏混合式的建筑,如讲经院等。塔尔寺始建于明代,清代及以后有续建,坐落在莲花山坳中,依山就势,错落而建,建筑宏伟,气势磅礴,分布有序,给人以肃穆、灵气之感。

⑥汉式寺庙 汉式寺庙是指其建筑形式采用汉族传统技艺而言,以北京的雍和宫最为典型。雍和宫位于北京市区东北角,清康熙三十三年(1694 年),康熙帝在此建造府邸,赐予四子雍亲王,称雍亲王府。雍正三年(1725 年),改王府为行宫,称雍和宫。雍正十三年(1735 年),雍正驾崩,曾于此停放灵柩,因此雍和宫主要殿堂原绿色琉璃瓦改为黄色琉璃瓦。又因乾隆皇帝诞生于此,雍和宫出了两位皇帝,成了"龙潜福地",所以殿宇为黄瓦红墙,与紫禁城皇宫一样规格。乾隆九年(1744 年),雍和宫改为喇嘛庙。雍和宫是全国规格最高的一座佛教寺院。因其前身为王府,建筑格局异于其他寺庙,而宛若一座简缩了的王宫。内有亭台楼阁,高低错落,参差有致。南侧松柏浓郁,甬道深远;北部殿阁错落,密集幽深。

⑦藏传佛寺的艺术特点 清代藏传佛教建筑艺术与传统佛寺有许多不同,其表现力更为强烈、神秘。

A. 首先是寺院内容扩大,除了一般礼拜的佛殿外,还有专门供全寺僧人念经的大经堂,经堂面积皆巨大。寺院内还有喇嘛公署、僧舍、仓库、供养塔、转经廊等,集宗教活动、供养偶像、学习、生活、行政办公等各方面内容于寺院内。

B. 寺庙选址结合山势者甚多,其布局多采用自由组合式,错落交搭,不强调轴线关系。

C. 主体建筑群皆比较庞大,曼荼罗、佛国世界、须弥山、大宫,皆经常运用意匠,以其多变的形象去反映宗教构思,在空间象征艺术上具有十分突出的成就。

D. 大空间、大体量的殿堂建筑促进了建筑结构形式的创造。这时期的贴金柱、包镶柱以及无斗拱的多层梁柱框架体系都是木构技术的新创作,并形成了一大批著名的巨构,如普宁寺大乘阁、安远庙普渡殿、雍和宫万福阁等。

E. 是清代喇嘛塔的发展。如北京北海白塔、西黄寺清净化城塔、呼和浩特席力图召喇嘛塔以及西藏桑鸢寺四座喇嘛塔、承德普宁寺四座喇嘛塔等,皆各具特色。有的还组合成五塔、八塔以及塔门等。

F.佛教在佛像雕刻塑造方面,多为神态恐怖的番像。殿堂内部应用了柱衣、幡幔、壁画、唐卡、酥油花等作为装饰,景观更为神秘。

(2)汉传佛教的寺庙和园林 清代汉传佛教在藏传佛教的冲击下已日渐衰微,完全依靠民间信徒的资助求得发展,但寺庙仍有一定的规模与数量。北京戒台寺就保持着全国最大的戒坛;北京碧云寺的"田"字形平面的五百罗汉堂,解决了众多佛像所需的大面积殿堂与采光之间的矛盾;重建的镇江江天寺(原称金山寺)雄峙于长江岸边,楼阁亭台互相联属,成为一处有名的风景胜地;宁波天童寺为唐宋以来的禅宗名刹,现存清代重建的大佛殿,上檐进深十二架,下檐前后各三架,总计进深达十八架,结构雄伟异常。

这时期的汉传佛教寺庙建筑向更有特色方面发展,集中反映在佛教四大名山的建筑上。四大名山是历史上逐渐形成的佛教寺庙集中地,以五台山历史最久。遍布于五台山之内的寺庙有一百余处,其建筑多为北方官式建筑风格,规整平肃,色调艳丽,雕饰繁多,具有豪华气派。明代以后,这里相当多的寺庙改为藏传佛寺,清代以来的五台山建筑又杂有藏式装饰风格。

峨眉山主峰海拔 3 099 m,山麓至峰顶 50 余千米磴道曲折盘回,寺庙皆依附地势,自然成景。寺庙布局不拘一格,高下自由,一扫传统寺庙一正两厢、伽蓝七堂的定式。报国寺建筑物气势轩昂;伏虎寺门前的桥亭导引,掩映于楠木浓荫之中;雷音寺建筑吊脚楼形式,居高临危;清音阁做成依山高筑横长形建筑,并且将黑龙江、白龙江夹持的带形地段组织到寺前,形成极有变化的景观。峨眉山寺庙布局注意与山形水态、植被环境密切结合,寺庙成为风景名胜。

华山寺庙以小型者居多,而且还有大量的庵堂、茅篷,有些仅为二三禅僧静修养性处所。因此九华山寺庙大量采用当地民居形式,造型不拘定式,甚至有的寺庙跨路而建。九华山寺庙开创了一种清新、简朴、自由、轻快的寺庙建筑格调,与藏传佛寺的神秘、汉传佛寺的严肃皆不相同。

陀山是浙东舟山群岛中的一个小岛,岛上建有普济、法雨、慧济三座大型寺庙及其他庵堂、茅篷等。普陀山的特点是将宗教活动与海景奇岩结合为一体,以充实宗教内容,而自然景观与人为构思巧妙地糅合在一起,则是普陀山的最大特点。

(3)南传佛教的寺庙和园林 南传佛教又称小乘佛教,盛行于东南亚一带,是佛教三大宗派的另一宗派。居住在我国云南边陲的西双版纳傣族自治州与德宏傣族景颇族自治州傣族地区,信奉南传佛教,其宗教建筑形式富有地方特色,佛寺建筑也受缅甸、泰国佛教建筑的影响较大,俗称为缅寺。

缅寺一般选择在高地或村寨中心建造,其布局没有固定格式,自由灵活,也不组成封闭庭院。寺院建筑由佛殿、经堂、山门、僧舍及佛塔组成。佛殿是主体建筑,形体高大,歇山顶。西双版纳地区佛殿屋顶坡度高峻,使用挂瓦,一般做成分段的梯级叠落檐形式,与缅甸、泰国佛寺风格极为相近,沿正脊、垂脊、戗脊布置成排的花饰瓦制品进行装饰。

德宏地区的佛殿屋面坡度较缓,形制与滇西建筑近似。傣族佛殿的最大特点是由山墙短边作为入口,殿身呈东西纵向布置。主尊佛像坐西面东,供养对象仅为释迦牟尼,没有副像及协侍。内檐油饰以红色为主,涂以金色花纹,纤柔华美。

佛塔实心,塔形呈高耸的圆锥形。有单塔与群塔之分,著名的单塔有潞西风平大佛寺的前塔与后塔;著名的群塔有景洪曼飞龙塔,该塔造型是在圆形基座上按八方建八座小佛龛,龛顶上部建八座锥形塔,八塔中间建一大型锥型塔,层次分明,群塔拥立,如雨后春笋,又称其为笋塔。

4　15—19世纪初园林

159

经堂建筑一般类似佛殿,但形体较小,而勐海景真佛寺的经堂却形式特殊,成八角折角形平面,屋面亦做成山面向前的八个向面源、十一层叠落的复杂的锥形顶,玲珑剔透,犹如一件艺术品。

(4)清代的道观园林　清代道教已步入衰退的时期,这时期的道教宫观一般都比较小,类似白云观、永乐宫、武当山宫观等元明时期的大宗教建筑群已绝少出现,大多数是独院式小庙,有些是利用佛教庙宇改建而成。由于全真道在北方亦渐趋衰落,道观分布亦是南盛北衰,并多向东南沿海一带人口密集地区发展。

道教面向民间的重要表现是扩充各地居民习惯崇拜的神祇作为道教神祇,如文昌、八仙、吕祖、关帝、天齐王等,在百姓民间,它们比道教的正统神更为重要,甚至为它们单独设置宫观,这些神都是凡人持道修炼成仙的,其事迹都是与平民生活息息相关的称道行为,堪为人间楷模,有更大的引力。道教的民间化与社会化,东岳庙东岳大帝即为泰山之神,原为自然神,自宋以来,管人间生死之神、统帅百鬼之神的东岳大帝,东岳庙不限于泰山一地。东岳庙又是平民祈福求寿、游乐购物的场所。

清代道教宫观另一特点是向市镇城内发展。道教崇尚清静无为、修持成仙,故早期宫观多选址在山林清静之地,结茅清修。清代道教更加世俗化以后,为了获得民众,在人口稠密的聚居地建观布道,如太原纯阳宫、成都青羊宫、灌县伏龙观、昆明三清阁、宝鸡金台观、天水玉泉观、中卫高庙等,都是清代建立或重修的位于城镇内的大型宫观建筑。历史上已形成的道教圣地灌县青城山宫观,在清代时亦从后山区下皇观一带移前几十里,在古常道观一带建立新的宫观区,以便朝山礼拜。

清代宫观虽然建于城镇内,但仍继承道教崇尚自然的传统,其建筑布局都比较自由,没有固定格式。充分运用建筑技术,表达栖居与飞升得道的构思,建造了层数较高的殿堂。河北涉县娲皇宫的主殿高达四层。福建上杭文昌阁亦甚高峻,外观为六层,屋顶形式逐层变化,形成灵活优美的整体轮廓。中卫高庙的后半部为一座道观,建于高台基及城墙之上,它利用了高度上的优势,增建了不少三层的楼阁,形成天门、天桥、天池、天宫等天界瑶池的构思,其外观构图亦达到宏伟壮观的气魄要求。表现天居意匠最常用的手法即是利用地形,增设三天门,如昆明太和城、天水玉泉观、江陵元妙观、安徽齐云山等道观皆运用了这种手法。

清代宫观建筑的装饰意味加强,雕塑手法应用更为普遍。清代道教宫观建筑艺术在小巧、自由、灵活、细腻的风格创造上,较其他宗教建筑更有成效。

清代道教宫观中的佛道混合的趋向更为突出,如佳县白云山庙;有的佛道兼半,各成系统,如中卫高庙;有的是释、道、儒三教合流,信仰内容混合布局,如浑源悬空寺。

清代寺观园林的布局　清代的寺观园林是附属在佛教寺庙或道教宫观内的小园林,其布局有三类:

第一种是寺院内建有附园,如北京碧云寺的水泉院、北京大觉寺的清水院等皆是山水园的模式,承德普宁寺后部的佛国世界为象征式园林,承德殊象寺后部利用地形堆叠的大假山以象征五台胜境也属此类。

碧云寺水泉院位于北京市海淀区四季青乡寿安山东麓,是典型的寺庙附园。它始建于元代至元二十六年(1289年),初名碧云庵,后屡建屡毁,于清乾隆十三年(1748年)进行了大规模的修整和扩建,为北京西山诸寺之冠。

水泉院是北京八大水院之一,为金代章宗所建,分别为金水院(颐和园)、清水院(大觉寺)、香水院(妙高峰)、温汤院(温泉村)、潭水院(香山寺)、双泉院、圣水院、灵水院。水泉院的清泉从山石中流出,淙淙有声。池上有桥,池畔有亭,山石叠嶂,松柏苍郁,环境幽美,是北京现存最古老、最精美的一处寺庙园林。

图 4.55　北京潭拓寺塔林

第二种是寺观园林与庭院结合,如北京白云观后院的云集山房庭院、北京卧佛寺的西院、北京潭柘寺戒坛院(图 4.55)等。北京卧佛寺又叫十方普觉寺,位于京郊香山附近,寺依山而建,三面环山,翠屏拱卫,肃穆幽静。这座古老的寺院,殿宇轩昂,布局宏伟,清幽静谧,花木扶疏,很好地体现了寺观园林与庭院结合的特点。

第三种是寺观园林化,将寺观建筑与园林融会为一,名胜风景区的寺观莫不如此。如北京西山八大处、四川灌县青城山古常道观、峨眉山伏虎寺、甘肃天水玉泉观、云南昆明太和宫等。北京西山八大处位于北京西郊翠微山、卢师山和平坡山之间,三山环抱,林木葱茂,奇石嶙峋,洞泉潺潺,野趣盎然,是一处历史悠久、文物众多、风景秀丽的宗教寺观园林群。三峰环抱古刹八座,故称"西山八大处"。八座古刹依次为长安寺、灵光寺、三山庵、大悲寺、龙泉庵、香界寺、宝珠洞、证果寺。历史悠久,寺始建于隋,现存的庙宇和园林多为清朝重建。

4)皇家陵墓园

明清时期留下的陵园众多,两代帝王均重视陵园建设,选址都在林木繁茂、山水俱佳的"风水宝地",规模宏大,本身就成为自然与人文并存的美好园林景观,如沈阳福陵、清陵等。

自顺治元年(1644)至宣统三年(1911 年),有九位皇帝葬于河北遵化县和易县。前者称为东陵,后者称为西陵。东陵有五座帝陵和四座皇后陵:顺治的孝陵、康熙的景陵、乾隆的裕陵、咸丰的定陵、同治的惠陵,于昌端山主峰下的孝陵是清东陵的主陵,以慈禧太后、孝钦皇后陵的普陀峪定东陵建筑艺术水平最高,建筑之精美,雕镂画栋,凤上龙下,耗黄金 4 590 两贴金,其规制已远超祖陵。清西陵于河北易县西永宁山下,有四座帝陵:雍正的泰陵,嘉庆的昌陵,道光的慕陵,光绪的崇陵,尚还有一座未建成的"帝陵"——爱新觉罗·溥仪的陵墓,骨灰后来葬入清西陵。清西陵体系完整,规模宏伟,四周层峦叠嶂,松柏葱茏,景色清幽。可以毫不愧色地说,历代帝陵都占有天然的风水宝地,保护数百年,遂成别具一格的陵寝园林。

帝陵采用风水理论选址,多在京城附近的北面,分布集中,呈单行排列或圆弧状排列。

陵寝园林分为地上陵园与地下寝宫两大部分:地上陵园包括墓冢、陵寝建筑、陵园辅助设施、陵园动植物;地下寝宫包括地下建筑设施、棺椁及其陪葬物品。因此,陵寝园林可谓多层规划,多层布局,多重景观,构成它的根本特征。

石刻艺术　石刻艺术是陵寝园林的一道独特风景线,为中国园林体系中其他园林类型所不及。尤其是石像生以其精美的造型,惟妙惟肖的神态和巧夺天工的雕刻艺术,把中国园林艺术提高到一个新的水平。明清时期的石像生发展完备,一应俱全。明清时代,华表主要用于宫殿、帝陵等重要建筑前,形制依如汉唐。随着时移境迁,陵寝园林的祭祀、拜祖、超度等功能逐渐淡化,成为人们凭吊先贤、陶冶性情、观赏游览以及弘扬中国优秀传统文化、增强爱国主义教育的重要园林类型之一。

陵寝园林尤其是皇家陵寝园林具备了中国山水园林的条件,它以秀美山水为背景,拥有独特华贵的园林建筑,高耸的墓冢,深邃壮丽的地下宫殿,笔直、宽广而纵深的陵园中轴线,葱郁的森林树木,周围栖息天然的或人工繁育的各类鸟兽,构成了宛若人间宫苑的独具一格的园林,具有很高的观赏价值。

5)坛庙祠馆园林

上敬天地下敬祖先,纪念文化名人先贤大德乃中华之传统。历朝历代,京城州县都留下了大量明清时期的坛庙祠馆园,史上独具风格,艺术水平极高。如北京的社稷坛等,不仅园林建筑精美,而且还有大片林木,是城市风景和绿化的重要部分,对城市空气净化作用巨大。四川成都杜甫草堂、眉山三苏祠也都是园林祠宇合一的典范。

6)书院园林

重文惜字,写作收藏,历来被认为是民族立世之根本。上有太学,下有私学,民间办学历史悠久。孔子授徒杏坛,徐渭青藤书屋等,无不依林泮水。书院也多在山水优美、林泉清净之地,点缀山石,凿水为池,达到了很高的造园意境,如北京国子监辟雍、浙江绍兴青藤书屋、湖南长沙岳麓书院等(图4.56)。

图4.56　浙江绍兴青藤书屋

7)清代造园理论

清代的造园理论在明代的基础上,其代表主要有李渔的《一家言》、李斗的《扬州画舫录》、钱咏的《履园丛话》、陈淏子的《花镜》;公安三袁、郑板桥、袁枚、曹雪芹、沈复、乾隆等著作中均有精辟的造园理论。清于雍正十二年(1734年)由工部编定建筑营建"标准"与"规范"典籍——《工程做法》,环境建设理论全面上升到一个历史性新的高度。清代出现了专门以造园为生的造园家,如戈裕良等。

(1)《工程做法》　清代为加强建筑业的管理,于雍正十二年(1734年)由工部编定并刊行了一部《工程做法》(又称《清工法式》)的术书,作为控制官工作法、预算、工料的依据。书中包括有土木瓦石、搭材起重、油画裱糊等17个专业的内容和27种典型建筑的设计范例。此外,清政府还组织编写了多种具体工程的做法则例、做法册、物料价值等有关建筑的书籍作为辅助资料。同时民间匠师亦留传下不少工程做法抄本。清代建筑营造方面的文字资料是历代中最丰富的。政府的工程管理部门中特别设立了样式房及销算房,主管工程设计及核销经费,提升了对宫殿官府工程的管理质量水平。样式房的雷发达家族及销算房的刘廷瓒等人,皆是清代著名的工师。这些典籍资料虽然主要是针对建筑工程的,同样也是针对园林建造的。中国古代建筑著作,从先秦的《周礼·考工记》《墨经》至封建时代的《唐六典》,再至宋代的《营造法式》和清代《工部工程做法则例》,有一脉相承的功能礼制观念反映。如"王公以下屋舍不得重拱藻井,……又庶人所造堂舍,不得三间五架,门屋一间两架,仍不得辄施装饰。"

(2)造园家戈裕良(1764—1830年)　戈裕良出生于武进县城(今常州市)东门,字立三,专门以造园为生,是造园家中的突出代表。他家境清寒,好钻研,师造化,能融泰、华、衡、雁诸峰于胸中,所置假山,使人恍若登泰岱、履华岳,入山洞疑置身粤桂,曾创"钩带法",使假山浑然一体,既逼肖真山,又坚固,可千年不败,驰誉大江南北。苏州环秀山庄的湖石假山是他的代表作之一。他以少量之石,在极其有限的空间,把自然山水中的峰峦洞壑概括提炼,使之变化万端,崖峦耸翠,池水相映,深山幽壑,势若天成,有"咫尺山水,城市山林"之妙。他的作品还有常熟燕园、如皋文园、仪征朴园、江宁五松园、虎丘一榭园等。

"奇石胸中百万堆,时时出手见心裁",是清代著名学者洪亮吉对戈裕良的赞誉。

(3)李渔与《一家言》　这一时期有更多的文人、画家参与园林的设计与造园实践,著名的有李渔、张琏、张然、叶洮等。他们既擅长绘画,又是造园家,其中李渔更把造园实践上升为理论阐释。他们的实践和理论,大大地促进了清代园林艺术的发展。

李渔(1611—1680 年),号笠翁,浙江兰溪人,生活于明末清初,对传统文化造诣颇深,兼擅绘画、词曲、小说、戏剧、造园等多种艺术,尤其精于戏曲和造园,并亲自参与造园。如为贾汉复葺半亩园,叠石垒土为山,网地寻泉而为池。又自营别业号伊园,晚年更筑芥子园,《芥子园画谱》成中国绘画专著经典。麟庆《雪鸿因缘图记》曰:"当国初鼎盛时,王侯邸第连云,竞侈缔造,争延翁为座上客,以叠石名于时。"所撰《一家言》又名《闲情偶寄》,其中有多处与造园有关。

李渔的造园理论,集中表现在《一家言》的《居室部》《器玩部》《种植部》之中。三部虽各自成篇,但又内在关联,成为一个理论整体。

《居室部》包括"房舍""窗栏""墙壁""联匾""山石"共五个部分。第五部分论述山石在园林艺术中的美学价值和品格,以及用山石造景的各种艺术方法。这一节尤多精辟立论,提出园林筑山叠山是一种特殊的艺术创造活动,"不得以小技目之"。他主张叠山要"贵自然",重视园林创作的典型化过程,他提出了"一卷代山,一勺代水"的艺术原则。这是要造园者观察研究大自然,把大自然之丘壑化为自己胸中的丘壑,然后凝结于园林艺术的创造之中,把万水千山提炼为"一卷""一勺",使"一花""一石"皆成为大自然之精粹。提倡沿袭宋以来土石山做法,站在文人园林的立场上,对流俗的富贵气和市井气的鄙夷。他推崇以质胜文,以少胜多。他试图确立营造"大山"、叠"小山"、立"石壁"、作"石洞""零星小石"等艺术原则。

《器玩部》包括"制度"和"位置"两个部分,涉及园林建筑的室内装饰和家具陈设问题,这也是园林艺术因素之一,有所谓"家具乃房屋肚肠"之说,可见园林的房舍之美。在"制度"中,李渔谈到家具器皿的制作陈设也是一种美的创造;在"位置"中,李渔专讲器玩物品陈列位置的美学原则,一是"忌排偶",一是"贵活变"。二者相辅相成,互补互用。它所追求的是去掉人工刻板雕琢的弊病而得自然生气之美,也适用于园林建筑的其他设施,为我国园林建筑中普遍适用的原则。

《种植部》包括"木本""藤本""草本""众卉""竹木"五部分,共提到 80 余种花木,分别论述了各种花木的栽培、审美品格和观赏价值。"花者,媚人之物。"一语道破园林中花木的价值所在。花木以其色彩媚人,以其姿态媚人,而且以唤起情感、意趣,从而产生一定的审美效果。对于花木之美,提倡摆脱实用功利态度,而取审美态度去加以欣赏,且要达到虔诚坚贞的程度。在我国古代有关园林艺术的理论著作中,李渔这样详细、具体论述花木的美学品格和观赏价值的并不多见。

《一家言》中的造园理论是继《园冶》后又一部享誉世界的造园学名著,被视为《园冶》的姊妹篇。《园冶》偏于立法,《一家言》侧重创新。李渔倾力研究园林的新意,批评摹仿抄袭之风,促进园林设计的健康发展。《一家言》补充了《园冶》的不足,凡是《园冶》未曾提及或是提及而未展开者,李渔则重点论述,如种植部、联匾、山石等,精辟见解俯拾皆是。《一家言》所言之事均自亲历,重点突出,观点明确,有感而发,多才多艺,尽显才华。

（4）陈淏子《花镜》　《花镜》成书于康熙戊辰年间（1688年），作者陈淏子，又名陈扶摇，别号西湖花隐翁。陈淏子是一个有气节的墨客文人，明末以后，不愿担任清朝官吏，退居田园，从事花木栽培，并著书立说。按《花镜》自序称："年来虚度二万八千日"计算，他平生所好唯嗜书与花，因"堪笑世人鹿鹿，非混迹市廛，即萦情圭组，昧艺植之理"，故编撰此书，使人人尽得种植之方。成书之时，作者已达77岁高龄，《花镜》是他毕生心血。

《花镜》别的版本又称《秘传花镜》《园林花镜》《绘画园林花镜》《群芳花镜》《群芳花镜全书》《百花栽培秘诀》。全书共六卷：卷一为"花历新栽"，含分栽、移植、扦插、接换、压条、下种、收种、浇灌、培壅、整顿十目；卷二为"课花十八法"，内容充实，论述精湛；卷三为"花木类考"，记载花木类植物100多种；卷四为"藤蔓类考"，记载藤蔓类植物90多种；卷五为"花草类考"，记载花草类植物100多种；卷六为"附禽兽鳞虫考"，其中有"养禽鸟法""养兽畜法""养鳞介法""养昆虫法"，共记载园林常见动物40多种。原书附有插图数百幅，此书东传日本，于文政十二年（1829年），有花说堂重刻《秘传花镜》日本平贺先生校正木刻本传世。《花镜》有很高的学术价值，对国内外花卉园艺学的开创与发展有重大影响。

4.4.4　明清时期的园林特征

清朝园林首先表现在对前代苑、园的继承和南北园林艺术的融合，尤其是北方园林对江南园林的借鉴和移植。

其次，清朝园林转益多师的基础上，又有新的发展，主要表现在清宫苑设计使用的多功能性。园林具有听政、看戏、居住、休息、游园、读书、受贺、祈祷、念佛、栽植奇花异木以及观赏和狩猎等众多功能。在著名的圆明园中，商业市街之景也设在其中，包罗了帝王的全部活动。

清朝园林的另一个特点是建造的数量多、体量大，装饰豪华、庄严，园林的布局多为园中有园。清朝园林在有山有水的园林总体平面布局中，园林建筑是控制的主体，注重景点的题名，山水与建筑、诗情和画意融合无间，浑然一体。圆明园、颐和园、承德的避暑山庄以及故宫中的乾隆御花园是这种园林艺术的代表，众多的私家园林也是如此构图营建。

（1）中国古典园林造园理论和实践的总结　经过两千多年的发展，到明清时期，在园林布局、造园、种植等多方面都达到非常成熟的地步，理论家、造园家辈出，完成了中国古典园林之总结，成就了中国古典园林最后的辉煌。

①造园实践的理论总结　明末至清，画家文人、专业造园家与工匠三者的结合，促使园林向系统化、理论化方向发展。一批著名的造园理论家与建筑家，同时也都是书画艺术家，随着造园活动的全面展开，对中国造园艺术作了理论概括。既有有关构园的专业性理论著作，如《园冶》《长物志》《花镜》等著作，也有散见于笔记、小品、游记及小说之中的精辟论述。

②实践方面　明代叠石造园名家米万钟，其父是著名山水画家米元章。他一生设计园林甚多，北京德胜门外积水潭东的漫园、海淀的勺园、湛园都是他的作品。勺园，园大百亩，穿池叠山，长堤曲桥，亭台棋布。湛园为米万钟的宅院，有石丈斋，石林仙馆、竹渚、饮光楼、猗台等景。此外，还有清代张涟、张然父子，尤以叠石著称，留下作品有圆明园、中南海瀛台等。李渔，善诗画，筑有半亩园、芥子园。

（2）园林艺术向精深完美发展达到高峰　明清时期园林中的建筑物大大增加了，比之过去动辄千里百里的大型园林不见了。叠山艺术发展到高峰,这是历史发展的必然。随着社会的发展,人口增多,园林艺术本身的发展也决定它的这一特征。例如叠石,从真山发展到假山,从稍加点缀发展到模仿缩写,在整个布局上完成了"小中见大""咫尺山林""虽尤人做,宛自天开"的目标追求。在很小的范围内,创造出更大的天地,通过"借景"和"移步换景"的手法使园林达到更高的艺术境界。这一点在江南私家园林中表现尤为充分。

　　(3)集景式园林大量发展　　集景式园林在明清时期发展到了高峰,其中又以清康、乾两朝为甚。以集景形式把各地名园集中展现,集天下名园之大成,成为这一时期又一显著特征。康熙、乾隆都在位60年以上,又值王朝政治、经济基础较好。他们多次巡游江南,饱尝江南秀丽山川、苏杭等地园林,其经营的皇家园林故多仿江南景色。如圆明园中的"断桥残雪""柳浪闻莺""平湖秋月""三潭印月"等均仿杭州景色,仿宁波天一阁藏书楼而建的"文源阁"。清漪园(今颐和园)中的西堤六桥是仿杭州西湖的苏堤而建,谐趣园是仿江苏无锡寄畅园而建。集景式园林是清代大型宫苑通常采用的一种布局手法,也是这一时期造园的特点和成就之一(图4.57、图4.58)。

图4.57　颐和园昆明湖

图4.58　颐和园谐趣园俯视

　　(4)外来文化的吸收　　对外来文化的吸收在中国几千年建筑发展史上都未停止过。例如"塔"就是从印度等国的建筑艺术中吸收而来,现在早已成了中国园林的重要组成部分。而明清时期对外交往更为密切,西方音乐、美术、建筑相继传入,首先在宫苑中采用。最著名的是圆明园中的海晏堂,谐奇趣、万花阵、远瀛观等被称为西洋楼,是欧洲巴洛克风格(图4.59)。可惜在1860年和1900年两次侵略战争中毁于战火,至今仅存残迹。还有一些西洋

图4.59　圆明园西洋楼残迹(祝建华摄)

园林技法在中国深厚的传统中被同化融合,逐渐中国化了,也因此而丰富了自己的内容。

　　同时期的日本江户时代(1603—1867年),是日本封建社会高度成长和发展期。约从1639年开始的两百多年的时间里,日本相对来说与外界隔绝。这种状况鼓励了日本师从唐宋园林结合本土民族风格的形成和完善。日本园林也就在这一短时间内蓬勃崛起,成为蔚为世界的庭园大国。

小 结

1. 中国与欧洲都走过了人类骄傲的历程：中国与自然和谐的文人写意园林，文艺复兴的人文主义台地园林，恢宏的勒·诺特尔园林，英国自然风景园林，皆承载深厚而辉煌的人类环境认识和文明。

2. 英国风景式园林的产生和发展，虽说是受到了中国古典造园思想的影响，但更重要的还是英国自身的地理条件和气候条件起着决定性作用。东西方文化虽然按着各自的轨道发展，但人类对美好事物的追求都是共同的。在自然式园林的造园思想上的巧合，其实是一种必然。英国自然风景园产生之时，中国已经有了完整而丰富的造园理论和造园实践经验，在世界上占领先地位，被公认为"世界园林之母"。

3. 18世纪英国风景式园林的形成，从已有许多的理论铺垫的探索者和实践者布里奇曼开始，他的"不规则化园林"，是规则式与自然式之间的过渡期的代表；肯特和布朗都是实践者，留下了大量的作品，如"斯陀园""肯辛顿园"，肯特设计的园林注重风景画中完美的效果；而布朗设计、建造和改造的风景式园林有200多处，是"万能的布朗"。既是理论家又是实践者的是钱伯斯和雷普顿，钱伯斯出版了《中国的建筑意匠》和《东方庭院论》等著作，留下的作品有"丘园"；雷普顿出版了《园林的速写和要点》《造园的理论和实践的考察》《对造园变革的调查》等著作，也留下了大量的园林作品。

4. 值得我们研究和思考的是后来它们各自的发展方向。英国园林愈建愈大，从私有空间转向公共空间，建筑物与园林、园林与城市、园林与人居环境堪称经典楷模的有机整体。"建筑空间"原则运用，形成了"公园"的雏形。而中国园林从原有的园林空间转为更加私密的空间，园林是建筑的延续，计成的《园冶》、文震亨的《长物志》、李渔的《一家言》、陈淏子的《花镜》等造园理论集大成。实践上有米万钟的漫园、湛园；张涟、张然父子的中南海瀛台、圆明园、净明园；李渔的半亩园、芥子园，等等。集景式园林标志着造园技艺成熟，使园林的布局格局和设计更加精美、雅致、细腻而富有人文精神，完成了"宅园合一"的最后一次飞跃。但后期则由大环境变化从大到小，围墙高而精美自成天地。"躲进小楼成一统，管他春夏与秋冬"便是写照。

5. 中国由于宗法专制社会政治结构的强固、中华伦理型文化传统的深厚沉重，士人园在明末清初出现了新的高潮，进一步精雅化、理论化。清乾隆时期，是中国园林的又一高峰时期，无论是皇家园林还是私家园林，在中国园林史上的成就都非常重要，也是中国古典园林的"晚期"，成为"最后的辉煌"，完成了中国园林文化的集成和终结，也呈现出封建体制老态龙钟的专制体系衰老症。"西学东渐"在古典园林的肌体中也注入了"异质"文化因子，但中华民族传统艺术及其结构在园林中依然张显着辉煌的生命力，仍具有世界影响力。

复习思考题

1. 意大利园林为什么常被称为"台地园"？简述台地园的风格特点及对欧洲造园的影响。

2. 试述文艺复兴时期意大利主要造园理论和思想。

3.论述勒·诺特尔式园林在法国造园史上的杰出贡献。

4.试述法国勒·诺特尔式园林的特征。

5.18世纪英国风景式园林是怎样产生的？它的出现对世界园林产生了怎样的影响？

6.中英两国在同一时期,在追求自然之美的同一理论基础上建设的园林,为何走上了完全不同的发展道路？

7.中国明清时期是造园的最后一个高峰和理论集大成时期,试述这时期的理论代表及主导思想和实践特征。

职业活动

1)目的

 古代造园理论运用

造园造景施工运用分析、实地现场感知互动教学,通过实际设计图纸分析对应园林环境实地教学,进一步深入认识古代造园理论与要素形式在当代实践中的运用。在现代园林工程环境中认识当代实践运用的现实意义。

2)环境要求

《营造法式》《园冶》的"亭"或"景桥"等现代运用图纸及运用的现代园林环境,如图4.60所示。

3)步骤提示

①图纸讲解与识读。

②现代园林环境现场对照图纸解析。

③认识体会中国传统造园理论的现实实践意义。

建议课时:4学时

图4.60

第4章实习大纲　　　　第4章实习指导

走进苏州园林

走进苏州园林1

走进苏州园林2-窗

走进苏州园林3-廊

走进苏州园林4-宅园九曲迴转 柳暗花明

走进苏州园林5-拙政园-听雨

走进苏州园林6-耦园冬至

走进苏州园林7-拙政园-冬景

走进苏州园林8-拙政园-季相变化 落叶惊秋

走进苏州园林9-可园-听雨

走进苏州园林10-虎丘

5 近代园林

18 世纪,工业革命后城市规模化造成的城市人口密集,自然、城市环境恶化的状况,引起了人们的关注。传统的园林形式随之发生了重大的变化。同时园林在现代艺术、现代建筑发展的影响下,在艺术运动思潮的推动下,开始逐步从传统园林向新型园林方向过渡。园林与城市功能、环境日益密切,公共公园的推广擢升了园林史的时代意义。园林已经不仅是局限于简单的造园,而是拓展为城市环境的改善,为人类、为社会提供活动空间。园林绿地的内容也变得形式多样,充分考虑了园林与自然、人和建筑的关系。西方和中国近代园林分布见表 5.1。

表 5.1　西方和中国近代园林分布表

	(1760—1920 年) 古典复兴 浪漫主义 折中主义 工艺美术运动 新艺术运动	(1817—19 世纪末) 协和新村、田园城市 卫星城市、工业城市 方格形城市 新建筑运动 芝加哥学派 有机建筑理论	(1820—19 世纪末) 城市公园运动 风景园林 现代景观 奥姆斯特德原则 国家公园 英中式园林
西　方			
中　国	(19 世纪初) 乾隆盛世 中国园林最后高峰 影响西方	(1840—19 世纪末) 宫廷造园逐渐终止	(1860—19 世纪末) 洋务运动 西学东渐 私家园林 租界公园 城市公园

5.1　西方近代新型园林

18 世纪时,工业革命和早期城市化造成了城市中人口密集,以及与自然完全隔绝的单一环境,这引起了一些社会学家的关注。受新兴资产阶级浪漫主义思潮的浸透,同时受中国自然山水园的影响,英国自然风景园开始形成并很快盛行,规则几何园不再成为时尚,西方古典园林在骤变中发展,产生了在传统园林影响下,却又与之内容与形式不同的新型园林。

5.1.1 19世纪欧洲与美国新型园林诞生的背景概况

1) 工业革命对城市建筑与环境的影响

17世纪英国资产阶级革命(1640年)至普法战争和巴黎公社(1871年),是欧洲封建制度瓦解和灭亡的时期,是西方体制发生巨大变革、资本主义取得胜利和发展的时期,城市与建筑的重大变化出现在18世纪的工业革命以后,特别是在19世纪中叶,钢铁产量、新技术的大增为建筑的新功能与新形式创造了条件。同时,西方在工业革命的巨大钢铁惯性力量的推动下,妄自尊大、"人定胜天"的雄心日益膨胀,知识就是力量,掌握知识,改造自然,战胜自然,提出做自然主人的口号,人类对环境的活动在此思想的指导下,对环境造成了前所未有的负面作用。

工业革命导致的技术发展冲击,以1782年詹姆士·瓦特发明的蒸汽机影响最大。技术使工业生产集中于城市,城市人口以惊人的速度增长。18世纪下半叶,一些手工业城市已发展成为大机器生产的工业城市,如英国,法国、比利时等,旧城扩展,新城也在陆续诞生。"人口也像资本一样地集中起来……于是村镇就变成小城市,而小城市又变成大城市"(恩格斯《英国工人阶级状况》),给城市与环境带来新问题。首先是城市,因生产集中而引起的人口恶性膨胀,交通堵塞、生态环境恶化;其次是住宅,不断建造房屋,但目的是为了牟利而不是居住,严重的房荒成为资本主义世界的一大威胁;第三是科学技术进步促成社会生活方式的变化带来负面效应,带来人类与生态环境新对抗的生态危机。因此,在建筑与环境规划设计产生了以下两种不同的倾向:一种是复古思潮;另一种则是基于工业技术动力与生存生态环境的矛盾下,探求建筑与环境中的新功能、新技术、新形式与环境深刻矛盾解决的可能性,成为近代新型园林出生的母体。

2) 复古思潮——古典复兴、浪漫主义、折中主义

复古思潮是指从18世纪60年代到19世纪末流行于欧美的古典复兴、浪漫主义与折中主义,缘由于启蒙运动的影响(表5.2)。"人们自己创造自己的历史,但是他们并不是随心所欲地创造,并不是在他们自己选定的条件下创造,而是在直接碰到的、既定的、从过去继承下来的条件下创造。借用它们的名字、战斗口号和衣服,以便穿着这种久受崇敬的服装,用这种借来的语言,演出世界历史的新场面"(马克思)。

表5.2 古典复兴、浪漫主义与折中主义在欧美流行的时间表

国　　家	古典复兴	浪漫主义	折中主义
法　国	1760—1830年	1830—1860年	1820—1900年
英　国	1760—1850年	1760—1870年	1830—1920年
美　国	1780—1880年	1830—1880年	1850—1920年

(1)古典复兴(Classical Revival) 18世纪古典复兴的流行,主要有以下两个原因:一是由于文化思想上的原因;二是由于考古发掘进展的影响。

受启蒙运动的影响,古典复兴是最先出现在文化上的一种思潮,是指18世纪60年代到19世纪末在欧美盛行的仿古典形式,首先表现在建筑领域。启蒙运动起源于18世纪的法国,曾为推翻封建专制的革命作舆论准备。18世纪法国启蒙思想家中著名的代表主要有伏尔泰、孟德

斯鸠、卢梭和狄德罗等人。其核心是人性论,以"自由""平等""博爱"为内容,对民主、共和的向往唤起了人们对古希腊、古罗马的礼赞,法国资产阶级革命胜利后的初期借用古典英雄的服装,是复兴古典建筑思潮的社会基础。

在18世纪前的欧洲,巴罗克与洛可可建筑风格盛行一时,在建筑与环境上大量使用繁琐的装饰与贵重金属的镶嵌,在探求新建筑形式的过程中,希腊、罗马的古典建筑遗产成为思想源泉。热烈向往着"理性的国家",研究与歌颂古罗马成为时尚。"为了要把自己的热情保持在伟大历史悲剧的高度上所必需的理想、艺术形式和幻想"(马克思)。古罗马帝国时期雄伟的广场和凯旋门、记功柱等纪念性建筑、园林、广场便成了效法的榜样。

18世纪下半叶到19世纪初,大批考古学家先后出发到希腊、罗马,发掘出来的希腊、罗马艺术珍品运到各大博物馆,德国人温克尔曼(johann Joachim Winckel-mann)于1764年出版的《古代艺术史》(History of Ancient Art),推崇希腊艺术简洁精练的高贵品质。人们看到了古希腊艺术的优美典雅,古罗马艺术的雄伟壮丽与英雄主义。抨击巴罗克与洛可可风格的繁琐、矫揉造作以及路易皇朝后期的所谓古典主义(Classicism)的不够正宗,极力推崇希腊、罗马艺术的合理性,以此作为新时代建筑环境设计的基础。

古典复兴建筑与环境活动在各国的发展,法国以罗马式样为主,而英国、德国则以希腊式样较多。古典复兴的建筑和与之关联的园林类型主要是为社会生活服务的公共建筑、纪念性建筑及园林环境,如国会、法院、银行、交易所、博物馆、剧院、广场等。

法国在18世纪末到19世纪初是欧洲资产阶级革命的据点,也是古典复兴运动的中心。早在大革命(1789年)前后,法国已经出现了像巴黎万神庙(Pantheon,1755—1792年,设计人:J G. Soufflot)的古典复兴建筑,罗马复兴的建筑思潮在法国盛极一时。在法国大革命前后还出现了像布雷(Etienne Louis Boull6e,1728—1799年)和勒杜(Claude Nicolas Ledoux,1736—1806年)那样企图革新建筑的一代人。他们追求理性主义的表现,趋向简单的几何形体,或使古典建筑及环境具有简化、雄伟的新风格。布雷最有代表性的作品是1784年设计的牛顿纪念碑方案(Newton Cenotaph),因体量过大而没有实现。拿破仑帝国时代,形成"帝国式风格"(Empire Style),追求外部建筑与环境的雄伟壮丽,内部汲取东方或洛可可装饰风格,如著名的星形广场上的凯旋门(1808—1836年,设计人:J F Chalgrin)、马德莱那教堂(Tihe Madeleine Paris,1806—1842年,设计人:Pierre Alexandre Vignon)等。

英国的罗马复兴并不活跃,表现得也不像法国那样彻底。希腊复兴的建筑园林在英国占有重要的地位,1816年国家展出了从希腊雅典发掘的大批遗物之后,在英国形成了希腊复兴的高潮。这类建筑的典型例子如不列颠博物馆建筑环境(The British Museum,London,1823—1847年,设计人:Sir Robert Smirke)等。

德国的古典复兴亦以希腊复兴为主,著名的柏林勃兰登堡门与环境(Brandenburg Gate,1789—1793年,设计人:C G. Langhans)即是从雅典卫城山门获得的灵感。著名建筑师申克尔(K. F. Sehinkel)设计的柏林宫廷剧院与园林(1818—1821年)及柏林老博物馆(Ahes Museum,1824—1828年)和建筑环境也是希腊复兴建筑与园林的代表作。

美国在独立以前,建筑与园林环境采用欧洲式样,称为"殖民时期风格"(Colonial Style),其中主要是英国式。独立战争时期,美国在摆脱殖民地制度的同时,曾力图摆脱"殖民时期风格",由于自身文化传统历史短暂,只能用希腊、罗马的古典建筑去表现"民主""自由"、光荣和独立,所以古典复兴在美国盛极一时。1793—1867年所建的美国国会大厦(设计人:William

Thornton and B. H. Latrobe,图5.1),仿照了巴黎万神庙的造型,建筑绿地园林表现着雄伟纪念性主题。希腊复兴在公共建筑、公共环境规划设计中风靡一时。

图5.1 美国国会大厦

(2)浪漫主义(Romanticism) 浪漫主义是18世纪下半叶到19世纪上半叶活跃于欧洲艺术领域中的思潮,资产阶级革命胜利以后,资本主义经济法则代替了封建权势,却又产生了新的社会问题和严重的生存环境问题。于是社会上出现了像圣西门(Henn de Saint. Simon,1760—1825年)、傅立叶(F. M. C Fourier,1772—1837年)、欧文(Robert Owen,1771—1858年)等乌托邦社会主义者。他们憎恨工业化给城市带来的恶果,提倡新的道德世界。在新的矛盾下,回避现实,向往中世纪的世界观,崇尚传统的文化艺术,符合资产阶级在竞争中传统文化的优越感,在艺术与建筑环境设计上导致了浪漫主义。

浪漫主义带有反抗资本主义大工业生产的情绪,要求发扬个性自由,提倡自然天性,用中世纪手工业艺术的自然形式来反对用机器制造出来的工业品,以前者来与其抗衡。

浪漫主义最早出现于18世纪下半叶的英国。18世纪60年代到19世纪30年代是它的早期,称之为先浪漫主义时期。先浪漫主义带有怀念已失去的寨堡,逃避工业城市的喧嚣、污染而追求中世纪田园生活的情趣与意识,在建筑和园林上则表现为模仿中世纪的寨堡或哥特风格。模仿寨堡的典型例子如埃尔郡的克尔辛府邸(Culzean Castle. Ayrshire,1777—1790年),模仿哥特教堂的例子如称为威尔特郡的封蒂尔修道院的府邸(Fonthill Abbey, Wiltshire,1796—1814年)。19世纪中叶在探求新建筑的热潮中,英国的艺术与工艺运动(Ans and Crafts movement)虽然比它晚,在意识根源上却有相似的地方。先浪漫主义在建筑上还表现为追求非凡的趣味和异国情调,甚至在园林中出现了东方建筑小品。英国布赖顿的皇家别墅(Royal Pavilion, Bridlton,1818—1821年)就是模仿印度伊斯兰教礼拜寺的形式。

19世纪30年代到70年代是浪漫主义的第二个阶段,是真正成为一种创作潮流的时期。这时期的浪漫主义建筑以哥特风格为主,故又称哥特复兴(Gothic Revival),也深深影响了园林活动。它反映了西欧对传统文化的恋慕,认为哥特风格是最有画意和诗意的,尝试以哥特建筑结构的有机性,来解决古典建筑所遇到的建筑环境艺术与技术之间的矛盾。

浪漫主义建筑最著名的作品是英国国会大厦(Houses of Parliament,1836—1868年,设计人:Sir Charles Barry,图5.2)。它采用的是亨利第五时期的哥特式,原因是亨利第五(1387—1422年)曾一度征服法国,以这种风格来象征民族的胜利。

浪漫主义建筑和古典复兴各个地区的发展也不相同,英国、德国流行较广,时间也较早;而法国、意大利则流行面较小,时间也较晚。前者受古典的影响较少,而传统的中世纪形式影响较深的缘故;后者却恰恰相反。

(3)折中主义(Eclecticism) 折中主义是19世纪上半叶兴起的艺术创作思潮,在19世纪以至20世纪初在欧美盛极一时。折中主义越过古典复兴与浪漫主义的局限,任意选择与模仿历史上的各种风格,把它们组合成各种式样,也称之为"集仿主义"。

折中主义的产生是由几方面因素促成的。自从资本主义在西方取得胜利后,曾经打过的民

图 5.2　英国国会大厦

主、自由、独立的革命旗帜异化为商品经济,一切生产都已商品化。古典外衣也失去了精神上的依据,"资产阶级社会完全埋头于财富的创造与和平竞争,竟忘记了古罗马的幽灵曾经守护过它的摇篮"(马克思)。建筑与园林环境也需要有丰富多彩的式样来互补市场经济所失去的另一面,于是,希腊、罗马、拜占廷、哥特、文艺复兴和东方情调出现在城市与环境中。

1893 年美国在芝加哥举行的哥伦比亚博览会是折中主义大检阅。在这次博览会中,美国资产阶级为了急于表现当时自己在各方面的成就,迫切需要"文化"来装潢自己的门面以之和欧洲相抗衡。这种精神状态与思想也使美国刚兴起的新建筑思潮受到打击。

法国大革命以后,由路易十四奠基的古典主义大本营——皇家艺术学院被解散,1795 年被重新恢复,1816 年扩充调整后改名为巴黎美术学院(Ecole des Beaux Arts),在 19 世纪与 20 世纪初成为整个欧洲和美洲艺术和建筑创作的领袖,是传播折中主义的中心。20 世纪前后,社会变化而导致了谋求解决建筑功能、技术与环境、艺术之间矛盾的"新建筑"运动,占主要地位的折中主义思潮逐渐衰落。

3)建筑的新材料、新技术与新类型

由于工业大生产的发展,新的建筑材料、新的结构技术、新的设备、新的施工方法不断出现,建筑的高度与跨度突破了传统的局限,在平面与空间的设计上也比过去自由,这些突破必然也要影响到园林活动。

图 5.3　埃菲尔铁塔(祝建军摄)

初期结构以生铁金属作为建筑材料,远在古代的建筑中就已经应用,而以钢铁作为建筑结构的主要材料则始于近代。随着铸铁业的兴起,1775—1779 年在英国塞文河(Severn River)上建造了第一座生铁桥(设计人:Abraham Darby)。桥的跨度达 30 m,高 12 m。1793—1796 年在伦敦又出现了一座更新式的单跨拱桥—森德兰桥(Sunderland Bridge),桥身亦由生铁制成,全长达 72 m。1833 年,第一个以铁架和玻璃构成的巴黎植物园温室(设计人:Rouhault)建成;1851 年,由建筑师、园艺师帕克斯顿(Joseph Paxton)设计的"水晶宫"展览馆,采用装配花房的方法,开辟了预制装配技术的新纪元;1889 年的巴黎世界博览会,工程师埃菲尔(G Eiffel)设计的高达 328 m 的埃菲尔铁塔(图5.3),体现了工业生产最高水平与环境的关系,促进着新环境思想。

5.1.2 面对工业革命后城市环境矛盾而提出的探索

工业革命以前,巴罗克或古典主义风格的城市尚有较好的规模秩序。18世纪工业革命出现了大机器生产后,引起了城市结构的根本变化,工业化破坏了原来城市结构与布局。大工业的生产方式使得城市人口以史无前例的惊人速度猛增,出现了前所未有的大片工业区、交通运输区、仓库码头区、工人居住区。城市规模越大,布局越混乱。城市环境与面貌遭到破坏,城市绿化与公共、公用设施异常不足,城市已处于失措状态,城市土地成为获取超额利润的有力手段。土地因在城市中所处位置不同而差价悬殊。在商业经济利益驱动下,土地投机商热衷于在已有的土地上建造更多的大街与房屋,形成一块块小街坊,以获取更多的可获高价租赁利润的临街面。有的城市开辟了对角线街道,交通更加复杂,铁路线引入城市后,交通更加混乱。大银行、大剧院、大商店临街建造,城市中心区形成大量建筑质量低劣、卫生条件恶化的贫民窟。城市的种种矛盾日益尖锐,生态恶化,环境污染,能源危机,技术的福祸,这引起社会的疑惧。人类已走到了生存环境的十字路口。著名的如巴黎市中心的改建、"协和新村"(village New Harmony)、"田园城市"(Garden City)、"工业城市"(Ⅱndustrial City)和美国的方格形(Gridiron)城市等就是对此的应对措施和有益的探索,但仍未能解决城市的根本症结。巴黎改建利用国家权力,进行了一个规模宏伟的城市改建规划,重点在于市中心区的市容。改建后的宽阔林荫路、城市绿地、严整的放射形道路与雄伟的广场、街道两旁房屋的庄严立面和平整的天际线所共同体现出来的皇都气派及其交通功能在当时是世界之冠,对后世有不小的影响。

"田园城市"的理论创始于19世纪末,其后各国的卫星城镇理论与新城运动都受它的影响。理论创始人鉴于城市环境质量的下降与城市自然生态环境的破坏,提出了亦城亦乡的田园式城市布局,使其兼具城乡两者的优点并解决城市矛盾。这个理论受卢梭的"返回自然"和空想社会主义者如康帕内拉的"太阳城",傅立叶的"公社房屋""理想城市"以及欧文的"新协和村"的影响。尤以欧文的"新协和村"影响最大,他们在自己的乌托邦中描绘了未来的共产主义社会。美国的方格形城市则是这个时期划分小街坊的典型实例,是为解决世界上迅速发展的新建大商业城市的一种典型平面布局。"工业城市"的设想方案则是资本主义人口与工业发展的一种必然产物,已觉察到应把工业作为城市结构的一个主要组成部分。"带形城市"理论则被规划工作者用作沿高速干道,以带状向外延伸发展布置工业与人口的一种规划组织形式,也催生了后来的"袖珍公园""垂直的绿地"高速公路公园。

(1)巴黎改建 自1853年起,法国塞纳区行政长官奥斯曼执行法国皇帝拿破仑三世的城市建设政策,在巴黎市中心进行了大规模的改建工程(图5.4),其目的在于解决城市功能结构由于急剧变化而产生的种种尖锐矛盾,从市区迫迁无产阶级,改善巴黎居住环境,拓宽大道,疏导城市交通。

巴黎宏伟的干道规划为十字形加环形路,以爱丽舍田园大道(Champs Elysees)为东西主轴。在奥

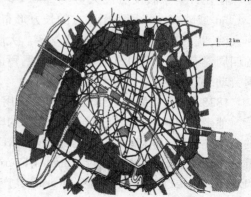

图5.4 奥斯曼的巴黎改建规划

斯曼执政的17年中,前瞻性地在市中心区开拓了95 km顺直宽阔的道路,于市区外围开拓了70 km的道路,布有古典式的规则和对称的中轴线道路,设有纪念性碑柱、雕塑为区域中心的园林主题性广场,丰富了巴黎的城市面貌。当时对道路宽度、两旁建筑物的高度与屋顶坡度都有一定的比例和规定。开拓了12条宽阔的树木林立的放射路的明星广场,四周建筑运用植物装饰、绿化新旧衔接过渡,立面形式协调统一。全市各区都修筑了大面积绿地和公园,大大改善了日益恶化的城市环境。宽阔的爱丽舍田园大道向东、西延伸,把西郊的布伦公园与东郊的维星斯公园的巨大绿化面积引进市中心,以罗浮宫至凯旋门最为突出。爱丽舍田园大道及周边建筑园林环境已成为巴黎的标志和骄傲。

巴黎改建虽然缓解了城市工业化的问题,对于环境问题提出新的迫切要求,却未能得到彻底解决。但奥斯曼对巴黎的改建,迈出了工业技术与城市种种问题的反思与探索的重要一步,具有重要历史意义。19世纪的巴黎曾被誉为世界上最近代化的城市(图5.5)。

图5.5　巴黎凯旋门(祝建军摄)

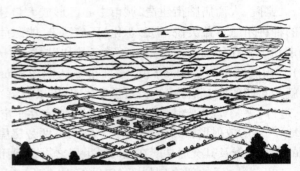

图5.6　欧文的"新协和村"示意图

(2)"新协和村"　1817年欧文(R. Owen,1771—1858年)根据他的社会理想,把城市作为一个完整的经济范畴和生产生活环境进行研究,提出了一个"新协和村"(viuage of New Harmony)的设计方案(图5.6)。欧文是19世纪伟大的空想社会主义者,他针对工业革命后,城市生存环境已暴露出来的各种矛盾,认为必须建立崭新的社会组织,把农业劳动和手工艺以及工厂制度结合起来。认为创造新的财富,必须合理地利用科学和技术。提出未来社会将按公社(Community)组成,其人数为500~2 000人,土地划归国有,分给各种公社,实现部分的共产主义。最后农业公社将分布于全世界,形成公社的总联盟,而政府则会消亡。

他在方案中假设居民人数为500~2 000人(最好是800~1 200人),耕地面积为每人0.4 hm²或略多。采用近于正方的长方形布局。公社中央以四幢很长的居住房屋围成一个长方形大院,院内有食堂、幼儿园与小学等。大院空地种植树木供运动和散步之用。篱笆围绕公社的四周建有工厂,公社外有耕地和牧地,篱内种植果树。公社内的生产和消费计划自给自足,共同劳动,劳动成果平均分配,财产公有。

1825年,欧文为实践自己的理想,动用他自己的大部分财产,以极大的抱负和热忱苦心经营。他带领900名成员从英国到达美国的印第安那州,以15万美元购买了总面积为12 000 hm²的土地建设"新协和村"。该村组织与1817年的设想方案相似,他为建设共产村揭开改造序幕。类似的试验还有傅立叶(Charles Fourier,1772—1837年)的"法郎吉"(Phalanges)和卡贝(Etienne Cabet)的"依卡利亚"(Icaria)共产主义移民区等。

他们的实践虽在当时未产生实际作用,但其思想对后来的规划理论,如在"田园城市"与

"卫星城市"等中起到重要作用。

（3）"田园城市"与"卫星城市"　19世纪末,英国政府针对当时的城市痼疾,授权英国社会活动家霍华德(Ebenezer Howard,1850—1928年)进行城市调查并提出整治方案。霍华德于1898年著作《明日的田园城市》,揭示工业化条件下的城市与理想的居住条件之间的矛盾、大城市与接触自然之间的矛盾,提出了"田园城市"(又译为"花园城市",图5.7)的设想方案。

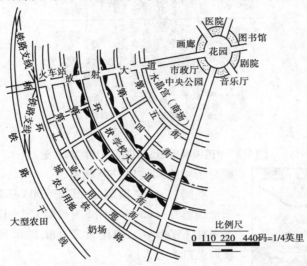

图5.7　"田园城市"示意图解方案

19世纪末大城市恶性膨胀给城市带来了严重恶果,霍华德认为城市的无限发展和城市土地商业投机是城市灾难的根源,而城市人口的过于集中是由于它具有吸引人们的磁性,应有意识地移植和控制,不能盲目扩张。他提出"城乡磁体"(Town. Country Magnet),使城市生活和乡村生活像磁体那样相互吸引结合。城乡结合体既具有高效能与活跃的城市生活,又具有环境清净与美丽如画的乡村景色,认为这种城乡结合体是人类新的生活文化希望。

霍华德的"明日的田园城市"方案规划设计图,疏散大城市工业和人口到约为32 000人规模的"田园城市"中去。其土地总面积为2 400 hm²,而其中心部分的600 hm²用于建设"花园城市"。城市平面为圆形,中心至周围的半径长度为1 140 m(图5.8)。

城市由一系列同心圆组成,可分市中心区、居住区、工业仓库地带以及铁路地带,有6条各36 m宽的放射大道从圆心放射出去,将城市划分为6个等分面积。市中心区中央为一占地2.2 hm²的圆形中心花园,围绕花园四周布置大型公共建筑如市政府、音乐厅、剧院、图书馆、博物馆、画廊以及医院等。其外绕有一圈占地58 hm²的公园,公园四周又绕一圈宽阔的向公园敞开的玻璃拱廊,称为"水晶宫",作为商业、展览和冬季花园之用。

居住区位于城市中部,有宽130 m的环状大道从中通过。其中央有宽阔的绿化地带,安排了6块各为1.6 hm²的学校用地,其余空地则作儿童游戏与教堂用。面向环状大道两侧的低层住宅平面成月牙形,使环状大道显得更为宽阔壮丽。

在城市外环布置了工厂、仓库、市场、煤场、木材场与奶场等。为了防止烟尘污染,采用电力作为能源。城市四周的农业用地有农田、菜园、牧场、森林及休(疗)养所等。设想的32 000居民中,有2 000人从事农业,就近居住于农业用地中。

为控制人口规模,他建议母城的规模应不超过60 000人口,子城应不超过30 000人口。母

图 5.8 "田园城市"及其周围用地图解方案

城与子城之间均以铁路联系。

英国第一个"田园城市"于 1903 年创建于离伦敦55 km的莱奇沃思(Letchworth,图 5.9);第二个"田园城市"于 1919 年建于韦林(Welwyn),离伦敦 27 km,城市和农业用地共 970 hm^2,规划人口 5 万人。

霍华德提出以母城为核心,围绕母城以发展子城的卫星城市理论,并强调城市周围保留广阔绿带的原则,深远地影响了现代城市绿地、城市环境、卫星城市规划活动。"田园城市"理论比空想社会主义者的理论前进了一步。对于使人类尴尬的城乡关系、城市结构、城市经济、城市环境、城市绿地、城市面貌都提出了见解,对城市规划学科的建立起到重要作用,并成为现代卫星城镇的理论基础。

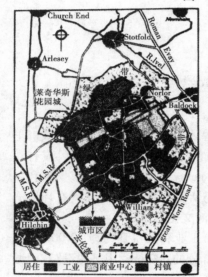

图 5.9 莱奇沃思田园城市

(4)"工业城市" 1898 年在霍华德提出"田园城市"理论的同时,法国青年建筑师(Ton Gamier,1869—1948 年)也从大工业的问题和发展出发,开始了对"工业城市"环境规划方案的探索。他设想的"工业城市"人口为 35 000 人。规划方案于 1901 年展出,其"带形城市"理论对以后城市分散主义有一定的影响。20 世纪 40 年代,现代派建筑师希尔贝赛默(Ludwig Hilberseimer)等人提出的带形工业城市理论也是这个理论的发展(图 5.10)。

(5)美国的方格形城市 18—19 世纪欧洲殖民者在北美这块印第安人富饶的土地上建立了各种工业和城市。由工程师对各类不同性质、不同地形的城市做机械的方格形(Gridiron)道路划分。采取了缩小街坊面积、增加道路长度的方法以获得更多的可供出租的临街面。这种由测量工程师划分的方格形布局不能理解为某个城市的规划,而是大城市应付工业与人口集中的一种方法。首都华盛顿是少数几个经过规划的城市之一,采用了放射加方格的道路系统。

1800 年的纽约,人口仅 79 000 人,集中于曼哈顿岛的端部。1811 年的纽约城市总图采用方格形道路布局,东西 12 条大街,南北 155 条大街。市内唯一空地是位于东西第 4 街与第 7 街,南北 22 街与 34 街之间的一块军事检阅用地,1858 年后改建为中央公园。

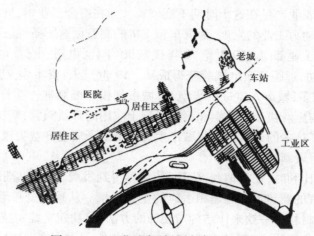

图 5.10　"工业城市"规划方案　加尼埃

这个方格形城市东西长 20 km,南北长 5 km。1811 年制订规划时预计 1860 年城市人口将增加 4 倍,1900 年将到达 250 万人,总图就是按 250 万人口规模进行规划的。事实上,人口增长比规划预计的快,1900 年竟达 343.7 万人。

1811 年的纽约方格形城市总图是时代的产物,它对人口与城市规模的增长有一定的预见性,在一定程度上缓解了城市因人口规模化导致的环境危机,适应了当时世界大城市发展的速度。这种布局方式也影响了其他国家的城市环境建设(图 5.11)。

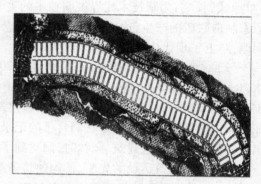

图 5.11　西班牙的"带形城市"

5.1.3　19 世纪下半叶 20 世纪初新建筑的探求对园林的影响

(1)新建筑探索的社会基础　从 1871 年的巴黎公社至 1917 年俄国的十月社会主义革命,直至 1918 年的第一次世界大战结束,是自由竞争的资本主义向垄断资本主义的过渡时期。在这个时期内资本主义国家以德、法、英、美最有代表性。

普法战争之后,普鲁士统一了德国,于 1871 年宣告德意志帝国成立,使统一的国内市场与经济得到迅速发展,到了 19 世纪末已超过了英、法两个老牌资本主义国家而仅次于美国。19 世纪末至 20 世纪初,德国在生产集中的基础上形成了垄断组织,开始进行资本输出。

19 世纪中叶,法国在经济发展水平上,居资本主义世界第 2 位,仅次于英国。但到了 19 世纪末已落后于美、德、英三国而退居于第 4 位。英国在 19 世纪初,工业生产水平仍占世界第 1 位,但从 19 世纪 70 年代起逐渐落后,先后被美国和德国超过。到 20 世纪初已退居第 3 位。

美国在南北战争结束后,即 1860 年,美国的工业生产水平占世界第 4 位,1890 年时就超过了老牌的资本主义国家而跃居世界第 1 位。19 世纪末,美国经济迅速发展,生产和资本的规模迅速集中。20 世纪初,美国成为首屈一指的垄断资本主义国家。

资本主义世界工农业产量在这个时期不断增长。如在冶金工业中,贝塞麦、马丁、汤麦斯炼钢法已经广泛应用。动力工业的发展,为汽车和飞机的制造创造了条件。化学工业和电气工业是这一时期新出现的工业部门。19 世纪 70 年代至 90 年代,电话、电灯、电车、无线电等先后发明。19 世纪 90 年代初,远距离送电试验获得成功。19 世纪末,资本主义世界工业生产产值比 30 年前增加了约 1 倍多,城市人口进一步增长,城市规模不断膨胀。生产急骤地发展,技术飞速地进步,材料和结构更新快。随着钢和钢筋混凝土应用的日益频繁,新功能、新技术与旧形式之间的矛盾、大工业高技术的人口密集与城市生态环境的矛盾也日益尖锐。技术带来的双重效应是思辨的母体,孕育着新建筑运动。

新艺术运动始于比利时,在奥地利、荷兰、芬兰等得到发展,这些思潮的目的是要探求一种能适应社会变化、时宜的新建筑和与之相适应的生态环境。从形式变革着手,其中新艺术运动成功地运用当时的新材料——铁来作结构与装饰的方法,以功能来统一技术与形式的矛盾。在这方面芝加哥学派最为突出,如赖特在功能、形式与技术、环境的统一中创造了新型与宜人的"草原式"住宅,为新技术找寻说明技术的美学观念和艺术形式。法国对钢筋混凝土的应用、德意志制造联盟的产生,这些探索,使建筑观念摆脱复古主义、折中主义的羁绊,思考面临的环境问题,踏上了现代化的道路。

(2)欧洲探求新建筑的运动　19 世纪 20 年代,新建筑运动的先驱者、德国著名建筑师申克尔(Karl Fredrich Schinkel,1781—1841 年,柏林宫廷剧院的设计人)热心于希腊复兴风格,在大工业急剧发展的时代,申克尔为了寻求新建筑的可能性,曾多次出国考察,"所有伟大的时代都在它们的房屋样式中留下了它们自己的记录。我们为何不尝试为自己找寻一种样式呢?"申克尔在考察古典与现代建筑、园林时,洞见到了建筑环境艺术中的时代性问题。

另一个新建筑运动的先驱、德国建筑师桑珀(Gotffried Semper,1803—1879 年),原致力于古典复兴,后来又受折中主义建筑思潮的影响,他曾去过法国、希腊、意大利、瑞士、奥地利等国,1851—1855 年到伦敦,在 1851 年国际博览会上深受像"水晶宫"那样的建筑艺术造型和它的建造关系的启发,提出了建筑的艺术形式应与新的建造手段相结合。1852 年著有《工业艺术论》一书,1861—1863 年又发表了《技术与构造艺术中的风格》(Der Stil in den teehnisehen und techtonisehen Kunsten),认为新的建筑形式应该反映功能、材料与技术的特点,引起当时的注目。

法国杰出的建筑师拉布鲁斯特也是其中一位。他所设计的巴黎圣吉纳维夫图书馆(1843—1850 年)与巴黎国立图书馆(1858—1868 年)与环境,应用并展现了新材料与结构,是结构、解构主义的示范者。

在维也纳的另一位建筑师洛斯(Adolf Loos,1870—1933 年),提出"装饰即罪恶"的功能至上的功能主义,针对城市环境日益恶化,指出"维护文明的关键莫过于足够的城市供水",主张实用舒适的功能主义。建筑理论独到的见解及实践预告了功能主义形式,影响了几乎所有设计领域,也影响了园林功能设计。洛斯是后来新建筑运动中一位重要人物,其代表作品是斯坦纳住宅(Steiner House,1910 年)。新建筑运动的先驱们,关于建筑的时代性,探求新建筑的焦点,建筑形式与建造手段的关系,以及建筑功能与形式的关系,深刻影响了园林。

(3)"芝加哥学派"与赖特的草原式住宅　19 世纪 70 年代,美国高层建筑的发展诞生了芝加哥学派,是现代建筑及环境设计思想在美国的奠基者。随着城市人口的增加,城市用地紧张,特别是 1871 年的芝加哥大火,在城市重建中高层建筑开始在芝加哥涌现。"芝加哥学派"(Chicago School)就此应运而生。芝加哥学派的创始人是工程师詹尼(William lc Baron Jenney,1832—1907

年)。1879年他建造了第一莱特尔大厦(First Leiter Buliding),1891年,伯纳姆与鲁特(Bumham and Root)设计了莫纳德诺克大厦(Monadnock Building),这座16层的建筑成为芝加哥采用砖墙承重的最后一幢高层建筑。

芝加哥学派的支柱和理论家、建筑师沙利文(Louis Henry Sullivan,1856—1924年),提出"形式追随功能"(Form follows function)的经典口号,具有革命性意义,也深深影响了包括园林在内的环境设计。芝加哥学派最兴盛的时期是在1883—1893年。在工程技术上创造了高层金属框架结构和箱形基础,在建筑设计上强调了功能和形式之间的关系,在建筑造型上趋向简洁、明快与适用的独特风格,外形上摒弃了折中主义的装饰,简洁明确的造型是合乎结构逻辑的表现手法,反映了芝加哥学派的特征。芝加哥学

图5.12　赖特(Frank Lloyd Wright)

派的建筑很快便在城市建设中占有统治地位,给与之相适应的园林环境设计提出了新的问题。

美国著名的现代建筑大师赖特(Frank Lloyd Wright,1869—1959年,图5.12),18岁时便来到芝加哥,1888年进入沙利文与爱得勒建筑事务所,1894年赖特开设自己的建筑事务所。他在美国中部,融合了浪漫主义,创造了适合自然环境、富有田园诗意的"草原住宅"(Prairie House),其人类生态环境意义是不言而喻的,发展成为"有机建筑"理论,对园林艺术影响深远。

5.1.4　19世纪西方园林的变革与实践

19世纪末20世纪初,西方园林在现代艺术、现代建筑的影响下,在艺术运动思潮的推动下,开始逐步从传统园林向现代园林方向过渡。

(1)城市公园运动　随着农业社会的结束和工业时代的来临,西方社会经济基础发生了巨变,作为上层建筑的一部分,园林形式也随之变化以求与之相适应,技术革命使生产规模不断扩大,城市环境问题不断涌现,为减轻城市的负面影响,英国传统的自然风景园林被作为环境清新剂引入到城市中。布朗的弟子莱普顿(Humphry Repton)运用植物学新知识改进了自然风景园,更适于实际应用,园林逐渐向资产阶级和市民开放,被称为公园。17世纪就有肯辛顿公园(kensinton Gardens)、圣吉姆斯公园(St James Park)、海德公园(Hyde Park)等先后开放,英国在短短20年中就通过了《娱乐活动场法》(1859)、《公共改良法》(1860,其中7条与公园有关)、《城市庭园保护法》(1863)和《公园管理法》(1972)、《公众保健法》(1875,其中2条与公园有关)、《绿地法》(1879)。法律为公园的大量建设提供有利的政治环境。

美国城市公园运动由造园学者安德鲁·杰克逊·唐宁(Andrew Jackson Downing,1815—1852年)、纽约中央公园的设计者老弗雷德里克·劳·奥姆斯特德(Frederick Law Olmsted SR.,1822—1903年)以及卡儿弗特·沃克斯(Calvert Vaux,1824—1895年)一同拉开序幕。老奥姆斯特德曾考察过中国并于1850年前往英国游历,琼斯弗·帕克斯通(Tosoph Paxton)设计的以普通劳动阶级为对象的伯金海德公园(Birkenhead Park)给予他很大的启发,在7年后改建设计的位于市中心面积达344 hm^{2}的纽约中央公园,为大批市民提供了集中休息的场所。

城市公园运动最明显特点表现在功能的变化和完善,由于园林与社会生活的关系更为密切

和直接,城市公园运动虽没能产生特殊的纯艺术形式,却完成了传统园林的转向,开创了城市公园的先河,传播了城市公园的思想。

图 5.13　伦敦水晶宫 1851 年
派克斯顿(Joseph Paxton)

（2）Landscape Architecture（风景园林设计）　作为一门独立学科,早在 19 世纪 60 年代初,老奥姆斯特德与沃克斯在设计纽约中央公园时就首次采用了"Landscape Architect"（风景园林设计师）的称谓。作为一门独立学科其确立标志是 1900 年小弗雷德里克·劳·奥姆斯特德(Frederick Law Olmsted, Jr.)与舒克利夫(A. A. Sharcliff)在哈佛大学开设课程,并在全美首创 4 年制的 LA 理学学士学位。学科的建立汇集了相关艺术、建筑、美学、史论、园林等方面理论精髓,造就了大量行业人才,从业人员相关的理论研究和实践又进一步丰富了学科理论,为近代新型园林快速的发展奠定了坚实的基础。

（3）"工艺美术运动"新艺术运动中的新型园林设计　1851 年由建筑师、工程师、园林师派克斯顿(Joseph Paxton,1803—1865 年)设计的伦敦水晶宫(图 5.13),开辟了建筑形式的新纪元,宣告了工业设计的开始。以拉斯金(John Ruskin,1819—1900 年)和莫里斯(William Morris,1834—1896 年)为首的社会活动家和艺术家既反对维多利亚风格,又反对帕克斯顿的现代工业设计风格,发起了"工艺美术运动"(Arts and Crafts Movement)(图 5.14)。

英国是世界上最早发展工业的国家,是最先遭受由工业发展带来的各种城市痼疾及其危害的国家。面对当时城市交通、居住与卫生条件越来越恶劣,各种粗制滥造而廉价的工业产品正在取代原来高雅、精致与富于个性的手工业制品的市场,催生憎恨工业污染,鼓吹逃离工业城市,怀念中世纪安静的乡村生活与向往生态自然的浪漫主义情绪。以罗斯金和莫里斯为代表的"工艺美术运动"便是这一思潮的代表。

图 5.14　Kent 宅邸 莫里斯

图 5.15　鲁宾逊 Gravetye

"工艺美术运动"赞扬手工艺制品的艺术效果、制作者与成品的情感交流与自然材料的美。莫里斯主张生活应迁到城郊建造"田园式"住宅建筑形式。1859—1860 年由建筑师韦布(Philip Webb)在肯特建造的"红屋"(Red House,Bexley Heath,Kent)就是这个运动的代表作。"红屋"是莫里斯的住宅,平面根据功能需要布置成 L 形,使每个房间都能自然采光,用地域的本地产的红砖建造,不加粉刷,装饰上表现出材料自身质感的运用。这种将自然地域的功能、材料与艺术造型结合,对后来的新建筑与环境园林活动有很大的启发。莫里斯认为庭园必须艺术化。不可照搬自然,排斥维多利亚时期的装饰,追求单纯、浪漫的形式,形成"花园风格"。其代表人物是艺术家、作家、植物学家鲁滨逊(William Robinson,1839—1935 年)(图 5.15)和艺术家、作家、园林师杰基尔(Gertrude Jekyll,1843—1932 年)、建筑师路特恩斯(Edwin Lutyens,1869—1944 年)。

    杰基尔(图 5.16)与建筑师路特恩斯凭借对建筑材质的理解,对建筑和景观的敏感,找到统一建筑与花园的新方法,美的法则与自然植物完美结合,以结构规则设计为主,以自然植物为辅影响至今。路特恩斯通过波斯绘画、印度绘画的学习,设计了著名的莫卧尔花园(Mughal Garden),又称总督花园(图 5.17),体现了规则式结构与自然式美的结合。

图 5.16   杰基尔(Gertrude Jekyll)

图 5.17   总督花园

    (4)新艺术运动   新艺术运动(An Nouveau)于 19 世纪 80 年代始于比利时布鲁塞尔。比利时是欧洲大陆工业化最早的国家之一,工业化问题在那里也同样尖锐。19 世纪中叶以后,布鲁塞尔成为欧洲文化和艺术的一个中心。在巴黎尚未受赏识的新印象派画家塞尚(Cezanne)、梵高(Van Cosh)和苏拉(Seurat)等都曾被邀请到布鲁塞尔进行展出。

    新艺术运动的创始人之一,费尔德(Henry van de Velde,1863—1957 年)原是画家,19 世纪80 年代致力于建筑艺术革新的目的,在绘画、装饰、建筑与环境上创造一种不同于以往的艺术风格。费尔德曾组织建筑师讨论结构和形式之间的关系,并在"田园式"住宅思想与世界博览会技术成就的基础上迈开了新的一步。在建筑上,他们极力反对工业化的污染和简单丑陋,反对历史样式,意欲创造一种前所未见的、能适应工业时代精神的装饰方法。当时新艺术运动在绘画与装饰的灵感来自自然界植物草木曲线纹样,于是建筑墙面、家具、栏杆及窗棂、草坪等也莫不如此。

    新艺术运动的经典代表作品,如奥太(Victor Horta,1861—1947 年)在 1893 年设计的布鲁塞尔都灵路 12 号住宅(12 Rue de Turin,图 5.18),费尔德在 1906 年设计的德国魏玛艺术学校(Weimar Art School)等。费尔德就任该校的校长,直到 1919 年被格罗皮乌斯接替为止。

    1884 年以后,新艺术运动迅速地传遍欧洲,影响到了美洲。正是由于它的这些植物形花纹与曲线装饰,脱掉了折中主义的外衣。新艺术运动的思想理论、艺术形式与装饰手法,是影响现代建筑、园林环境摆脱旧形式羁绊,探求解决工业技术与建筑环境、产品矛盾过程中的一个有力步骤。

    新艺术运动在 19 世纪末的德国称之为青年风格派(jugendstil),其主要是在慕尼黑。它们的代表作品如 1897—1898 年在慕尼黑建造的埃尔维拉照相馆(Elvira Photographic Studio,图5.19)和 1901 年建造的慕尼黑剧院。其中对 20 世纪设计领域,包括建筑、园林、现代景观与环境设计都有深远影响。非常有影响力的著名建筑师有贝伦斯(Peter Behrens,1868—1940 年)、恩德尔(August Endell,1871—1924 年)等。青年风格派在德国成就的地方是在达姆施塔特。

图 5.18　都灵路 12 号住宅内部

图 5.19　达姆施塔特·路德维希展览馆

1901—1903 年在黑森大公恩斯特·路德维希(Ernst Ludwig oj Hessen)的赞助下,举行了广泛的现代艺术展览会,吸引了各国著名的艺术家与建筑师参加,其中比较著名的有奥尔布里希(joseph Maria Olbrieh,1867—1908 年)与贝伦斯等人。展览会打破常规,除了建造一座展览馆外,还在就近一个公园里让各个艺术家自由布置,建造自己的房屋,形成了一个艺术家之村,把建筑作为复兴艺术的起点,使新艺术和建筑设计紧密结合起来。最有代表性的作品是由奥尔布里希设计的路德维希展览馆(Erest Ludwig House,1901 年)。它的外观简洁,窗户很大,主要入口是圆拱形造型,两旁是充满生命力量的人体雕塑,强调着入口,大门周围充满植物图案装饰,植物精心修剪列植两旁,富于新艺术运动特征。

(5)奥地利、荷兰与芬兰　在新艺术运动的影响下,奥地利形成了以瓦格纳(Otto Wagner,1841—1918 年)为首的维也纳学派。瓦格纳是维也纳学院的教授,曾是桑珀的学生,原倾向于古典建筑,1895 年他出版了《现代建筑》(Modeme Architektur)一书,指出新结构、新材料必然导致新形式的出现,"每一种新格式均源于旧格式",瓦格纳主张对现有的建筑形式进行"净化",使之回到最基本的起点,从而创造新形式。瓦格纳的代表作品是维也纳的地下铁道车站(1896—1897 年)和维也纳的邮政储蓄银行(he Post Office Saving Bank,1905 年)。瓦格纳的见解对他的学生影响很大,到 1897 年,维也纳学派中的一部分人员成立了"分离派"(vienn's Secession),宣称要和过去决裂。1898 年在维也纳建立的分离派展览馆,设计人是奥尔布里希。他们主张造型简洁,常用大片的光墙和简单的立方体,局部集中装饰。但和新艺术派不同的是装饰主题常用直线,使建筑造型走向简洁的道路。瓦格纳本人在 1899 年也参加了这个组织,代表人物是奥尔布里希和霍夫曼(j. C. Hoffmann,1870—1956 年)等。至 20 世纪,他们的思想已在园林、现代景观实践中大放光彩。

工艺美术运动、新艺术运动提倡简单、朴实无华,装饰上推崇自然主义和东方艺术风格以及好的功能设计,提倡艺术化手工业产品,反对工业化对传统工艺的威胁,也反映在园林中。

5.1.5　19 世纪下半叶至 20 世纪中期——完成园林向现代景观的转化

巴黎美术学院是传统建筑环境、美术领域的代表,占有主导地位。19 世纪的绘画发生深刻的变革,19 世纪 60 年代至 80 年代,艺术上的反叛,使绘画思想理论实践异常活跃,出现了以莫奈(Claude Monef,1840—1926 年,图 5.20)、塞尚(Paul Cezanne,1839—1906 年)、高更(Paul

Gauguin,1848—1903 年)、梵高(Vincent Van Gogh,1853—1890 年,图 5.21)等为代表的印象派绘画。早期印象派和后期印象派用更加鲜艳、纯度极高的强烈的色彩对比,从中发现视觉空间混合,并用色彩空间混合来表达,反对写实、重理性情感、重色彩心理,画家创新探索,其色彩、理论尤其点彩,当时就影响庭院花卉种植设计。后又出现了被称之为"现代雕塑之父"的罗丹(Auguste Rodin,1840—1917 年),直接影响了现代景观的发展。印象派改变了人们"看世界"的观念,发生了由具象到抽象至理性的巨大转化。

图 5.20　莫奈法国住所 Normandy 花园

图 5.21　梵高(油画)

19 世纪下半叶至 20 世纪初的绘画极为重要,影响了园林景观发展变化,完成了园林向现代景观转化。

1) 西方近代新型园林的诞生

19 世纪,在人类自我创造的工业技术双重结果的环境困惑和探索中,在古典、传统的沁润寻求中,在工艺美术运动、新艺术运动、新建筑运动旗帜的引导下,传统园林的变革走向必然。

资产阶级革命促进了生产力的发展,也唤醒了低落的人文精神。表现在城市中:一方面城市规模化,工业、商业等的繁荣发展,造成大量人口往城市集中,城市显得具有生机和活力;同时,人口拥挤、环境污染、犯罪、道德沦落、社会矛盾等问题也显得日益突出。另一方面在此背景下人文精神得到唤醒,封闭思想被打破,民主精神深得民心,暗示着一场巨大的变革将要开始。园林的变革要相对迟一些,经历了传统园林思想变革和城市公园的兴起、城市绿地系统观念的形成两个阶段。

(1)传统园林思想变革和城市公园的兴起　18 世纪初,受新兴资产阶级浪漫主义思潮的浸透和受中国与自然和谐山水园的影响,英国掀起了了解植物园艺知识的热潮。英国风景画的兴起导致自然风景园盛行,踏出了国门并引进了植物。1840 年,英国园艺学会派植物学家去世界各地收集植物资源并为丰富的植物材料所吸引,渐渐淡化了感伤主义庭园,而专注于创造各种自然环境以适应植物的生长。新型的园林形式——自然风景园引起了人们广泛的兴趣,逐渐传入法、德等西方国家,成为公园形式,如 1804 年史凯尔为卡尔鲁特欧德造英国花园;也有旧园改造,如 1828 年纳什改造圣盾姆斯公园。私园逐渐对公众开放,18 世纪的伦敦,人人可以进入皇家大猎苑游玩、打猎。

(2)"翡翠项链"与城市园林绿地系统　1881 开始,老奥姆斯特德又进行了波士顿公园系统设计,在城市滨河地带形成一连串绿色空间。从富兰克林公园到波士顿大公园再到牙买加绿带,蜿蜒的项链围绕城市连接了查尔斯河,构成了"翡翠项链"之称的绿地雏形。在以后的城市绿地系统发展过程中,无价的风景重构了日渐丧失的城市自然景观系统,有效地推动了城市生态的良性发展。从 19 世纪末开始,依附于城市的自然通过开放空间系统的设计将自然引入城市。继波士顿公园系统之后,芝加哥、克利夫兰、达脉络——水系和山体,成为自然式设计的主要目标,城市开放空间系统也陆续建立起来,同时开创了自然景观分类系统作为自然式设计的形式参照系。埃里沃特(Charles Eliot)在继老奥姆斯特德之后为大波士顿地区设计开放空间系统时,首先对该地区的自然景观类型进行了分析研究,开创了生态规划之先河。城市园林绿地系统的构建使城市园林化的构想成为可能,城市中出现了各种类型的公共绿地,公园、广场、街道、滨水绿带以及公共建筑、校园、住宅区等共同构成了绿地系统中的主要部分(图5.22)。

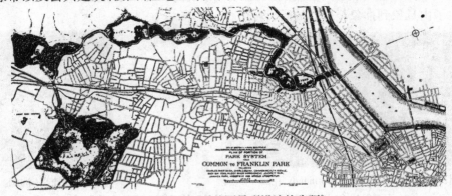

图5.22   摘自《美国景观设计的先驱》

2) 美国城市园林

(1)美国园林风格   美国地域辽阔而历史很短,是个年青的、多民族的国家,1776年宣布独立。在殖民统治时期,各地有小规模的宅园,其形式基本上反映了殖民地各宗主国园林的特征。18世纪后,出现了一些经过规划而建造的城镇,才有了公共园林的雏型,如波士顿公共花园的用地、费城的独立广场绿地等。两百多年历史的美国吸收外来园林形式,早期的庭园如东海岸多为英国式的风景园,也有法国、意大利古典规则式园林,在西部加州一带则多受日本庭园的影响,但美国园林形式的主体来自欧洲。

19世纪园林事业开始发展,在这时期美国园林界出现了一位举足轻重的人物——唐宁(Andrew Jackson Downing,1815—1852年)。他是建筑师,靠自学又成为造园家,集建筑师、园艺师于一身,还写了许多有关园林的著作,担任《园艺家》杂志的主要撰稿人和主编,发表了很多独到的见解。他设计的新泽西州西奥伦治的卢埃伦公园成为当时郊区公园的典范,他还改建了华盛顿议会大厦前的林荫道。

1850年,唐宁去英国访问,正值英国风景园处于成熟时期,唐宁从雷普顿的作品中受到很多启示。他也高度评价美国的大地风光、乡村景色,并强调师法自然的重要性,他主张给树木以充足的空间,充分发挥单株树的效果,表现其美丽的树姿及轮廓。这些对今天的园林设计者来说,仍有借鉴意义。继承并发展了唐宁思想的是另一位杰出人物奥姆斯特德(Frederick Law Olmsted,1822—1903年)。

美国园林风格受欧洲尤其是英国的影响较深,随着时间的推移,美国的国土面积、植物资源、气候特点等方面的内在因素,美国的园林形式是扩大而变化了的英国风景式园林,其气魄雄伟,简练开阔,尤其是大面积的草坪,而且常把建筑物附近的形式设计巧妙地融合或过渡到自然形式之中。

城市园林是美国园林重要的组成部分,也是美国园林艺术水平的最高代表。它包括公共公园、主题公园、城市绿地、住宅小区绿化和公共墓园等形式。城市园林具有较强的公众性,它属于公共园林。营造和观赏园林不再是少数富人的专利,而公共公园的建立使得普通民众也有机会参与园林艺术活动。美国作为一个新兴的资本主义国家,以包容、接纳、反省的胸怀,且将追求自由、民主、平等理念作为立国的基础。由于此种背景,公共园林在美国得到了较快的发展。

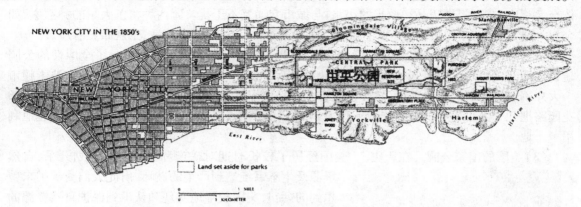

图 5.23　中央公园

（2）美国的城市公园　美国城市公园的布置着重自然意境。以大片草地与树丛为主,适当布置一些园路、花坛及园林小品,常常在建筑物附近,草坪一角,或全园中心等处,设置整形式、半整形式花坛、花境,规模较大,注重发挥地域植被、精神文化特色,形成整体效果。

著名的美国纽约中央公园（图 5.23—图 5.25）位置在纽约市曼哈顿区,现在位于人口最稠密的商业区当中,是美国第一个城市公园,面积 344 hm²。1858 年通过了老奥姆斯特德及沃克斯二人合作的公园设计方案。设计者是在对 1811 年的纽约方格形城市时代认识的基础上,缓解和改善城市因人口规模化导致的环境危机的改建,在形式上受英国自然式乡趣园的影响,意图为城市生活的居民提供一个具有浓厚田园风味的游憩生活场所。

图 5.24　纽约中央公园

图 5.25　纽约中央公园

美国纽约中央公园长约 4 000 m,宽约 800 m,呈南北向长带状。其纵向跨 47 个街区,横向跨 3 个街区。它既是纽约市的一座大型公园,也是一处生态走廊。公园的原设计是于 1858 年完成的,1870 年又进行了重新设计,也有过一些局部改动,但公园的整体形式和风格得到了保留。园内的景区大体可分为四个部分,第一部分景区是由南向北的绿树环抱的游戏区,第二部分是游行集会区,这两个区域空间开阔,是面积较大的草坪区。第三部分是公园的最大景区——湖池区,有大小三个主要的水面,中间为规整的长方形,前后一小一大均取自自然湖池形式,自然蜿蜒,生动有趣。周围也由绿树环绕,其中面积最大的湖池,湖面约有 1 km²。第四部分为休闲区,内有大片的草坪和小型的湖池,景色优雅。园中供驾车和散步的园路均蜿蜒曲折,追求自然。建筑小品精巧细致,雕塑精心布置,为园中增添了艺术的氛围。各种乔灌木约占园地的3/4,或疏或密,绿意浓浓,加上园内地势有起有伏、变化悠悠,营造出一片城市田园的风情。

纽约中央公园规划均为自然式布局,曲线道路,不规则的草坪、树丛、湖沼和山丘,在自然式当中也掺杂了整齐式,布置有一条大的林荫道及中央林荫广场,这里平坦、开阔,四周有足够的树荫,游人喜欢停留。园路采用了回游式环路和波状相结合的系统,有四条园路与城市街道立体交叉相连,有专门供骑马和散步的小路,与城市交通互不干扰。园内种植了大量的乔灌木,如今树木成林,公园组织得十分优美。总之,中央公园大而不旷,巨而不散,景观布置有序。

纽约中央公园的建设成就受到群众的赞赏,以后的十几年中,在美国掀起了全国性的公园建设高潮,公园系统(Park System)思想开始萌芽。1878—1895 年,老奥姆斯特德又在波士顿市一大片不适宜建筑的沼泽地上,结合防潮排水和环境卫生工程,建设了第一个公园系统,用一条花园路把几个大小不等的公园连成一体,被誉为"翡翠项链",全面美化了城市,充分合理地利用了土地。

(3)美国的国家公园　在历史上,美国经历了较长时期对矿产和森林的无计划开采,自然资源及生态系统遭到严重的破坏,由此人们受到了未曾想到的惩罚,美国较早地发现和认识到保护自然资源的重要性,1872 年 3 月 1 日,美国国会通过了设立国家公园的法案,并建立了美国第一个国家公园——黄石公园。黄石公园是世界上第一个,也是世界上最负盛名的国家公园。黄石公园建立之后,美国又陆续将西部地区一些联邦政府的土地,批准建立国家公园、国家纪念地(表 5.3),加快了国家公园系统的发展步伐。国家公园法规定国家公园受美国法律保护、开拓和占有,是供人们娱乐、休息的公共公园(图 5.26),后来这个法律成为各地建立国家公园的依据。

图 5.26　国家纪念碑

表 5.3　美国的国家公园体系一览表

类别名称	注　释
国家公园(National Park)	通常是大面积的自然区域,拥有丰富的资源类型,其中也包括一些重要的人文资源。在国家公园内,不允许从事狩猎、放牧、采矿及其他生产活动
国家纪念地(National Monument)	国家纪念地主要是保留那些小的具有国家意义的资源,通常比国家公园小得多,也没有国家公园那样丰富的多样性。国家纪念地所包含的内容较多,可用于很大的自然保留地、历史上的军事工事、历史遗迹、化石场地以及自由女神像等。经国会批准可以升格为国家公园
国家保存地和保护地(National Preserves and National Reserves)	显著区别于由内务部鱼和野生动物管理局管理的国家野生动物保护区,与国家公园的特征相似,但在国家保存地内,国会允许进行大众狩猎、石油和天然气的开采等直接利用自然资源的开发活动。若资源被发现具有重大的保护和保存价值,经国会批准可以升格为国家公园
国家历史地(National Historic Site)	通常是与某单一历史事件有直接联系的地段,是在 1935 年国会通过《历史地法案》后建立起来的
国家历史公园(National Historic Park)	国家历史公园以人文景观为主,把国内一些具有历史意义的地方包括进来加以保护,供人参观游览。通常有比较大的范围,其内容也比国家历史地丰富得多。美国没有专设文物管理局,有关考古、文物古迹保护等方面的业务,都由国家公园管理局负责
国家古迹地(National Memorial)	包含那些位于政府所有或控制的地域范围内的、具有重大历史意义或科学价值的地标、建筑或其他景物的地域

类别名称	注　释
国家海岸、湖岸（National Seash-ore and National Lakeshore）	具有重大价值的海岸和湖岸
原生态及自然风景河（Wild and Scenic River）	原生态及自然风景河主要是保护那些没有筑坝、开渠或其他改变的自由流动的小河、溪流。要保护这些河流的自然状态。这些区域,可以提供徒步旅行、划独木舟、狩猎等户外活动的机会
国家风景大道（National Parkway）	一些与国家公园区域基本平行或连接不同国家公园的自然风景良好的大道,游客可以开车观光一些线形的公园地
国家战场（National Battlefield）	用于与美国的军事历史有关系的地方。已由单纯文化遗产逐渐演变为自然、文化并重的遗产
国家战场遗址（National Battlefield Site）	用于与美国的军事历史有关系的地方。已由单纯文化遗产逐渐演变为自然、文化并重的遗产
国家军事公园（National Military Park）	用于与美国的军事历史有关系的地方。已由单纯文化遗产逐渐演变为自然、文化并重的遗产
国家战场公园（National Battle Field Park）	用于与美国的军事历史有关系的地方。已由单纯文化遗产逐渐演变为自然、文化并重的遗产
国际历史地（International Historic Site）	跨越国界的历史文化遗产
国家墓地（National Cemetery）	国家公园体系内的墓地并非独立单位,而是从属于其他相关部分统一管理
其他（Other Designations）	国家公园体系中的有些成员采用其他特定的名称或使用组合名称,如国家首都公园、"白宫"等

1916 年在内务部成立了国家公园局,掌管国家公园,确定国家公园保存物,保护自然风景、自然史迹、野生动物等,并为人们提供旅游活动的场所。1918 年内务部通过了有关法案,规定了国家公园局对管辖地区内管理方面的三个原则:a. 保持国家公园和国家保存物的原貌;b. 妥善保护以满足观赏;c. 保健和旅游的需要。由于国家给予极大的关注,这三个原则迄今遵守不变,这样在美国广阔的国土上,形成了由国家公园局管理的公园体系,公园种类的增加使国家公园在近年来更有所发展。

国家公园以保存、恢复自然、历史面貌为主旨。国家公园系统的地域中,具有珍贵的自然价值或特色,有着优美风景或很高科学质量的土地或水体,通常命名为国家公园、纪念地、保护区、海滨、湖滨或河滨等。这些地域,包含着一个或多个有特色的标志,诸如草原、苔原、沙漠、河口或河系;或者拥有观察过去的地质历史、壮丽地貌的"窗口",诸如高山、大湖、深谷、冰川、冻原、火山遗迹等特殊地形、地貌;或者是丰富的或稀有的野生动物、野生植物的栖息地、生长地等,经过各方面讨论评价后,即可设置国家公园。

美国全国共有 40 多个国家自然公园,面积都很大,最大的黄石公园接近 9 000 km²,一般也有几百平方千米至上千平方千米。美国国家公园范围内的森林、树木、野草都听其自生自灭,不得采伐或利用。草原不许放牧,任野生动物自由生息繁育,不许狩猎,也不得喂食。地下的矿藏也任其埋藏,不得开采。公园内的土壤、岩石、矿物和野生动植物不经公园局特许,都不能采集并携出公园。任何外来的动物和植物,都不能引入园中。把这个地区内的自然地貌、地质土壤、动植物群落,都按原始状态保护下来,不得破坏。其中有一部分地区划为绝对保护区,只有持特别通行证的科学工作者才能进入。其余公园内的广大地区,在不影响环境质量的允许范围内,确定出环境容量(即游人容量)。在一定容量范围内向群众开放,供群众野营、娱乐、登山、划船、进行科学研究并开展科普工作等。

国家自然公园内有地质学、生态学、野生动物学、考古学、造园学、艺术学、建筑学等各种学科的专家专门研究有关资源保护计划,并制订有规划、有控制的游览和科普活动。国家自然公园内,不允许建造大体量的、金碧辉煌的豪华大型旅馆、餐馆、商店和停车场,更不能建造集中的旅游城镇。只允许建造少量的、小型最朴素的、分散的旅游生活服务建筑,都是成组分散设置的。公园内的个体建筑,其外部造型色彩,应与地域协调为原则,采用地方风格,力求与当地的风俗民情相协调,使建筑物与自然环境融为一体。一些旅游建筑附近的绿地规划设计,要完全采用自然式布局,种植设计尊重地方野生植物群落形式,植物也都是当地野生种。

- 黄石国家公园

建于 1872 年,位于怀俄明州西北部与蒙大那州、爱达荷州三州北落基山的熔岩高原上,平均海拔高达 2 400 m,面积 8 956 km^2,是美国最大的国家公园,也是世界上最古老的国家公园。黄石河蜿蜒于峭壁深峡之间,急流奔腾,是美国最大的高山湖泊,长 32 km,宽 21.5 km,湖岸周长 180 km。从这里落下高大宽阔的大瀑布,气势磅礴。园区辽阔,山峰林立,泥火山、化石林和大峡谷尤为出名,山石颜色为黄色,并由此得名。成千上万的喷泉,有间隙喷泉 3 000 处。每天有 38 m^3 的温泉涌出来,川流不息,最高的喷到 60 余米,颇为壮观。这里广袤的原野上化石林、野生动物栖息地、森林也非常迷人,公园总面积的 85% 左右都覆盖着森林,许多树木的直径都在 1.2 ~ 2.4 m,树高达 30 m;开阔无垠的草原等丰富的原始景观保存完好。色彩斑斓的岩石峭壁,白浪翻滚的河流,气势壮观的瀑布,种类丰富的动物,为黄石国家公园增添了神奇的景致。

- 大峡谷国家公园

在美国亚利桑那州北部的沙漠地带,1919 年确立为国家公园,面积 2 623 km^2。自古以来,由于地形的变迁,河流冲刷侵蚀,形成宽阔深邃的大峡谷,科罗拉多河在峡谷底部蛇形而流,急流涌进。宽 6 ~ 29 km,深 1.6 km,长 349 km,形成巨大的绝壁景观,壮观异常,还有保存完好的印第安人聚居的古迹遗物。

- 夏威夷火山国家公园

1916 年建立,与哈莱阿卡拉国家公园合起来面积达 702 km^2,统称夏威夷国家公园。在夏威夷岛有活火山,1959 年 11 月 14 日火山熔岩喷向天空达 600 m,壮观异常。

- 冰州国家公园

在蒙达那州的北部,邻近加拿大国境,同一公园跨美加两国,部分在美国,部分在加拿大,1910 年建立,面积 4 115 km^2,落矶山脉的冰川浸蚀而形成地形、断层、原始森林、湖泊、溪流等,原始状态保持完好。

- 热泉国家公园

在阿肯色州屋西达山中,方圆 3.5 km^2 的小范围内有温泉。1832 年起就得到保护,1921 年确定为国家公园。有 47 处温泉,水温高达 62 ℃,涌出水量每天为 378 万升。温泉可作疗养治病之用,成为温泉浴场、医疗中心。

- 沼泽地国家公园

位于佛罗里达州的最南端,1947 年建立,面积达 5 980 km^2,为沼泽林地。

- 落矶山国家公园

位于科罗拉多州,1915年建立,面积1 053 km²,是落矶山脉东部有名的风景胜地。这里是高山地带,山峦连绵。最高峰4 200 m,终年白雪皑皑,3 000 m以上的高山有884座之多,可作为游览的最高地为3 713 m。动植物资源丰富,有云杉原始森林、冰川、湖泊等,具有冻土地带的特点。

- 北美红杉国家公园

1940年建立,面积4 396 km²,位于加利福尼亚州,屋伊托尼山是北美第二高峰(第一高峰是阿拉斯加的麦金利山),浩翰的森林绵延南北97 km,是著名的巨大红杉的自然保护区。

- 奥林匹克国家公园

建于1938年,位于华盛顿州西北部的奥林匹克半岛上,面积3 434 km²。奥林匹克山系有丰富浩翰的原始森林景观,有沿着海洋长达75 km的颇具特色的风景。这里保护着稀有的动物——大鹿。

- 阿凯迪国家公园

位于美国东北部的缅因州,1916年定为国家纪念物,1919年建立国家公园,是美国东北部最早的国家公园,面积108.8 km²。这里濒临大西洋,大西洋海岸的风光秀丽,岩礁绝壁,山道蜿蜒150 km。

- 天堂国家公园

1919年建立,在犹他州南部,面积552 km²,景观雄伟宏大,有很多的峡谷,而以扎依屋峡谷最为著名。该峡谷深800 m,而宽仅几米,险峻之极。岩石色彩丰富,奇形的悬崖绝壁使人惊叹不已。

3)近代西方园林特征

近代西方园林是物质日益丰富、环境日益恶化的工业化社会的产物,不同于以往某一时期的传统园林,风景园林的内涵,已经发生了深刻的转变,它的范围已经不仅是局限于简单的为人营造生活空间,而是拓展为大众、为社会提供活动的空间,开始为环境忧心忡忡。所以,近代西方园林体现出形式多样性、内容丰富性、理念超前性等,其特点主要体现在以下几个方面:

(1)园林形式多样性　园林形式主要由国家公园(National Park)、国家森林保护区(National Forests)、国家历史遗产保护区(National Monuments)等组成国家园林,以及由公共公园、主题公园、城市绿地、住宅小区绿化和公共墓园等形式的城市园林等形式。

(2)园林景观与保护生态环境相结合　随着产业革命的迅速发展,城市人口的迅速膨胀、污染的日益加重,人们的生活环境受到了极大的影响。商品经济的发展受商业利益的驱动,历史人文景观、精神环境的破坏、园林艺术的发展与保护生态环境、保护自然历史人文景观、精神与无形环境更加密切关联。

(3)园林景观作为建筑和自然的过渡带　园林景观与建筑和自然正在有机地发生融合,它们通过相互间自然的渗透交融,构成了完美的整体复合环境,把建筑与环境的和谐,上升为人与自然的关系。

(4)园林理念的超前性　唐宁十分推崇风景园,他在1841年出版了《论风景园的理论与实践》(A Treatise on the Theory and Practice of Landscape Gardening),倡议在美国建立公园。他称赞欧洲城市公园是城市"舒适的客厅",促进了更为民主化的生活。在随后的几年内,他详细阐述了公园的作用,并将其纳入一项改革计划之中。从唐宁开始把英国自由式风景园林(图

图 5.27　谢菲尔德

5.27）移植到美国,到之后老奥姆斯特德建立城市公园系统,并将所有城市公园都和谐地融入这一系统的思想,为现代园林奠定了一块重要的基石。不仅如此,老奥姆斯特德还第一次提出风景园林设计不仅仅是艺术的设计,将原本仅属于环境设计中的风景园林,提升到对人类生存空间的高度加以审视,从而为园林艺术开辟了更广阔的发展空间。

5.2　19 世纪的中国园林

5.2.1　19 世纪的中国园林背景

图 5.28　中国塔 Kew 园

　　19 世纪的中国是民族历史上遭遇到前所未有的灾难和传统民族文化受到空前挑战的时代。19 世纪中叶,清政府被迫签订了一系列不平等条约。1840 年鸦片战争后中国沦为半殖民地半封建社会,旧中国的一些沿海城市如上海、广州、宁波、天津等地相继成为对西方列强开放的通商口岸,帝国主义国家利用不平等条约,在通商口岸和一些新兴的工商业城市开始建立租界,并在租界中修建了各自的公园绿地,将资本主义城市公园和花园别墅传入到中国。鸦片战争后,1842 年到 1894 年甲午战争前,开放的商埠达 24 处。商埠成了中国国土上西方文化的"领地",西方文化思想、生产方式开始侵染,西方的科技也是以洋枪洋炮的侵略方式进入中国。19 世纪 60年代,"洋务运动"开始,外国资本主义的侵入和发展,使中国社会发生了很大变化,清封建王朝风雨飘摇,再也无力建筑帝王宫殿、皇家园囿。颐和园的重建和河北最后几座皇陵的修建,成为皇家园林最后的回光返照,官工系统终止了活动,而在民间仍然在延续。这一时期园林活动无论在类型、数量和规模上都十分有限,处于停滞状态。1895 年根据各种不平等条约又开商埠口岸 53 处,"自行开放"口岸 35 处,中国被纳入了世界市场。

1）19 世纪中国皇家园林

　　19 世纪中国皇家园林经历了大起大落的波折。康、乾时期,其建设的规模和艺术的造诣都达到了后期历史上的高峰境地，是中国古典园林最后的辉煌。大型园林的总体规划、设计有许多创新，全面地引进和学习江南民间的造园技艺，形成南北园林艺术的大融合，为宫廷造园注入了新鲜血液，出现一批具有里程碑性质的、优秀的大型园林作品，但无补于世的是失去了上一个时期文人园林积极进取的富于开创的精神。康、乾之际，西学东渐。19世纪初，中、西园林文化交流进一步发展。秦、汉时期，历代皇家园林都曾经引进国外园林花木、鸟兽，乃至建筑、装饰等艺术。与此同时，中国造园艺术亦远播海内外。乾隆年间任命供职内廷如意馆的欧洲籍传教士主持修造圆明园内的西洋楼，西方的造园规划艺术首次全面引进中国宫苑。一些对外贸易的商业城市，华洋杂处，私家园林出于园主人的赶时髦和猎奇心理而多有摹拟西方的。东南沿海地区因地缘关系，早得西风欧雨，大量华侨到海外谋生，致富后在家乡修造邸宅或园林，掺杂不少西洋的因素。同时，中国园林通过来华商人和传教士的介绍而远播欧洲。在当时欧洲宫廷和贵族中掀起一股"中国园林热"，首先在英国，促进了英国风景式园林的发展（图5.28），法国则形成独特的"英中式"风格，成为冲击当时流行于欧洲大陆规整式园林的一股强大潮流。

封建社会的由盛而衰，经过外国侵略军的焚掠之后，皇室再没有那样的气魄和财政来营建苑囿，宫廷造园艺术一蹶不振，从高峰跌落至低谷。

颐和园原名为清漪园（图5.29），位于北京西郊，与圆明园毗邻，乾隆十五年（1860年），弘历为庆祝其母60寿辰，改瓮山为万寿山，建成大规模园林。1860年（咸丰十年），北京为英法联军所占领，"三山五园"被掠毁于英法侵略军。1886年，西太后那拉氏挪用海军经费在清漪园的废墟上重建，取意"颐养冲和"，更名为颐和园，于1893年完成。

图5.29 颐和园苏州街

图5.30 颐和园长廊（祝建华摄）

颐和园以万寿山为中心，分前后山区和湖区。前山为全园的中心，中为一组巨大的建筑群，自山顶智慧海往下为佛香阁、德辉殿、排云殿、排云门、云辉玉宇坊以至湖面，构成中轴线。中轴线建筑的两边为建筑物，各抱地势，彼此争辉。东以转轮藏为中心，西以宝云阁（即铜亭）为中心，顺山势而下，并有许多假山邃洞上下穿行，清凉有味。前山最为壮丽的还有环湖一栋273间的长廊（图5.30），依山傍水，好似万寿山的一条项链。

后山则以松林幽径和小桥曲水取胜。山腰山路盘旋，两旁古松桠槎，如入画境。山脚是一条曲折的苏州河，有置身苏州山塘街之感。其正中原是一座仿西藏式的庙宇建筑，在智慧海下，名香岩宗印之阁。阁下为须弥灵境。均为乾隆时所建筑。香岩宗印之阁的两侧有喇嘛式小台建筑，所谓四大部洲，即东胜神洲、南赡部洲、西贺牛洲、北俱卢洲。小台的平面作圆形、月牙形等。颐和园的南部为广阔的昆明湖。湖中几处岛屿点缀,以长堤大小桥梁联系,远眺湖光山色空阔。

颐和园兼具南北园林之长,是"移天缩地在君怀"的杰作。1900年八国联军再次侵占北京,再毁颐和园。1905年,那拉氏下令修复,现存颐和园即是此时遗物。乾隆时以圆明、长春、万春号称三园,由圆明园总管大臣统辖,后人习惯上把三园总称为圆明园。到了嘉庆时候,仁宋(颙琰)曾修缮圆明园的安澜园、舍已城、同乐园、永乐堂,并在园的北部营造省耕别墅。嘉庆十九年(1814年)构竹园一所,1817年曾修葺接秀山房。道光时候,1836年重修圆明园正殿、奉三无私殿、九洲清晏殿这三殿,又新建清辉殿,在咸丰九年(1859年)落成。

图5.31　圆明园西洋楼遗址(祝建华摄)

圆明园(图5.31)是中国园林艺术上一个光辉的杰作,有中国民族风格,有西风欧雨,有中西合璧的特征,是无数园林匠师们的智慧和血汗的结晶。这座人类历史上独一无二的壮丽园林,在19世纪中叶为帝国主义侵略军所焚毁,园中所藏中国历代珍贵图籍、历史文物以及各种金珠宝物皆丧失殆尽。西方列强蹂躏首都皇室,毁掠文物园林,在中华民族历史上史无前例。

图5.32　萃锦园邀月台

图5.33　萃锦园飞来石

建于19世纪上半叶的北京恭王府萃锦园(图5.32、图5.33),位于北京什刹海西面,是清道光帝第六子恭忠亲王奕沂的府邸,前身是乾隆年间大学士和珅宅邸,其特点是题名点景,俱仿大观园。

2)19世纪中国私家园林

清中叶后,宫廷和民间的园居活动频繁,园林已由赏心悦目、陶冶性情为主的游憩场所转化为多功能的活动场所,受封建末世的过分追求形式和技巧纤缛的艺术思潮影响,园林里面的建筑密度较大,山石用量较多,运用大量建筑来围合、分隔园林空间,或者在建筑围合的空间内经营山池花木,发挥建筑的造景作用,促进了叠山技法多样化和空间的创设,但也削弱园林中自然天成的氛围。

退思园位于江苏江市同里镇,建于清光绪十一年(1885年,是清代任兰生的宅园),取《吕氏春秋》"进则尽忠,退则思过"之意,参与者为同里人袁龙。占地约3.7亩,分为东西两部分。东部为此园主体,以"退思草堂"建筑、水池为中心,环池布列假山,建筑为四面厅形式,平台临水,周览环池景色,俯察水中碧藻红鱼,是全园最佳观景处。池西衣带水廊贴水,廊内漏窗见庭院景致,是精彩之笔,生动且极具引力。池南小楼,临水小轩"菰雨生凉",小楼之上俯瞰全园,是园中一处引人入胜之地。具有岭南园林特色、属自然规则风景式的代表作有广东顺德清晖园、江苏扬州瘦西湖(图5.34)等。

图 5.34 扬州瘦西湖

5.2.2 中国的公园

1840年鸦片战争后,中国沦为半殖民地半封建社会,帝国主义国家利用不平等条约在许多城市建立租界。在通商口岸和一些新兴的工商业城市,在租界中修建了各自的公园绿地,即租界公园。

1840年是中国从封建社会到半封建半殖民地的转折点,也是我国造园史由古代到近代的转折,欧洲式的公园在大城市的普遍出现是其标志。人们把1840年以前的园林称为古典园林,而1840年以后,则称为近现代园林。

在鸦片战争后,帝国主义在我国开设了租界,为了满足殖民者少数人的游乐活动,把欧洲式的公园传到了中国,其中上海可以说是殖民地公园建立较早较多的地方。1868年建造的"公花园",即黄浦公园是最早的一个,殖民者规定"华人与狗"不得入内,这一方面说明殖民主义者对中国人民明目张胆的侮辱,本质上根本不是"公"园!之后又有1905年的"虹口公园",1908年的"法国公园"(即复兴公园),1914年建的"极斯非尔公园"(即中山公园)等。

此时期公园规划布局多采取法国规则式和英国风景式,有大片草地和占地极少的建筑,这与我国古典园林艺术的规划设计有明显不同。在功能使用上主要是供他们散步,打网球、棒球、高夫尔球等活动,以及饮酒休息之用,皆是为外国人兴建,布置特点主要反映了其外来性质。

1906年,在无锡、金匮两县乡绅俞仲等筹资建"锡金公花园",这是我国最早的公园之一。辛亥革命后扩建,定名为"城中公园",该公园的布置特点多建筑无草地,其假山、自然式水池等都带有中国古典园林的烙印。这与上海早期的公园有明显的不同。

辛亥革命前,孙中山先生曾在广州读书于越秀山麓。辛亥革命后,孙中山将越秀山辟为公园,既越秀公园。与孙中山同时代,以朱启矜等为代表的一批民主主义者极力主张筹建公园,在我国一些主要大城市中,相继出现了如广州越秀公园、中央公园、永汉公园等9处;汉口市府公园等 2 处;昆明翠湖公园等 7 处;北平的中央公园(现中山公园);南京的玄武湖公园等 6 处;厦门的中山公园;长沙的天心公园等。此外,当时也有一些民族资本家私人办园向公众开放,如无锡的惠山公园。公园大多是在原有风景名胜的基础上整理改建而成的,有的本来就是原有的古典园林,如锡惠公园等。为以后公园的发展建设打下了基础。

1898 年,英国人霍华德著《明日的田园城市》一书,影响了我国初期的公园建设。1935 年,我国的规划师莫朝豪所著《园林计划》一书中提出"都市田园化与乡村城市化"的主张,指出"园林计划……包含市政、工程、农林、艺术等要素的综合的科学""应使公园能够均匀地分布于全市各地"等一些至今看来仍是非常重要的问题,反映了西方的环境设计思想理论对我国公园建设理论的影响。

我国大城市公园的普遍产生可以说是帝国主义侵略和辛亥革命的双重结果,无论什么人修的、什么性质的公园,在当时并不"姓公"。辛亥革命的发源地在南方,南方又有优越的自然条件,无论是城市公园的雏形,还是具有我国特点的公园,南方都最具有代表性。

1)上海租界公园

图 5.35　上海英国总领事馆

上海租界公园主要是在 19 世纪末期和 20 世纪初期,由上海租界工部局和公董局主持设计建造。上海公共租界工部局由英国殖民者控制,所以园林风格受英国园林影响较大。上海的租界公园大多位于市区中心地带,主要代表有外滩公园(今黄浦公园)、虹口公园、法国公园(今复兴公园)和兆丰公园(今中山公园)等(图5.35)。

(1)外滩公园　外滩公园是上海最早的租界花园,也是我国近代历史上首次出现的公园,具有时代意义。该园英文原名 Public Garden,清政府时期被译作"公家花园"或"公花园",中国人都称它为外滩公园。抗战胜利后,改名为黄浦公园并沿用至今。

它位于黄浦江与苏州河交汇处的一片沙滩上,仅有 1.93 hm^2,始建于 1866 年,工部局利用洋泾浜中挖起的泥沙填平沙滩而建立起来的,于 1868 年 8 月 8 日正式开放。1870 年修整外白渡桥,该园被分成两个部分,西部仅 0.34 hm^2,以育苗和举行温室花展为主,改称储备花园(Reserve Garden),成为外滩公园的附属;东仍叫公家花园,其位置三面临黄浦江,成为望江观潮的纳凉胜地。

该园的初期设计简朴。西用树丛与马路隔离,中心草坪环绕一座茅草屋顶园亭,沿江一条散步林荫路,两侧树木下安放一排座椅。几座造型质朴的花坛、喷泉以及水泥音乐台。1922 年和 1936 年对外滩公园进行了两次大修改,1922 年增辟道路以扩大散步面积,1936 年将大草坪的大部分改为花坛,花坛间的道路再次增宽,拆去的茅亭周边改造为岩石园。

(2)兆丰公园　兆丰公园即现在的中山公园,英文原名 Jessfield Park。因其傍着梵王渡火车站,又称为梵王渡公园,占地近 20 hm^2。公园初始的总体设想中,是要将兆丰公园设计成"世界上最大和最有趣的乡村种植园"。园内拥有观赏植物达 70 余科,260 余种,乔木与灌木 2 500 多株。除露地花卉的种植外,兆丰公园中樱花林的左侧就有一片草坪,面积约 3 hm^2,还建有水生植物园以及高山植物园,以植物景观取胜,堪称租界园林中运用植物造景的典型代表。

兆丰公园的旧址曾是英商霍克的私园,公园入口处和大门的建筑小品均为英国乡村形式,同时又杂糅了其他西方园林形式。园中附有一个日本式样的酒吧,还建有露天音乐厅,一座希腊式的大理石花棚及两座大理石塑像。兆丰公园还包括一个动物园,备受游人的喜爱。

(3)法国公园 1908年,法租界工董局兴建了法国公园(今复兴公园),俗称顾家宅公园,占地9.07 hm²。该公园人工痕迹浓郁,主路呈南北向,两侧树木成荫。全园地形分割呈格子化、图案化,中部是大草坪和圆形的喷水池,四角则分布着不同的小花园。园中的地形起伏较大,形成一个个独立分布的土丘。南部的假山与溪流完全不同于中国传统园林中山型水系布局,由大石块竖向堆积而成,颇为壮观。

(4)虹口公园 原本是1896年工部局在北四川路界外购地建造的靶场,于1901年决定开辟成公园,聘请伦敦的园林家斯塔基设计。他利用原有的河浜,曲折收放,并划分出草地球场。四周为厚密丛林,园中散点树丛,有数处整形花坛,道路曲折,是根据"运动场和风景式公园兼用"的原则设计的。1905年由园地监督麦克利对设计修改后主持动工,至1909年修建完成,是当时上海最大的公园,占地26.67 hm²。园内设高尔夫球场、网球场、曲棍球场、篮球场、足球场、草地滚球场和棒球场。入口处连接一条6 m多宽的通道,两边种植高大的木兰,穿过通道,是一片直径有100多米近圆形的开放型草坪,草坪中间被一条水流隔断,上面横跨一座乡村式木桥。花园的树丛间筑有一座音乐台,弦乐队常在此演奏。林荫路的两侧夹杂栽种了英国槐树、夹竹桃、桃树和一些引种植物。

(5)国际公园 上海四川路与博物院路之间,依傍苏州河的一块沙滩。1890年(清光绪十六年)由工部局遵上年度纳税人会决议案建为公园。鉴于当时中国人民争取租界公园对华人开放的斗争声势日高,工部局遂宣称此园将"对一切人开放",取名为国际公园(International Garden),草草收工。新任道台同意将此处改为"公用之地",于当年12月8日到此宣布该园开放,于园内悬挂其亲笔手书的"寰海联欢"匾额一块。次年该园改称华人公园(Chinese Garden),是中国人能进入的第一个租界公园。该园面积仅0.41 hm²,中央一片草地,上有花池和日晷台,左右各一茅草亭,种有几株悬铃木,几把园椅,是园中所有的游憩设施。1924—1928年,工部局为节省该园的管理费用,把草地、花池全部拆除,铺上柏油地面,华人公园就变得简陋了。

此外租界内还先后修建了汇山公园、南阳公园、霍山公园、衡山公园、迪化公园、晋元公园等,各领事馆、教堂、租界内住宅绿地等(图5.36—图5.39)。

图5.36 上海徐家汇天主教堂

图5.37 上海虹桥沙逊别墅

图5.38 上海海格路摩登住宅

图5.39 上海丽波花园

图5.40 天津西升教堂

2）天津租界公园

天津的租界花园由不同国家的殖民者分别出资营建,因此具有更加明显的地域特征,浓缩了不同的西方园林形式,并结合了一些中国传统园林的要素。其主要代表有英国花园、土山公园、皇后公园、平安公园和俄国公园、西升教堂等(图5.40)。

（1）维多利亚公园 维多利亚公园又名"英国公园",是天津英租界的第一个公园,位于现天津市政府大楼前。1886年前该处是一个臭水坑,后来为庆祝英国维多利亚女皇诞辰,由英租界工部局投资填垫修建成为花园,于1887年6月21日英皇诞辰50周年之日正式开放。维多利亚公园占地1.23 hm²,总体布局为规则式与自然式相结合。公园呈中心辐射状,中心的园亭周围环绕一圈花池,四条辐射状道路通向四个角门。公园的北面是著名的戈登堂——为两层英式楼房,与花园相互映衬。

（2）皇后公园 皇后公园位于英租界敦桥道(今西安道),该地原为英国工部局沥青混凝土搅拌场。1937年该场搬迁,东部修建了游泳池,西部则修建了皇后公园。公园占地0.95 hm²,园内东设有长方形儿童游戏场,中心部分的草坪上设有各种几何形状的花坛,造型优美,效果突出。大量应用草坪、树丛和树群等植物元素,采用各种园艺手段对植物整形剪修,以植物造景取胜是皇后公园的特色。

（3）义路金公园 义路金公园又称"平安公园",位于小白楼平安影院(今音乐厅)旁,占地面积0.41 hm²,是租界较早的公园之一。该公园于1974年拓宽南京路时被占用,现仅剩0.19 hm²的街心小绿地。义路金公园面积较小,设计较为简单,以三座青藤缠绕的花架形成主景,儿童游戏场占公园面积的60%,植物配置以乔木为主。

（4）俄国公园 俄国公园位于今河东区十一经路一商局储运仓库,占地7 hm²,园中树木繁茂,花坛密布,园内建有运动场、网球场、俄国小教堂以及为侵华战争鼓吹的纪念碑。

（5）大和公园 大和公园位于日租界宫岛街(今鞍山道的八一礼堂处),内设凉亭、土山、叠石、竹门、喷水池、射圃,其"一石一木写天下之大景"的日本园林写意特色。1919年又在园内修建了日本神社及炫耀侵略战争的纪念碑。

（6）意大利租界小广场　该广场位于西马路（今民族路）和五马路（今自由道）交汇处，广场中心立有纪念马可·波罗的科林斯式石柱，顶部立有一座肖像，古柱基础部分围绕着一圈石像雕刻，下设喷水，外为圆形水池。广场周围有完整的建筑群体，力求体现意大利的城市面貌。广场边上的意大利租界公园以清幽而著称，园中设有两处儿童游戏场，一处供外国小孩使用，一处供中国小孩使用，设施基本相同，逢节假日的夜晚，常有意大利军乐队在乐亭中演奏，中国人也可去欣赏。草坪允许游人进入散步、嬉戏，不定期地移换地点，轮流养护草坪。后来园中还建起了回力球馆（属赌球馆）。新中国成立后，改建为天津市第二工人文化宫，由前苏联克里米亚植物园主任、中科院北京植物园主任及北京林业大学汪菊渊和陈有民先生共同完成其改造设计。

3）广州租界的公园

沙面公园原为广州法租界的前堤花园和英租界的皇后花园，始建于1865年，1949年由广州市人大常委接管后成为公众花园。还有占一定比重的教堂、住宅绿地等（图5.41）。

此时期公园规划布局的特点多采取法国规则式和英国风景式两种，有大片草地和占地极少的建筑，这与我国古典园林艺术的规划设计有明显不同。在功能使用上主要是供他们散步、打网球、棒球、高夫尔球等活动，以及饮酒休息之用。以上可以说皆是为洋人兴建，布置特点主要反映了其外来性质。西方造园艺术传入中国，但影响很小，租界建造的公园和宅园才使西方造园艺术为较多的人所认识。租界公园的风格，以当时盛行世界的英国式为主。小公园以英国维多利亚式较多，如上海的外滩公园和天津的英国公园。大公园如上海的虹口公园和兆丰公园

图5.41　广州石室天主教堂

多为英国风景式的，在苏州狮子林和北京颐和园内建造的中西合璧的钢筋混凝土石舫，清慈禧时在北京万胜园（今北京动物园前身）建的巴洛克式大门。这时期中国传统园林遭到严重破坏。

其他风格的造园手法，在租界的公园和那个时期的一些中国园林中也可以找到。例如上海的凡尔登公园（现国际俱乐部）和法国公园的沉床园，都具有法国勒诺特式风格；河南鸡公山的颐楼和无锡锡山南坡的水阶梯，显然具有意大利台地园风格；上海的汇山公园（现杨浦区劳动人民文化宫）局部风景区是荷兰式的风格。

入侵中国的俄国、德国和日本等帝国主义国家，也把它们本国的园林风格带到中国，例如天津就曾建有俄国公园、德国公园、大和公园（都已损坏）。但这些国家的园林风格在中国的表现都不是很纯正的，常常交互着对传统的中国园林风格的喜爱。外来的园林风格除了对沿海、长江流域和个别边疆省份和地区（如云南、新疆、黑龙江）有明显影响外，对广大中国内地影响甚微。

4）中国自建的公园

随着资产阶级民主思想在中国的传播，城市工业化、生活的复杂性和多样性赋予园林以新的功能。西方的"都市计划""田园城市""公园学""新建筑运动""工艺美术运动"等理论与实践影响越来越明显。推崇"公园为都市生活上的重要设施"，竭力渲染建设公园的舆论氛围并促成实施。中国自建公园——一种性质、功能、内容结合中国传统古典园林新的园林类型产生。清朝末年便出现了如齐齐哈尔的龙沙公园（建于1897年）为首批中国自建的公园。

小　结

1. 19世纪的园林历经古典复兴、浪漫主义、折中主义,田园城市、工业城市、工艺美术运动、新建筑运动影响下的历程,其根本原因是对启蒙运动和工业革命后对城市环境带来的变化的应对思考,尤其工业技术及城市规模化对环境的破坏和污染,作为世界性的问题引起广泛关注。

2. 园林作为环境的重要组成部分,尽管滞后于艺术文化、建筑潮流,但在其带动影响下,近代园林的发展也相应地经历着一个严峻的由现代化启蒙而导致的变革过程——由封闭的、古典的体系向着开放的,与思想文化意识、艺术、生态环境更加密切关联的转化过程。

3. 中国园林则因社会动荡处于停滞,民族传统文化根基动摇,社会体制未发生根本变革,开始与世界园林产生了距离。

4. 西方近代园林转化也开始了人类自我行为和生存环境的关注,是现代园林与古代园林的一个过渡阶段,承上启下,是园林发展的必然。"新文明取代了被污染的、遭受威胁的、机器一统天下的、非人的、正在不断解体并消失的世界。"(麦克哈格)

复习思考题

1. 什么是古典复兴、浪漫主义、折中主义? 对园林有何影响?
2. 试述"田园城市""工业城市"产生的背景。
3. 试述工艺美术运动、新建筑运动对园林的影响和作用。
4. 园林理念在19世纪的变化特征是什么?
5. 西方新型园林主要有哪些?
6. 美国国家公园建立的目的和意义是什么?
7. 试述中国19世纪园林衰落的原因。

职业活动

1)目的

 讨论

通过讨论互动教学,认识人类妄自尊大、"人定胜天""做自然主人"的思想在人类活动中对环境造成的负面作用。造园活动不是以人为中心、是建筑的延续,而是应以自然生存环境为背景的全方位的思考,进而必然对环境建设的从业人员提出了更高的专业素质要求。

2)讨论课题

为什么说通过对"工业革命"后对环境造成的影响的反思,新文明取代了被污染的、遭受威

图5.42

胁的、机器一统天下的、非人的、正在不断解体并消失的世界。

3)环境要求

选择运用工业革命后及至今对环境造成的环境影响专题视频图片,如图5.42所示。

4)步骤提示

①通过对这一时期的环境的破坏和历史变革进行分析。

②整体认识从豪迈的"做自然主人"到人类是"自然普通公民"的认识反省与变革对造园活动的影响。

③造园对自然生态环境的思考、对环境建设的从业人员提出了更高的专业素质要求成为历史的必然。

④"不从历史汲取教训的人,必重蹈覆辙"!怎样理解丘吉尔这句话?结合当前环境建设实际正反案例分析,引导其进一步认识环境建设若忽视专业素质,技术越强大,破坏力越大。

建议课时:4 学时

第5章实习大纲　　第5章实习指导

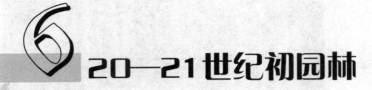

20—21世纪初园林

（公元 1900—2005 年）

　　继 19 世纪末现代艺术运动之后，20 世纪初，出现了 1905 年马蒂斯（Henri Matisse，1869—1954 年）的"野兽派"绘画；1907 年毕加索（Pablo Picasso，1881—1973 年）和布拉克（Georges Braque，1882—1963 年）的立体派绘画；康定斯基（Wassily Kandinski，1866—1944 年）的抽象艺术、克利（Paul Klee，1879—1940 年）的"蓝骑士"（Der Blaue Reiter）；1917 年荷兰的"风格派"（De Stijl）、马列维奇（Kasimir Mslevich，1878—1935 年）的至上主义（Suprematism）；塔特林（Vladimir Tatlin，1885—1953 年）的构成主义；布郎库西（Constantin Brancusi，1876—1957 年）的抽象雕塑。30 年代，超现实主义（Surrealism）又出现在巴黎，现代艺术风起云涌，蓬勃发展。视觉艺术形形色色又促进现代建筑运动，深刻影响园林景观。风格派（Destljl）、"包豪斯"（Bauhaus），1925 年巴黎的"国际现代工艺美术馆"的现代景观设计。1937 年格罗皮乌斯领导的"哈佛革命"（Harvard Revolution），除第一次、第二次世界大战的停滞甚至破坏外，"工业革命"后对环境的负面效应的批判和反思，人类从雄心勃勃"做自然的主人"到谦虚无比"做自然的普通公民"，艺术成为思想理论实践的引领者。西方园林到现代景观的概念的进步、转换，无论其理论和实践都进入一个空前的发展阶段："加利福尼亚学派""斯德哥尔摩学派""大地艺术"——环境艺术与生态主义原则的完美结合；"生态恢复"与"生态主义""后现代主义""解构主义""波普艺术""达达主义""极简主义""结构主义""装置与构成主义"，艺术与科学综合，思想光芒四射，大师辈出（表 6.1）。日本民族造园传统与现代"双轨"并进，引起了世界注目并影响着世界。文明传承发展，对现代主义的反思，意识到自身生存的自然环境和文化环境潜在的巨大危机，呈现环境景观思想化、文脉化、生态化、主题化，以艺术为表达，全球一体化，以文化为前导，形式多元化的趋势。中国却在西学中，自身传统文明受到空前挑战，传统意义的园林停滞，建筑带来的20 世纪初短暂的"繁盛期"，直至新中国成立开始园林建设活动。改革开放步入的转型和发展时期，中国经济改革取得了迅速发展，城市园林景观发展迅速。但因种种原因，文化及理性的意识尚待苏醒。人类是自然的产物，文明是对其的认知并吸附于环境景观载体之上，人类终将回到和谐的自然环境之中。随着人类生存环境意识在知识经济时代的澎湃动力下的日益觉醒，西方呈现出现代景观的多元化发展，自然生态系统、文化作为环境园林景观的永恒主题，对园林、景观观念变革和发展起着决定性作用。

表 6.1 20—21 世纪初园林分布情况表

20—21 世纪初	1900—2005 年	20—21 世纪初	1900—2005 年
欧洲	现代艺术发展 现代建筑运动 包豪斯 Bauhaus 现代景观 "斯得哥尔摩学派" 生态恢复景观 现代城市绿地 现代城市公园 生态与环境艺术 生态艺术的综合	中国	"繁盛期" 新中国成立时期 人民公园 疗养院(园) 改革开放园林发展时期
美国	"哈佛革命" "加利福尼亚学派" "环境运动" 高速公路公园 广场 "袖珍公园" "垂直草地" 国际主义风格 现代公共景观 后现代主义景观 环境艺术 极简主义景观 生态主义景观 构成主义景观 结构主义景观 艺术与科学综合多元化	日本	枯山水园 池泉园 筑山庭 平庭 茶庭 寝殿造庭园 净土式庭园 书院造庭园 别庄庭园 和洋风庭园 自然公园

6.1 20—21 世纪初的西方园林与景观

6.1.1 20—21 世纪初的社会背景

　　不了解 19 世纪的一大批艺术先行者,要想了解 20 世纪环境艺术活动是不可能的。19 世纪末,过去和现在突然发生的决裂,高度工业化的扩大和推广,以大规模技术为基础的工业化社会的人们的生活方式,造成城市的过度膨胀、混乱,生态岌岌可危,森林减少,水源枯涸,环境污染,人口膨胀,健康恶化,气候反常,这一切都可以在无限制的工业化政策中找到根源。技术是福还是祸? 人类的技术成就与自我破坏的尴尬,是艺术家、设计师、社会活动家发起的一场后卫

战,他们倒转了时钟,来反对工业生产的丑陋、世俗商业和平民化浪潮,批评折中复兴传统。

世界大战时期是 20 世纪最黑暗的时期。1914—1918 年的第一次世界大战,前后卷入这场大战的国家达 30 个,7 000 多万人被驱使走上战场,1 000 多万人战死,伤残者达 2 000 多万,此外还有大量平民死于战祸,欧洲许多地区遭到严重破坏。1917 年俄国发生"十月革命",推翻沙皇的统治,建立了苏维埃社会主义国家。1918 年德国战败投降,签订了《凡尔赛和约》。大战结束,旧的德意志帝国被推翻,奥匈帝国瓦解,中欧和南欧出现了一些新的国家,改变了欧洲的政治地理面貌。战后初期,欧洲主要国家都陷于严重的经济和政治危机之中。

1929—1933 年,美国世纪初的经济危机,市场崩塌,"无形之手"失灵! 自然、社会环境遭到严重破坏,工业生产下降 46%,股票价格下跌 79%,一万家银行倒闭,十多万个公司企业破产。这次危机很快蔓延到整个资本主义世界,形成空前的世界经济危机。资本主义世界的严重经济危机,使得世界又酝酿和走向新的世界战争时期。1933 年希特勒在德国建立法西斯政权。德国、意大利、日本形成三国同盟。1935 年意大利入侵阿比西尼亚(埃塞俄比亚),1936 年意德两国武装干涉西班牙,1937 年日本侵略中国,1938 年德国侵占奥地利和捷克,1939 年进攻波兰,第二次世界大战全面爆发。1939—1945 年的第二次世界大战结束后,医治战争创伤,重建家园、恢复经济成为各国首要任务;同时,5 000 万人的生命、1 万亿美元的财富在历时 6 年的战火中化为灰烬。20 世纪,是充满着激烈震荡和急速变化的时期。社会历史背景的这种特点也明显地表现在这一时期各国的环境活动思想之中,也敲响了人类社会警钟。

受到现代艺术和现代建筑的影响,欧洲和美国的一些建筑师和园林设计师都开始探索新的园林形式。20 世纪 30 年代末、40 年代初,由于世界大战的爆发,欧洲许多的现代主义建筑师和艺术家都避难到美国,美国成为了先进思想的中心,环境设计的重心从欧洲转移至美国,使美国的环境设计思想、理论、实践影响世界。20 世纪 60 年代,人们力图突破工业社会的观念和制度,对战争进行反思,80 年代末至 90 年代的"东欧剧变",彻底结束了冷战格局。变革迎来"后工业社会",几乎把一切都归结到"设计"这一个纽带上去了。进入 21 世纪,每个人都必须面对"设计"成为当代现实!

6.1.2　西方传统园林与景观

19 世纪下半叶,西方"Landscape Architecture"一词的出现取代了传统的"Garden"或"Park"。"Landscape Architecture"明显地体现了现代园林的文化、艺术、生态的知识经济时代的特征,增大概念的外延和内在的特质,而后建立在"现代主义运动(Modern Movement)"理论与实践的基础上的现代绘画、雕塑、现代建筑而产生了现代景观(Modern Landscape Architecture)。1960 年 5 月,在日本东京的"世界设计会议"上,提出"环境设计"(Enviroment Design)的这一划时代意义的概念,人们普遍认同。即经济社会科学技术的发达使人类环境受到了威胁;从高速公路这种超人性装置到个人小庭园,两者作为生活环境必须确立的统一,确立视觉一贯性;大工业生产与传统之间裂缝的考虑;设计领域与已成为其背景的科学和艺术的关系;设计领域的协作与综合。环境设计的内涵更加广泛,"环境设计是比建筑范围更大、比规划意义更综合、比工程技术更敏感的艺术。这是一种实用艺术,胜过一切传统的考虑,这种艺术实践与人的机能紧密结合,使人们周围的事物有了视觉秩序,加强和表现了所拥有的领域"(理查德·道伯尔,

Richard P. Dober)。更加强调设计性、前瞻性、人对自然及其责任感;强调人是自然生态系统的组成部分而非是其主人;强调艺术性、文化性;更加关注环境性,成为世界共识。20世纪初的现代绘画、现代雕塑、现代建筑这三者激动人心的史诗般的、才华横溢的变革,表现了景观设计新的设计思想和设计语言,表达了工业社会到信息社会人们新的生活方式、审美标准、审美诉求及社会需求节奏。人类文化的发展变革,一种新的文化形式的产生,总是孕育在过去的母体中,与母体有着千丝万缕的联系并构成其延续。

6.1.3 西方现代园林的历史文化

西方现代园林——现代景观、环境设计的产生和探索体现了传承性。"现代运动"(Modern Movement)发端的现代艺术运动——"印象派",接踵而至的"工艺美术运动"(Arts And Crafts Movement)、"新艺术运动"(Art Nouveau)和"现代建筑运动"。至21世纪,绘画思想理论实践仍在发展且异常活跃,影响也越来越大,是西方现代景观、环境设计变革的母体。1925年的巴黎"国际现代工艺美术展"、著名的包豪斯、"哈佛革命",强有力地推动了园林变革,极大地深化与扩展了现代园林的内涵与外延,使之朝着多元化的时代精神的方向发展。

1)现代艺术对园林景观设计的影响——完成园林向现代景观的转化

19世纪下半叶至20世纪初的现代美术运动是使园林景观产生发展变化的根本原因。19世纪的绘画发生深刻的变革,流派纷繁,巴黎美术学院是传统建筑环境、美术领域的旗帜,19世纪60年代至80年代出现的印象派艺术,动摇了其主导地位。以莫奈(Claude Monef,1840—1926年)、塞尚(Paul Cezanne,1839—1906年)、高更(Paul Gauguin,1848—1903年)、梵高(Vincent Van Gogh,1853—1890年)等为代表的早期印象派和后期印象派用更加鲜艳、纯度极高的强烈的色彩对比,反写实,重"界缘"认知,对理性、情感、色彩心理、生理的表达探索,历尽艰难而矢志不移! 他们的活动中心在当时被誉为"世界艺术中心"的巴黎,影响力不言而喻! 其色彩理论影响了庭院花卉种植设计(图6.1、图6.2),而后出现的罗丹(Auguste Rodin,1840—1917年),这位"现代雕塑之父"直接影响了现代景观的发展。艺术创作的主流发生了由具象到抽象至理性的巨大转化,印象派在相当短的历史时期内,改变了人们"看世界"的观念。19世纪印象

图6.1 睡莲(油画) 莫奈

图6.2 风景(油画) 梵高

派不懈的探索为 20 世纪奠定了基础。现代派绘画与雕塑是现代艺术的母体,景观艺术也从中获得了无尽的灵感与源泉。20 世纪初的现代艺术革命从根本上突破了古典艺术的传统,从后印象派大师塞尚、梵高、高更开始诞生了一系列崭新的艺术形式,架上艺术因此完成了从古典写实向现代抽象的内涵性转变。19 世纪末高更大胆的宽阔色域和梵高的色彩解放,使绘画最终脱离了写实。

马蒂斯(Henri Matisse,1869—1954 年)开创的野兽派(The Wild Beasts),追求更加主观和强烈的艺术表现,野兽派使色彩更加解放。毕加索(Pablo Picasso,1881—1973 年)和布拉克(Georges Bvaque,1882—1963 年)于 1907 年创立"立体派"(Cubism),全神贯注于形式与空间问题的研究,创造了二维中多维效果。立体派给予世纪艺术以新的视觉语言,1907 年毕加索创作了杰出的作品《亚威农的少女们》(图 6.3),第一个把绘画空间概念作了纪念碑式的表达,立体主义诞生了。《亚威农的少女们》说明了许多原则,这些原则构成了立体主义常用词汇,印证了现代对于知觉的研究:我们看东西的方式,不是位置固定的、包罗万象的幌眼一瞥,而是无数个瞬间的一瞥!立体派首次解放了形式,立体主义带进绘画来的不仅仅是个新的空间,甚至是一个新的量度——时间。为了寻求这一目标,富有探索精神的艺术家们已经探索了将近 100 年了,他们的观念对艺术界产生了深刻而直接的影响,"改变了人们对世界的看法",在建筑、装饰设计、现代景观园林设计中产生了深刻的反响,至今仍被广泛运用着(图 6.4)。

图 6.3 亚威农的少女们 毕加索

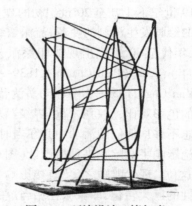

图 6.4 环境设计 毕加索

集艺术理论家、学者于一身的开拓者——康定斯基(Wassily Kandinsk,1866—1944 年),他的抽象艺术以信念为基础,受俄国至上主义、构成主义影响,绘画在自由的、想象的、几何的抽象中转换。康定斯基极富远见地指出:"未来的艺术一定是各种艺术的综合!"他的绘画成为许多景观设计的形式语言。1910 年康定斯基发表了关于抽象绘画的第一个重要理论著作《论艺术精神》。1911 年,康定斯基与马克成立"青骑士集团"(Der blaue Reiter),并出版具有影响力的综合性艺术刊物《青骑士年鉴》。第一次世界大战爆发后,康定斯基回到俄国受聘于莫斯科美术学院,协助苏维埃政府设计建立各地博物馆及环境设计,创办艺术科学院等。1922 年他接受格罗皮乌斯的聘请前往包豪斯(Bauhaus)任教,包豪斯是康定斯基最重要时期,他理论实践并重,全面奠定了抽象艺术及抽象理性艺术设计教育基础。另一位"青骑士集团"(Der blaue Reiter)的成员,伟大的德国画家克利(Paul Klee,1879—1940 年)认为所有复杂的有机形态都是从简单的基本形态演变而来的,其绘画作品表达了这一观念:人、动物、植物和景观间相互生机勃勃的关系,强烈的阳光、绚丽的色彩。他画了许多花园题材的绘画,"一个花园的规划"阐释着他的观念,对现代景观设计产生了非常大的影响(图6.5)。著名的英国景观设计师杰里柯(Geoffrey Jellicoe,1900—1996年)将克利视为自己的导师。

图6.5 一个花园的规划 克利

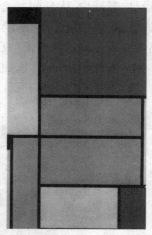

图6.6 蒙德里安的绘画

　　荷兰的一些年轻的艺术家和建筑师在1917年成立了风格派(De Stijl),其创始人为著名画家蒙德里安(Piet Mondrian,1872—1944),曾以"新造型主义"(Neoplasticism)为题论述艺术风格。风格派又称新造型主义,成员主要有杜斯堡(Theo Van Doesburg,1883—1931年)、欧德(Jacobus Johannes Piefer oud,1890—1963年)、里特维德(Gerrit Rietvdd,1888—1964年)等。风格派主张从理性出发,用抽象的几何结构来表达宇宙、自然的普遍和谐与秩序,探索其内在规律,表现现代本质和节奏,本质的冷静、严肃,在纯粹的抽象的前提下,建立一种理性的、富于秩序和完全非个人的风格,用色彩和几何形组织构图与空间。风格派用最基本造型形态和最纯粹的色彩,表现事物内在理智和逻辑的平衡关系,深刻地影响设计领域。荷兰风格派的代表作品乌特勒支(Utrecht)的施罗德住宅(Schrode House)和蒙德里安的绘画(图6.6)。画家、建筑师杜斯堡设计的花园将园林视为建筑室内的延伸,在其弗里斯兰德(Friesland)的住宅设计中,园林花园中几何种植池运用了郁金香、球根花卉、罂粟、天车菊等色彩,红色的门、蓝色的窗框、金黄色的外墙,展现出纯洁的色彩构图和美学意蕴。另一处德拉赫特(The Derachten)住宅花园设计中,杜斯堡运用紫色、橘黄的强对比,绿色为中间色,涂成黑色的种植池,红与蓝、暖与冷的强对比、黄与白协调着,对比中强调韵律,这种由横竖线条、色彩对比单纯,产生纯洁的、净化的美学意味和韵律感的环境效果。杜斯堡应邀去包豪斯任教,也将风格派思想带进了这所学校。

　　俄国的马列维奇始创了"至上主义",亦称绝对主义。"至上主义"用一些几何形作为新的象征符号,高举他们的旗帜:"简化是我们的表现,能量是我们的意识。这能量最终在绘画的白色沉默之中,在接近于零的内容之中表现出来",直接诞生了景观设计中的极简主义。俄国的塔特林(Vladimir Tatlin,1885—1953年)等人创立的构成主义,又称结构主义(Constructivism)。提倡审美观念,崇尚理性抽象。法国的布朗库西(Constantin Brancusi,1876—1957年)致力于雕塑与环境、雕塑与抽象的努力。构成主义掀起了一场抽象的雕塑运动,产生环境景观中造景的"构成"与"装置",构成主义代表了20世纪哲学、艺术、文化、心理、生理、工业、科技景观相互渗透的趋势,成为日后的现代景观设计师、艺术家、建筑师的抽象理性分析、思考形式设计、工程实践的基本方式。

20 世纪 30 年代初,现实主义的画家为梦境和潜意识的世界所吸引,痴迷于梦境潜意识的描绘与环境表达,其代表人物有米罗(Joan Miro,1893—1983 年)的有机超现实主义(图 6.7)、达利(Salvador Dali,1904—1989 年)的自然超现实主义。他们把超现实主义中的生物形态运用到绘画、设计、景观中,无任何社会意识形态的包袱。米罗和另一位超现实主义艺术家让·阿普(Jean Arp,1887—1966 年)的绘画作品中大量的卵形、肾形、飞镖形、阿米巴曲线等有机形体,给了包括景观设计师新的语汇。在许多的景观设计师的平面图中,乔木、灌木都演变成了扭动的超现实主义有机形体、阿米巴曲线(图 6.8)。

图 6.7　作品和 Stpaul 的园林　(法)米罗

19 世纪末的造园风格、景观在继承风景园传统的同时,几何式园林、自然式园林、传统造园样式,停滞在相互交融之中。进入 20 世纪以后,大批富有进取心的艺术家,为创造出具有时代精神的艺术形式执着探索,对生存环境的思考在艺术领域掀起的波澜影响之深、波及面之广,前所未有,赋予园林概念全新的时代诠释。视觉形式由绘画引起的这场"革命",预示着一个新的

图 6.8　奥德特-基太罗花园平面　布雷·马克斯　　　　图 6.9　唐纳花园局部　丘奇

园林的风格变革的到来。从塞尚到毕加索再到蒙德里安的冷抽象;从高更到马蒂斯再到康定斯基的热抽象,抽象从此成为现代艺术的一个基本特征。与此同时,从表现主义到达达派,再到超现实主义,一批现代景园设计大师早在 1920 年就开始将现代艺术引入景观设计之中(图 6.9)。第二次世界大战以后,现代艺术又从架外艺术方向铺展开来。时至今日,其外延性扩张仍在不断地进行当中,为现代景观设计注入了崭新的视觉语言和理论基础,迎来了 20 世纪的现代景观西方人才辈出、多元化园林景观时代。

2)"国际现代工艺美术展"和现代园林景观设计

　　1925年的巴黎"国际现代工艺美术展"(Exposition des Arts Decora tiffs et Industriels Moderns)对于现代园林景观历史而言,它是现代园林发端,具有非常重要的意义。巴黎是艺术的沃土,先后在这里诞生了影响深远的印象派、后期印象派、野兽派、立体主义、超现实主义,汇集了莫奈、塞尚、梵高、马蒂斯、罗丹、毕加索、布拉克、布朗库西、米罗、阿普、柯布西耶等众多伟大的艺术家和建筑界的天才人物,其理论思想和艺术实践对现代园林景观的设计创造性产生了不可阻遏的巨大动力。"国际现代工艺美术展"具有极强的理性指导意义,于景观设计中的创新、思辨的色彩,揭开了现代园林景观设计新的一幕。"国际现代工艺美术展"共有五个展览部分,即建筑、家具、装饰、戏剧、街道和园林艺术、教育。园林作品在塞纳河西岸真实环境中,异彩纷呈,体现着不同风格、不同的美学思想。园林展品的建造采用大量的新材料,如混凝土、新的园艺品种、光电以及其他的设计元素。从植物装饰到"摩尔式"水池,从"鸟笼"到雕塑、壁饰景观墙,从室外陶器到装置构成,充满思辨性,更有新的概念,虽使人迷惑,却又引人思考,充分表现了园林设计的内容、艺术与功能结合的理性色彩,带来了更多新的体验。此次展览会对园林设计思想的转变和事业的发展起到了重要的推动作用。

图6.10　斯蒂文斯与雕塑家
杨-玛逊尔用混凝土塑造的"树"

　　深受分离派建筑师霍夫曼影响的建筑师斯蒂文森(Robert Mallett stevens)在博览会上的园林景观设计作品引起普遍关注(图6.10),面形十字截面的构成和巨大混凝土块构成组合传达了完全一模一样的"树"的唯美理想,使"树"有了哲学意味。

图6.11　古埃瑞克安

图6.12　光与水的花园

　　曾工作于维也纳分离派建筑师霍夫曼事务所和斯蒂文斯森事务所的建筑师古埃瑞克安(Gabriel Guevrekian,1900—1970年,图6.11)设计的"光与水的花园"(Garden of Water and Light)(图6.12)打破了以往的规则式传统,完全采用三角形母题来进行构图。对比毕加索的立体派作品,如"伏拉像""诗人""工厂"等,可看出立体主义的"形式解放"对它的影响。花园以几何构图手法,在三角形基地上,草地、花卉、水池、围篱、植物均以三角形为母题展开,非常注重植物花卉色彩对比协调,并以二点五维沿不同坡角形成半立体图案,色彩以互为补色相间,绿色的草地映衬着深红的秋海棠,橘黄的除虫除菊对比着蓝色的藿香蓟,池底冷的蓝、暖的红、中性色彩的白,色彩的沉思熟虑折射着法国人的热情。池中央的几何体变异的多面体、玻璃球体形

图 6.13   Noailles 别墅花园
古埃瑞克安

成园林景观的视觉中心,旋转中折射、反射着斑斓的光,水池喷水水珠滑落与远处喷向池中水珠的散落,产生魔力般的光色效果,其美学效果、"景"与"观"的性质定义、偏激的外表和严格的施工新技术、新材料表达了与传统规则式园林质的不同。"光与水的花园"获得很大的影响,使古埃瑞克安获得了为 Noailles 设计位于法国南部 Hyeres 的别墅庭院的机会。在设计中古埃瑞克安汲取了风格派蒙德里安的绘画精神。Noailles 别墅花园也是一个三角地带,古埃瑞克安以地砖和郁金香花坛沿浅浅踏步台阶缓缓上升,迎接高潮的到来。其园林序列节奏设计,如一首展开的生动乐章,充满韵律感,乐曲的高潮终结于以三角形为顶点的著名的立体派雕塑家利普希兹(Jacques Lipchitz)的雕塑作品——"生活的欢乐"(La Joiede Vivre),充满视觉感受和序列乐感,引人入胜(图6.13)。这两个三角型园林设计的成功成就了古埃瑞克安。1948 年古埃瑞克安去了美国并任教 10 年,为美国环境设计教育播撒着种子。

当时另一位著名家具设计师和书籍封面设计师雷格莱恩(Pierre Emile Legrain)以图片的形式展示了 20 年代初为泰夏德(Tachard)设计的住宅,赢得了这次博览会园林展区的银奖。雷格莱恩在设计中将植物从传统运用中解脱出来,并将书籍设计平面装饰要素植物化,用植物组成纹样,遵行现代艺术法则,组成纯粹几何有序的构成平面。泰夏德花园的锯齿形边缘的草地成其为象征而广为传播,使园林具有划时代的意义(图6.14)。雷格莱恩吸收立体派绘画的特点,最早在园林景观中运用现代艺术形式语言。

图6.14   泰夏德花园   雷格莱恩

图6.15   璐勒斯花园   费拉兄弟与莫劳克斯

费迪南德·巴克(Ferdinand Bac,1859—1952 年),博览会上展出了园林作品"地中海式花园"。巴克出生在德国,祖父是拿破仑的弟弟威斯特伐利亚国王,在法国接受教育,是著名诗人、画家、作家、建筑师和景观设计师。费迪南德·巴克 1920 年为朋友结婚,在 Menton 附近设计的住宅和花园——莱科洛姆比厄雷(Les Colom bie res)。巴克在这次展览会上出售了有关这个设计的两本理论著作《迷人的花园》(Jardins Enchanfes)、《莱科洛姆比厄雷》,阐述其美学思想,试图唤起人们对地中海灿烂文明、文化精神的关注。费迪南德·巴克的思想代表着现代主义文明对费拉兄弟与莫劳克斯历史新的诠释,极具影响力。法国著名景观设计师安德列·费拉(Andre Vera)和鲍尔·费拉(Paul Vera)兄弟展出的园林作品汲取了立体派绘画思想,以动态几何图案组织不同色彩的植物、砾石、卵石材料,并使用现代镜面材料创造视幻园林景观空间。莫劳克斯(Jean-Charles Moreaux)虽然用改编的园林语言延续法国规则式传统,但表现着 20 世纪现代艺术与思想(图6.15)。

国际现代工艺美术展对现代景观设计的影响与作用 "国际现代工艺美术展"其展览作品收录在《1925年的园林》(1925 Gardins)一书中,揭开了现代景观设计新的一页,对景观设计领域思想变革和发展起了重要作用,现代园林景观设计的面目从此焕然一新,在许多方面都取得了全新的进展。归结起来,有以下几个方面在现代景观设计不断进化的历程中起到了至关重要的影响与作用:现代景园从古典园林演化至现代开放式空间,再到现代开放式景观、大地艺术,其内涵与外延都得到了极大的深化与扩展;大至城市设计(如山水园林城市),中到城市广场、大学校园、滨江滨河景观、建筑物前广场,小至中庭、道路、绿化、挡土墙设计无一不以此为起点;如今开放、大众化、园林环境公共性,已成为现代景观设计的基本特征。"国际现代工艺美术展"是现代景观设计发展的重要事件。

3)新艺术运动(Art Nouveau)

"新艺术运动"是19世纪末继绘画"印象派艺术""工艺美术运动"后源自比利时和法国的艺术实践活动,20世纪初在欧洲仍如火如荼。它一方面探索新的艺术方向,反对抄袭历史风格的折中主义;另一方面,强调追求自然本质而非表面化,崇尚蕴含于自然之中的生命活力。艺术形式上提出响亮的口号:"回归自然"。艺术家灵感来自自然界生灵形态,强调设计中不完全写实的象征主义有机形态的装饰效果,来改变大工业生产的粗糙、刻板、单一、单调,是一场具有广泛影响力的艺术运动。其代表有出现在比利时、法国的"20人团""新艺术"、苏格兰的格拉斯哥学派(Glascow Four)、德国的"青年风格派"(Juqendstil)、奥地利的"维也纳分离派"(Vienna Secession),设计中追求自然曲线、直线和几何形两种形式,从自然界归纳出基本线条并将其提升为美学意味进行设计,强调曲线直线几何形装饰、花卉图案、阿拉伯图案、昆虫、女人体,创造出极富韵律的曲线风格园林——"几何式园林"。其代表人物有西班牙建筑师高迪(Antondi Gand,1852—1926年)、麦金托什(Charles Rennie Mackintosh,1868—1928年)、瓦格纳(Otto Wagner,1841—1918年)、奥尔布里希(Joseph Maria Oibrich,1867—1908年)、霍夫曼(Josef Hoffmeann,1870—1956年),画家克里姆特(Gustav Klimt,1862—1918年)、穆特修斯(Hermann Mathesius,1861—1927年)、贝伦斯(Peter Behrens,1868—1940年)、莱乌格(Max Laeuger,1864—1952年)、奥斯腾多夫(Friendrich Ostendorf,1871—1915年)等。

图6.16 居尔公园 Parque Guell 高迪

曲线风格极端的表现在西班牙天才建筑师高迪设计的居尔公园中(图6.16)。它以波动的、节奏的动荡不安体现着乐感与韵律,色彩、光与影、形与体、空间与自然、建筑与雕塑艺术、环境融为一体,摩尔与哥特文化的渗透,超凡的创造力张扬着鲜明个性。维也纳分离派先驱瓦格纳(Otto Wagner)与建筑师奥尔布里希(Joseph Maria Oibrich)、霍夫曼(Josef Hoffmann)、画家克里姆特(Gusau Klimt,图6.17)于1897创办了维也纳分离派,提出"为时代的艺术,为艺术的自由",设计中整体采用抽象几何体,尤其方形。局部保留少量的曲线装饰,与以自然题材的曲线作为装饰主题的风格相差甚远。1905年在达姆斯塔特举办园艺展,奥尔布里希设计了"色彩园",花园分两个部分,下部为花坛园,上部为花灌木和蓝黄红色与色轮秩序感、冷暖构成的草木花卉,园中更关注于硬质景观,产生了广泛的影响。1908年奥尔布里希设计建造了新艺术运动中著名建筑——"艺术家之村"第三次艺术展览馆和高50 m的婚礼塔及其园林景观。环境与建筑景观设计运用大量几何图案的"建筑语言",植物在规则的设计中组织进去,浑然一体,堪称经典(图6.18)。建筑师霍夫曼1905年设计了托克莱宫(Palais Stoclet)。维也纳分离派设计师雷比施(F. lebisch)分离派风格的园林设计影响也很大。

图6.17 克里姆特(油画)   图6.18 "色彩园"局部 达姆斯塔特 奥尔布里希

新艺术运动中另一个核心人物是穆特修斯(Ltehrmann Muthesius,1861—1927年),他出生于德国,1887—1891年作为建筑师在日本东京工作,考察了中国的建筑文化与艺术,深为东方艺术所吸引。1896—1903年他在伦敦工作,考察了英国的园林与艺术,将英国的园林艺术介绍到德国。东西方文化艺术的综合素养,使他在1904年出版了至今颇具影响力的著作《英格兰住宅》,推崇英国建筑师布鲁姆、菲尔德等人的规则式园林思想,指出:园林是一个建筑环境,园林不再是模仿自然,而是与建筑之间以艺术的形式相联系。他认为园林与建筑之间在概念上要统一,理想的园林应该是尽量再现"建筑内部"的"室外房间"。1907年在柏林建造的自由住宅及办公室"Cramar"住宅是穆特修斯著名的作品。

穆特修斯担任过发行量和影响力很大的月刊 Die Woche 的评委,发起举办过两次建筑与园林设计竞赛,出版了100余个获奖方案的作品集,对1904—1914年的住宅花园影响非常大。1907年在穆特修斯的推动下,贝伦斯(Peter Behrens,1868—1940年)、莱乌格(Max Laeuger,1864—1952年)、奥尔布里希、霍夫曼等一批艺术精英建立"德意志制造联盟"(Deutscher Werkbund),成为当时欧洲极具影响力和引力的设计力量,成员大多为新艺术运动的领袖人物。

贝伦斯生于德国汉堡,曾在卡尔斯鲁厄和杜塞尔多夫艺术学校学习。1899年应路德维希大公的邀请去达姆斯塔特艺术家之村,1902年担任杜塞尔多夫艺术学校校长。1907年担任德国通用电器公司的艺术设计顾问,设计了建筑史上跨时代的一些建筑园林环境,完成了大量产品、广告设计,是现代主义设计运动中的重要人物。贝伦斯的园林作品不多,却开创了用建筑语言来设计园林的现代崭新风格(图6.19)。

1910 年前后，格罗皮乌斯（Walter Gropius, 1883—1969年）、米斯·凡·德·罗（Ludwig Mies Van der Rohe, 1886—1966 年）、柯布西耶（Le Corbusier, 1887—1965 年）这三位现代主义奠基人都曾在贝伦斯事务所工作。贝伦斯的思想深深地影响了这三位建筑巨匠。

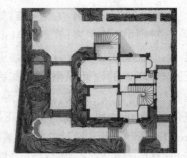

图 6.19 花园平面 贝得·贝伦斯

1904 年，贝伦斯在杜塞尔多夫的国际艺术与园艺展览会设计的大面积公共环境、1905 年在奥登堡德国西北部艺术展览会上的园林设计、1907 年在曼海姆庆祝建城 300 周年的园林艺术展览会上设计展出的专题花园。这些作品平面非常严谨，精美的园墙、雕塑、花架、绿篱修剪成几何形的植物构成有序正方形种植池，进行空间组织，亭、喷泉、休憩场地装饰。而优雅的艺术语言、建筑语言的园林运用，精美与艺术的规则几何构成，设计语言向功能主义发展。

1907 年曼海姆园林艺术展设计的园林作品（图 6.20），其中 140 m × 50 m 的花园用绿墙、彩墙、栏杆划分为 14 个独立小空间，每一个小空间体现不同美学主题，空间处理既联系又相对阻隔独立，引人注目。莱乌格是新艺术运动的另一位重要人物，德意志制造联盟成员，生于德国南部。莱乌格是新艺术运动中设计园林最多的一位，他抛弃了风景式园林的形式，将园林作为艺术的空间、艺术形式来理解，被誉为"新园林的典范"。其代表作品巴登的苟奈尔花园（Gonner, 图 6.21），是保留下来为数不多的新艺术运动花园之一。

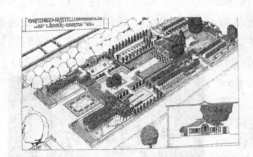

图 6.20 曼海姆园艺展上设计的花园 莱乌格

图 6.21 苟奈尔花园 莱乌格

新艺术运动理论上颇有建树的是奥斯滕多夫（Friendrich Ostendorf, 1871—1915 年），他是卡尔斯鲁厄高等技术学校教师，1913—1914 年先后出版了经典著作《建筑设计原理》（Theoriedes architektonischen Entwerfens）、《建筑七书》（Sechs Bucher Vom Bauen）。他认为园林要与建筑统一，风景园林的"回归自然"是错误的；园林设计应有明确的"划分"空间，空间与功能必须结合起来。他是现代主义的奠基者，其园林作品海德堡 Krehl 别墅花园展现了他的思想。

新艺术运动对园林的影响和作用 19 世纪与 20 世纪之交的这场虽然短暂却波及各个领域的艺术运动，反叛古典主义传统，是现代主义之前的探索和准备，运动对园林的影响滞后于建筑与其他设计，并且遭到以英国鲁滨逊和德国的莱内—迈耶学派（Lenne-Meyersche Schule）为代表的大多数园林设计师的抵制，引发一场争论，使具有广泛的艺术才能的新艺术运动的建筑师、设计师、艺术家在这场争论中巩固了自己在园林设计中的地位。他们以其综合全面、敏锐的文化思辨素质、细腻的艺术感受、学科渗透的前瞻性思维与创造性的时代意识，使新艺术运动中的园林设计对后来的园林产生了广泛的影响。

20世纪二三十年代发生在法国和美国的"装饰运动"(Art Deco)是新艺术运动的延伸和发展。设计师斯蒂文森(Robert Mallett Stevens)和古埃瑞克安为法国现代园林作出了贡献。20世纪30年代美国园林设计师斯蒂里(Fletcher Steele,1885—1971年)的景观设计明显受其曲线特征影响;高迪的设计风格更是在后代现代主义设计中被人推崇。新艺术运动以其自然有机形态抽象变异为直线、曲线、几何形等主要要素形式,装饰性与功能结合,向"功能主义"发展,成为现代主义的"风格派""包豪斯学派"的基石,为日后的现代景观(Modern Landscape Architecture)、环境设计奠定了基础。他们大多是现代主义运动的栋梁。新艺术运动是承上启下的设计运动,它宣告园林新时期——现代主义时代的到来。

4)现代建筑运动对园林景观设计的影响

图6.22　巴塞罗纳世界博览会德国馆
米斯·凡·德罗

现代景观园林在其产生与形成的过程中与现代建筑的一个最大的不同之处就在于:现代景园在发生了革命性创新的同时又保持了对古典园林明显的继承性。新建筑运动是以"芝加哥学派"为先声进入20世纪的。第一次世界大战后的欧洲,其经济、政治、思想状况为设计领域的变革提供了有利的"气候"和"土壤",技术使建筑结构发生了根本转变,弗兰克·赖特、贝得·贝伦斯高扬着新建筑运动"合理主义"的旗帜,格罗皮乌斯、米斯·凡·德罗、勒·柯布西耶这"现代建筑三大支柱"建筑与环境的理论实践,使城市面貌迅速改变。现代建筑运动中,德国、法国、荷兰三国的建筑师非常活跃,进行多元化的探索和尝试,园林作为建筑的延续全面受其鼓舞和激励(图6.22)。

20世纪的德国、奥地利产生了表现主义(Expres Sionism)建筑、绘画和音乐,强调精神和情感的表现,以夸张的设计艺术语言表达内心情节。代表人物德国建筑师门德尔松(Evich Mendelsohn,1887—1953年)设计了许多建筑,如著名的爱因斯坦天文台。门德尔松将建筑设计在起伏的环境景观之中,植物、阳光、阴影、花丛中的曲线、奇特新颖夸张的建筑坐落其中。在其园林设计代表作魏茨曼(Weizmann)教授别墅花园中,常绿植物、台地都是流畅的,阿米巴曲线优美迷人,犹如他的建筑。表现主义认为:艺术的任务是表现个人主观认识感受和体验,形式取决于艺术家表现的需要,变形歪曲以自然为基础的形态,使内容借助形式的外衣产生对观赏者的视觉冲击。第二次世界大战时,门德尔松到了荷兰和德国,1914年移居美国,将表现主义带入了这些国家的建筑和园林景观设计之中。

促成西方现代景观设计产生的重要代表人物还有

图6.23　巴黎新精神住宅　柯布西耶

勒·柯布西耶（Le Corbusier,1887—1965年）、赖特（Frank Lloyd Wright,1867—1959年）、纽特拉（Richard Neutra,1892—1970年）、阿尔托（Alvar Aalto,1898—1976年）等。

柯布西耶是现代建筑运动、现代主义、后现代主义主将，是20世纪最重要的建筑师之一。1923年出版《走向新建筑》一书，该书被认为是现代主义的宣言。他提倡"新建筑""新精神住宅"（图6.23）……大玻璃的起居室，建筑屋顶开了一个圆洞，大树穿顶而过……"新建筑"自然在架空的建筑底层穿过，屋顶花园与环境的关系如此密切，建筑与环境浑然一体。建筑如同自然的延续，景观建筑如此具有自然诗意。他提倡园林景观设计理性思想，赋予阳光、空气、植物地域环境及建筑材料形式上平均分配、贫富差距缩小的社会意义。柯布西耶的杰出的建筑设计，从一个侧面提出了现代建筑与其适应的景观风格，并为景观设计师展现了将现代建筑语言转化到园林景观设计中去，随着建筑实践深刻地影响了全世界现代主义建筑景观设计。1929—1931年他设计了著名的萨伏伊别墅（Villa Savoye）。

自然的建筑——"有机建筑"　赖特是美国本土现代建筑大师，曾在芝加哥学派著名建筑师沙利文事务所工作。19世纪末20世纪初10年中，他在美国中西部设计了许多小住宅，选择传统自然材料，建筑自然感与水平感很强，与广阔自然融为一体，花园景观富有田园诗意，花卉种植池、植物设计精巧自然，被称为"草原式住宅"。赖特将其称为"有机建筑"（Organic Architecture），其著名的有机建筑理论认为：建筑除了它所在的地方，不能设想放在任何别的地方，它是那个环境的优美部分，给环境增光添彩，而非损坏它、破坏它。认为有机建筑就是"自然的建筑"，自然界是有机的，建筑应像植物一样是"地面上一个基本的和谐的要素，从属于自然环境，从地里长出来，迎着阳光。"赖特常用几何语句来组织构图和空间，用几何形创造出与当地自然环境相协调的建筑和园林景观，深深地启发着景观设计，有机建筑理论对现代景观设计具有世界性的影响。1911年赖特设计了"西塔里埃森"（Taliesin West），以几何形为母题，方形、圆形、矩形、平台、园林景观组合在方格网中，最著名的是"流水别墅"（图6.24）。

纽特拉（Richard Neutra,1892—1970年）是一位维也纳现代主义建筑师，1923年移居美国。纽特拉曾在赖特的塔里埃森工作，从日本建筑中汲取营养，将赖特式有机建筑与国际风格结合起来，以体现生活为本质的景观设计，和建筑环境是那么自然和必然，又是从属地域的，创造了加州建筑和园林景观的独特风格。1947年的加州棕榈泉（Plam Springs）考夫曼住宅（图6.25），美丽如画的山岭景色、沙漠建筑景观与自然环境充分协调，体现了他杰出的设计语言与才能。

图6.24　流水别墅　赖特　　　　　　　图6.25　考夫曼住宅　1947年　纽特拉

另一位现代建筑重要的奠基人芬兰建筑师阿尔托（Alvar Aalto,1898—1976年），受超现实主义绘画和日本建筑和园林文化艺术的影响，他的设计有着极强的亲和力，是现代建筑园林人情味设计的开创者。1929年阿尔托设计的玛利亚别墅是其代表作(图6.26)。他大量采用自然传统材料、自然地形,巧妙利用本土植物,建筑室内外的波形曲面,相得益彰,极其流畅、亲切、自然。阿尔托强调有机形态和功能主义原则以及对材料与自然植物的认识和运用,发展成为以丘奇为代表的美国"加州学派"的组成部分。

5)包豪斯

1919年,建筑师格罗皮乌斯(Walter Gropius,1883—1969年)将万特维尔德(Henry Clment Van de Velde,1863—1957年)创办的魏玛艺术学校发展成融建筑、雕刻、绘画、产品设计于一身,以建筑为主的包豪斯(Bauhaus)学校。格罗皮乌斯发扬"德意志制造联盟"的理想,从美术结合工业,艺术结合科技推崇新建筑精神。包豪斯教师住宅和园林,松林依伴着白色立方体建筑,自然的草地和树丛(图6.27),阐述着他的思想。他强调创造精神,强调艺术技术间交流渗透;强调建筑向当时的立体主义、表现主义、超现实主义学习,吸引了大批现代运动的优秀人物。包豪斯成为20年代最前卫设计师集汇地,许多现代主义运动大师毕业或任教这所学校,是现代主义设计的摇篮。格罗皮乌斯认为:现代设计应把技术与艺术统一起来,就好比一座桥梁,一端是技术,它强调结构、功能,反映纯粹物质性方面;另一端是艺术,它是人类审美精神的享受。两者同样重要,相互依存,艺术上的成功,同样是技术上的成功,认为艺术与技术携手共创时代需要的新形态。他指出:设计的目的是人,应从审美与功能两个方面来满足人们的物质和精神需求。这种基于人性的设计原则是包豪斯对20世纪设计思想的最重要贡献。"技术与艺术""教学与实践"的双轨制教学体系,创造了最成功的教学体系,培养了大批现代主义运动的人才,成功地培养出了既有当代思想和现代艺术造型基础,又有技术生产和功能的新一代设计师。格罗皮乌斯强调"重新回到手工艺",强调动手能力,学校"工厂"林立。从手工艺技艺发展成有机构成,是包豪斯排除教条僵化,立足于自身与社会,提倡创造性,个性自由而又严谨治学精神的必然结果。包豪斯的"技术与艺术""教学与实践"的双轨制教学体系内容如下:

图6.26　玛利亚别墅花园　阿尔托

图6.27　Bauhaus教师住宅和园林
格罗皮乌斯

(1)手工艺训练　在学院实习工场、车间,艺术与技术结合甚为密切的手工艺训练是包豪斯的教学基础。

(2)艺术造型的基础严格训练　素描、色彩、想象力创造的外在表现——抽象想象、理性绘画;艺术设计:构图、壁画设计、建筑、造园设计、室内外装饰、设计、字体纹样设计、几何体研究、结构设计练习等。艺术造型课程是包豪斯非常重要的三大"正式性"课程之一。

(3)科学和理论　包豪斯很重视美学、美术史论课程,将它们置于非常重要的位置,不是仅停留在表面化意义上的讲座,而是为了培养学生的极为重要的专业素质、推陈出新的创造力、事业的自信心和探索精神,积极认识历史上的设计思想、设计理论、文化风格、制作方法、技术成果、色彩、材料学、解剖学、生理心理学、经济学、物理化学、科技动态、合同与承包、经济学及其运用思考,使学生从思想深层次把握,它是包豪斯三大"正式性"课程之一。

(4)课程及专业类别课程　在教学关联体系基础上规定了三项基本任务:一是释放创造力,激发学生创造才能;二是简化学生选择专业方向的过程;三是学生熟悉掌握艺术视觉形象原理,最关注的是培养学生理解空间造型、空间结构的联系和本质,并通过技术路径得以实现。包豪斯的学生同时接受艺术教育和技术教育,使学生具有设计与实施结合、符合社会所需求的综合能力。

包豪斯成功创立的理性化、功能化、艺术造型的教育体系奠定了现代设计教育的基础,其教育体系和教学方式已成为世界许多艺术设计、规划设计院校的参照经典和构架基础。它对于现代教育的贡献是巨大的,它培养的众多领域的设计师把现代设计运动推向了新的高度。

1926年由于政治上的原因,包豪斯迁址到德国。1933年由于纳粹的压力被关闭,包豪斯大多数教师移居美国,同时也将包豪斯思想带到了全世界。格罗皮乌斯于1937年离开欧洲到美国哈佛大学任教,彻底改变了哈佛建筑学专业、景观设计专业的教学,其成为举世闻名的"哈佛革命"的导火线和动力源,促进了美国现代景观产生和发展。

6)哈佛革命

格罗皮乌斯来到美国担任哈佛大学设计研究生院的院长。第一次世界大战和第二次世界大战期间,从欧洲到美国的还有曾担任包豪斯校长的米斯·凡·德罗,著名建筑师布劳耶、纽特拉、门德尔松等,美国取代欧洲成为世界艺术设计活动的中心。格罗皮乌斯将包豪斯精神带到哈佛并进行改革,引起景观规划设计系园林教授们的反对,他们认为:园林不同于建筑,建造园林的材料不能从工厂里制造出来,草地、树丛既适合古典建筑,也同样适合现代建筑,认为以植物为重而非以艺术为主。格罗皮乌斯的变革使植物为主传统保守的园林景观规划设计系焕发了新的生命力。格罗皮乌斯强调人的需要、自然环境条件以及两者协调的重要性,艺术与技术的结合,同时提出了功能主义的设计理论(图6.28)。这些理论深得渴求新思想的学生们的支持,使哈佛设计研究院变成一个艺术、环境、社会和技术探索创造相互结合、渗透,充满探索、创造的,使人奋发进取的学习殿堂,景观园林与环境艺术结合,彻底地摆脱了教条。传统以植物种植为主的景观设计是守旧的教授在论战中的失败,标志着新型园林的真正诞生,园林再也不是一个单纯简单的概念。哈佛大学景观设计系从此为世界培养出大批优秀的学生,其中最突出的是埃克博(Garrett Eckbo,1910—2000年)、罗斯(James C Rose,1910—1991年)、克雷(Dan Kiley,1912年—)。

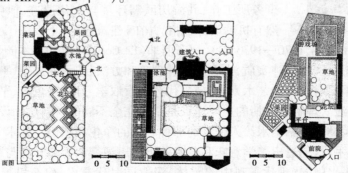

图6.28　格罗皮乌斯设计的园林平面图

埃克博、罗斯、克雷针对现代建筑的发展潮流和1925年法国现代工艺美术展上出现的景观设计进行新的开拓。埃克博第一次将密斯式的建筑空间设计运用到了景观设计中,将现代材料、钢筋混凝土及其技术与艺术结合运用到景观设计中。1938年10月,罗斯在"园林中的自由"(Freedom In The Garden)中将园林定位于设计。1939年他又发表了著名的"景观设计中清晰的形式"(Articulate Form In The Landscape Design)和"为什么不尝试科学"(Why Not Science)。1938年9月,埃克博发表了"城市中的小花园"(Small Gardens in the City),作了市郊环境花园设计的比较研究,提出了同一条件下花园设计中形式和空间艺术变化的可能,认为:花园是室外生活空间,其设计内容应由其用途发展而来。1939—1941年间,应影响力很大的《建筑评论》杂志的约稿,两人相继发表"城市环境中的景观设计"(Landscape Design In The Vrban Environment)、"乡村环境中的景观设计"(Landscape-cape Design In The Rurban Environment)、"原始环境中的景观设计"(Landscape-cape Design In The Primeval Environment)等一系列文章。1939年唐纳德(Chvistopher Tunnard)应邀来到哈佛进入格罗皮乌斯的研究室,加入了"革命"行列,动摇并最终导致哈佛大学景观规划设计系保守教条的解体和现代思想的建立。"哈佛革命"(Harvard Revolution)推动美国景观规划设计行业迅速发展,走向世界前沿,影响了世界。1930年代末,由格罗皮乌斯、唐纳德、埃克博、罗斯、克雷等人发起的著名的"哈佛革命",是继1925年的巴黎国际现代工艺美术展之后,给了现代园林一次强有力的推动,并使之朝着符合时代精神的方向发展。

6.1.4 园林时代精神的演变及世界各地现代景观的转化与发展

现代园林经第二次世界大战以后,一批现代景观设计大师大量的理论探索与实践活动在世界各地都得到了深入和发展,并日趋多元化。

1)英国

图6.29 克里斯多夫·唐纳德

(1)克里斯多夫·唐纳德 英国近代曾以大地魂灵般的、充满画意的、史诗般的自然风景园著称于世界,将抽象的现代艺术和历史规则式和自然式园林结合,又成为景观设计师思辨的泉源,创造了现代园林的语言。

唐纳德(图6.29)出生于加拿大,1928年来到英国伦敦学习建筑结构,1932—1935年唐纳德在景观设计师凯恩(Percy Cane)事务所工作,并游历欧洲环境与文化遗迹,他更为欣赏和喜欢自然有机的设计风格,并在《建筑评论》上发表了大量文章。唐纳德受建筑师卢斯(Adolf loos,1870—1933年)、柯布西耶(Le Corbusier)和日本园林——尤其枯山水园林的影响,认为感受园林精神实质,内在的设计理论和方法、艺术的形态、平面、色彩造园要素的处理,设计师必须要有自身的艺术素质,向现代艺术索取学习形态、色彩、平面、空间、材质、质感体积的理论与方法。理解和移情的主要途径是指在完全不同的材料层面设计效果上,追求其精神影响,如日本园林中的枯山水给人带来的那种心灵的净化和感悟。艺术方面则是指在园林设计中运用艺术的手段,创造出美学意味和艺术效果。唐纳德认为园林应与雕塑等现代艺术相结合。他于1938年出版的《现代景观中的园林》汲取同时代艺术、建筑思想,冲击了当时英国优雅浪漫的园林风格,率先从理论上反思探讨现代环境下设计园林的方法,书中鲜明地提出了现代景观设计完整的内涵应包含三个方面:即功能的,又是移情的,又是艺术的,三者是一个整体。1939年唐纳德收到担任哈佛大学设计研究生院长格罗皮乌斯的邀请到哈佛任教,成为哈佛的"革命者",承担规划课程教学。他的景观理论和思想影响了一大批学生,著名的"哈佛革命"倡导者丹·克雷(Dan Kiley)、埃克博(Garrett Eckbo)和罗斯(Jame Rose)都曾受到唐纳德的影响。1942年他发表"现代住宅的现代园林"(Modern Gardens for Modern House)的文章,受格罗皮乌斯的影响提出景观设计师必须理解现代艺术、现代建筑和现代生活,园林"流动空间"的创造,园林新材料的了解掌握运用,运用建筑语言的手法处理植物、材料、建筑空间构成技巧景观设计中的引入等观点。唐纳德为建筑师切尔梅耶夫(S. C hermayeff)设计的名为"本特利森林"的住宅花园说明了他的思想(图6.30):住宅餐室通过玻璃拉门向外延伸直到矩形的铺装露台,露台尽端被一个木框架所限定,框住了远方的风景,一旁侧卧着亨利·摩尔(H. Moore)的抽象雕塑,面向着无限远方……1945年的战后,唐纳德到耶鲁大学城市规划系任教,在此期间他写了许多城市规划著作。1953年出版了经典著作《人类的城市》(The City of Man),他发展了区域线性城市理论。

图6.30　本特利树林　唐纳德

图6.31　杰弗里·杰里科

(2)杰弗里·杰里科　杰里科(Gevffery Jellicoe,1900—1996年,图6.31)是英国的另一位才华过人的现代主义建筑师、规划师、著名的建筑教师、景观设计师。1918年,杰里科在伦敦"建筑协会学校"(Architectural Association School)学习建筑,期间考察意大利文艺复兴时期园林,深深地为其吸引。1925年,年仅25岁的杰里科以扎实的艺术功底和同学谢菲尔德(Jock shepherd)合作完成的《意大利文艺复兴园林》(Italian Gardens of Renaissance),就成为经典著作,年少时打下的艺术基础和对古典园林的深入研究,使他的景观设计实践很好地把握住了园林的度。杰里科是一位现代主义者、追求创新的设计师却继承了欧洲文艺复兴以来的所有园林要素,隽永、通透、古典韵味却极富人情味地传递着现代主义气息!它是植根于历史和文化底蕴的现代精神承载。杰里科景观设计思想灵感来源于现代艺术,将自己也置身于现代艺术的世界里。20世纪30年代他曾拜访亨利·摩尔等现代艺术雕塑家,对现代画家、艺术家、建筑师,如画家克利、马列维奇、康定斯基、毕加索,建筑师柯布西耶、门德尔松由衷地赞叹!画家克利对杰里科影响最大,他视克利为自己的导师,其设计思想创作深受克利启迪,认为克利的艺术探索涵盖了几乎所有艺术设计领域,包括景观设计。"带着线条去散步",用"潜意识"创造,杰里科在景观设计中实践着克利的信条。杰里科特别注重景观设计中的"场所精神",体现在他的肯尼迪总统纪念碑环境设计(图6.32)和晚年设计的莎顿庄园。"场所精神"是景观设计的核心,他认为应该消除建筑与园林的界限。杰里科的设计灵感来自于文学,来自于艺术哲学的理解,认为自己现代景观设计概念形成于中国古典哲学。诗歌的境界也折射在景观作品中：梦幻而神秘的鱼形水面、孤零小岛、弯曲的水道，"散步"的花坛沿着不规则的自由曲线，诗意梦幻般的神秘。渊博的艺术素养、丰硕的果实使杰里科极具影响力，创建了英国权威的景观设计师学会(Institute of landscape Architects)并担任该学会主席。1948 年，杰里科担任国际景观设计师联合会(IFLA)的首任主席。

杰里科的设计得益于涉略广泛的生活、深厚的史论和现代艺术思想、理论，得益于挚友。他的妻子苏珊·佩尔斯(Susan Pares)精通历史、植物，贤惠、聪明而富有才华，是他的得力助手。1975 年杰里科和夫人出版了《人类的景观》(The Landscape of Man)一书，这本经典著作是杰里科对世界园林历史和文化的深刻认识和理解。杰里科大量的理论与实践使他在全世界景观设计中享有崇高的荣誉。

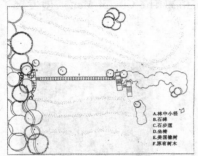

A.林中小径
B.石碑
C.石步道
D.池塘
E.奥国橡树
F.原有树木

图 6.32　肯尼迪总统纪念碑　1963 年
杰里科

2）美国

20 世纪的美国是令全世界瞩目的重要的舞台，它集合了世界优秀的艺术设计人才，又和整个西方社会的变化紧密联系在一起，成为世界文化艺术重心。

（1）奥姆斯特德　美国景观规划事业的创始人是奥姆斯特德(F. L. Olmsted)，他在与沃克斯设计纽约中央公园时，就首次采用了"Landscape Architect"（景观设计师）的称谓。他的儿子——优秀的建筑师、规划设计师小弗雷德里克·劳·奥姆斯特德(Frederick Law Olmsted)继承父业在哈佛大学建立了美国第一个景观规划设计专业(Landscapt Architecture)，作为一门独立学科，其确立标志是 1900 年小奥姆斯特德与舒克利夫(A. A. Sharcliff)在哈佛大学开设课程，并在全美首创 4 年制的 LA 理学学士学位。学科的建立汇集了艺术、建筑、美学、史论、园林等方面的理论精髓，造就了大量行业人才，从业人员的相关理论研究和实践又进一步丰富了学科理论，确立了环境景观规划设计的普遍性原则，这为近代新型园林快速的发展奠定了坚实的基础。这些原则以后被美国园林界归纳为"奥姆斯特德原则"(The Olmstedian Principls)。其原则规定如下：

①保护自然景观，在某些情况下，自然景观需要加以恢复或进一步强调。

②除了在非常有限的范围内，否则尽可能避免使用规则式。

③保持公园中心区的草坪和草地。

④选用乡土树种，特别是用于公园周边稠密的种植带中。

⑤道路应呈流畅的曲线，所有道路均成环状布置。

⑥全园以主要道路划分不同区域。

这些原则对于现在的景观规划仍具有十分重要的指导意义，它是时代精神演变的前奏。

20 世纪初的美国哈佛大学景观规划设计中，规则式设计沿用传统巴黎美术学院（Beaux-

Arts)的课程体系,公园、园林景观及复杂公共地段的设计,运用奥姆斯特德的自然主义理想模式体系,两种模式的混合有了很大的发展。

　　(2)斯蒂里　美国的景观规划设计师斯蒂里(Fletcher steele,1885—1971年)于1909年哈佛大学景观规划设计系毕业,赴欧洲考察,感受同时期欧洲蓬勃发展的现代主义功能——移情的艺术运动,并深受其影响,但他却对欧洲新艺术思想保持了既开放又谨慎的态度。第一次世界大战前后是美国历史上花园建设的高峰期,斯蒂里把欧洲现代景观设计新理论和新思想介绍到了美国,推动了美国景观领域的现代主义进程。

图6.33　瑙姆科吉庄园　斯蒂里

　　斯蒂里在1925年巴黎参观"国际现代工艺美术展"时受到很大震动和启发,从此其设计中呈现抽象化和理性化。1926年,完成了20世纪早期园林景观的经典作品瑙姆科吉庄园(Naumkeag)花园设计(图6.33)。斯蒂里把风景园林作为一门艺术在实践探索,一生写了一百多篇文章和两本著作,设计了500多个庭院作品。他设计的庭院不仅在色彩、形式、材料和空间等方面进行了大胆的创新,还非常注重庭院的人性化设计。虽然斯蒂里对法国、西班牙、意大利以及中国不同时期的园林都很感兴趣,但其园林设计风格却摇摆于传统和现代之间,美国也正处于现代主义变革的前夜。但他杰出的贡献是以开放的、不拘一格的胸襟,传达了欧洲现代艺术思潮影响下现代主义园林信息,成为美国现代园林运动的导火线。经"哈佛革命"和美国第一代第二代景观设计师的努力,使美国现代主义园林景观走向了世界前列。

图6.34　托马斯·丘奇

　　(3)托马斯·丘奇　与此同时,美国另一位伟大的景观设计师在美国西海岸进行着新园林景观风格的实践,他就是与罗斯、克雷、埃克博等人一起被称为美国第一代现代景观设计师的"加州花园"(California Garden)风格的开创者——20世纪美国现代景观设计的奠基人托马斯·丘奇(Thomas Church,1902—1978年,图6.34)。丘奇出生在波士顿,曾是加州大学伯克利分校一名法律系学生。在学习法律时,被加州大学伯克利分校农学院的园林设计史课程深深吸引,中途转向景观规划设计专业。1923年,丘奇来到哈佛大学设计研究生院景观规划设计系学习,在哈佛专业设在建筑系,强调艺术形式、功能技术和总体规划的统一性,与伯克利专业设在农学院,单纯强调植物及植物认识不同,这激发了丘奇极大的学习热情。1926年丘奇获得哈佛大学旅行考察奖学金,去欧洲考察学习经典的意大利和西班牙园林。他比较分析了地中海园林和美国加州气候景观的相似性,研究了地中海地区庭园的传统理论、实践和加州园林景观的理论实践的可行性,尺度与规则的建筑与自然景观的"度"的转换。1937年,当他第二次踏上欧洲的土地,见到了荷兰建筑师阿尔托(A. Aalto)时,感受了阿尔托玛利亚别墅花园曲线、肾形泳池等现代设计语言深受启发。之后他研究了"立体主义"(Cubism)绘画、超现实主义(Surrealism)形式语言,研究了现代印象派画家、雕塑家理论、思想和作品,研究了柯布西耶、阿尔托的建筑。这是丘奇职业生涯的转折点,展现在人面前的是一种新的动态均衡形式,中轴线被遗弃,流线而富有动感,多视点,平面构成运用质感,色彩与构成呈现变化而愈丰富。1948 年丘奇设计了著名的唐纳花园(Donnel Garden)(图 6.35)。

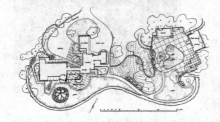

图 6.35 唐纳花园 丘奇

丘奇在实践中设计园林景观作品达 2 000 多个。质感、肌理、色彩、构成和对比,当地盛产的木材和红色陶土砖,常绿树与自然点缀的石块,充分考虑加州海滨的宜人气候:气温多在18～38 ℃,温暖湿润,晴朗的天空少蚊蝇,适宜室外生活,室内外通透的直接的关联性,有舒适的折叠布椅、桌子和泳池,有精心设计的本土植物风情,常绿的橡树、浆果鹃、美洲茶和沙巴拉灌丛,树木、凉棚借鉴日本园林的低矮苔藓、蕨类植物,娴熟地运用隽永、极富有情感色彩的坡地的风景景观,精心整理,设计保留,建筑与园林景观设计的折中主义复活又具有鲜明的地域特性。它的每一部分都综合气候、景观、生活方式、社会文化维护与发展而细致思考,是本土的又是时代、现代的和艺术人性化的设计。认为规则式与不规则式、曲线或直线、对称或自由,最重要的是以一个美学的完美功能的方案,功能与美学思想意蕴是景观设计的支点,平息了规则式与自然式园林之争,广泛而深远地影响了现代景观设计与发展。丘奇被认为是 20 世纪能从古典主义园林和新古典主义园林设计完全转向现代景观的形式和空间的极为少数的设计师之一。

加州现代园林是美国自 19 世纪后半叶,继奥姆斯特德的环境规划传统以来,对景观规划设计最杰出贡献之一,它使美国园林的历史从对欧洲风格复兴抄袭,转变为本土社会、文化艺术的、理性的、地域的多样性开拓的良性发展之中。托马斯·丘奇也被认为是美国最后一位伟大的传统园林设计师,被誉为美国第一位伟大的现代景观设计师,其设计风格对美国和世界年轻景观设计师起着重要的引导作用。1951 年丘奇荣获美国建筑师学会 AIA 艺术奖章,1955 年出版了反映他设计哲学思想的著作《园林是为人的》(Gardens Are for People),1976 年荣获美国景观规划设计学会金奖。

丘奇在他的事务所培养了对后来有影响力的如劳耶斯通(R. Royston)、贝里斯(D. Baylis)、奥斯芒德森(T. O Smnndson)、劳伦斯、哈普林等景观设计师。

图 6.36 埃克博

(4)盖瑞特·埃克博 埃克博、劳耶斯通、贝里斯、奥斯地德森、哈普林等都是"加利福尼亚学派"重要成员,"加利福尼亚学派"至今对世界范围的景观设计都有着深远的影响和启示。盖瑞特·埃克博(Garrelt Eckbo,1910—2000 年,图 6.36)是"加利福尼亚学派"的另一位重要人物。少年时期在亲戚资助下进入加州大学伯克利分校农学院景观规划设计系学习,毕业后在南加州工作,1936 年埃克博竞赛胜出,获得去哈佛设计研究生院深造的奖学金。

在哈佛大学设计研究生院景观规划设计系与罗斯·克雷邂逅,在格罗皮乌斯领导下的哈佛设计研究生院,充满了艺术领域新思想与传统的规划设计思想的碰撞。经哈佛大学设计研究生

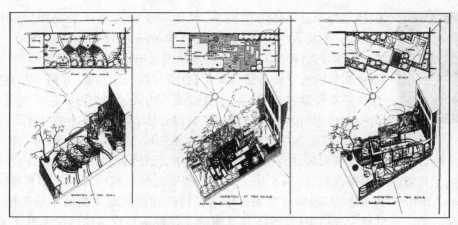

图6.37 城市中的小花园 埃克博

院学习后,埃克博设计哲学转化,变得综合而博大(图6.37)。

1938年,埃克博哈佛毕业后又回到了深深为之吸引的西海岸。1939年1月短暂地在丘奇事务所工作之后,1939—1942年为美国农业保障局在加州地区复杂环境景观设计中,成功运用了许多建筑空间构成形式和模式。1950年,埃克博在景观专著《为生活的景观》(Landscape for Living)试图提出20世纪景观设计理论,他抛弃形式和布局规则与不规则、城市主义或自然主义的规定,认为应从特定的环境中来,景观是由多种因素综合而成的特定条件所决定的,认为景观设计是为土地、植物、动物和人类解决各种问题而非为人类本身。上帝赐予了人类主宰世界的力量,不是赠予我们的礼物,而是对我们的考验,一旦我们在考验中失败,等待我们的将是巨大的灾难。现代形式与社会目标在环境设计过程中是密切联系在一起的。埃克博有许多景观规划设计都体现了他的设计哲学思想和理念。20世纪60年代,佛来斯诺市商业街(Fresno Downtown Mall)是城市中心衰落的传统商业街,埃克博将其10个街设计成步行空间,用雕塑、喷泉、植物、座椅、水池、种植池、庭荫树使之重聚"人气",使其奇迹般复活,充分反映了现代景观形式与社会目标在景观设计中相互联系和作用(图6.38)。他的作品中既有包豪斯的影响,又有超现实主义的"加利福尼亚学派"的影子,他认为景观设计师必须具有综合素质,提出花园是室外生活的地方,它必须是愉快的、充满幻想的家;设计必须是三维的而非平面的;设计应是多方位而非轴线的,空间的体验比直线更重要;设计必须是运动的而非静止的,并且与生态学家、社会学家合作,才能解决景观规划设计学科中的问题。

图6.38 佛来斯诺市商业街 埃克博

(5)丹·克雷 "哈佛革命"的另一位重要人物丹·克雷(Dan Kiley,1912—,图6.39),美

图 6.39 丹·克雷

国建筑师学会（AIA）的成员，高中毕业时在美国景观规划设计师学会（ASLA）创始人之一沃伦·马宁（Warren Hery Manning，1860—1938 年）事务所学习，1936 年进入哈佛大学设计研究生院学习。1937 年格罗皮乌斯来到哈佛大学设计研究生院，克雷与同学埃克博、罗斯一起在哈佛景观设计系支持并掀起了现代主义浪潮。当同学埃克博在格罗皮乌斯工作室第一次将密斯的空间运用到景观设计中，引起克雷的极大兴趣。1939 年夏，克雷在美国住宅局（USHA）作助理城市规划师，路易斯·康（L. Kahn）是克雷第一位合作的现代建筑大师，康对材料的巧妙运用，设计结构的清晰表达，内在精神魅力的追求影响了克雷。通过康，克雷认识了并成为最亲密朋友的建筑师埃罗·沙里宁（EeroDan Kiley Sarinen，1910—1961 年）。1940 年克雷在华盛顿特区和弗吉尼亚州的米德尔堡开设丹·克雷事务所。第二次世界大战结束后，1945 年克雷被派任德国负责重建纽伦堡的正义宫，作为审判战犯的法庭。克雷利用这次机会考察 17 世纪法国勒·诺特尔杰出的古典园林，在此以后克雷大量考察古典建筑、文化园林的遗址，从中汲取灵感。1955 年，印第安那州哥伦布市的米勒花园（Miller Garden，图 6.40），是克雷第一个真正意义上的现代主义设计，该建筑是小沙里宁设计，建筑本身就是现代建筑运动的一部分。克雷以建筑秩序为出发点，将建筑空间扩展到周围庭院空间中去，通过树干结构和绿篱围合的对比，接近建筑自由平面思想，塑造了一系列室外景观功能空间，成人花园、雕塑艺术景观、秘园、餐台、游戏草地、泳池、晒衣场等。放弃了自由形式和非正交直线的构图，在几何结构中探索景观与建筑的关系，从基地和功能出发，确定空间类型，然后用轴线、绿篱、整齐的树列和树阵、方形水池和平台塑造空间，注重结构的清晰性和空间连续性，材料运用简洁，直接微妙的材质和色彩变化、植物的季相变化、搭配设计和水景的巧妙运用，它标志着克雷独特的风格初步形成。1955 年设计的科罗拉多空军学院，园林景观与建筑功能协调统一，充满秩序感；1962 年设计的芝加哥艺林协会南花园，两侧下沉式的广场上方是山楂树冠交织而成的低矮顶棚，坐享其中，注目水中涌泉，独享时光流水（图 6.41）……

图 6.40 米勒花园 克雷

图 6.41 Kimmel 园林 克雷

克雷运用古典要素演绎出现代主义景观语言，认为设计是生活本身，对功能的追求才会产生艺术，美是结果，不是目的；景观设计应当成为人类与自然联结的纽带。20 世纪 80 年代，克雷设计与早期的理性和客观功能主义不同，加强了景观的偶然性、主观性，加强时间和空间不同层次的叠加，创造出更复杂、更丰富的空间效果，景观设计创造着充满童真般的清澈纯粹，如其设计的德州达拉斯市喷泉水景园（图6.42），水面约占70%，树坛位于水池之中，建植当地洛杉矶落叶杉，跌瀑之中，又点缀着向上喷涌的泡泡泉，俨然一幅城市山林美景，林木葱郁，水声欢腾，跌泉倾泻。而巴黎德方斯巨门的达利中心则体现了某些现代艺术的一些影响（图6.43）。克雷与众多世界一流的建筑师合作，如路易斯康、小沙里宁、贝聿铭、凯文·罗奇、SOM等，曾获得各种专业组织重要奖项60多项。1992年克雷荣获哈佛大学"杰出终生成就奖"。

达拉斯联合银行大厦喷泉广场平面图

图6.42　达拉斯联合银行大厦喷泉广场　克雷

图6.43　巴黎德方斯巨门的达利中心　克雷

（6）詹姆斯·罗斯　与埃克博、克雷志同道合，"哈佛革命"的另一位同学詹姆斯·罗斯（James C. Rose，1910—1992年）的景观设计受立体主义、蒙德里安的绘画和日本园林的影响，1946年创造了一系列适合城市郊区的"国际式"（International Style）景观庭院模式（图6.44）。罗斯的设计实践大多在美国东海岸，他对园林理论的研究很有建树。自1930年开始，罗斯先后在影响力很大的《进步建筑》（Progressive Archtecture）杂志发表了一系列文章，如"园林中的自由"（Freedom In The Garden）、"植物学花园的形式"（Plants Dictate Garden Forms）、"景观设计中清晰的形式"（Articulate Form In The Landscape Design）、"为什么不尝试科学"（Why Not Science？）等，并出版了《创造性园林》（Greative Gardens）、《令我愉悦的花园》（Gardens Make Me Laugh）等著作，向人们阐述着园林景观设计新理论和新观念。

自20世纪五六十年代，美国的经济进入自20年代以来最长的繁荣时期，也带来景观快速发展时期。第二次世界大战结束后，美国城市发生了很大变化，中产阶层面对日益恶化的城市

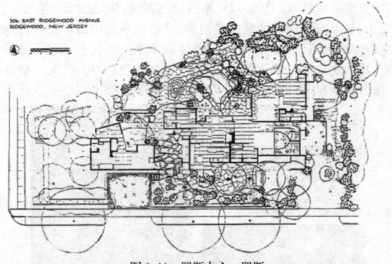

图6.44　罗斯中心　罗斯

环境大量向市郊转移,导致美国新城镇运动的兴起,大企业也向市郊转移,市郊以城市为中心迅速扩展,给景观设计带来巨大的机遇,使环境景观设计上升到一个更广阔、更为公共、更为功能、文化多元的高度,景观专业的人数大幅度上升,大学也更为专业,增加了理论深度、课程深度和全面性,设立了更多学位和先进的教学体系,吸引了国内及世界其他国家优秀学生,新的景观规划设计公司蓬勃发展。健全的相关法律体系,景观规划设计师的主导地位,新一代优秀的景观设计师不断出现。市场主顾庞大繁多,自由的市场成就为其服务的政府,政府是很普通的主顾,没有超越市场及专业的权限,并实行鼓励的环境政策,制定保护的相关法律,促进了良性循环。

　　第二次世界大战前的现代主义设计,随着工业化、标准化的进一步普及,与推广千篇一律的东西开始随着全球化进程加速泛滥,"国际式"建筑的出现,经美国推波助澜成为"国际主义风格"(International Mode)。至20世纪六七十年代,影响世界各国的建筑与环境、产品、平面设计,成为垄断性风格。本质上,与现代主义一脉相承;设计作风上,受米斯·凡·德罗"少就是多"(Less Is More)的影响,反传统装饰、重功能、重理性、形式简洁。在强调减少形式的同时漠视了精神功能需求,走向不强调形式的形式主义,功能与形式成为市场竞争的工具,为大众服务的目的异化为为企业、效益服务的附庸。在这种情况下,现代人常常不知身在何处,背离了现代主义的基本原则,归宿感的缺失唤起了他们对场所感的强烈追求,促成对其反思批判。现代景观设计大师们顺应人们的这种心理并加以引申、阐发,尝试运用隐喻或象征的手法,来完成对历史的追忆和集体无意识的深层挖掘,景观由此就具有了"叙事性",成为"意义"的载体,而不仅仅是审美的对象。景观设计呈现多元发展、一片繁荣的重要原因是:独立的设计师和设计事务所在美国环境设计事业扮演了主要角色,美国这一特点造就了一代又一代设计大师,令全世界瞩目。这一时期美国的景观规划设计师通常被称之为美国第二代景观规划设计师,主要有劳伦斯·哈普林(Lawrence Halprin)、佐佐木英夫(Hideo Sasaki)、麦克哈格(Ian Mchang)和罗伯特·泽恩(Robert Zion)等。

　　(7)劳伦斯·哈普林　劳伦斯·哈普林(Lawrence Halprin,1916—,图6.45)是第二次世界大战后与美国现代景观一起成长的景观规划设计师。哈普林在康纳尔大学完成植物学的学习,在威斯康辛大学学习园艺学系取得硕士学位,他与妻子Anna一起参观了建筑大师赖特的东塔里埃森之后,找到了自己的事业。他被唐纳德《现代景观中的园林》书中的思想深深地吸引。1942年,哈普林如愿来到哈佛大学,此时的哈佛大学已经在格罗皮乌斯、布劳耶、唐纳德等人的努力下建立起包豪斯体系。唐纳德现代景观设计理论的三方面(功能的、移情的、美学)的综合性原则,奠定了哈普林现代主义的思想基础。第二次世界大战期间,哈普林在海军服役,退役后回到旧金山,在丘奇事务所工作了4年,并参与了1948年丘奇最著名的作品唐纳花园(Donnell

图6.45　劳伦斯·哈普林

图6.46　麦克英特瑞花园　哈普林

爱悦广场

演讲堂南广场及瀑布
波物兰市系列广场和绿地平面位置图

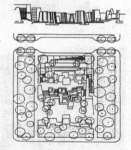

图6.47　波特兰系列广场平面图　哈普林

Ganden)的设计。1949年哈普林成立了自己的事务所,哈普林早期设计,采用超现实主义、立体主义、结构主义的形式和手段,创造了一些典型的"加州花园",为加利福尼亚学派的发展作出了贡献(图6.46)。在自己的家庭庭园中,为他的舞蹈家妻子设计了"舞台",一改过去曲线形式转向直线、折线、矩形等形式语言,索性开始使用经过抽象后的规则石景。如伊拉·凯勒水景广场的瀑布,就是哈普林对美国西部悬崖与台地的大胆联想。人造石头、混凝土的大量使用,造就了哈普林一批杰出的景观设计作品,如经典之作——爱悦广场,极具韵律感的折线型大台阶,对自然等高线高度抽象与简化,并运用水、混凝土来构筑景观的能力,演绎着哈普林的灵感,成为他作品的一个鲜明特征。哈普林最重要的作品是1960年为俄勒冈州波特兰市设计的伊拉·凯勒水景广场与绿地(图6.47)。跌水为折线型错落排列,水瀑层层跌落,最终汇成十分壮观的大瀑布倾泻而下,水声轰鸣,在我们的视野中艺术地再现了大自然的壮丽水景,尺度巨大的水墙、水台阶,造型各异的音乐喷泉等,是现代景观设计中的经典之作(图6.48)。

图6.48　伊拉·凯勒水景广场　哈普林

20世纪中期是美国州际高速公路发展的年代,1966年哈普林出版了《高速公路》(Free Ways)一书,指出高速公路建设在都市空间刻划了一道道割裂感的沟壑,对城市景观带来巨大破坏。西雅图高速公路委员会邀请哈普林在穿过西雅图市中心的5号州际高速公路旁设计一个公园,哈普林则在高速公路上方设计了一座"桥",创造了一个跨越高速公路的绿地,复杂的园林与公路的立体交叉渗透,使用块状混凝土与喷水,巧妙利用地形:一派水流峡谷印象,人工的却是自然感的,在功能上巧妙用水声将汽车噪音"淹没",再次展现了哈普林惯用的设计思想和理念及卓越的设计才华,创造了高速公路公园,成为弱化高速公路对城市环境破坏的一个典范(图6.49)。

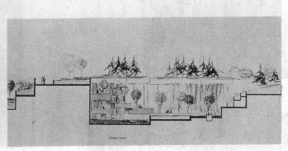

图6.49　西雅图高速公路公园　哈普林

图6.50　旧金山莱维广场　哈普林

哈普林是一个有思想的景观规划设计师,是一个极为有影响力的理论家。除《高速公路》(Free Ways)一书外,他还出版了《Rsvp循环体系》(RSVP Lycles)、《哈普林笔记》(Notelook of Lawreace Halprin)、《参与》(Take Part)等著作。提出"视觉与生理的设计",强调感官感受,人的参与性,他将作品当作城市"舞台",人是作品中最重要因素,景观要素激发引导人的参与。在《路上看到的风景》(View from the Road),他提出景观时间要素的重要性。哈普林继承了格罗皮乌斯将所有艺术视为一个大整体的思想,从广博的艺术学科汲取营养,音乐、舞蹈、绘画、建筑学、雕塑、心理生理学、日本造园艺术、人类学、生态环境学等,视野广阔,思想敏锐,见解独特,并且形成具有创造性、前瞻性和与众不同的理论系统和实践。以其独有的创造性在美国景观规划设计事业中,占有极其重要的地位(图6.50)。

(8)佐佐木英夫　佐佐木英夫(Hideo Sosaki,1919—2000年,图6.51)是出生在美国的日裔美国人,1940年,战争使他中断了在加利福尼亚大学伯克利分校景观系城市规划专业的学习。1944年,佐佐木英夫又回到伊利诺伊(Illinois)大学学习景观设计。1948年,获得哈佛大学景观硕士学位。之后不久回到伊利诺斯大学任教。1958

图6.51　佐佐木英夫

年,佐佐木英夫接受哈佛大学的邀请担任哈佛大学设计研究生院主任,在哈佛领导合作研究室完成建筑城市规划景观专业的课题,他认为:景观、艺术、设计、社会目的、生态和经济是平衡的,应该理性地综合起来,实践领域应与教学一样保持共进的平衡。1954—1957年,曾先后与景观设计师Paul Novak和Richard Strong成立合作设计公司。1957年,他与他的学生沃克(Peter Walker)在马萨诸塞州成立了Sasaki Walker Associates(SWA)设计公司,进行大尺度公共和市政项目设计(图6.52)。佐佐木英夫受包豪斯影响,追求优质设计,指导思想是奥姆斯特德的田原风光,认为和谐而整体的环境创造中,建筑和景观应相互独立又相互补充,汲取英国18世纪风景园和日本建筑与园林关系,来思考地形、道路、建筑、交通、雕塑艺术品等诠释自然式景观。认为日本传统建筑虽然是规整的、模数化的,但其园林却是有机的、自由的,两种形式创造出独一无二的整体环境。认为"景观必须使用的材料和方法以及必须解决的功能可能常常导致一个与建筑截然相反的设计表达"。

图6.52　日本高科技中心　沃克

图6.53　科拉罗多大学　佐佐木英夫

　SWA设计公司在他的带领下设计了许多极具影响力的作品,例如1961年为科罗拉多州Boulder的科罗拉多大学所作的总体规划等(图6.53)。SWA集团设计的美国凤凰城亚里桑纳中心庭园(图6.54),其中弯曲的小径,草坪与飘动的花卉组织而成的平面图案,就像孔雀开屏的羽毛,极具律动感与装饰性。今天的SWA已发展成具有国际影响力的景观事务所,虽然佐佐木英夫、沃克都已离开SWA,拥有各自事务所,但SWA仍继续着佐佐木英夫设计高品质的思想,创造了大量优秀作品(图6.55)。

图6.54　美国凤凰城亚里桑纳中心庭园
SWA

图6.55　佐佐木英夫　与雕塑家格莱恩
设计的绿洲SWA　1985年

　(9)泽恩　泽恩(Robert Zion,1921年—)在哈佛大学设计研究生院景观规划设计专业学习后获得欧洲考察奖学金,后来在纽约开始自己的职业生涯。泽恩在现代化高层建筑的狭隘空间里,创造了"袖珍公园"(Vest Pocket Park)——小型城市绿地,施展着卓越的才华。20世纪五六十年代,工业革命后,现代主义建筑运动建造了大量功能至上的高层建筑,绿地在城市日益珍贵稀有,在长岛长大的泽恩目睹了建筑对城市环境造成的巨大破坏。政府也意识到问题的严重性,制定了相关法律政策,推动城市中空间的公共性和开放性。1957年夏,泽恩与布林事务所在纽约建立。1963年,纽约建筑同盟的一次展览中,泽恩和布林在"为纽约设计的新公园"中提出:建筑之间必须建立一系列"袖珍公园",以改善城市高层建筑挤压下的空间环境。1965年,CBS公司董事会主席威廉·帕雷(William S. Paley)购买了53号大街第五林荫道以东40英尺×100英尺的土地,并出资委托设计一个"袖珍公园",以纪念他已故的父亲,使"袖珍公园"得以实践。泽恩在40英尺×100英尺的基地尽端布置了一个水墙,攀爬植物为"垂直的草地",潺潺的溪水声和"垂直的草地",降低淹没吸收着街道回响的噪音,刺槐的树冠是"天花板",成为"有墙、有地板、天花板的房间",轻便的桌椅,轻松的小凉亭。泽恩向人们展示解决现代高层建筑与绿地尖锐矛盾的有效途径和方法的第一个袖珍公园——帕雷公园,被誉为20世纪最具有人情味的公园。泽恩的代表作品除帕雷公园外,还有纽约IBM世界花园广场,与建筑师菲利浦·约翰逊合作了纽约现代艺术馆雕塑花园(图6.56)、辛辛那提滨河公园等。泽恩与布林事务所以狭小空间,创造生动、静谧、充满人情味的设计而闻名。泽恩在大环境设计中也都留下生动的大手笔,如自由女神像、1986年庆典的景观改造设计、耶鲁大学校园规划等。泽恩的设计及对现实环境思考与其所受的教育及优秀的素质是分不开的,泽恩是拥有文学、工业管理的学位以及工商管理硕士、景观学硕士的几重学历,这使得他对园林历史观与社会和建筑文化有着深刻的认识。

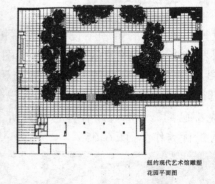

纽约现代艺术馆雕塑
花园平面图

图6.56　纽约现代艺术馆雕塑花园　泽恩

美国国家公园的完善　　在美国第一代、第二代景观设计师的不懈创造和努力的同时,美国国家公园系统也更加完善。自1872年世界上第一个国家公园——黄石公园在美国建立后,20世纪美国政府制定了完善的管理及法律体系。1872年美国出台了《黄石公园法》之后,1916年在内务部成立了国家公园局,掌管国家公园,确定国家公园保存物,保护自然风景、自然史迹、野生动物等,并为人们提供旅游活动的场所。1918年内务部通过了有关法案,规定了国家公园局对管辖地区内管理方面的三个原则:①保持国家公园和保存物的原貌;②妥善保护以满足观赏;③满足保健和旅游的需要。这三个原则迄今遵守不变,形成了由国家公园局管理的公园体系。1916年的《组织法》、1935年的《历史纪念地保护法》、1964年的《野生动物保护法》、《土地和水资源保护法》、1968年的《国家小径系统法》、《自然风景河流法》、1970年的《一般授权法》、1978

图 6.57　战争遗地

图 6.58　大雾山农舍建筑

年的《国家公园娱乐法》、1980 年的《阿拉斯加国家土地保护法》、1998 年的《国家公园系列管理法》等。美国国会的立法、决议、决定及相关管理政策的制定始终伴随着美国国家公园发展的全过程,美国联邦政府、内政部、国家公园管理局关于国家公园决策,大到发展目标及规划确定,小到建设项目审批和经营行为,无一不是按法律程序来进行的。政府机构、管理机构只有依法保护国家公园资源的责任和义务,没有不受法律限制的开发权利。美国国家公园法律、法规及相关政策始终强调:必须把国家公园的资源和价值完整地留给子孙后代,让他们永久地共享这些资源和价值,其他任何机构和个人都无权进行处置。国家公园管理机构不得从事商业性经营活动,园内经营项目须经特许经营,强调国家公园的公益性。美国国家公园系统丰富而完整。现有 384 个国家公园(图 6.57、图 6.58),代表了集历史物质见证、自然、文化遗产、自然景观的整体性,其无论是自然资源还是文化资源,都必须完整地保存自然原

图 6.59　中国画　大峡谷　(美)钟跃英

貌和历史原貌。国家公园公益性首要目标是国家公园的完整性。公益性与完整性,使国家公园具有现实性,产生对社会广泛的影响力。国家公园的科学性体现在"保护目标、范围、方法和措施""为什么设置、设立范围"都必须进行大量研究论证。在进行多样性保护、生态保护和恢复、监测、历史文化资源研究、病虫害及自然灾害防治、资源利用等,具有很高的管理水平。美国联邦政府预算每年拨 20 亿美元用于其保护与管理,使国家公园具有"天然博物馆"的称号,那些高岭巨木、红土大坡,神圣雄浑,广袤壮阔,天籁寂静,洗涤灵魂,升华精神。那些亿万年形成的特殊地质地貌,是真正荒寞旷古的大风景。冥冥中应验着中国画论的"师法自然"和美国画家波洛克的"我就是自然"的领悟,更接近 "天人合一"的震撼(图 6.59)。美国国家公园是大、中、小学生的爱国主义、自然科学、人文科学、热爱自然潜移默化的"天然课堂"(图 6.60、图 6.61)。

　　美国国家公园制度对我国自然文化资源、历史文化遗产资源、历史战争纪念地景观价值的认识、保护、立法、管理体制建立完善,具有重要启发性。目前,我国许多优秀的文化历史遗产,由于过度的经济开发,对其认识和法律保护还远远不够。生态地、旅游区开发过度的破坏,对自然、历史、文化资源价值造成的一些破坏令人惋惜。美国国家公园在 20 世纪的制度化、合法化,对世界自然文化、历史资源保护与发展产生了积极的影响。民族自然文化历史资源遗产不仅是国家的,也是全人类的,美国国家公园管理体制反映了加强世界自然文化资源保护的共同呼声。

图6.60　阵亡战士纪念像　爱德华·F.费尔德　　　　图6.61　罗什摩尔山峰　古特克·保格兰姆

美国国家公园在法律保护和社会政府共识下，承前启后，稳步发展。

3）德国

德国在园林历史上主要是吸收邻国的文化成果，如意大利、法国、荷兰，特别是英国的自然风景园。18—19世纪中叶一百余年是德国发展繁荣的时期，产生了许多思想家、哲学家、艺术家、建筑师，出版了众多园林的理论书籍，建造了大量园林。在现代主义运动探索发展中，德国一跃扮演着极为重要的角色。现代主义思想发端有青年风格派、表现主义、桥社、蓝骑士、德意志制造联盟，现代主义教育体制体系的大本营包豪斯、乌尔姆等都产生于德国，充满生机，一度成为西方规划设计哲学思想的中心。第二次世界大战，德国遭受到史无前例的破坏，70%的城市被炸毁，设计精英纷纷移民国外。战后，联邦德国以设计教育事业为振兴重点，德国的城市、环境园林景观又令世人刮目相看，跨入发达国家行列。

图6.62　斯图加特国际园艺博览会展园　卢茨

1809年，比利时举办欧洲第一次大型园艺展后，从此德国便有了崇尚的传统，形成了园林展览的观念。1907年，德国曼海姆市为纪念建城300周年，举办了大型国际艺术与园林展览，参观人数竟达600万人次之多，至今仍无可比拟，是德国园林史上的里程碑。这次园林展中，新艺术运动中重要人物贝伦斯（Deter Behrens，1868—1940年）、莱乌格（Max Laeuger，1864—1952年）等都展出了自己的园林作品。在此之后，德国如期举办了多次园林展览，影响日益国际化。1951年在汉诺威举办的联邦园林展，是第二次世界大战后联邦德国的第一次园林展，奠定了战后园林发展的学术基础。从此每两年一次德国大规模的、综合性的园林展览——联邦园林展，发展成每隔10年世界性的国际园林博览会（Internationale Garterbauausstellung，图6.62、图6.63）。

1953年，汉堡国际园艺博览会以其学术性，掀起了战后德国恢复重建的高潮。首先是历史文化环境建筑、园林原封不动地予以恢复（图6.64），从植物到建筑再到材料、文化、艺术景观，遵循同一个原则，彰显着对人类文明尊重的重现、文化精神的传承责任。园林展也使社会的关注更具有理论性、专业性和前瞻性，使城市战后重建的基础设施、环境规划、文化建设等传承并放眼长期性和发展性。园林展改变了短浅目光而导致的短期行为，同时又是城市规划的重要组成部分。没有片面追求"经济效应"，城建与地域、克鲁斯卡文化、生态、生存环境综合考虑，城市中心再造园林环境，注重地域自然、文化环境鲜明的发展性而非行政经济的制约性。时至今日，许多国家乃难以比拟，它改善了城市环境也促进了经济发展。园林展战后成为德国园林公众教育潜移默化的重要途径，也成为战后德国城市重建的发动机和社会良性发展的动力。

图6.63　慕尼黑国际园艺博览会展园——西园

图6.64　恢复的卡塞尔市巴洛克园林　马特恩斯

20世纪六七十年代，社会进入知识信息经济的高节奏时代，1973年汉堡国际园艺博览会的主题是"在绿地中度过假日"。使1977年卢茨设计的斯图加特园林展也面向自然、转向生态：大面积、大片的精心设计的原始状态的原野、草滩、自然植物、自然灌木丛，没有大树的移植，如今这些带来了永恒效益，成了诗意的原野，一望无际的自由生态自然！

在每一届园林展中都体现着发展的理念。有大地艺术的影子，生态主义原则；有社会学的意义；有结构、解构主义；有综合景观环境艺术、表现主义等。园林展造就了许多著名景观设计师，如瓦伦丁（Otto Valentien，1879—1987年）、马特恩（Hermann Mattern，1902—1971年）、马汀松（Gunnar Martinsson，1924年—）、格茨梅克（Gunther Grzimek，1915—1996年）、卢茨（Hans Laz，1926年—）、亚克布兄弟（Gottfrird Hansjakob & Anton Hansjakob）、克鲁斯卡（Peter Kluska）、米勒（Wolfgang Miller）、鲍尔（Karl Bauer，1940年—，图6.65）等。

图6.65　鲍尔

世界上没有一个国家像德国一样，每隔两年就举办一次综合性的专业园林展。联邦园林展为城市生态、为社会带来巨大的、永恒的效益。它不仅仅为艺术家、景观设计师提供了展示对人、对社会、对自然环境、对城市建设发展的思想和个人独到见解的机会，也为大众提供了广泛的社会环境教育、提高了文化素质的机会。如曾获1989年德国景观规划设计师学会奖的港口岛公园，其中的水不仅仅是水景，它们汇集后进入水渠变成跌落水瀑，兼具生态恢复——水的净化功能（图6.66）；科特布斯露天矿区原有传送带成为大地艺术作品（图6.67），既是重要景观，也在警示着人们……鲍尔设计的海尔布隆市砖瓦厂公园（Ziegeleipark，图6.68），是一个揭示如何处理现代工业废弃地的公园，它荣获1995年德国景观规划设计奖。砖瓦厂公园用原废弃的砖石材，筑砌的挡土墙、土壁、平台，远处的水塔保留并精心设计，一种亲切宜人的情调。还有马汀松的卡尔斯鲁厄银行庭园等（图6.69）。

图 6.66　市港口岛公园
萨尔布吕肯（Burgpark Hafeninsel）

图 6.67　保留的科特布斯露天矿区传送带

图 6.68　海尔布隆市砖瓦厂公园　鲍尔

图 6.69　卡尔斯鲁厄银行庭园　马汀松

4）斯堪的那维亚半岛

斯堪的那维亚半岛的园林景观朴实、美观、自然、实用、独树一帜、自成体系，产生了世界性的影响。

斯堪的那维亚由瑞典、芬兰、挪威、丹麦、冰岛等国家组成。它们均处高纬度地区，冬季漫长寒冷，特殊的地域环境使景观园林与建筑室内外、艺术及人的心理、生理、情感关系十分密切。建筑园林景观常采用情感浓郁的传统古典材料，设计非常注重自然平和的人情味，注重本土的材料、植物的运用。这些高福利国家，生活水准较高，现代艺术及发展得到广泛的社会需求和共识，精良设计是为广大普通民众的，既没有法国环境景观的非凡艺术创造力带来的视觉冲击力，也没有美国环境景观那种具有思想性、让人心情愉悦并具有普遍观赏性的高水准，而是立足本土，拓展出非常具有特点的本土现代主义风格。以艺术的朴实接纳心灵的悲欢离合，它属于自身的环境语言，在当代，又发展成为"绿色设计"的典范，受到世界的尊敬。

（1）瑞典　斯堪的纳维亚半岛的园林景观以瑞典和丹麦最有代表性。斯德哥尔摩以西玛拉伦湖（Lake Malarew）的德莱订侯姆园（Drottningholm）是欧洲 17 世纪著名的巴洛克园林，19世纪末 20 世纪初，瑞典园林受德国风格的影响，保持了 19 世纪末后半叶的园林社会模式。随着现代主义运动在 20 世纪 30 年代传到了斯堪的纳维亚国家又由于避免了三四十年代的战争，"瑞典模式"得以建立。1939 年，瑞典建筑师阿斯普朗德（Gunnar Asplund，1885—1940 年）和莱维伦茨（S. Lewerentz）设计了斯德哥尔摩森林墓地（Woodland Cemetery，图 6.70）……巨大草地土丘，几株纤细的树木，起伏着广袤的大地，无尽的天空衬映下的建筑、雕塑——一个自然的启示录！是现代建筑与环境艺术完美结合的早期典范，预示着"大地艺术"的地域生态方向。植物学教授南德（Rutyer Sernander，1866—1944 年）提出园林设计，要在关注基地自然资源、保持当地景观的前提下进行，将当地景观价值留给后人是其责任，一旦破坏将是永远的破坏！

图6.70　斯德哥尔摩森林墓地　阿斯普朗德，莱维伦茨

20 世纪三四十年代，瑞典许多城市都有园林专业机构，拥有艺术专业素质优秀的设计师队伍，负责几乎所有重要环境工程的规划设计。1936 年，阿姆奎斯特（Oswald Almqvist）担任斯德哥尔摩公园局的负责人，全力推进"新公园"思想，开始了一个崭新时期。他的继任者建筑师布劳姆（Holger Blom），他曾在巴黎为建筑大师现代主义旗手的柯布西耶工作过，完善了阿姆奎斯特的思想，形成了"斯德哥尔摩学

图6.71　格莱姆像

派"（Stockhdm School）。在环境中创造出自然与文化的综合体，并由优秀艺术家来创造，以提高公园广场等环境园林的美学质量。他十分注重园林公园的艺术效果，Vastertop 广场上的艺术景观足以使人羡慕。从国内知名的艺术家马克兰德（Bror Markland）到国际性艺术家、雕塑大师学亨利·摩尔的作品。布劳姆创造了"公园剧场"（Park Theater）、"移动花园"（Portable Garden），至今为我们所运用。布劳姆的新公园计划认为：城市应成为一个完全民主的机构，公园属于任何人。这种宽广和深度下的空前兼容性、文化多元化的公园计划的概念，使斯德哥尔摩的园林局涌现出许多优秀的艺术与景观设计师，如海么林（S. A. Hermelin，1900—1984 年）、波道夫（U. Boodorff，1913—1982 年）、鲍尔（W. Bauer，1912 年—）、格莱姆（Erik Glemme，1905—1959 年，图 6.71）等。

"肯特越过了围篱，看到所有的自然是一个园林！"（沃蒲，H. Walpole），斯德哥尔摩学派倒转了这句名言并成为其座右铭："所有的园林都是自然！"斯德哥尔摩学派强化了地区性景观：地域特征的地貌岩石、茂密芳香的松林、开着"野花"的墓地、落叶的树林、池塘、森林、山涧中静静流淌的溪流……是普通市民喜欢的，又是美学的，也是地域独特的、得以保存的、有价值的景观（图6.72）。这是斯德哥尔摩学派设计思想的社会性基础。斯德哥尔摩皇家艺术学院教授朗伯格（E. Lungberg）指出："在对园林艺术美的追求中，有两条线索可以追寻：一是去研究这个地方

图6.72　瓦萨公园岩石园平面图　格莱姆

的可能性，去关注什么东西已经存在了，通过强调和简化去加强这些方面，通过选择和淘汰去增加自然美的吸引力；第二是回到现实的需求，即我们想获得什么？生活将怎样在这里展开？这是一个设计师检查自己作品时必须遵循的两个原则。"斯德哥尔摩学派基于这样的思想基础之上，寻求园林于人的精神和感受体验，其理论与实践自身便是一个创举，如今的瑞典，森林覆盖率达到50%，被誉为"欧洲的林场"，并且计划在不远的2020 年，实现完全不使用矿物能源，成

为全世界"绿色设计"的典范。

图 6.73　哥本哈根市家庭园艺鸟瞰图

（2）丹麦　丹麦战后在"瑞典模式"的影响下也迅速成为高福利国家。"斯德哥尔摩学派"风格在城市园林规划设计中占据着主导地位,追求着社会品质和美学品质相互结合(图 6.73)。丹麦著名的景观规划设计师有既精通艺术又精通植物的布兰德特（Gudmund Nyel and Brandt, 1878—1945 年）,深受尊敬的皇家美术学院教授索伦森（Carl Theoder Sorensen, 1893—1979 年）,他 1931 年出版的《公园政策》（Park Policy）,其理论至今仍有指导性意义。在 1963 年出版的《园林艺术的起源》（Origin of Garden Art）中,提出园林是建筑的"院子",是艺术形式,与绘画、音乐、雕塑、文学相似,至今仍影响着园林景观环境的认识和教育。哥本哈根皇家美术学院景观规划设计系主任安德松（Sven-Lngvar Andersson）(图 6.74),艺术世家出身,其作品有"将诗引入花园"的美誉(图 6.75)。哥本哈根皇家美术学院（The Royal Academy of Fine Arts）影响了几代景观设计师,哥本哈根也被联合国评为"最适宜人居的城市"。战后斯堪的纳维亚国家的景观设计思想吸引了不少德国景观规划设计师,来到斯堪的纳维亚半岛学习,"斯德哥尔摩学派"及风格对德国战后重建产生了重要影响。

图 6.74　安德松

图 6.75　加拿大蒙特利尔国际博览会环境　安德松

5）拉丁美洲

拉丁美洲是世界古代文明——玛雅文明、阿兹特克文明、印加文明的发祥地。但由于后来的殖民统治,使其文化上带上了殖民国家文化的烙印。拉丁美洲本土的印第安艺术,色彩丰富鲜明,充满神秘的想象力。与殖民文化:西班牙、葡萄牙、意大利、英国、法国、荷兰等国文化艺术结合,形成拉丁美洲感性的、外向的、浪漫的、品质的多元文化特征。这种文化甚至影响了美国南部。现代园林景观产生于欧洲大陆,也影响传播到了拉丁美洲。在本土多元化文化的撞击之下,在本土地域艺术家和设计师的创造下,派生出崭新的风格。

20 世纪初,为数不多的知识群体和艺术群体很活跃,艺术在交流中融合,建筑师是新兴的职业,景观规划还未成为专业;现代艺术和建筑传入拉丁美洲并发展很快,具有代表性的是巴西和墨西哥。

（1）巴西　现代艺术运动是推动巴西现代景观规划设计最重要的原因。20 世纪二三十年代的三件大事直接导致现代运动：一是 1922 年发生在圣保罗的"现代艺术周"，举办的现代绘画、雕塑展、音乐会，引起轰动效应；二是 1929 年建筑师柯布西耶在圣保罗和里约热内卢访问并作了精彩的现代主义讲演，产生了很大影响；三是 1930 年，科斯塔（Lucio Costa，1902 年—）担任里约热内卢国立艺术学校校长，引进包豪斯办学思想，教育培养了巴西现代运动的设计中坚力量。在建筑上，柯布西耶的影响是非常明显的，对新首都巴西利亚的发展建设起决定性作用。本土以建筑师、规划师尼迈耶（Oscar Niemeyer，1907 年—），画家、规划设计师布雷·马克斯（Roberto Burle Marx，1909—1994 年，图 6.76）为代表的现代运动集团，在巴西建筑、规划、园林景观规划设计展开了一系列工作。布雷·马克斯成为一个有国际影响力的园林景观设计师。

图 6.76　布雷·马克斯

"如果有一个园林设计师能够代表 20 世纪的话，那么他一定是罗伯特·布雷·马克斯。他的作品是现代纪元的代表"（英　安德鲁·威尔逊《现代最具影响力的园林设计师》）。布雷·马克斯在他孩童时，对艺术、绘画、音乐、文字的极感兴趣，后来随父亲在德国学习艺术。梵高、毕加索、克利、康定斯基、米罗成为他崇敬的对象。在柏林的达雷姆（Duhlem）植物园里他熟悉了珍贵的巴西植物，在里约热内卢国立美术学校学习绘画、建筑的同时，也对植物有所研究，发现了一些新植物并以他的名字命名。国立美术学校在科斯塔的领导下，实行了包豪斯教学体系，将绘画、建筑、雕塑、构成工艺结合起来。布雷·马克斯专业成绩非常优秀，并且获得科斯塔的施瓦茨住宅设计庭园的机会，开始了他园林景观规划设计的职业生涯，并设计诞生了巴西第一个生态花园。

1936 年布雷·马克斯与柯布西耶合作，设计了教育卫生部大楼及环境。与柯布西耶的合作，清晰的设计理念，缜密的现代理性思维，使布雷·马克斯受益匪浅。布雷·马克斯设计的巴西教育部大楼屋顶花园的抽象园林，以浓淡不同的植物绿色作为基本调子，色彩鲜亮的曲线花床，在其间自由地伸展流动，马赛克铺地的小径在其间蜿蜒穿行。通过对比、重复、疏密等手法来取得协调整体的色彩效果，如同一幅康定斯基的抽象画，其流动、有机、自由的形式语言，则明显有米罗和阿普的超现实主义绘画的影子。之后布雷·马克斯又完成了许多项目的设计，形成了绘画式平面设计风格。20 世纪 50 年代科斯塔获得了新首都巴西利亚规划工作，他将环境设计工作委托给了布雷·马克斯。巴西利亚新城景观，用水与植物、建筑景观的镜面效应。雕塑，其立面往往出现令人称奇的戏剧性但极具思想性变化的效果。在长达 50 多年的园林景观规划设计中，布雷·马克斯完成了数以千计的作品，其景观魅力来自于立体主义、表现主义、超现实主义，把对巴西本土文化的理解融入其中。他也是一位杰出的画家，"我画我的花园"（I paint my gardens），其绘画的语境跨越了国界。在园林景观设计的同时，其绘画的形式语言，思想性、思辨性、独立性、创造性又加深着对景观设计的认识和创造（图 6.77）。他认为：景观设计与绘画是相通的。造园属于艺术范畴，必须遵循艺术规律。

图 6.77　马赛克壁画
布雷·马克斯

布雷·马克斯的景观作品被视为绘画性的平面表现语言：线条、色彩、块与面；美丽的棕色马赛克线性铺装，用绘画的现代语言注入新的活力，并承载着巴西悠久迷人的文化基因而与众不同，低处的镜面水池,宁静而安详的水百合,地域植物集聚周围,巴西松挺立在水池远方,景观向着远方开放着;硬质墙体,马赛克的纹理,高高的棕榈相互呼应,洋溢着亲切和柔情(图6.78)。雕塑和簇壮的植物,色彩的线性和块体,辉映着人类的家——建筑。布雷·马克斯敏锐地抓住了现代生活快节奏的特点,在造园中把时空因素考虑在内:从飞机上鸟瞰下面海滨大道或从时速70 km的汽车上向路旁瞥睹绿地,在飞速中获得"动"的印象,将绘画性的平面表现语言在空间中运用,取得与"闲庭信步"时截然不同的视觉效果(图6.79)。布雷·马克斯创造了一个巴西地域特征的崭新景观风格。这风格是绘画性的,通过理性表现形式,色彩语言的精准把握,硬质材料与地域性组合的大胆与自信;这景观是地域性的,通过地域特征,表达生态的自然属性,视景观为艺术,是艺术景观与地域生态的现代执着的追求,在20世纪下半叶的景观设计师中产生了巨大影响。

图6.78 奥德特·芒太罗园
布雷·马克斯

图6.79 柯帕卡帕海滨大道地面铺装
布雷·马克斯

图6.80 路易斯·巴拉甘

(2)墨西哥 墨西哥的景观设计的代表是曾于1980年获得普林茨克建筑奖的建筑师路易斯·巴拉甘(Luis Barragan,1902—1988年,图6.80)。他常常把建筑、园林景观甚至家具陈设统一来设计,并将现代主义同墨西哥传统相结合,形成个性鲜明、风格统一、和谐的整体,以其色彩鲜艳、强烈对比的墙体与水景、植物和天空,创造性地为人们展开了一个宁静而富有诗意的心灵的庇护所。正如他说的"花园的精髓就是具有人类所能够达到的最伟大的宁静"。

路易斯·巴拉甘出生在墨西哥的瓜达拉哈拉(Guadalajara),塔帕提奥学派(Tapatio School)的建筑师群体诞生在这里,文化艺术气息异常浓厚。巴拉甘曾在瓜达拉哈拉工程学院学习水利工程专业,心却向往建筑。欧洲的古典园林深深吸引着他,特别是西班牙摩尔艺术的亲切、宁静和私密感深深感动了他。1925年国际工艺美术展,对他一生产生了重大影响。巴克的两本书《迷人的花园》《莱科洛姆比厄雷》被巴拉甘视为园林的启示录,他的兴趣也彻底由水利工程转移至建筑和园林上。之后的摩洛哥旅行考察,巴拉甘明白了拜耶(Herbert Bayer)在摩洛哥考察时的感叹:现在我终于可以安静地死去了,因为我已发现了色彩!并加深了对现代绘画、巴克的设计思想和地中海精神、包豪斯设计精神、文学和建筑运动的认识。路易斯·巴拉甘最著名的作品是圣克里斯托瓦尔(San Cristobal,1968)训练场和引马泉广场。巴拉甘很注重"墙"在环境中的作用,"墙"的建立、质感、色彩运用,与米黄色沙地形成对比,各种角落、材质、水池、植物等细节,看作是"时间、地点和情感";沙

漠绿洲的感觉,精巧的"爱之泉"雕塑、"两个爱侣"雕塑立于水槽之上,空间是"情感",塑造着
"情感效果"(图6.81)。巴拉甘反对现代主义功能至上的功能主义,认为:建筑不仅是肉体的居
住场所,更重要的是我们的精神居所。他更注重建筑与园林关联性中创造精神的空间,其构造
的空间唤起一种情感、一种心灵反应、一种温暖的怀旧情结、一种诗意般的归宿感。认为那些具
有艺术的、美丽的、感动人的设计才是唯一正确的!巴拉甘的作品极具亲和力和人性关怀,"他
注重探索与提炼园林的文化背景,创造了一些现代最激动人心的园林"(英 安德鲁·威尔
逊)。

　　路易斯·巴拉甘的景观作品如今已成为墨西哥风格的标志,影响了许多设计师,如墨西哥
建筑师里卡多·莱戈雷塔·比利切斯,他设计的洛杉矶珀欣广场可以看到巴拉甘的影子(图
6.82)。

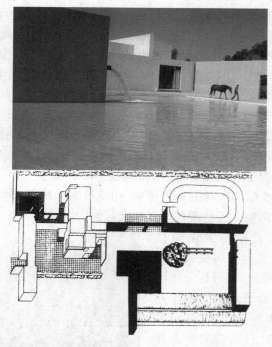
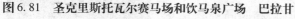

图6.81　圣克里斯托瓦尔赛马场和饮马泉广场　巴拉甘　　　图6.82　洛杉矶珀欣广场　莱戈雷塔

6)日本

　　在现代园林景观规划设计实践中,日本一直以其独到的、民族
的哲学意味而与众不同,影响着现代当代的环境艺术设计。许多
现代运动的大师及当代著名景观设计师的目光都被其深深吸引。
日本园林是在中国园林直接影响下发展起来的,从某种意义上说
是中国古代文明在日本园林方面的体现。但是,虽然渊源于同样
的历史结构体系,由于中华民族和大和氏民族各自生存的社会思
想文化、物质空间不同,使两国现代的园林精神互异,甚至隔膜。
诚如美国人类学家鲁迪·本尼迪克特所指出那样:"一个部落的正
式习俗也许百分之九十与邻近的部落相同,却可以作些修改以适
应与周围任何民族都不相同的生活方式及价值观念。研究这种在

图6.83　严岛神社　广岛

整体上有许多共性的民族之间的差异是最有益的。"日本园林对世界园林景观环境艺术的影响,单用机械的自然科学因果关系解释不了(图6.83)。

世界四大文化体系,中国、日本、朝鲜半岛、越南及东南亚一些国家的地区,都属汉文化体系。在法积世之时,日本与中国内地是连在一起的,中国人与日本人,中国旧石器文化与日本旧石器文化在某种意义上具有同源性、共同性和一致性。对自然的态度是:与自然为友,认识自

图6.84　观瀑图　艺阿弥

然,了解自然,与自然和谐为美,人与其他生命体、自然是一个不可分割的有机整体。中华民族对自然顶礼膜拜、比德、欣赏、亲和助人伦成教化的过程,体现了"人不断解放自身,走向文明演进高峰的历程"。中国的园林历史,魏晋、中唐、明末是中国园林发展的巅峰期,也是中国思想领域的三个重要时期。魏晋的哲学思辨、理论创造思想解放,中庸文化思想指导下多样化全面成熟;明中在市民文化为主体下的浪漫主义、"心学"兴起,个性张扬着人欲,使中国园林极度辉煌。日本文化艺术受中国文化艺术长期熏染,中国文化因子深深渗入日本国的文化土壤之中(图6.84)。日本在应仁之乱前,即中国明代中叶以前,其庭园的文化内涵是对中国园林的汲取消化,基本属于仿效阶段;室町幕府时期(1397—1553年),日本园林的发展呈现民族个性,枯山水园形式产生;天正期(1573—1592年),露地园产生,枯山水和露地庭园艺术日臻成熟。其文化品质精神内涵,虽分明有着中国文化的烙印,也依然具有鲜明的日本特色。尽管日本园林起步很晚,但崛起迅速,很快就成为世界上有重要影响力的庭园之国。

19世纪明治维新,日本传统主流园林仍未受欧洲园林的输入影响,相反日本园林艺术的独特风格、深刻的精神内涵却传播到欧美各地,也影响了一些现代运动的大师们。

明治天皇1912年去世,大正天皇即位,开始了大正时代(1912—1926年)。在公园的旗帜下,大正时代提出了国立公园和国定公园的概念,正式把自然风景区景观纳入园林,很明显受美国国家公园的影响,并于1919年制定了《史迹名胜天然纪念物保存法》。大正七年(1918年)日本庭园协会成立,出版杂志《庭园》,即后来的《庭园和风景》。大正十四年(1925年),日本造园学会成立,出版《造园杂志》。大正九年(1920年)左右,庭园高等教育专业学院相继成立,园林研究和教育发展迅速,自己培养的造园师活跃于造园领域。裕仁于1921年开始摄政,1926年底裕仁天皇即位,迎来昭和时代(1926—1988年)。昭和期间的园林分为战前、战时、战后三个时期。战前,园林正常迅速发展;1937年由于侵华

图6.85　圣桥　日光市

战争和第二次世界大战所有造园活动中止;1945年战后造园在复国爱国浪潮中进行。首先,是古典建筑园林庭园的恢复,完整地复制了遭战争破坏的古典建筑。美国军管之下的日本,在后现代运动的高涨之后,园林庭园纷争,造园传统文脉、国粹在现代运动思想基础上继续着融会贯通、发扬光大,并且在现代公园、私家园林都得以体现(图6.85)。20世纪60年代,在日本继1853年江户末年的"浅草花屋"的园林理论研究上,主题公园迅速发展。20世纪30—80年代,相继成立了日本山画会(1941年)、日本都市计划学会(1951年)、日本自然保护协会(1960年)、日本造园协会(1967年)、日本艺草学会(1972年)、日本造园组合联合会(1974年)、日本

造园修景协会(1976年)、日本公园保存协会(1982年)。特别是1960年5月,在日本东京的"世界设计会议"上,率先提出"环境设计"(Enviroment Design)这一划时代意义的概念,秉承与自然和谐美学观念,又具有当下生态环境紧迫感,有内生发展变革未来主义的前瞻性,理念上走在了世界前列,并得到世界认同。

昭和天皇于1989年去世,平成天皇即位,进入平成时代(1989年—),日本民族传统精髓光彩夺目,日本园林闪耀着世界主义的光彩。精显日本民族精神的枯山水园、池泉园、筑山庭、平庭、茶庭,寝殿造庭园、净土式庭园、书院造庭园、别庄庭园、和泽风庭园、自然公园、科技含量很高的主题公园等独特的风格,出现了日本著名近代造园大家小川治兵卫(1860—1933年)、毕业于日本美术学院的重森三玲(1896—1975年)、造园学创始人之一的田村刚(1890—1979年)、现代造园家上原敬二(1889—1981年)、锅岛岳生(1913—1969年)、以高桥亭山和小幡亭树

图6.86　"抽象庭园"　大平一正

为代表的大石武学流、铃木昌道等有世界影响力的大家、流派及理论,影响了世界(图6.86)。

取中国古典园林而不言现代。一方面中国现代园林客观上讲与日本不能相提并论;另一方面,现代中国环境园林景观处于一个"改革"转型期,在社会文化背景、结构及传统文化艺术认知等诸多因素制约影响下仍处于认识发展阶段。日本园林是在中国园林基础上"拿来"和突变的过程,在传承中张显优势,走向自我发展和成熟。

图6.87　京都画家贺保秋良住宅

(1)日本园林与中国古典园林的区别　中国古典园林是受儒家思想浸染的园林,日本园林则受佛教思想影响较深;中国古典园林的道家思想山水主题一直没变,而日本园林基于道家思想的山水主题呈现枯山水转化,转向茶道露地更抽象趋向精神层面而创园林形式;哲学上共同基于中国古典园林,中国古典园林属于儒家性质,日本园林则属于佛家性质,共同基于道家思想的山水园基础上。在绘画与书法方面,中日两国都表现了绘画书法与园林在历史阶段发展和形式的同一性,只不过数量、内容、位置略有不同(图6.87)。

园林风水禁忌、阴阳五行、崇尚自然生态,这些在中日两国园林都有表现,风水禁忌到日本后,比中国古典园林更甚。造园理论思想中国成熟较早,并影响日本,日本后期发展较快;意境的创造从情感上讲,中国古典园林大多把人的欢喜形于园林,日本将物的悲凉流诸于山水;从社会学而言,中国古典园林取仁义,日本园林取智巧,仁山智水以文化价值形态出现并认定;中国古典园林崇尚儒林雅意,而日本园林规划推崇佛教道气;从造园要素运用而言,中国"宅园一体",讲求心系天下的人伦教化的意境,日本则"旁园林化",追求更加抽象纯粹、心静如水的理性(图6.88)。

中国古典园林思想理论近现代因种种因素日愈衰落和淡化;而日本园林却经久不衰,独树一帜。这也正是日本园林在当今世界仍有影响力的重要原因之一。"如今世界各地盛行园林

图6.88　东京青山　加拿大使馆　枡野俊明

实验风潮,旧的准则受到质疑。在许多情形中,自然也被抵制了。同样,在日本,我们也在探索,但我想最大的区别在于我们依然谨慎地参照着自己的传统园林"(枡野俊明)。日本现代著名诗人、作家室生犀星说:"纯日本美的最高表现是日本园林。"从发生学的立场来看,在接受中国文化的过程中,日本的"误读"和"创造性叛逆",在"吸收"和"溶解"异质文化的基础上,因循自我的思维框架,心理定势去选择、理解、取舍、消解外界事物,产生新生命,并在更高一层次上继承和发展。"舶来文化"成为日本心态精神文化。

(2)日本园林特征　从具体造园要素上看,日本园林有以下特征:

日本园林中的建筑不像中国园林般宅园一体,密不可分,而是表现出明显特别的"旁园林化",不求对称,偏于一隅,建筑物本身也多为简朴的草庵式,建筑物的数量少,体量、尺度都较小,布局疏朗。门阙也是极普通的柴扉形式,有洗尽铅华、恬淡自然的感人效果,深得禅宗精髓。现代景观设计中的建筑已逐渐抽象化、隐喻化。如矶崎新在筑波科学城中心广场(图6.89、图6.90)的设计中,下沉式露天剧场水墙旁,入口凉亭只用几根柱子和片墙来限定空间,柱顶则为完全镂空的金属框架,可谓笔未到而意至。建筑的片断如墙、柱、廊等与石景雕塑地面铺装极具整体感,一起构成现代硬质景观。

图6.89　筑波科学城中心广场　矶崎新

图6.90　筑波科学城中心广场　矶崎新

日本园林的理水则极具抽象化,将砂面成水纹曲线、沿石根成环状水形,来象征水流湍急、波浪万重的态势;用不同石组的塑而构成"枯泷"以象征无水之瀑布,真可谓写意无水之水。

日本园林,尤其是枯山水植物配置则少而精,讲究控制其体量和姿态象征,虽经修剪扎结仍力求保持它的自然,极少花卉而种青苔或蕨类,枯山水不植高大树木,远不像中国园林般枝叶蔓生。日本枯山水对植物的精心裁剪(图6.91),说明日本园林比中国园林更加注重对林木的尺度与形态的抽象。

石景是日本园林的主景之一,对石景的组织尤为精彩。正所谓:"无园不石",尤其是枯山水取得了很高成就。日本石景的选石以浑厚、朴实、稳重者为贵,十分讲究石形纹理与色彩,尤

图6.91 近江八幡市瓦片博物馆侧门 宽何惠

其不作飞梁悬石、上阔下狭的奇构,而是造形稳重,底广顶削,深得自然之理。石景构图以"石组"为基本单位,石组又由若干单块石头配列而成,它们平面位置的构成组合,以及它们之间在空间、体形、大小、姿态等方面的空间关系,都无不透露出精心与严谨。日本园林的石组千姿百态,并未追求中国石景的变化,在长期的实践过程中,逐渐形成了许多经典的程式和实用套路,在诸如《筑山庭造传》《筑山染指录》等日本造园典籍中都有详尽的论述。

与中国古典园林相比,日本枯山水在细部处理上,对自然造景元素的裁剪就要抽象和写意得多,舍弃了细部的追求和变化(图6.92)。

日本园林在其他诸如迴游式园林中仍沿袭了中国古典园林的方法,在组景造景方面似无超越中国古典园林之处,具体的组景手法上也比中国古典园林要欠缺得多。对细微处处理也不如中国古典园林,关注过多整体则失之细节把握。日本学者高原荣重、小形研三在《园林建设》一书中说日本园林"对组成外部空间秩序的表现显得很生疏",日本古典园林在整体组织上并未达到炉火纯青的高度。

图6.92 玻璃与水 隈研吾

现代技术的运用,如日本设计师 Makato sei Watanable 在毗邻歧阜县的"村之平台"景观规划中,设计的景观"风之吻"(图6.93),采用15根4米高的碳纤维钢棒营造出一片在微风中波浪起伏的草地,或在风中摇曳沙沙作响的"树林"。顶端装有太阳能电池及发光二极管的碳纤棒。夜里二极管利用白天储存的太阳能开始发光,蓝光在黑暗中随风摇曳,仿佛萤火虫在夜色中轻舞。这里的技术不再是用来模仿自然,而是用来突出一种非机械的、随自然而生的动态奇景。

日本园林的现代化进程已取得了相当的成就,日本在所有现代设计领域都将民族文化艺术传统保存得非常完好,并且和现代设计思想融为一体(图6.94),传统与现代并行相互促进发展,走的是一条历史传统与现代设计的双轨道,东西文化兼容并蓄,传统与现代共存。不仅现代建筑、环境、平面设计、产品设计、展示设计令人刮目相看,一大批杰出的景观设计大师和为数众多的景观设计作品也为世界所瞩目。

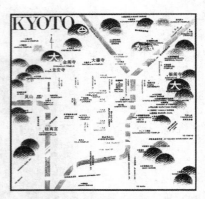

图 6.93　"村之平台"中的"风之吻"　Makato sei Watanable　　　　图 6.94　京都岚山园林分布

6.1.5　现代园林景观、环境

20 世纪 60 年代起,现代文明遇到空前挑战:环境污染,现实严峻,社会的节奏加快,市场化商业利益趋动下,技术日益强大却日显负面效应,道德危机四伏,对现代化景仰转而成对其质疑,出现了流行文化和通俗文化的波普艺术。同时对过去美好时光的怀念成为普遍心理。人们再次重拾历史价值、基本伦理价值、传统文化,并蔓延影响到环境设计领域。众多的艺术流派为其提供了丰富的艺术表现手段,但其本身也是时代文化发展的结果。尽管 20 世纪下半叶涌现出更多更新的思想理论和艺术流派,但早期抽象艺术与超现实主义的影响依然是深远的。如罗代尔(H. Rodel)设计的苏黎世瑞士联合银行广场,其平面犹如用水面铺地,与台阶、草地、植坛组成的蒙德里安的抽象构图,结构清晰,形态简洁。虽然早期的实验性环境景观艺术用一些超现实主义的形式语言明显,如锯齿线、钢琴线、肾形阿米巴曲线等,但 20 世纪下半叶以后,随着环境观念与技术的不断发展和完善,以及新的艺术理论如解构主义、后现代主义等的出现,一批真正超现实的景观作品通过运用新的艺术手段、技术手段来达成承载着思想的超现实景观不断涌现。如克里斯托(Christal)与珍妮·克劳德(Jeanne-Claude)设计的瑞士比耶勒尔基地(Foundation Beyeler)的景观作品;1996 年法国沙托·肖蒙-苏-卢瓦尔国际庭园节上的"帐篷庭园"(图 6.95),设计者为菲利普·尼格罗和克莱尔·加德特(Philipe Nigro & Claire Gardet)等。

图 6.95　帐篷庭园　菲利普·尼格罗,克莱尔·加德特

1) 解构主义

1967年,法国哲学家德里达(Jacques Derrida,1930年—)提出解构主义(Deconstruction)。1988年6月,美国建筑师菲利普·约翰逊在纽约现代艺术馆举办了解构主义建筑艺术作品展,解构主义提供分解、分段、不完整、无中心、裂解、消失、移位、拼接、持续动态变化、悬浮等语法,借此产生心理生理的不安感。这种心理、生理悬念,人的参与成为直接的、充满悬念和魅力、心理和精神的,并达成深刻思想含义。

纪念法国的大革命200周年的拉·维莱特公园(Parcdela Villette)是解构主义景观的代表屈米(B. Tschurmi)的经典作品。在拉·维莱特公园的每个人都有其不同心理感应。点、线、面要素的裂解,造成拉·维莱特公园概念是宽泛的,在自然气息潜移默化下有不同的感应和联想。拉·维莱特公园的难懂所产生的心灵感应,正是解构主义产生的深奥魅力所在(图6.96)。如哈格里夫斯(G. Hargreaves)设计的丹佛市万圣节广场(图6.97),不安的律动地面,大面积倾斜

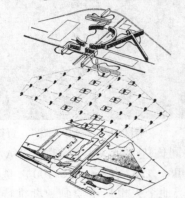

图6.96　拉·维莱特公园　1982年　屈米

的反射镜面,随机而不规则的斜墙,尺度悬殊的空间对比……一切似乎都缺乏参照,恍惚迷惘,颇具幻觉效果。其实这里面蕴含着解构主义的陌生化处理,即通过"分延"(意义的不确定性)、"播撒"(文本的裂缝)、"踪迹"(始源的迷失)、"潜补"(根本的空缺)等手法来获得高度的视觉刺激、怪诞的意象表现,超现实的意味也因此而凸显出来。解构主义是设计中的哲学思想,是对文化中确定性、真理、意义、理性、明晰性、现实性等概念反常理而为之,明显受到波普艺术影响。解构主义的语言在20世纪80年代西方建筑学院景观规划设计系备受关注。

图6.97　丹佛市万圣节广场　哈格里夫斯

2) 极简主义、波普艺术

(1)极简主义　美国在20世纪60年代以绘画和雕塑的形式出现的极简主义艺术

（Minimalism Art），是一种以简洁的几何或有机形体为基本语言的绘画与雕塑运动，把造型艺术用最基本的元素达到"纯粹抽象"的意境，追求单纯抽象语言要素，形成的秩序、韵律和变化，非人格化、客观化、具象化，强调美学上的整体构成关系，非精神中呈显精神，非内容中呈显内容（图6.98、图6.99）。强调艺术语言纯粹性及心理、生理感应，借以反映现实生活的内在韵律，虽是非具象的，但基本的形体、秩序、构造与原始结构回归自然，呈现出概念外延更加宽泛，"无个性呈现"中艺术更加冷静和趋于理性，其实体的组织引向室外，走向自然。试图努力把挽救环境和拯救人类、自然及历史文化遗产相关联，并加以正式化。极简主义实质上是一种精神词汇。在当代园林景观规划与设计中仍大量进行着极简主义景观设计实践，其代表如美国著名景观设计师彼得·沃克等。

图6.98　柏林犹太人博物馆及霍夫曼花园　勃斯金

图6.99　雕塑"无题"　贾德

图6.100　沃克

曾毕业于哈佛大学并同佐佐木英夫共同创立SWA景观设计公司的彼得·沃克（Peter Walker，1932年—，图6.100），是一位勤于思辨且极有创造力的设计师。他个人也从事绘画。勒维特·贾德及其他的极简主义雕塑使他产生了浓厚的兴趣，在考察了法国历史上勒诺特尔法国园林后，他找到了契合点。沃克喜欢绘画及看绘画展览，他认为"如果一个雕塑及一幅画对一个景观设计师的工作有所启发，那是艺术概念的转化，而不是完全的抄袭。"画廊里那闪光的智慧和思想，启发自身的灵感，他崇尚日本园林的禅宗精神。沃克设计了大量的极简主义的景观作品，堪称极简主义景观的代表。极简主义将造型剥离到"纯粹"语言，少却产生了多，在纯抽象中扩展了人与环境的交流；扩展了人与自然的联系思考；扩展了人与自然宇宙之"谜"的探索和联想，表现了哲学的融合。极简主义带动景观设计又攀上了一个新的高度。1977年沃克出了个人景观作品集《极简的园林》（Miaimalist Gardens），其作品注重人与环境的关系，强调自然特征，有着人类与自然的使命感（图6.101、图6.102）。

（2）波普主义　与极简主义的要素倾向纯粹单一相比，波普艺术的要素则倾向多元混杂的通俗化与符号化。舒沃兹在其尼可庭园（Necco Garden）中采用了糖果与漆彩的旧轮胎，斯岱拉庭园（Stella Garden）中采用了艳丽的树脂玻璃碎片与废罐头包装等作为造园素材，从另一方面表现出对现代材料对环境污染的责诘与求索精神。波普艺术在创作上关注于日常用品等消费性题材的社会环境影响。

图6.101　索拉那IBM研究中心环境　沃克

图6.102　Los Altos富特黑尔学院　沃克SWA

3）景观艺术的综合

20世纪70年代以后，诚如园林的概念向景观转化一样，人类与生存环境、景观与艺术综合成为普遍现象，"泛艺术"成为信息社会外在特征，视觉成为其传播主要途径。作为人类与社会环境极为重要的景观，一方面景观与艺术联系密不可分，艺术自身的许多类属日愈综合并运用到环境景观设计中去，景观更加具有艺术表现力，更加具有人类文化的承载性和启发性，更加摒弃商业利益的短浅行为而具有前瞻性，更具有思想和内质精神层面的意义。另一方面，许多科学、社会学、经济学、社会伦理学等也通过景观艺术设计成分和具体空间意义传达出来，更加关注景观人文和生存环境的宏观意义、生态意义和科学意义。诸如后现代主义、大地艺术、生态主义、结构解构主义、构成主义、极简主义，以艺术的综合性将园林景观设计展示于人类与自然环境共生的舞台，给人们以启示。

（1）玛莎·施瓦茨　景观设计师玛莎·施瓦茨（Martha Schwartz，1950年—）、麦克哈格、哈佛大学设计研究生院景观设计系主住的哈格里夫斯（George Hargreaves，1953年—）、荷兰景观设计师高伊策（Adriaan Geuze，1960年—）等是环境景观艺术综合的理论和实践的代表，极具当代影响力。

图6.103　玛莎·施瓦茨

图6.104　圣迭戈的玛里纳线性公园　施瓦茨

玛莎·施瓦茨（图6.103）是以一名出色的艺术家开始迈入景观设计的职业生涯，成长于密执安大学艺术系。由于受"大地艺术"的影响，她渴望像罗伯特·史密森、南希·霍尔特、迈克尔·海泽那样,进入一个更大空间施展艺术才能,因此她再次进入密执安大学景观设计系学习。但景观设计系以植物和环境主义思想为基础的教学令她失望,她到了哈佛大学景观设计系,艺术与技术的结合使她欣喜。一次偶然机会,暑假参加了 SWA 景观设计公司在加州组织的活动,遇到了彼得·沃克,成为她人生和事业的重要转折点。1977 年,她从哈佛毕业后步入园林景观设计行业,艺术家与景观设计师的双重身份,使她的景观作品个性极强而激动人心。她认为:当代景观与艺术已无边界,许多景观设计师缺乏艺术素质、缺少想象力和创造力,使得职业保守而失去活力。施瓦茨运用多种艺术形式,东西方文化兼容并蓄,特别是日本园林,研究空间设计的转化(图 6.104),他认为园林景观同绘画艺术是一样,任何无概念或对概念的弱化都是无法接受和没有效果的。她的创造充满生命的活力。1990 年,施瓦茨建立自己的事务所,施瓦茨的景观设计是各种艺术的综合,用艺术形式表达思想,影响世界。她不仅挑战当代园林景观设计的准则,也挑战园林景观设计的定义。"玛莎一只脚踏在艺术界,一只脚踏在景观设计界"(沃克)。她的作品"将整个景观设计行业带入到了一个更加艺术性和创造性的模式中"(英　安德鲁·威尔逊《现代最具有影响力的园林设计师》)。

图 6.105　乔治·哈格里夫斯

(2)乔治·哈格里夫斯　另一位杰出的代表人物乔治·哈格里夫斯(Georgre Hargreaves,1953 年—),是"人工与大环境"研究与思想者(图 6.105)。大地艺术家史密森(Ro Gert Smithson)对哈格里夫斯产生了极为重大的影响,史密森对自然进程的关注意识为:人类科学及经济行为对自然系统会产生破坏或潜在的破坏,而生态学又无视文化、无视艺术而远离我们的生活,纯粹生态学大众难以接受,必须通过艺术的路径。从此在景观环境中致力于研究艺术之间的关联,探索两者综合的人类环境景观规划设计的方法,改变那种视科学技术为一切的观念。科学技术无法解释丰富的精神世界,相对于自然系统也仍然是幼稚的,甚至在体制、经济的制约下其作用是负面的。他非常重视艺术文化素质,用自然界的动态、变化、分解、侵蚀、无序但又统一的美的艺术形式,传达出深刻的生态概念。自然与人,通过艺术产生互动,形成人与大自然相互交融。用非自然的艺术的形式表达人与自然的本质关系,历史文化环境的隐喻,文脉在"环境剧场"里延续,深层的文化内涵有明确指向性、地域性和归属性,渗透传达着自然系统、历史文脉的保护、恢复的真诚和思想精神关注,将自然的演变与人类行为的发展进程,用艺术的、文化的、历史文脉的语言纳入开放的景观系统之中。将景观艺术综合化,产生他称之为的"环境剧场",带来责任感和思考。身为教育者——哈佛大学设计研究生院景观规划设计系主任的哈格里夫斯,身体力行地影响和鞭策着美国及世界一代有天赋的环境规划设计师们(图 6.106)。

图 6.106　加州帕罗·奥托市拜斯比公园
哈格里夫斯

(3)高伊策　荷兰景观设计师高伊策(Adriaan Genze,1960 年—,图 6.107)强调人与自然共生的环境设计思想,模糊景观设计、城市规划、建筑设计与生态艺术界线,否认艺术与工程的区别,否认人与自然、城市与自然、人类与生态、科学与艺术、技术与自然和经济与文化的对立与矛盾,认为这些事物是共生的,贯穿景观艺术的综合思想。

图6.107 高伊策

高伊策钟情于17世纪荷兰画家维米尔(Jan Vermeer,1632—1675年)和霍赫(Pieter de Hooch,1629—1684年)的绘画、俄国构成主义艺术家作品,钟情于大地艺术,从中汲取思想的营养和灵感。高伊策设计风格源于荷兰本土,其鲜明的个性、多样风格却是国际性的,承载着特定的思想。高伊策非常重视景观设计师的思想艺术文化素质,它们直接关系到对景观的理解,而技术是次要的、第二位的。他经常提到"后达尔文主义",对环境设计有着自己独到的理解,认为现代已经没有必要再创造一种新环境来适应人类,应该停止让环境适应人,不应本末倒置(图6.108)。相反,人应回到自然本位上来——人来适应环境,人可以被环境同化,人是自然的组成部分,"阐述人类与自然共生的设计理念"。1987年与设计师贝克成立的WEST8设计事务所已成为其思想的代名词。高伊策先后在阿姆斯特丹建筑学院、鹿特丹建筑学院、荷兰代尔夫特(Delft)技术大学、比利时St·lucas建筑学院、美国哈佛大学、丹麦奥尔明斯(Aarhus)大学、西班牙和法国的一些学校任教,他的思想和实践有着很大的影响。

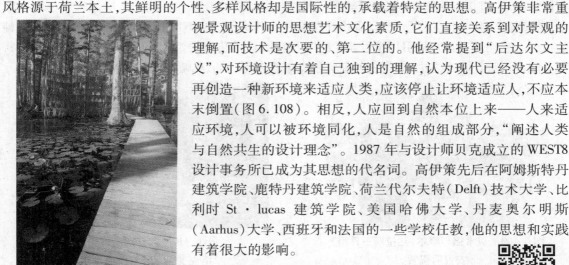

图6.108 南加州 Spole to 高伊策

4)现代雕塑对景观设计的影响

(1)毕加索 现代主义初期,现代绘画的思想及理论的影响,使雕塑向着更为广阔的空间和理性深度发展,并完善着自身。在园林的历史中,雕塑在园林中扮演着极为重要的角色,是园林空间序列设计中的高潮和中心,是造园者思想的集中体现。20世纪60年代,由于雕塑在园林景观中的地位,园林到景观的概念转换,更加注重造景与视觉效果的观念更新。雕塑对景观的影响是其必然的。雕塑中的极简主义、大地艺术、结构主义、解构主义直接对景观产生了影响,引发环境与人类更深层次的思考。1930年初,超现实主义雕塑特别是毕加索对景观设计的影响十分明显。帕布洛·路易兹·Y.毕加索(Pablo Ruiz Y Picasso)是20世纪艺术中最引人注目的,美国著名当代艺术史论家阿纳森(H. H Arnason)认为:20世纪大半部艺术史,都可以按照他的成就来写。他出生于西班牙的马拉加(Malage),参加过19世纪以来大多数运动,他自己也发起过许多运动。出自于艺术世家的毕加索,父亲是艺术家和美术教师。毕加索学生时期就显示过人的才能和惊人的技法。1900年,在卢浮宫博物馆目睹感受了古典大师的绘画、雕塑,彻底地研究了先锋人物、印象主义、后印象主义的作品。《煎饼磨坊》是毕加索研究了印象派后的第一部作品,对于当时19岁的他来说是一件惊人的作品。毕加索将立体主义发展到空间,作了大量的雕塑和环境景观设计,完成了形式的解放,毕加索对事物认识观念,涉及广泛社会领域,其影响是巨大的。20世纪30年代,超现实主义雕塑特别是毕加索的影响,涵盖几乎所有的艺术领域,景观规划设计同样也不例外。

(2)亨利·摩尔 英国最重要的雕塑家亨利·摩尔(Henri Moore,1898年—,图6.109)也受毕加索的影响。1940—1950年,摩尔专注于雕塑与空间,利用空、虚和实体紧张与环境的关系形成的视觉效果,完成了大量不朽的作品。在20世纪中叶,英国雕塑家摩尔成为誉满世界的名士,并接受了许多世界各国建筑及环境雕塑的设计,如美国《林肯中心的斜倚人物》。亨利·摩尔的斜倚或站立的人物,实体与虚空之间复杂而微妙,理性地排列,直入人们心境,把人的思绪带回到环境空间、景观虚实之间的人性问题上来,作出了自己独到的思想陈述(图6.110)。雕塑在城市景观中发挥着更为重要的作用,雕塑的思想理性,成为控制城市局部或区域的重要精神景观要素,雕塑在空间上与城市景观密切联系在一起,一些雕塑家更是直接涉足景观规划与设计领域,直接运用雕塑语言,对景观艺术性产生了质的变革和影响。从毕加索和亨利·摩尔、考尔德,到新一代的雕塑家,景观设计深深打上其烙印,更加注重对意义的追问或场所精神的追寻。它们或通过直接引用符号化了的"只言片语"的传统语汇,或从稳喻与象征的手法,将意义隐含于设计文本之中,如摩尔的新奥尔良市意大利广场、矶崎新的筑波科学城中心广场。

图6.109　贝聿铭与摩尔《达拉斯三件组》
安置后祝贺

图6.110　大立像　刃状体
洛克斐勒家族庭院　摩尔

图6.111　野口勇

（3）野口勇　野口勇(Isamu Noguchi,1904—1988年,图6.111)是现代雕塑史上国际性人物,也是现代景观设计重要人物。野口勇出生在艺术世家,母亲是美国著名作家和翻译家,父亲是一个著名的日本诗人、艺术史学家。野口勇出生美国洛杉矶,年少时跟随美国学院派现实主义雕塑家博格勃勒姆(G BorgLum)学习雕塑,在哥伦比亚大学学习医学,对艺术的热爱使他最终又弃医从艺,并在纽约的一所艺术学校完成系统的专业训练,他非常勤奋努力。毕业之时年仅20岁的野口勇便在学校举办了个人作品展,显示了其过人的才华。1927年荣获古根海姆奖学金,考察了中东、巴黎,并在布郎库西工作室做了几个月助理,对野口勇影响很大。在此期间野口勇研究了毕加索立体主义,贾科梅蒂(A Giacometli)、考尔德(Alexander Carlder,1898—1976年)、亨利·摩尔等人的思想和作品。回到美国,由于身世背景,野口勇对日本文化有着深刻的研究,同时也有着深刻中国文化的底蕴,他拜齐白石为师,画了大量的习作。但第二次世界大战却给野口勇带来深深的痛苦,尤其是原子弹爆炸后的沮丧(图6.112)。

1956年,在建筑师布劳耶的推荐下,野口勇设计了巴黎联合国科教文卫组织(UNFSCO)总部庭院,具有明显的日本园林要素运用的特点。1956—1957年,野口勇与SOM事务所合作,设计了康涅狄格州人寿保险公司总部环境规划(图6.113),这是他在美国实现的第一个景观作品。耶鲁大学贝尼克珍藏书图书馆(Beinecke Rare Book and Manuscript Library)的大理石庭院,

图6.112　"出发"日本广岛和平公园　野口勇　　图6.113　康涅狄格州人寿保险公司总部环境　野口勇

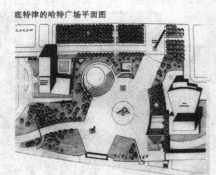

图6.114　哈特广场　野口勇

则完全是超现实主义和构成主义的,象征性和理性的,整个庭院浑然一体,完全是一个统一的雕塑,充满神秘的超现实主义的气氛。1964年,野口勇为查斯·曼哈顿银行(Chast Manhattan)设计的圆形下沉庭院,带有明显的日本枯山水庭院的印记。1972—1979年,历时7年才完成的底特律的哈特广场(Hart Plazn,图6.114),被赋予了技术和太空时代的隐喻,"一台机器成了一首诗"。1983年,野口勇在加州设计了名为"加州剧本"(California Scenario)的高大玻璃办公楼底部庭院,所有景观要素围绕雕塑,整个庭院以叙述性的文学过程,唤起人们昂扬奋斗的精神。

图6.115　1983年洛杉矶日美文化交流中心
野口勇

同时期设计的洛杉矶日美文化交流中心广场(图6.115),雕塑与极具色彩张力的地面铺装张扬着个性和精神。土门拳纪念馆庭院(Domon Ken Museum)是野口勇晚年的重要作品之一。美国迈阿密海湾公园、日本札幌公园是野口勇直至1988年去世之时尚未完成,后续由Fuller&Sadao建筑事务所完成。野口勇丰富的艺术创造才能对美国及世界景观设计影响很大。1981 年,野口勇被授予纽约州政府艺术奖章,1985 年纽约建立了野口勇博物馆,展示野口勇一生的环境艺术创造,让后人完整地了解他卓越的作品和思想。1987 年被美国总统授予国家艺术勋章。他曾说"……想象把园林当作空间的雕塑……当一些精心考虑的物体和线条被引入的时候,就具有了尺度和意义。这就是雕塑创造空间的原因。每一个要素的大小和形状是与整个空间和其他要

素相关联的……我称这些'雕塑'为园林"。野口勇的景观创造极富有思想性,景观境界传达着环境理性精神,其作品具有非常强的形式感、精神感召力和深邃的意境,跨越了国界。他这样叙述自己:我既不是日本人,也不是美国人,我是个艺术世界的人。他的风格影响美国、日本及其他发达国家,作品随处可见,还影响到大批后来者,如美国景观设计师穆拉色(Robert Murase,1938 年—)。

图 6.116　穆拉色

(4)穆拉色　穆拉色(图 6.116)是一位出生在美国的日裔景观设计师,毕业于加州大学伯克利分校景观设计专业。穆拉色自幼对艺术非常热爱,在劳耶斯通和哈普林事务所的工作中积累了宝贵的经验。1967 年,穆拉色去了日本,受野口勇的影响和鼓励,穆拉色详尽地研究了佛教、茶道、诗歌,考察了许多日本古典园林,从日本传统文化中汲取营养,并在日本完成了许多景观项目,这是穆拉色极为重要的时期。1976 年,回到美国的穆拉色在俄勒冈大学景观设计专业任教,后工作于 EDAW 景观设计公司;1982 年建立了自己的事务所。1990 年穆拉色完成建于波特兰市河滨公园的日裔美籍人历史广场纪念园(图 6.117):一百株美丽的日本樱花列植于河岸的草地上,花卉的柔弱美丽与粗糙的沉重石快形成对比,告诫着今天的警示与美好,衬托着历史悲剧与沉重!穆拉色将雕塑、文字融为一体,用景观要素为背景,创造出不同凡响的史诗般的纪念广场,并荣获1991 年度美国极

图 6.117　波特兰市日裔美籍人历史广场
穆拉色

具权威的景观设计师金奖。

图 6.118　新泽西州 Trenton
"绿亩园"　塔哈

(5)塔哈　女艺术家塔哈(Athena Tacha,1936 年—)出生于希腊,后来加入美国国籍。她的"特定场地的建筑性雕塑"产生了独特的室外雕塑与景观结合的园林作品,具有很强的影响力。塔哈 1954 年在美国攻读景观设计学位,1961 年在巴黎美术学院攻读艺术史博士学位,学成后赴美从事雕塑与设计,1969 年加入美国国籍。20 世纪 70 年代,完成了一些具有影响力的景观设计作品。代表作有:俄亥俄州克利夫兰市凯斯威斯顿大学中名为"结合"的景观作品、俄亥俄州奥伯林市马丁·路德·金公园中名为"溪流"的作品、新泽西州 Trenton 市环境保护局庭院绿亩园(图 6.118)。

意大利的雕塑家、建筑师斯卡帕（Carlo Scarpa，1906—1978 年）是威尼斯圣维托、达梯伏莱镇的布里昂墓园的设计者；他的设计极具暗示性、古老情结、永恒内容，集建筑、景观与雕塑为统一的整体（图 6.119）；苏格兰的艺术家、诗人芬莱（Ian Hamilton Finlay，1925 年—）用精美、富有诗意和极具象征意义的雕塑物阐述着景观的意义，文学、艺术和景观完美结合。代表作品有 1967 年建于爱丁堡西部沼泽地上的小斯巴达（Little Sparta，图 6.120）；雕塑家戴维•史密斯、鲁本•蔡基安（Reuben Nakian）、罗斯扎克、李普顿、里维拉等构成立体主义雕塑家，他们对于景观都具有很大的影响力。

图 6.119　布里昂家庭墓地　斯卡帕　　　　　　　　图 6.120　小斯巴达　芬莱

1964 年在纽约格林美术馆的罗伯特•莫里斯"展览"的巨大的几何形雕塑单元，空间里综合布置……开始了极简主义的率先试验。莫里斯是一位热衷于概念主义、大地作品和其他倾向作品新试验的、富有天才的美国画家。20 世纪 60 年代，现代主义风雨飘摇，概念艺术、过程艺术、极简艺术、波普艺术与思潮不断涌现。极简艺术（Minimal Art）开始于绘画，影响到雕塑，且在雕塑中形成自己的外在特征。极简主义（Minimalism）的绘画，排除具象的图像与虚幻的画面空间，而偏向纯粹单一的艺术要素，其宗旨在于简化绘画与雕塑抵达其本质层面，直至几何抽象的理性本质。英国哲学家渥尔海姆（R. Wollheim）将其定义为极简艺术，描述为为了达到美学效果而竭力减少艺术内容的当代艺术品。

极简主义产生了环境艺术的场所雕塑，而且影响了第二次世界大战后新一代而且非常有成就的现代景观规划设计师，如沃克 1979 年设计的哈佛大学泰纳喷泉，施瓦茨 1998 年设计的明尼阿波利斯市联邦法院大楼前广场等，都是具有代表性的极简主义景观作品。从荣获 2000 年伦敦切尔西花展最佳庭园奖的"活雕塑"庭园（图 6.121，设计者为 Christopher Bradley-Hole）不难看出极简主义景观作品的一般特点：形式纯净，质感纯正，变化节制，对比强烈，序列清晰，整体感强。

图 6.121　"活雕塑"庭园设计：Christopher Bradley-Hole

5) 大地艺术

大地艺术（Land Art 或 Earthworks）又称环境艺术、场所雕塑、大地作品。与其他艺术思潮不同的是 1960 年代末以来的大地艺术是对景观设计领域一次真正的全新开拓。大地艺术带给我们许多被长期忽视甚至缺失的新东西。著名的极简主义雕塑家卡罗（Anthong Caro, 1924年—）、金（P. King, 1934 年—）、贾德（Donald Judd, 1928—1994 年）等促进了大地艺术家的产生。大地艺术继承了极简主义艺术的抽象，同时运用土地、山川、岩石、水体、植物、建筑、自然力等来塑造改变景观空间，雕塑、景观与自然难分你我，融意义于其中。其思想重申着大自然的完整统一，提示警醒着作为自然之子的人类，与自然共生，蕴涵着生态主义思想，无论形式和内容，一般景观很难与此高度相比。巨大的尺度给予心灵的震撼和净化也同样具有哲学高度，其神秘、纯净的程度迫使人们重新思考人与自然、人类自身历史、文化、现状和未来这样一个永恒但又迫切的问题，环境艺术、景观设计在此获得极大灵感，创造出精神化的场所。

1968 年，纽约艺术家海泽（Michael Heizer）、史帝密森（Robert Smithson）和德·玛丽亚（Waler de Maria）在南加州和内华达州沙漠创作了大地作品。著名的"包扎大师"克里斯多（Jaracheff Christo, 1935 年—）设计了"被包裹的岛屿"（图 6.122）；与野口勇同时代的艺术家拜耶（Herbert Bayer, 1900—1987 年）在 1959 年与瑞士景观设计师克拉默（Ernst Cramer, 1898—1980 年）合作设计了"诗人的花园"（Poets Garden, 图 6.123）。景观设计师哈格里夫斯、设计师林樱（Maya Lin）、西班牙建筑师阿瑞欧拉（Andrea ArriolaModorell）和费欧尔（Garme Fiol Costa）、美国女艺术家派帕（Beverly Pepper, 1924 年—）、阿根廷建筑师安芭次（Emilio Aanbasz）等都创造设计了大量环境艺术作品（图 6.124、图 6.125）。

"诗人的花园"平面图

图 6.122　被包裹的岛屿　克里斯托　　图 6.123　"诗人的花园"瑞士　苏黎士园林展　克拉默/拜耶

图 6.124　"树林的螺旋"　欧拉，费欧尔，派帕　　图 6.125　华盛顿越南阵亡将士纪念碑　林樱

大地艺术有以下特征：

①景观设计的尺度超大。如史密逊（R. Smithson）的螺旋形防波堤（图6.126）；克里斯托的"流动的围篱""峡谷幕瀑""环绕群岛"等。

②地形设计的艺术化处理。如哈格里夫斯设计的辛辛那提大学设计与艺术中心一系列蜿蜒流动的草地土丘；野口勇的巴黎联合国教科文组织总部庭园的地形处理等。

③是雕塑的主题化意义。如建筑师阿瑞欧拉（A. Arriola）、费欧尔（C. Fiol）与艺术家派帕（B. Pepper）设计的西班牙巴塞罗那北站公园中的大型雕塑"落下的天空"（图6.127）；艺术家克里斯·鲍斯（C. Booth）的巨型雕塑"突岩的庆典"等。

图6.126　螺旋形防波堤

图6.127　落下的天空

④造景元素与自然或自然力元素的结合，如闪电、潮汐、风化、侵蚀等，并引入了新的元素，使景观表现出非持久和转瞬即逝、随自然律动变化的特点。如荷兰WEST8的鹿特丹围堰旁的贝壳景观工程等。

图6.128　闪电的原野

大地艺术继承了极简艺术抽象简单的造型形式，又融合了观念艺术（Conceptual Art）、过程艺术（Process Art）等的思想。大地艺术主张恢复被人类破坏的自然秩序和景观艺术，成为调和生态学家和经济学家的一种资源。景观空间中有令人震撼的体验、醒悟、欣慰的感受，取得令人信服的突破。艺术家德·玛利亚（Waiter De Maria）的大地艺术作品"闪电的原野"（图6.128），其设计是在新墨西哥州一个荒无人烟而多雷电的山谷中，以67 m×67 m的方格网，以极简派雕塑的手法，在地面设置了400根不锈钢针的线性构成。晴天时不锈钢针在太阳底下熠熠发光，暴风雨来临时，每根钢杆就是一根避雷针，形成奇异的光声电效果，随着自然时间维度的变换，而呈现出不同的景观效果。这正是过程艺术的特征。观念艺术则强调艺术家的思想比他所运作的物质材料更重要！"闪电的原野"所强调的并非是构成景观的物质实体，而是自然中人们必须尊敬和震撼的自然力量，从而给人们以启示与反思。大地艺术从雕塑发展而来，其叙述性、象征性、思想性、人为与自然的深刻思考,大地艺术以大自然为素材,却完全人工化,主观认识化的艺术形式融于环境的同时,表现了自我,表达了思想。剧烈的视觉、精神上的冲击,带来心灵的震撼和反思,启发景观设计师,提升了景观设计的质量,并广泛被接受和推崇。大地艺术重要的不是给园林景观设计师提供一种方法,而是对景观园林设计实践与生存环境的再思考!

6) 自然生态环境价值

中国早在几千年前就提出"与自然和谐为美"的美学思想、风水学的自然环境生态思想;18世纪,英国造园的思想是"自然是最好的园林、设计师";19世纪美国奥姆斯特德提出生态思想。1930—1940年,"斯德哥尔摩尔学派"的造园思想是美学、生态和社会理想的统一;1945年10月24日,联合国的成立标志着"全球一体化"共识的达成;1970年第一个世界"地球日"确立,标志着人类回到本位上来——自然界的普通公民而不是自然的主人,生活必须首先建立在对自然环境的尊重之上;1965年,美国国家会议将自然美的自然景观放到了国家环境议程上。1969年,美国通过了"国家环境城市方案",工程必须提供环境影响报告,包括自然的和人文的,建立了许多环境法规,环境保护和生态意识成为政府和普通民众日常生活工作的共同行为。同年宾西

图 6. 129　麦克哈格

法尼亚大学的麦克哈格教授(Ian Mcharg,1920—2001年,图6.129)出版了《设计结合自然》(Design With Nature),这是景观规划设计学科里程碑似的著作,提出了综合性的生态规划思想和应遵循严格的学术分析原则,提出了适应自然的特性来创造人类生存的环境的可能性和重要性;阐述了人与自然的正确关系,批判了以人为中心的思想;对东西方哲学、宗教、美学进行比较,指出城市和建筑环境与人造物体的评价和设计创造,应把各个要素的分析,综合成整个景观规划的依据,倡导自然生态环境价值,其视线已关注整个生存环境系统。20世纪六七十年代,美国以麦克哈格为代表的"宾西法尼亚学派"(Penn School)将环境设计的科学量化的生态学方法用于规划设计工作,面对"人类的危机""人口增长极限"等未来的警钟;提出了创造人类生存环境的新的思想和方法,将环境规划与设计提升到一个新的高度。

麦克哈格出生在苏格兰,少年时期喜爱艺术,在格拉斯哥艺术学院学习,第二次世界大战结束后来到美国。1946—1950年在哈佛大学学习景观规划设计和城市规划设计。1954年在宾西法尼亚大学景观规划设计工作。麦克哈格针对日益恶化的城市环境提出质疑,认为景观规划设计的作用是用艺术表达自然,景观规划设计应使城市富有人情味。他的设计观点,被称之为"生态决定论"(Cological determinism)。1960年麦克哈格与华莱士(David A Waiiace)、罗伯茨(Roberts)、托德(Toold)成立了WMRT鲁西法尼亚公司。1962年,完成了《河谷规划》(Plan for the Thevalleys)一书,揭示其发展最佳模式。完成了众多区域规划、土地利用规划、景观规划和研究项目,如华盛顿景观规划、纽约Riochmond公园大道研究等。1970年,麦克哈格离开WMRT,完全从事艺术研究,WMRT变为WRT。

麦克哈格促进了更多环境的立法。卓有见识的设计理论运用于环境景观规划领域,使景观设计更加关注生态,是20世纪最富有影响力的人物。麦克哈格对东方的中国和日本、西方的英国园林及造园艺术思想情有独钟。与中国自然和谐体系一拍即合,为日本的造园动情。东方情结,使他认为造园是静思、休憩的场所,不是烧烤和社会集合的场所;是博大精深的文化象征,所有技巧都是紧密联系于整个地球生态系统。要完成这样的使命,麦克哈格认为,教育是唯一途径。"我要他们所做的事业是不能给予他的权力和金钱,但他们愿意去做。"希望培养的学生成

为规划过程中"自然因素"的代言人,来提高个人价值和认识。要求学生熟悉从事项目的环境和项目的社会目的,理解设计上的意义,确定对人类精神和物质生活有益处的形式。其中哈格(R. Haag)设计的西雅图煤气厂公园(图6.130、图6.131)充分反映出对场地现状与历史的深刻理解,以锈迹斑斑、杂乱无章的废旧机器设备拼装出一派"如画般景色"。场所精神阐释着人类活动对环境负面影响的反思与批判! 同时又是环境"教员",承载着"生态恢复"的思想。它除了受到文脉主义的影响之外,还可看到以装置艺术(Installation Art)为代表的集合艺术(Agssemblage)、废物雕塑(Junk Sculpture)、摭拾物艺术(Found object)的显著影响。

图6.130 西雅图煤气厂公园

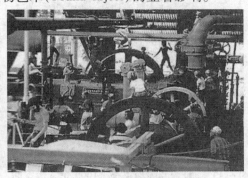
图6.131 西雅图煤气厂公园

生态主义原则非常广,现代景观设计融合自然、科学艺术、社会各个方面,缺一不可,生态原则蕴涵其中。生态主义原则是将人看作自然系统的一个因子,人的过程应配合大自然的时间,与生态过程相协调;人对环境的负面影响应减至最低最少,应遵循生命体的规律,反映生物的区域性、多样性。环境景观最注重地域特征和地域生态;尊重基址自然条件,依靠可再生能源,充分利用自然材质与当地特征材质,充分利用光、自然通风和降水,注重本土植物的运用和保护;材质能源循环及最大限度减少对能源的消耗;植物自生自灭,充分发挥自然自身的能动性、自我生态恢复功能,建立和发展良性循环的生态系统;体现自然元素、文化元素,减少人工痕迹及商业元素。

生态主义非常崇尚中国古代与自然和谐为美的博大的古典哲学思想。生态主义是当代的,被我们常冠以"西方先进的环境生态设计"加以引进的同时,应引起我们对环境景观规划设计传承与发展的反思。

7) 后现代主义

英国建筑师理论家詹克斯(Charles Jencks,1939年—)于1977年出版了《后现代主义建筑语言》(The Language Of Postmodern Architecture),宣告后现代主义(Postmodernism)时代的到来。后现代主义主张:历史的、复古的、新地域风格,文化的、和谐的、混合的、隐喻的、玄学的、重构的、综合情感空间的、人性的、怀旧的、多元的,是许多因素的综合,后现代主义反对功能主义。20世纪70年代后,后现代主义在建筑界占据最显要的位置,再一次影响了东西方学术研究,从而也对环境及园林产生深刻的影响。英国著名建筑评论家、"后现代主义"的定义者詹克斯(Charles Jencks,1939年—)在1995年出版的《跃迁的宇宙的建筑》(The Architecture of the Jumping Universe)提出"形式追随宇宙观"的新的设计理念(图6.132)。詹克斯的夫人克斯维科(Maggie Keswick)是著名的景观设计师和园林历史学家,她是研究中国古典园林的权威,出版了《中国园林——历史、艺术与建筑》(The Chinese Garden History Art and Architecture)一书。

1990 年设计建造的私家花园（图 6.133）为"形式追随宇宙观"作了形象的诠释，并且体现了中国风水与自然和谐的思想，反映了自宇宙产生以来，能量、物质、生命、意识的自然"跃迁"。与 20 世纪前半叶现代主义时期关心满足功能与形式语言相比，后者更加注重对意义的追问或场所精神的追寻。它们或通过直接引用符号化了的"只言片语"的传统语汇，或用隐喻与象征的手法，将意义隐含于设计文本之中，使景观作品带上文化或地方印迹，具有表述性而易于理解。

图 6.132　对称的断裂平台　1990 年　詹克斯

图 6.133　詹克斯的花园　1990 年
詹克斯·克斯维科

20 世纪六七十年代以来的后现代主义，是一个包涵极广的艺术范畴，其中对景观设计影响较大的有历史主义和文脉主义等叙事性艺术思潮（Narrative Art）。后现代主义再次为园林景观规划设计提供了与时俱进、丰富的灵感源泉，它是现代主义的超越，使我们迎来一个多元化设计的时代。

8）环境园林艺术规划与设计发展特征

现代园林景观设计受到多种艺术的交叉影响而非单一学术思潮的影响，使其呈现出复杂的多元风格。正是因为如此，要想对它们进行明确的分类和归纳，几乎是一件不可能的事情。但环境园林景观艺术的表现有一个基本的共同前提，那就是时代精神与人的不同需求同自然的关系。在环境与艺术设计领域，既没有产生如建筑等设计领域初期的狂热，也没有激情之后坚定的背弃，而始终是一种温和的参照。在发展的时代观念指导下，我们对环境园林景观艺术的表现深度更加彻底和赋予其造福子孙后代的理性。其特征如下：

①现代园林继承了古典园林的自然观，同时又有自己新的重要发展。其特征主要表现为两个方面：

第一，自然观由仿生自然转向良性生态自然的发展。美国宾西法尼亚大学教授麦克哈格提出的综合性的生态规划思想：在现代景观设计中，景观与地域生态关系处理，诸如为保护表土层不在容易造成土壤侵蚀的陡坡地段建设，保护有生态意义的低湿地与水系，按当地群落进行种植设计，多用乡土树种等一些基本的生态观点与知识，已广为景观设计师所理解、掌握和运用。在生态与环境思想的引导下，环境景观园林中的一些工程技术措施，例如：为减小径流峰值的场地雨水滞蓄手段、为两栖生物考虑的自然多样化驳岩工程措施、污水的自然或生物净化技术、为地下水回灌的"生态铺地"等均带有明显的良性生态自然意识。

恢复性景观——美国斯坦福德磨河公园　斯坦福从早期的工业和制造业城市，转变为现今的大型企业的大本营。该市的许多景观，尤其是 Mill 河的自然生态系统已经由于多年的工业和经济发展,产生了诸多不利影响。在整个 20 世纪,Mill 河及周围环境严重被破坏,周围的大草坪和沿河的路,都常年被废弃,多年的淤泥、垃圾等杂物、入侵的各类水生植物和大量的藻类等,使得 Mill 河饱受污染(图 6.134)。

在 2005 年,斯坦福和 Mill 河协同 Olin 工程师的计划,期望能够恢复曾经蜿蜒美丽的河流(图 6.141)。该计划旨在实现三个主要目标:一是创建一个公园符合康乐及公民的不同的人口的需求;二是提供原生动植物的蓬勃发展的天然栖息地;三是提供经济上可行、可维护和可实施的一个设想。

Olin 的全面的雄心勃勃的蓝图:将 Mill 河岸打造成了一个新的公园和绿廊。

最终结果是:一个动态的、可行的、积极的、诱人的公园,沿着 Mill 河岸,建立一个"绿色拉链",通向周边社区和斯坦福市中心(图 6.135)。

图 6.134　Mill 河生态恢复前的污染

图 6.135　Mill 河——"绿色拉链"

图 6.136　设计效果图之一

公园提供主动和被动的娱乐领域,多种设施并置设计:大型阶梯和各种大石制作的基座,方便游人在河边小坐;特别之处的大草坪,一个广阔的绿色地毯,为河滨的大型活动和娱乐设施提供了灵活的开放空间;沿着河岸,精心设计和安置了长凳和休息区,整个场地尽收眼底,人们在这里享受休息和沉思的时光;采用防水浸的铺路材料,保护历史石墙和出土的巨石,并纳入作为当地的历史和区域地质的项目;沿着公园及绿道,采用本土的物种,种植了色彩丰富的种植带;当野花盛开的时节,这里会举办新英格兰地区最大的樱花节。该公园还包括其他设施,包括电影、音乐会和展览会等(图6.136—图6.142)。

Mill 河公园和旁边林荫道的不断发展,公营和私营合作的承诺和愿景逐渐达到最初的设想。随着每个阶段的设计从总体规划的蓝图上逐渐被实现,编入斯坦福的城市纹理之中,为公共领域创造了全新又独特的生活体验。公园和绿道展示了当地的动植物,恢复了原始的自然生态系统,促进城市新的重建项目发展,为居民提供更多自然、历史与现代享受。

图6.137　运用出土的巨石,进行被动性设计

图6.138　享受休息和沉思时光的大草坪

图 6.139 保护历史石墙和出土的巨石,并纳入当地的历史和区域地质的项目

图 6.140 生态恢复后的 Mill 河的自然生态系统

图 6.141 Mill 河的自然巨石驳岸

图 6.142　Mill 河的大草坪

美国波士顿"生态豆荚"　在经济不景气的环境下,美国许多正在建造的工程由于没有足够的资金继续建设,成了一个个只有框架结构的烂尾楼。波士顿豪勒-尤恩建筑事务所认为这些烂尾楼其实都是可以利用的,他们提出了在这些烂尾楼上安装一个个"生态豆荚"的利用方案(图 6.143)。这种所谓的"生态豆荚"其实就是一个个"藻类舱",其中可以用来生产生物燃料。机械臂可以旋转这些"生态豆荚",以保证每一个"生态豆荚"都能够接收到同等的光照。

美国奥斯汀市"绿色工程"　"绿色工程"为美国奥斯汀市所设计的方案(图 6.144)。在设计方案中,建筑设计师们希望能够将一个废弃的水净化工厂改造成一个充满活力的绿色社区。当工程全部完工后,这个社区总面积将达到 250 万平方英尺,内部分为居住区、办公区、商业区和旅馆区等。

图 6.143　美国波士顿"生态豆荚"
波士顿豪勒-尤恩建筑事务所

图 6.144　美国奥斯汀市"绿色工程"
美国 Mithun 建筑设计事务所

第二,自然观由静态自然向动态自然发展。现代景观设计目的在于建立一个自然的过程,将环境景观作为一个动态变化的系统,而非一成不变的如画景色。有意识地接纳相关自然因素的介入,力图将自然的演变和发展进程纳入开放的景观体系之中。20 世纪 90 年代荷兰高伊策(Adriaan Genze) WEST8 景观设计事务所设计的鹿特丹围堰旁的贝壳景观工程,基地原有的乱沙堆平整后,用黑白相间的贝壳铺成 3 cm 厚色彩反差强烈的几何图案,吸引了成百上千的海鸟在此盘旋栖息,沉寂的海滩逐渐变得生机勃勃起来。若干年后自然力的侵蚀使薄薄的贝壳层渐渐消失,这片区域将成为沙丘地。豪利斯(D. Hollis)在 1983 年为西雅图国家海洋与大气管理局设计的声园中,设计了一系列顶端装有活动金属风向板的钢支架,风向板随风排列成一致的方向,将与其平衡的直管迎向风面,管内的发音簧片随着风的强弱发出不同的音响。声园从视觉与听觉方面,同时表达了场所中风的存在与力量,对场所精神的阐释有顺理成章的自然亲和力。

②生态技术应用于景观设计。生态技术的应用,其重要意义倒不在于其技术本身,而在于诸如"系统观"——生态系统、"平衡观"——生态平衡等一系列生态观念的引入。这种引入使现代景观不再看成是一个孤立的造景过程,而是整体生态环境的一部分,并考虑其对周边生态影响的程度与范围,以及将产生何种影响,涉及动物、植物、昆虫、鸟类等在内的生态相关性,已日益为现代景观设计师们所注重。生态共生的观念已将古典园林中的狭义自然扩展为现代景观中的广义自然,即生态自然,自然的概念被大大地深化了。

③现代景观园林设计在功能上保持景观园林观赏性的同时,人性化设计更进一步提升,从环境心理学、行为学理论等科学的角度,分析大众的多元需求和开放式空间中林林总总的行为现象,为现代景观园林设计进行了重新定位。它通过定性地研究人群的分布特性,来确定行为环境不同的规模与尺度,并根据人的行为迹象来得出合理顺畅的流线类型,又通过定点地研究人的各种不同的行为趋向与状态模式,来确定户外设施的选用、设置及不同的局域空间知性特征。环境心理学还提出了一系列指标化的模型体系,为景观园林设计中不同情况下的功能分析提供依据,如图形系数模型、潜势模型、地域倾向面模型,等等。

现代景园在功能定位上不再局限于古典园林的单一模式而向微观上深入细化、宏观上多元化的方向发展。现代景观园林在全面吸收与继承古典园林成就的基础上,总体设计偏重于整体构图,更加开放与自由,各景之间流动极强,界线也更模糊。艺术手法有极大创新。

④现代景观中的栽植设计更趋于精致与理性化。比如就树种而言,其冠幅、干高、裸干高、枝下高、干径、形态、花期、质感(叶面粗细)、地域性影响的控制,使其与视觉空间的流动性、景观效果相联系,要求景观设计师及从业人员有更全面的素质。现代景观设计中的栽植设计,不仅植物的种类大大突破地域的限制,而且源于传统高于传统。例如巴黎谢尔石油公司总部(图6.145)中的缓坡草坪设计,比传统风景式园林中的缓坡草地更富流动感,插入其间的片墙,强化出软硬质感的对比,将草坪抽象为"流淌的绿色"。植坛的图案更加不拘一格,全然没有法国古典园林中的程式化倾向。

图6.145 巴黎谢尔石油公司总部

⑤在现代景观设计中,我们能感受到一种类似的建筑空间感的存在。这说明建筑空间构成技巧已被大量地引入到景观设计之中(与法国古典园林中的"建筑化"有相通之处),现代景观设计中的建筑在借鉴中已逐渐走向抽象化、隐喻化。

⑥现代景园充分运用现代高新技术手段和全新的艺术处理,打破了地域的限制;对传统造景元素、要素的造景潜力进行了更深层次的开发与挖掘。

新的技术不仅能使我们更加自如地再现自然美景,甚至能创造出超自然的人间奇景。它不仅极大地改善我们用来造景的方法与素材,同时也带来了新的美学观念——景观技术美学。

现代高新技术对景观设计的影响远远不止于此,它重要的贡献是将一大批崭新的造园素材引入园林景观设计之中,经全新的艺术处理,从而使其面貌焕然一新。例如在 M. 施瓦茨

图6.146　麻省剑桥拼合园　M. 施瓦茨

（M. Schwartz）设计的麻省剑桥拼合园中（图6.146），所有的植物都是假的，其中既可观赏又可坐憩的一修剪绿篱竟由上覆大空草皮的卷钢制成。塑料黄杨从墙上水平悬出，如此奇构，充分展示出设计者的综合素养。荣获 1999 年伦敦切尔西花展（Chelsea Flower Show）最佳庭园奖——巴尔斯顿（M. Balston）设计的"反光庭园"（图6.147），不锈钢管及高强度钢缆上张拉着造型优雅的合成帆布，漏斗形的遮阳伞像巨大的棕榈树，给庭园带来了具有舞台效果般不断变换的阴影，周围植物繁茂蔓生的自然形态与简洁的流线形不锈钢构件光滑铮亮的表面形成了鲜明的对比，对现代高技术精美绝伦的表现淋漓尽致，创造出绝佳的艺术效果。硬质景观中相对突出的是混凝土、玻璃及不锈钢等造景元素的运用。混凝土不仅可以取代传统的硬质景观还具有更高的可塑性，对玻璃反射、折射、透射等特性的创意性表现，让我们在真实与虚幻之间游移（图6.148）；不锈钢简洁、优雅的造型，则让我们体味到传统园林中不曾有过的精美……

图6.147　反光庭园　巴尔斯顿

大量热塑塑料、合成纤维、橡胶、聚酯织物引入软质景观中，为庭园的外观增辉添彩，甚至从根本上改变传统景观的外貌（图6.149），而现代无土栽培技术的出现，甚至促进了可移动式景观的产生。这就是说外延的扩展引起内涵发生了根本的变化——景观并非一定就是固定不变的。

现代喷泉水景，体现出极高的技术集成度。它有分布式多层次计算机监控系统，可进行远距离控制。具有通断、伺服、

图6.148　混凝土、玻璃及不锈钢等造景元素的运用

变频、控制等功能，还可通过内嵌式微处理器或 DMX 控制器，形成分层扫描旋转渐变等数 10 种变化的基本造型，将水的动态美发挥到极致，并由此引发出一大批动态景观的出现。现代景观中的水景处理，更多地继承了古典园林中对水景动态美的表现手法，充分利用现代科技手段，将动态水景潜力发挥得淋漓尽致。

现代照明技术的飞速发展，太阳能的利用、节能的照明设施、LED 等催生了新型景观——夜景观的出现。色性不同的光源、效果各异的灯具将我们的视觉与心理感受带入一种如梦似幻般异彩纷呈的迷离境界（图6.150）。

图6.149 现代材料的运用   图6.150 夜景观

　　无论是古典园林还是现代景观,其设计灵感的源泉大都来源于自然。季节的变换,草木的荣枯,河流的盈涸,不断变化的自然景观,往往使得其最美时刻稍纵即逝。古典园林是顺其自然,现代景观设计则可以做到好景常在。比如大量的塑料纤维已被使用在现代景观设计中,作为低维护的"定型"植物,即无虫害之虞,亦无修葺之烦,在这方面现代技术似乎还将走得更远。如众所周知的滨水地区的河水自然冲积天然软沙洲,捕捉到它最优美的自然形态几乎是一件可望而不可及的事情,为了让这一刻的自然美景留驻下来,现代景观设计师们用树脂与石英粘合在一起压制成几可乱真的软沙洲造型,从而将自然美景的一瞬间凝固下来。

　　⑦城市农业与城市绿化　　人类的发展,城乡一体化的大趋势,城市环境建设与景观、农业的综合生态良性互动发展建设的思考及实践,已经成为未来景观的发展趋势。

　　随着城市人口的激增,建筑的高层发展,城市发展扩张日愈接近和突破耕地"红线",不可能再有多余的水平空间用于农业种植,思考结合城市有限的绿化空间利用,越来越多的国家开始研究市内空间绿化与农业有机结合技术,"垂直农场""阳台大花园"等方案提出与设计应运而生。如:美国"推进达拉斯"、美国峡谷生活合作社、荷兰鹿特丹"城市仙人掌"、丹麦罗多弗雷"空中村庄"、法国巴黎"垂直农场"(图6.151)、新加坡交织住宅复合体、加拿大"空中农场"、比利时蜻蜓垂直农场、金字塔农场、瑞典圆形垂直农场、迪拜"海水利用垂直农场"、台湾中国信托商业银行总部"纽约绿塔"等。

图6.151 "垂直农场" 克里斯·雅克布斯   图6.152 美国"推进达拉斯" 阿特利尔·达塔
和迪克森·戴斯波米兆头   (Atelier Data)和莫夫(Moov)

　　美国"推进达拉斯"　　2009年5月,美国达拉斯举办了一场名为"达拉斯远景"的国际设计大赛。大赛的目的是找到一种可持续的城市建筑模式。来自葡萄牙里斯本的阿特利尔·达塔（Atelier Data）和莫夫（Moov）所设计的"推进达拉斯"方案成为获奖作品之一（图6.152）。在"推进达拉斯"方案中，整栋建筑就好似一座覆盖植被的小山，这座"小山"似的建筑其实就是一个集农业生产、能源自给、生活居住等多种功能为一体的综合城市社区。于2011年开始动工兴建。

图6.153　荷兰鹿特丹"城市仙人掌"

荷兰鹿特丹"城市仙人掌"　居住高层建筑的人们都有这样的想法，在自己的阳台上实现拥有郁郁葱葱的大花园。建筑设计师提出的"城市仙人掌"方案满足他们的愿望。在"城市仙人掌"方案中，建筑物的外观极为奇特（图6.153）。设计师为每一位住户增加了一个向外伸出的绿色户外空间，为毫无生气的建筑增添了大自然的元素。

新加坡交织住宅复合体　"交织住宅复合体"，设计师为大都会建筑事务所的欧雷·斯科伦。"交织住宅复合体"是一种蜂窝式的结构，共包括31个积木状、6层分体结构。每一个分体结构以特定的角度和方式搭建于另一个结构之上，这样可以保证所有的6层分体结构都可以接收到阳光和新鲜的空气（图6.154）。这种独特的设计所产生的开放空间将用于建造城市空中花园。

图6.154　新加坡交织住宅复合体

图6.155　加拿大"空中农场"

加拿大"空中农场"　设计师为加拿大滑铁卢大学的高登·格拉夫。在"空中农场"设计方案中，这栋55层的建筑表面覆盖了一层植被（图6.155）。这种水耕农场通过燃烧自身的农场废物进行发电，实现在城市里植物、作物和能源自给自足，产生的能量可以满足整栋建筑50%的能源需求，而另一半的能源则来自城市废物。

金字塔农场 设计师为迪克森·戴斯波米尔和埃里克·伊尔森。它是一个完全自给自足的城市社区,自身所产生的能量完全可以满足内部所有机械和照明系统的能量需求(图6.156)。

美国圆形垂直农场 随着城市的扩张和膨胀,到21世纪末全球大部分人口将居住于城市之中,传统的农业生产空间将逐渐萎缩。建筑设计师必须要设计出能够满足所有人食物需求的下一代农场。圆形垂直农场则体现了下一代农场的特点。在一个巨型圆球形城市温室内,有一个巨大的螺旋形结构,这个螺旋形结构则是作物的生长平台(图6.157)。这种农场有望在未来3到5年内出现。

图6.156 金字塔农场 迪克森·戴斯波米尔和埃里克·伊尔森

图6.157 圆形垂直农场 瑞典建筑设计公司 Plantagon

"纽约绿塔" "纽约绿塔"设计师为美国建筑师丹尼尔·利博斯金。这栋建筑最显著的特点就是空中花园(图6.158)。

图6.158 "纽约绿塔"

图6.159 O型垂直农场

O型垂直农场 "O型垂直农场"设计师为建筑设计师奥利弗·洛雷斯特。面对日益增长的人口和逐渐落后的农业系统,他提出了一个可以部分解决这个全球危机的方案,他的设计方案不仅仅关注粮食生产问题,而且还充分考虑到建筑物在城市中所处的最理想位置(图6.159)。

峡谷生活合作社 "峡谷生活合作社",也是"达拉斯远景"设计大赛的入围作品之一。该方案的设计灵感来自于科罗拉多大峡谷中悬崖边的阿萨齐村庄,设计目的是将一种公社的概念和可持续的思想带入到城市中心(图6.160)。它可以容纳1 000位居民,并拥有足够的可持续能力,农业生产、电力供应和水资源利用都完全可以内部解决。

图6.160　峡谷生活合作社
美国洛杉矶标准建筑事务所

图6.161　台湾中国信托商业银行总部

台湾中国信托商业银行总部　中国信托商业银行总部(图6.161)也是一栋绿色摩天大楼,是一栋能源利用相当高效的建筑。最具特色的地方是绿色屋顶和垂直庭院。此外,在中央庭院内还有一个公共的绿色空间。该建筑充分体现了环境友好型、生态友好型的特点,建筑物的立面采用了最新科技的智能幕墙,让更多的阳光通过落地玻璃窗和自动传感器照射进来。

图6.162　城市森林塔

城市森林塔　"城市森林塔",设计者为中国MAD建筑事务所。它看起来就像是一座城市山峰(图6.162)。"城市森林塔"有70多层,每一层都呈现出形态不一的波浪形,所有窗户均是落地窗。这种奇怪的造型可以使得其中的花园天井照射到足够的太阳光线。这种设计理念有了原野的气息。

"成都新农村环境与单体建筑系统循环模式"　服务"三农",围绕成都市新农村建设需求和建设实践问题,以"农民集中居住、产业集中发展、土地集中经营"的发展战略为课题,探索成都市新农村规划建设(单体建筑模数化)、"吃农家饭、住农家屋、干农家活"与环境"绿色"、"能量守恒"解决"烧秸秆"顽症建筑景观循环系统设计,并使其具有高度的现实和实践意义。"成都新农村环境与单体建筑系统循环模式"获"2012第二届国际景观规划设计大会"艾景奖铜奖(图6.163)。

成都双流客运中心迁建方案　建筑景观化设计,采用光伏板的墙体材料,提供建筑环境的电能,中心噪音是其主要污染源之一,水景的设计,以与人极具亲和力的水声,充分利用自然流过的白河环境,自上而下的水景设计,用水声抑制环境噪音污染;建筑环境景观功能节能生态的复合思考,因地制宜,因"水"制宜,综合环境利用设计思想。既满足自身功能、体现其功能布局特质与周边环境和谐共生,充分体现了环保和生态的理念(图6.164)。

图 6.163 成都新农村环境与单体建筑系统循环模式
程雅妮 徐春英 指导教师:徐柏初 李朝辉 祝建华

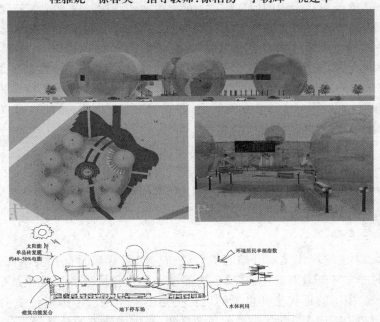

图 6.164 成都双流客运中心迁建方案 祝建华 程雅妮 徐春英
2008 荣获年度专业设计三等奖

　　传统留给我们大量宝贵的艺术遗产,现代技术也给我们提供了众多崭新的艺术素材。如何运用它们,使之既符合时代精神又具有现实意义,是景观"艺术逻辑"必须解决的问题。古典逻辑造就了意大利台地园、法国广袤式园林、英国自然风景式园林的辉煌,现代逻辑正以更广阔的视野促成景园设计与自然和谐共生的全新演绎。

6.2 中国现代园林

6.2.1 中国现代园林社会背景

图 6.165　北京大学办公楼及环境

　　19 世纪中叶,清政府开始了洋务运动,外国资本主义渗入,引起了中国社会的变化,中国被纳入世界市场范围。1911 年清王朝的覆灭,虽然民间建筑活动仍在继续,但终止了官工系统的环境园林建筑活动,中国传统环境建设延绵不断地走完古代的全过程。中国社会发生了"转型",但是其"转型"却是扭曲的,拉开了与世界的距离。在 20 世纪初,中国内战不断、中西交汇、新旧交替。通过出国留学,开办建筑学科,进入了世界环境建筑潮流的影响范围,迎来 1927—1937 年的发展时期(图 6.165)。1937 年抗日战争爆发,历经八年。

1945—1949 年的解放战争。新中国成立后,经济恢复,抗美援朝,保家卫国。随着世界"冷战"格局形成,为应对"反华包围圈",倾国力的"两弹一星",迎来改革开放环境建设又一发展时期。20 世纪的中国历经两个城市环境的建设与发展"繁荣时期",特别是 20 世纪末,取得令人瞩目的巨大变化。21 世纪初,中国成功举办奥林匹克运动会、世界博览会,大踏步走向世界。在世界大参照系之中被誉为"世界园林之母"的中国园林,现代与发达国家仍有很大距离。现代中国环境景观园林建设正处于一个认知期和转型期,找寻决定性因素,承前启后,对促进中国环境建设的发展,具有十分重要的现实意义。

6.2.2 1900—1949 年中国的环境园林建设

1)中国建筑复兴运动

　　西方早在 16、17 世纪现代化就开始起步。最初启动因素都源自社会内部,是内生型现代化,而中国最初的诱发和刺激因素,主要源自外部世界的生存挑战和现代化示范效应。在世界历史大背景下来看,中国的近代史和世界的近代史是不同步的。中国近代史(1840—1949 年)比世界近代史(1640—1917 年)起始整整晚了 200 年;当中国建筑园林环境进入近代发展时期,世界史已经进到近代后期和现代前期。这种划分唯一说明的只能是距离!

　　中国近代的进程是蹒跚的、扭曲的,自身的停滞和西方列强的鸦片、炮舰,靠现代的"科技"所打开的国门,动摇了中国文化根基,"西化"一直到中国现代,中国的开放是被动的开放,外来的、诱发中国启动现代化的冲击要素,无论思想还是理论实践,西方以钢铁、飞机炮舰的武力炫耀的"科技"所带来的经济、文化"侵略"是外生型的。在外国列强的科技、军事、文化、经济内外多重压力之下,文明失落,民族的自信与独立和尊严受到有史以来空前的挑战。而在迈入转型期初始阶段的中国,自身又陷于政治衰败、国家四分五裂的局面。中国近代现代的转型深深受制于城市与乡村这种二元社会政治经济结构,受制于传统文化动摇失落之中,失去了内在动力,中国成为"后发现代化"和开放被动性国家,环境体系的形成明显受惠于西方现代化的示范效应,加之对传统文化持批判态度,显现出引借先行成果,大量输入引进的趋势。这是一个波澜壮阔、引人思考的历史时期。这段历史过程可分以下为两个阶段:

图 6.166   清华大学校园(祝建华摄)

(1)19 世纪末至 20 世纪初   随着 1911 年清王朝的覆灭,基本终止了官工系统的宫殿、坛庙、陵墓、衙署、园林的建筑活动,与之相适应的园林、苑囿也随之终止。传统民间建筑与之相适应的园林活动成为主流,虽然是传统乡土建筑遗产,它们的历史文化价值在当今却是十分珍贵的。这时期乡土建筑与园林,是中国古老建筑、古老园林体系挣扎延续的活化石。他们中典型地段、群组,有代表性的精品、佳作,积淀着极为丰富的历史的、文脉的、民族的、传统哲学的、地域的、科学的信息,甚至其文化价值高于新建筑环境,是近代中国留下的一份极其珍贵的中华文明遗产(图 6.166)。

图 6.167   武汉大学工学院环境

(2)20 世纪 20 年代至 30 年代末   这段时期是"传统复兴"的有限繁荣期。早期赴欧美、日本留学学习建筑的留学生相继回国,他们留学期间大多成绩斐然,杨廷宝、梁思成是宾西法尼亚大学保罗·克芮(Paul Philippe Cret)喜爱的优秀学生,在美国哈佛大学研究生院学习的黄作燊的导师就是格罗皮乌斯,他和贝聿铭是格罗皮乌斯最赏识的中国学生。国内"西学"盛行,西方的现代运动,"装饰艺术"风格传入中国,主要体现在恢复建筑活动上。中国建筑师开设了建筑事务所,诞生了中国建筑师队伍,并不断发展壮大。1923 年苏州工业专门学校设立建筑科,迈出建筑环境教育的第一步。在此之后,中央大学、东北大学、北平大学艺术学院等相继开办建筑系,开始了现代建筑环境教育;黄作燊回国后,在圣约翰大学实施了包豪斯的教学体系;梁思成清华大学的"体形环境"设计教学体系,"理工与人文",结合包豪斯的教学方法,为中国的建筑环境教育播撒了种子(图 6.167)。1927 年成立上海市建筑师学会,即原来的中国建筑师学会。1931 年,成立上海市建筑协会,分别出版了《中国建筑》《建筑月刊》,建筑创作、建筑教育、建筑学术异常活跃。园林此时从属于建筑,也因此被带动起来。1927 年,国民政府定都南京后,聘请美籍工程师古力治(E. P. Goodrich)为工程顾问,美国著名建筑师墨菲(H. K. Murphy)为建筑顾问,于 1928 年 2 月成立国都设计技术专员办事处,并制定了相关法律。在"中国本位""中国固有之形式"民族传统复兴的思想指导下,1929 年 12 月实行"首都计划",这是 20 世纪以来中国官方首次较系统、专业的城市规划计划,以"中国固有形式"备受全国关注。这种中国式建筑环境规划主要集中在三个代表国家象征的领域:一是教育建筑;二是文化纪念性建筑及环境;三是政府公署建筑及环境(图 6.167)。最重要的是,中国建筑师已在设计展现创造"现代式的中国建筑""展现出中西合璧"的可贵的探索和才华。如金陵大学规划、刘敦桢设计的仰止亭、墨菲设计的国民革命军阵亡将士公墓（1928—1935 年）、赵深设计的行健亭（1935 年）、杨廷宝设计的潭廷闿墓园（1931—1932 年）等，还有许多政府行署建筑及建筑群。中国在 20 世纪上半叶许多里程碑式的建筑及环境创作进程都展现在南京。1925 年的南京中山陵建筑，有着"中国建筑精神特创新格亦可的原则"进行国际竞争方案，竞争方案一、二、三名均为中国建筑师，由获头奖的中国建筑师吕彦直设计方案，并于 1926—1929 年完成。这是中国建筑师第一次规划设计大型纪念性环境组群的重要作品，是在环境规划设计中传统复兴的里程碑式的探索，中山陵也成为中国近代建筑环境景观划时代的杰作。中山陵巧妙利用地域属性：紫金山的南麓，山势雄胜、开阔、博大、宏美，依势展开，苍翠林海起伏，松柏森郁，沿中轴线南北分立。园林中西合璧，以中国陵园少量建筑控制大片陵园陵区与自然和谐的布局，揉合着法国勒诺特尔式园林林荫道的处理手法，创造出既庄重又不森严、自然永恒又不散漫、既崇高而非神秘、自然开朗愈显博大，静穆的石碑坊、陵门、碑亭、石阶、祭堂墓室、钟形陵墙，方形出四角室：外观形成四个大尺度石墙墩，冠以披檐的歇山顶蓝琉璃瓦顶，祭堂中，中国民主革命先驱孙中山先生的白石雕像，衬托以黑色花岗石立柱，宁静而肃穆、景仰而深远。建筑园林与环境浑然一体，彰显着特定的精神和格调：和谐而庄重的纪念性格又重现出浓郁的民族风范，是中国近代传统复兴建筑环境园林的一次成功起步（图 6.168、图 6.169）。

图 6.168　南京中山陵

图 6.169　南京中山陵

2）中国园林环境建设

　　从鸦片战争到新中国建立这个时期，中国园林发生了变化。特别是辛亥革命后，在建筑民族复兴运动的带动下，中国的园林历史伴随建筑繁盛进入了一个新的历史阶段。

　　①公园建设。近代资本主义进入中国，西方造园艺术、公园建设理论大量传入中国，公园最早建于租界，而后影响至华界。一定程度上把园林改善城市环境、为公众服务的思想，结合中国传统造园思想、城市规划，把园林作为一门学科得到了发展。一些高等院校，如中央大学、浙江大学、金陵大学等，开设了造园课程。1928 年曾成立中国造园学会。

　　②辛亥革命以后，北京的皇家苑囿和坛庙陆续开放为公园，其中有 1912 年开放的城南公园（先农坛），1914 年开放的中央公园（社稷坛，现中山公园），1924 年开放的颐和园，1925 年开放的北海公园。许多城市（主要在沿海和长江流域）也陆续建立公园，如广州的中央公园（现人民公园）和黄花岗公园（均建于 1918 年）；四川万县的西山公园（建于 1924 年）和重庆中央公园（建于 1926 年，现人民公园）；南京的中山陵（建于 1926—1929 年）。有些是将过去的衙署园林

或孔庙开放,供公众游览,如四川新繁的东湖公园(1926年开放),上海的文庙公园(1927年开放,现南市区文化馆)。到抗日战争前夕,全国已经建有数百座公园。

③受英国E.霍华德在1898年提出的"田园城市"理论的影响,加之大批学习建筑的留学生回国,受西方对工业革命后的城市环境批判反思影响,在建筑"中国本位""中国固有之形式"民族传统复兴的思想指导下,国内普遍编制了"都市计划",如南京《首都计划》、镇江《省会园林设计》、无锡《都市计划》等,把公园建设作为其一项重要内容,都规划了较多的公园,对国内城市公园产生较大的影响。自19世纪末起,新的造园方式伴随着"公园"的出现而普及和发展。

④建设公园成了民国政府职责。孙中山先生(1866—1925年)于1912年1月1日在南京就任民国临时大总统。1912年孙中山在广州之时,倡导植树造林,带头在广州黄花岗植马尾松四棵(至今存活一棵)。1918年孙中山把清明节定为植树节,并倡导建立广州第一个公园,后来称为广州中央公园。1927年,国民政府聘请美籍工程师古力治(E. P. Goodrich)为工程顾问,美国著名建筑师墨菲(H. K. Murphy)为建筑顾问,于1928年2月成立国都设计技术专员办事处,并制定了相关法律,对于公园的建设顺理成章地成了政府的职责范围。1933年广州市政府成立园林委员会,当年通过了"规划新建公园12处"决议案,1937年工务局设立园林处。各地建立公园之后,公园成了民国政府的公共集会场所。

图6.170　广州中山纪念堂

孙中山的逝世在全国引起极大的反响,各地公园相继更名为中山公园,有些地方还特意建造中山公园,以示对孙中山先生的深切怀念。除南京中山陵外,如广州中山纪念堂(图6.170)、汕头中山公园、龙岩中山公园、漳州中山公园、厦门中山公园、北海中山公园、惠州中山公园、佛山中山公园、深圳中山公园、龙州中山公园、杭州中山公园,更名的有北京中山公园、青浦中山公园、上海中山公园、武汉中山公园、天津中山公园、泰州中山公园、江阴中山公园等。

⑤在中国近代公园出现的同时,一些军阀、官僚、地主和资本家仍在建造私园,如府邸、墓园、避暑别墅等。较有代表性的是荣德生建的梅园(1912年),王禹卿建的蠡园(1927年)。这一时期建造的私园一种是按中国传统风格建造,不过艺术水平已不如明清时期,一种是模仿西方形式建造,一种是中西风格混杂(当时称为"中西合璧"),都很少有优秀作品。抗日战争爆发直至1949年,各地的园林建设基本上处于停滞状态。

3)1900—1949年中国园林特征

19世纪末,中国封建社会的解体,古典园林亦有走向衰微的倾向。进入20世纪,中国处于外来文化与传统文化激烈碰撞,社会急剧动荡,中国园林伴随中国建筑的繁盛,也相应地经历着一个严峻的由现代化启蒙而导致的变革过程。现代建筑思想理论随着中国建筑复兴进入中国,也带来西方造园理论思想,结合中国民族传统造园理论方法,形成这一时期造园的特征:

(1)西方造园素材的大量引入　近代公园内普遍引种栽植国外观赏植物,丰富了公园植物景观,如悬铃木、雪松、广玉兰、日本樱花、罗汉松、大叶黄杨、夹竹桃、赤松、日本五针松、铺地柏、日本金松、美国花柏、北美圆柏、西洋杜鹃、杂交月季、天鹅绒草等。这些观赏植物成为现代城市园林绿化建设中的常用品种。建材除混凝土外,还发展了铁材、水磨石、马赛克、玻璃等。

图6.171　南京博物院

（2）公园新功能及公园内容设施庞杂　许多公园既是民众休闲的场所,又都在潜移默化地发挥教育大众的作用。除游览性建筑外,有的还有居住、家祠、寺庙建筑、文娱体育活动场所、公益设施。如公共图书馆、民众教育馆、讲演厅、博物馆、阅报室、棋艺室、纪念碑、游戏场、动物园及文娱体育活动的高尔夫球场、露天舞池、游泳池等公园新功能（图6.171）。建筑与古典园林一样,有亭、堂、楼、阁、廊、桥、榭等,布置在山麓水际。

（3）中国古典园林复兴、中西合璧式造园风格　在"中国本位""中国固有之形式"民族传统复兴、"中西合璧"的思想指导下,在民族性格、民族文化、传统美学和表现程式的支配下,在国民政府鼓励下,公园多利用历史园林或名区胜地改扩建而成。公园布局除个别完全照搬西方规则式设计外,大多仍以自然山水为基本骨架,理水掇石,园林建筑和植物配置吸取古典园林的传统手法,讲究意境创作。同时,在公园局部区段撷取了欧式园林构景单元,如大片宽敞的草坪、规则式花坛、几何形水池、雕像喷泉等。公园建筑形式、装饰风格除中国古典建筑和民居形式外,公园中还掺建了一些基本上以近代建筑外形为躯干、局部或重点施加中国建筑装饰"中西合璧"的"混合式"建筑和纯粹模仿外国建筑形式的"洋式"建筑。引入了外国的柱式、拱券、外廊、线脚、铁花栏杆、水磨石地板、马赛克贴面、彩色玻璃嵌窗等,形成了"中西合璧"的园林作品。

（4）建立纪念性公园　近代中国公园的另一重要变化在于民国政府通过公园向民众灌输现代观念与意识,这使公园实际兼具社会政治教育空间的功能,通过建立纪念性公园或在公园内建纪念碑、纪念塔、纪念亭,将革命思想、国家认同、政府意志潜移默化地植入公众精神之中。灌输中华民国的国家观念,培养民族主义,教化民众,从而增强民众对新政府的认同感,强化新政府的合法性。

（5）公园向公众开放　民国短暂的繁盛时期,公园已成为城市比较普及的公共场所,这是近代社会走向开放,同时也是新政府推动的结果。公园有相当一部分是由传统官方或私人活动空间转化而来,许多过去普通百姓无法接近的皇宫陵寝、皇家园林、官署衙门、私人住宅、私家花园被直接改造为公园,供民众游览。

（6）公园发展呈现出内在不平衡性　由于中国地域广阔,社会发展处于转型的过渡阶段,因此,公园呈现出内在不平衡性。一是沿海与内陆地区城市公园发展失衡。东南沿海城市尤其是外来文化渗透较强的地区,公园兴建较多,变化较为明显,而内陆地区尤其是西部地区变化较小。二是政府控制力较强的地区,公园等旅游项目建设成就较大,公园得到明显拓展,而政治边缘化地区则发展缓慢。三是社会阶层间的不平衡。公园的发展变化对于改变社会上层的生活方式与文化观念更为明显。

20世纪初到30年代末,中国建筑师在"中道西器""中体西用""中西调和""中国本位"的文化观念下,建筑与环境中的"道"的内涵起了变化,从纲常礼仪文化转化成中国精神和国粹;他们留学海外,耳闻目睹西方和日本的现代化进程,且切肤之痛而高声呐喊"采用中国建筑之精神""复兴中国之法式""发扬吾国建筑固有之色彩""以保存国粹为归结",反映出他们对中华民族精神"国粹""道"的国家发展的高度热情、迫切的责任心和关注(图6.172)。在当时的社会背景下,本应传统融于建筑设计及环境风格,却异化为民族存亡的忧患意识!在"西学东渐",纷纷"西去"、纷纷"西化"的寻求中,唯有他们清醒着:民族的就是国际的!失去了传统也就失去了尊严!在历史漫漫长河中,政治风云是短暂的,文化的积淀却是长久的,世代文明是在此基础上的传承累积,而非一夜之间参照之下创造的,是自然而然的、永远的。历经岁月沧桑洗礼,文化本身具有吸附性,依附于这批围绕着20世纪上半叶的中国土地上的建筑环境,已经成为我们民族珍贵的文化遗产的重要组成部分,尤以今天开放意识来看待这份建筑遗产的历史价值,仍令我们感慨万分,转型期交织的环境设计困惑、矛盾之中仍给我们以思想,给我们以启迪,仍然有着重要的现实意义,它们的历史文化价值是不容忽视的!

图6.172 "首都计划"傅厚岗行政中心规划鸟瞰图

中国从1927年到1937年十年间,是建筑环境活动少有的繁荣时期,也是鼎盛时期。中国建筑师对中国环境艺术精神、营建思想与西方现代建筑的思想理论形成的可贵的探索和努力,又面临西方走向现代主义时代和国内现实的双重挑战。可惜的是,1937年"七七事变",无情地中断了他们的脚步,也停滞了中国近代化脚步,本已落后的中国进一步加大了与现代的距离,而这一停就是持续12年之久。

6.2.3 (1949年—至今)中国现代环境建设

1949年以来的中国现代园林史,可以分为两大时期:一是历经12年浴血战争,百废待举,此时为自力更生时期,指1949年到1978年;二是自20世纪70年代末,中国自全面改革开放而进入一个转型期,为开放时期,指1979年—至今。

1)自力更生时期

从1949年新中国成立到1978年中国共产党十一届三中全会,中国的园林发展可分为四个阶段:

(1)抗美援朝,三年经济恢复——中国真正站起来(1949—1952年) 自20世纪30年代,文化名人发起的保护苏州保圣寺罗汉像活动以来,新中国设立了国家文物局;恢复经济是1949年到1952年的首要任务。1950—1953年,国内尚未稳定,为保卫中国安全又进行了抗美援朝的战争,是一个在艰难的内外环境中新中国站起来的时期。

1950年6月25日,朝鲜内战爆发。6月27日美国的第七舰队悍然驶进中国台湾海峡,公然干涉中国内政。10月19日,美韩为主的联合国军军队占领朝鲜首都平壤,战火烧至鸭绿江畔,美国甚至公然炮击和轰炸中国东北边境地区,10月19日晚,为保家卫国,中国人民志愿军参战。12月5日,志愿军收复平壤。1951年1月4日,志愿军攻占汉城(现首尔)。1952年7

月 28 日签订停火协定,朝鲜战争结束。战争持续了 2 年 9 个月的时间。

抗美援朝战争是一场规模较大的国际性局部战争,政治斗争、军事斗争交织进行,复杂尖锐,两军较量异常激烈。在一个幅员狭小的战场上,战争双方投入大量兵力。喷气式飞机广泛使用于战场。战场上的兵力密度、某些战役战斗的炮火密度、轰炸密度都超过了第二次世界大战。为了保卫新中国,志愿军不畏强暴,不畏艰难,英勇无畏,打败了是 17 国的"联合国军"。李奇微的《朝鲜战争》和美国人撰写的《朝鲜:我们第一次战败》都表明美国不得不承认这场战争的失败。共和国的缔造者毛泽东曾在天安门向全世界庄严宣告"中国人民从此站起来了!"近代史中华民族曾有八国联军攻占北京、丧权辱国的耻辱,抗美援朝的胜利,不屈不饶的中国人民真正地从此站起来了!

抗美援朝战争激发了中国人的民族自豪感,使美国再也不敢小视中国,提高了中国的国际威望,为百废待兴的新中国赢得了相对稳定的和平建设环境。

(2)第一个五年计划——工业复兴(1952—1957 年)　由于国际形成的冷战格局,国家组织实施半军事化组织形式,将投资与建设转向第二产业,中国建设基本任务是建立中国工业基础,进行工业建设。建筑环境重心转移至工业建筑设计上,中国园林环境自然而然依附于这种变化格局。二三十年代留学归来的中国第一代建筑设计师和由他们培养起来的第二代建筑设计师都承担了巨大的建设任务,是施展才华的巨大机遇,但是又和当下历史社会背景与职业创造性相悖,陷入历史必然的矛盾之中。外部环境上,国际上两大阵营对抗的白热化,必然使中国建筑环境设计学术在政治的影响下带有浓郁的政治色彩,前苏联及愿意援助中国的东欧社会主义国家成为学术楷模。但是,此时苏联已经将曾经是现代建筑运动的源泉之一的"构成主义",随着前苏共党内斗争而被扼杀,"结构主义""世界主义"成为批判的对象,提倡"社会主义的现实主义",强调"民族传统",既有蕴涵着深厚的现实主义、人文精神的民族传统的继承,也体现着在当时的历史背景下受制于政治需求的放弃与牺牲。

中国第一代、第二代与产生的第三代的设计师因受教育成长环境不同,使得他们对中西方无论古典还是现代主义都不陌生,他们更钟情于"传统复兴",并且已经在 20 世纪初取得巨大成就,前苏联的"民族传统"形式更加助长了他们的爱国主义热情。在新中国成立初期,"作为新首都的城市规划"的制定产生的中国现代城市规划史,著名的"梁陈"方案(图 6.173)以保护历史文化环境完整性,另辟新区,表现中国传统民族特征,保护了古典北京古城的规划布局与完整,体现了文化历史资源价值的不可替代性和责任感,又创造满足现代需求的时代精神,形成以梁思成为代表的"城外派"和以前苏联专家为代表的"城内派"的严重分歧。结果是依据"城内派"设计思想进行,导致北京城市仅剩"文物价值",失去了整体古典都城规划的典范意义(图6.174)。1953 年,梁思成在中国建筑工程学会成立大会上的发言《建筑艺术中社会主义现实主义的问题》,推崇以爱国为基础,运用民族形式的历史主义思潮在建筑领域系统地表达。如1952—1958 年梁思成设计的天安门广场人民英雄纪念碑景观(图 6.175)。新中国百废待兴,传统建筑环境建设因耗资问题被停滞。1957 年 6 月,整风运动、反右运动,学术受制于政治,环境规划设计的创造力服务于国家工业建设。1952—1958 年前后,学习前苏联专业教育模式,环境规划设计以建筑专业教育为主,形成设在农林院校的园林专业仅停留在绿化功能、种植、养护、病虫害防治的层面上,教育由于"两大阵营"的历史背景,重政治,以批判的眼光审视西方、现代主义和民族传统文化,在培养上存在缺憾。

(3)直面天灾与封锁——环境建设跃进时代(1958—1965 年)　20 世纪 60 年代初的三年

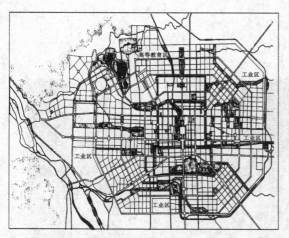

图 6.173 北京"城内派"规划设计

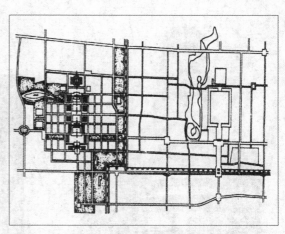

图 6.174 梁陈方案 北京新行政中心与旧城关系

自然灾害,造成全国的大饥荒,赫鲁晓夫趁机发难,美国在国际上对中国进行制裁与封锁,是天灾人祸的岁月!毛泽东主席在中央带头,周恩来总理在国务院带头,坚定的信仰,卓绝的意志,伟大的精神,同全国人民一样实行"定额制",与人民一起同甘共苦,同心同德,自力更生,艰苦奋斗,奋发图强!这一阶段充满着中国人民的豪迈之情,充满了自力更生、百折不饶、战胜任何困难令人钦佩的精神和勇气!

在自力更生时期,在当时历史背景下,在"普通绿化,重点美化"的城建方针下,园林"为工农兵服务",用有限的财力,精心修整了皇家园林、私家园林和风景名胜区,向民众开放;建立了为工农兵服务的风景优美的修养、疗养地,普通建设者按工龄定期公费疗养,具有服务工农兵人民大众性质(图 6.176);大

图 6.175 人民英雄纪念碑

城市建立了综合性"人民公园"、植物园、动物园、儿童公园、体育公园,行道树的大量种植与新中国成立前相比翻了几倍(图 6.177—6.179)。如北京公园新中国成立前总面积 320 hm^2,到 20 世纪 60 年代已发展到 1 124 hm^2,环境生态的防护林带、水利整治建设,以有限的资金和前所未有的爱国热忱带来良好的环境生态改善。20 世纪 50 年代也进行了安济桥(隋代)维护工程,完成了仰韶文化遗址——西安半坡文化遗址,20 世纪 60 年代完成元代建筑群永乐宫迁移保护,其中壁画迁移成功具有世界意义。1961 年,开始公布国家级文物保护单位,使古典园林和建筑文物一定程度上得到保护,开始了中国在这一领域的工

图 6.176 青岛 核工业工人疗养院

作。这时期的园林,总体上是务实求索功能层面上的,有高扬爱国主义精神的精品纪念景观设计,如大连斯大林广场(图 6.180)、哈尔滨防洪纪念碑景观(1958 年)等。

图 6.177　向民众开放风景名胜区图

图 6.178　20 世纪 50—60 年代的城市人民公园

图 6.179　20 世纪 60 年代的中国城市绿化面貌

图 6.180　大连斯大林广场（祝建华摄）

　　1964 年 11 月，全国设计单位展开"设计革命"，强调调查研究和现场设计，激发了对环境建设及学术研究的积极性，相关建筑科研院所对专项性建筑、民居、园林等遗产等作了调研，以梁思成为首的学者们的成果《营造法式注释》和刘敦桢的《苏州古典园林》《中国古代建筑史》问世，在理论上不懈努力，成为 20 世纪中国建筑园林科学研究的经典巨著。但由于对"个人主义""成名成家"的批判，"设计革命"转化成为政治运动，也一定程度上打击了设计领域的创造积极性和热情。

　　（4）文化大革命时期（1966—1978 年）　这一时期因中国处在特殊的国际紧张历史环境背景下，是一个自力更生的年代！倾全国之财力，一切围绕着国防和战略布局、打破"反华包围圈"的系列建设，"如果没有一声巨响，世界是不会理睬你的"（毛泽东），完全依靠自身力量，奋发图强，无任何外援，是一个局部突破性飞速发展的年代！这一时期受到国际客观情况影响，备战、备荒和无力进行经济建设，经济失衡，文化为政治、国防服务。中国的两弹爆炸、卫星上天，跨入了世界仅有的几个国家的行列，令世界从此不敢小视中国，打破了苏美对中国的核威胁和孤立政策，工业建设以其巨大惯性创造着几个世界之最。为避免古典历史建筑园林文化遗产遭受破坏,国家也公布国务院文物保护单位再次进行分批次保护。"文化大革命"后期,20世纪70年代,建成临潼秦始皇兵马俑一号坑保护棚景观,另一方面,由于苏美威胁孤立中国的政策失败,共和国的缔造者毛泽东邀请尼克松访华,打开了中美关系大门,中央发表毛泽东《论十大关系》,历史发展到此,昭示着打开国门是历史的必然。中国国际地位的上升,一些窗口工程及绿化,如北京外交公寓、外国驻华使馆、广交会建筑及环境、涉外宾馆、机场、外事及援外工程陆续建成(图6.181)。1972年,城市规划发展已经提到议事议程上,国家设立城市规划处,为后来建成的城市规划设计研究院奠定了基础。1973年召开了第一次全国环境保护会议,园林与环境保护、城市规划的关系开始得到关注,确立了保护环境的基本国策。1974年11月全国先后建立省级环境保护部门,有的项目令世界注目。以四川省为例,18个市、地、州、175县(市、区)建立了环境保护机构,1 829人从事环境管理、科研、监测工作;四川省沼气,国际注目,亚太区域沼气研究培训中心就设在成都市;全省城市园林绿地达到4 078 hm²;公共绿地面积为685 hm²;公园43个,面积495 km²;苗圃面积200 hm²(引自《四川省情》,中共四川省委研究室主编,四川人民出版社,1987年12月)。园林、环境保护呈现发展趋势。

图6.181　北京钓鱼台国宾馆　　　图6.182　成都天府广场展览馆　1969年

在这"红色年代",建筑环境文化适应着政治行政和国防需求而存在。环境教育及环境设计领域出现停滞局面,导致一些文物建筑及人文环境遭到破坏。1969年,为迎接新中国成立20周年,天安门维护重建筹木,先后拆掉崇文门、宣武门、西直门、东直门、德胜门等7座古城门,仅东直门木料可用,其余只能作劈柴之用。"世界最完美古城"就此彻底解体!大部分省会城市纷纷建立"毛泽东思想胜利万岁展览馆",不惜以牺牲文物建筑环境为代价。在成都,视文化、历史价值、建筑遗产于不顾,取人民大会堂微缩及截取部分,为了取得中心地位,在人民南路拆除了明代蜀王府及清代明远楼、致公堂等一批极有历史价值的标志性古建筑,拆除城墙1 200余米,文物及古典人文环境遭到彻底破坏,建筑群主体馆、检阅台、毛泽东雕像取而代之,正立面由四处实心墙形成巨柱,夹着三段有窗的房间形成"三忠于""四无限"……历经岁月沧桑,成都最重要的古建筑就此永远地消失了(图6.182)……(引自《20世纪中国建筑》)

2) 开放时期

中国正当进行轰轰烈烈"文化大革命"之时,一场令全世界改观的信息革命宣告新时代的到来。1978年12月,中国改革开放之时,世界已经是知识信息以指数规律驱动着的世界。

世界格局的变化,中国迎来了一个前所未有的发展机遇。市场化的过程,经济腾飞,环境建设快速发展,也带来改革开放初期的环境问题。如四川省1984年,全省排放污废水30.05亿吨,比1980年增长8.6%,经过处理的不到10%,使全省80%的河流受到污染!全省15个城市降酸雨,10个城市酸雨频率高于50%;12个城市降雨的pH值<5,导致土壤酸化,腐蚀建筑物,危害环境;全国森林覆盖率19%,1982年降为12.03%。在环境优美的表面现象下,却是造成生态系统环境质量下降,抗灾能力减弱,自然灾害频发,水土流失加剧。20世纪50年代,四川省水土流失面积为9.46万km²,80年代增至38万km²。流入长江泥沙量增至达6.4亿多t,相当500万亩耕地剥去5寸表土,造成水利设施、航运严重淤塞。过度开发,生物资源下降,外来物种入侵严重,不少珍稀动物、植物濒临灭绝。滥采滥伐,在水资源头、护坡护岸林采伐过量,系统生态环境受到破坏。经济发展、环境建设与环境矛盾突显。(引自《四川省情》,中共四川省委研究室主编,四川人民出版社,1987年12月)

　　面对经济、环境发展境遇,国家采取长江源头退耕退牧还林、环境立法保护等一系列措施以应对,高等院校此时也恢复和新开办了城市规划、园林、环境艺术设计、环境保护等专业。1984年,颁布了新中国第一个城市法规《城市规划条例》;1985年底全国各大城市均设立城市规划设计院;1989年,制定出台了《城市规划法》。20世纪90年代,园林绿化作为城市规划的重要组成配套部分,也突飞猛进;20世纪八九十年代末,中华人民共和国住房和城乡建设部完成《城市规划规范》《风景区规划规范》的制定,促成《城市规范法》《土地管理法》《环境保护法》《建筑法》等法律和法规的制定和颁布,奠定了我国在环境建设领域向法制转化的基础。1996年后相继制定的注册规划师、建筑师、注册工程师、景观设计师等,为我国环境、建设设计、工程技术人员的资质管理提供了依据,同时为向项目经理制度过渡作了技术和法规上的考虑。1999年6月,北京成功承办世界建筑师协会第二十届大会,会上通过的《北京宪章》力图以宏大的视野审视建筑学新的定位,走向广义建筑学,概念转换涵盖范围之大,前所未有,环境建筑、景观园林、文化文脉与生态的艺术科学相互渗透,成为一个人类生存的整体环境,影响深远。城市化发展,城市园林绿地迅速上升,以上海为例,20世纪90年代后,绿地是30多年来发展的总量,园林绿化净增2 315.1 hm²。产生了“国家园林城市”的大连;获“联合国人居奖”的成都府南河改造工程(图6.183);荣获国际建协的“艾伯克隆比爵士(城市规划/国土开发)荣誉奖”的深圳。政治上改革开放,导致建筑

图6.183　成都府南河改造工程(祝建华摄)

及环境设计领域向国际开放,产生了北京香山饭店(贝聿铭)、上海金茂大厦(美,SOM事务所)、北京长城饭店(美,贝克特设计公司)等国外优秀建筑设计师和事务所的作品。中国的建筑师、环境规划设计师逐渐摆脱了客观上“坐井观天”的状态。其中坚力量大都体现在传统与现实的探索,实践着理性精神,出现了锦州辽沈战役纪念馆(戴念慈);南京侵华日军大屠杀与遇难同胞纪念馆及庭院景观(1985年,齐康);北京奥林匹克中心(1990年,马国馨),并在此项工程中率先由艺术家加盟牵头的环境艺术设计;福建漳浦、西湖公园(彭一刚)等一大批有思想的作品。

　　改革开放后,出现了以绿化造园为视觉形象的“工业园”,从20世纪80年代到今天以高速公路迅速建设使相关服务站区、立交桥及高速公路、桥梁的绿化,成为中国另一重要园林景观。航空港及大跨度公共建筑的环境绿化景观,具有城市标志性和代表性意义。普通公共环境更加

体现了园林绿化的物质功利,发展异常迅猛。旅游业作为"无烟工业"大力拓展,大兴土木及自然资源改造利用的度假村、风景名胜区、各种游乐场、主题公园、休憩娱乐场所,世界排名从1978年的41位升至8位。居住建筑的环境设计和家庭装修成了90年代后的时尚,"人居环境"成为各房地产公司时尚的"口头禅";科技、教育、文化、医疗建筑也都冠以"园"的称谓,出现了一些成功的景观规划设计。如在上海浦东中央公园国际规划咨询中的英国方案(由 Land Use Consultants 公司提出)中,就考虑了生态效果,其地形设计结合风向、气候、植被着意创造出冬暖夏凉的小气候,还专门开辟了游人不可入内的生态型小岛——鸟类保护区。2001年建成的广东中山市岐江公园,是一座以工业化为主题的公园,占地约10 hm²,运用大量本土植物造景,具有强烈的地域特征和主题思想性,荣获2002年度美国景观设计师协会年会大会最高奖项——荣誉设计奖。园林景观艺术设计内涵日益彰显,成为城市文化的象征,并成功地在20世纪末承办了昆明"世界园艺博览会"这一被称为"园林的世界奥林匹克"的世界盛会。

(1)环境建设直面曲折 20世纪80年代至今,环境建设取得长足发展的同时,其中也存在着一些问题。市场经济使环境建筑园林规划设计师在丢掉往日的桎梏之后,规划设计正确与否、好坏与否,标准并非是市场经济自己。新的迷惘代替旧的迷惘,城市环境规划的设计中,不变的本质是什么?价值标准何在?专业教育上专业素质的教育缺陷,在"初级阶段"的特定土壤环境下,环境景观规划与设计等同于市场经济,使相当数量的园林环境仅仅停留在肤浅的物质层面、经济环境层面上,城市建设面临丧失个性危机。历史文化名城和一般城市历史地段缺乏文化价值认知,城市中具有历史可读性的景观在更新改造中不能敝帚自珍。过度强调商业利益,使得对城市原有的地域特征、历史文脉景观的认识和保护问题,往往成为与商业经济利益冲突的焦点;对景观资源中的人文景观过度改造、拆迁、开发和"产业化",失去原真性,导致物质层面和非物质层面的破坏;对历史传统风貌、地域植被资源、生态、景观特色缺乏认识深度和保护力度;政绩和商业成为衡量标准,造成千篇一律,景观文化精神的缺失。地产楼盘洋名滥觞,明明在中国大地上、山川江河湖泊旁,却"西班牙""白宫""塞纳河畔""安纳西时光""柏林小居"等西名泛滥,欧陆风盛行(图6.184),呈现"流行病"态。即失去西方现代艺术为前导的理性精神,又失去中国传统与"自然和谐为美"的传统美学思想,无文化属性的传达,盲目模仿,有技术无思想,无当地地理特征、自然特征的思考。

图6.184 欧陆风盛行

对环境景观生态、环境功能认识不足,"草坪等于水平",片面强调"如画景色",片面强调形式而不惜砍掉大树栽植小树,城市建筑、装饰及道路园路铺装低层次频繁更新,装饰"画房子",反复更迭,呈显文化的不自信。急功利的心态导致资金、资源的破坏和浪费;人为植物入侵,"大树移植"进城,甚至近十万棵同一种大树跨省移植。这些"短期行为"在改革开放初期具有一定的普遍性。

形式上的"唐装""中国结",富豪大院版的中国别墅蚕食下的"三山五园",画成的"青砖""穿斗房""枋樑"的"画房子运动",不仅画失了历史记忆,人为使环境画为"痴呆"的病态环境;以"产业"为目的、卖小吃纯为商业利益改造的仿"锦""里""坊""巷",品位上与造"赝品"无二至;盲目崇外,顺耳皆忠言,有物欲无思想,不能服务于人的精神实质层面,"欧陆风情"却毫无西方精神可言;古城镇在"产业化""奋战""打造"中,忘记了古镇的第一功能是百姓的家园而不是产业,古城镇文化价值的"原真性原则"是衡量我们能够真正尊重文明、珍惜历史的尺度,其真正意义是我们本应留给后人的精神。我们面临的生态环境的变化,主要是由于人类活动造成的。环境建设是市场的、短期的,还是长远的,已成为当今环境设计中深受社会普遍关注的问题。

　　(2)生态平衡——未来环境发展与实践思考　　生态环境是我们面临的最大挑战。进入21世纪后,中国环境建设的认识有了大的提升。2008年,中国成功举办奥林匹克运动会,响亮提出"绿色奥运"的口号。尤其是奥林匹克公园的生态环境景观设计(图6.185),谱下东方风韵的序曲,渐次高旋的交响侧耳可闻。中国正以其自身自信的实践,大踏步地走向世界!

图6.185　奥林匹克公园的生态环境景观设计平面图

　　北京奥林匹克公园场馆环境建设——"人类文明成就的轴线",在一片神秘的湖泊里,南北2.3 km长的"千年步道"徐徐沉入,远方一丛丛绿岭稳稳地压于轴线之上,颇具内景山与故宫的神韵。

　　"千年步道"上设计着中华文明上至三皇五帝,下至宋元明清各个历史时期的纪念性标志物,其尽端的湖泊则与轴线东侧的奥林匹克运河组成一条巨大的水龙,与北京古城区内中轴线西侧的水龙——什刹海、中南海遥相呼应,形成对称式布局,已延伸至26 km长的北京城市中轴线,成为了一个人文与山水相融的整体。一条由亚运会场馆、国家体育场(图6.186)、体育英雄公园组成的斜轴,又与"千年步道"相交于一巨型广场,并延伸至巍巍燕山之中。

　　景观绿化工程包括北侧休闲区、东岸自然花园、四环衔接绿化带等,全部采用本土植物,提供现代、舒适、优雅的休憩环境和宜人景观,与680 hm² 的森林公园构成亚洲最大的城市绿化景观。

　　休闲花园占地面积10.8 hm²,是中轴尽端与森林公园相接处的过渡地段。该区域人流量相对较小,景观植被设计突出了人与自然的和谐,是奥林匹克公园中区的自然式文化生态休闲花园。

　　东岸自然花园占地面积6.3 hm²,在水平方向上与中轴相互对应,各个场地之间通过灵活的形式相互穿插,连接起来,给人一种新颖多变的空间感受;水体大量采用回收利用"中性水"生态处理,水边使用一些应时花卉和奥运会期间开花的花灌木,突出水边的色彩景观。

图6.186　国家体育场——"鸟巢"

　　奥林匹克森林公园位于北京中轴延长线的最北端,是亚洲最大的城市绿化景观,占地约680 hm²,是一个比圆明园和颐和园加在一起都要大的公园。北五环路横穿公园中部,将公园分为南北两园,中间由一座横跨五环路、种满植物的生态桥连接。南园以大型自然山水景观为主,北园则以小型溪涧景观及自然野趣密林为主,是北京城区当之无愧的"绿肺"。硬质景观与生态、动植物有机结合。森林公园里最著名的景观是"仰山"和"奥海"。"仰山"为公园的主峰,与北京城中轴线上的"景山"名称相呼应,创意源自《诗经》中"高山仰止,景行行止"的诗句,并联合构成"景仰"一词,是中国传统文化对称、平衡、和谐的意蕴。而公园的主湖称"奥海",一是借北京传统地名中的湖泊多以"海"为名,二是借"奥林匹克"之"奥"字,有奥运之海之妙。"仰山""奥海",意为"山高水长",寓指奥运精神长存不息,中华文明源远流长。

　　北京奥林匹克公园规划方案由美国SASAKI公司与天津华汇公司的合作,在他们的合作方案里诠释着对中国文化的理解。美国SASAKI公司是由已故美籍日裔建筑师SASAKI创办的一家以景观设计见长的著名建筑公司。

　　由此可见,生态共生的观念已进入中国环境景观实践。

　　"城市,让生活更美好"2010年,上海世界博览会的召开,是规模空前的人类盛会:246个国家和国际组织参展,逾7 308万人次的海内外游客参观,单日最大客流达到103.28万人。当184天的精彩已成为过去,聚焦城市,关注生活!曾经,托夫勒的"第三次浪潮"、亨廷顿的"文明冲突"、福山的"历史终结"、贝克的"风险社会"……这些社会学家,对后工业时代的人类未来,都各有阐释,但无一例外地认为:未来,城市环境问题将成为人类所有问题的缩影。当中国呈现这份思考,城市环境究竟正确的发展道路通向哪里?在全球各种反思浪潮中如何寻找人类环境"共同进步"的含义,什么是最大的困局?什么是最为紧迫的问题?

　　与自然和谐共生,"城市,让生活更美好"。本届世博会主题,衡量出中国立足世界、审视自身的发现和思考能力。园区布局、建筑设计、植物建植、生态设计、科学技术、节能降耗、文化艺术、传统与现代、材料使用、内容选择,每一个展馆、每一场活动,无不体现出参展各国对生存环境的思考(图6.187)。"会呼吸的"日本馆的环境控制技术,以纸为墙的芬兰"冰壶",充分利用各种废弃料的伦敦贝丁顿社区"零碳馆""种子殿堂"的英国馆,轻风徐来,宛若绽放在风中吟唱的"蒲公英"(图6.188)……城市最佳实践区"已建成"的现实运用,80个案例以不同形式展示了不同文化背景、不同发展阶段的人们对城市环境生活的探索(图6.189、图6.190)。

　　世博半年会期中,中外政界、经济界、学界的重量级人士六度聚首,为城市的可持续发展思

图6.187　中国国家馆

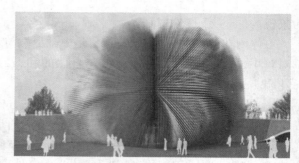

图6.188　英国馆

图6.189　瑞士国家馆

图6.190　法国国家馆

想交锋碰撞,共同为人类未来环境发展思考!

（3）上海世博会的真正价值　21世纪我们面临最大的挑战——保护生态环境! 能让我们的后代失去未来吗? 对于生存环境,坚持什么样的发展道路,是政府对未来发展的思考;选择什么样的发展模式,是企业对未来发展的思考;采取什么样的生活方式,是个人对未来发展的思考。是直面环境建设曲折、新与旧的迷惘的答案与思考。

世博园里,有政府官员关于"城市,应该以人为尺度""用可持续发展理念改造街区"的议论;有企业家关于"材料主导制造""节能方能产能"的思辨;有"做低碳达人""减排从饮食做起"等年轻一代的"达人宣言"的信誓旦旦;有英国馆"种子殿堂"迷惑与思考。当数以万计的中国人曾徜徉于世博园,新的环境思想种子也被播撒进国人的心田。

我们对世博会意义的认识或许还只能说刚刚开始,欲筑屋者先治其基。国家之基在于人。世博会,让千万人参与,让千万人思考,让千万人改变。世博会,在为我们的未来环境发展造基。让数千万人共同震撼,共同思考,共同提升! 关爱地球,保护未来地球的发展! 上海世博会创造

图6.191　世博会吉祥物

了世博会历史上的一个又一个纪录。2010年10月31日举行的世博会高峰论坛深入探讨了一系列城市与环境发展的问题,并发表了《上海宣言》,形成了对全球城市环境创新与可持续发展的共识。

上海世博会标志着中国在环境建设层次上获得巨大提升,"绿色设计""低碳生活""自然和谐""生态平衡"等环境建设理性觉悟与回归,正在奋起直追,大踏步走向世界的行列（图6.191）。"绿色设计"是当下人类脆弱的生存环境的客观要求,其主要内涵包括:

　　①环境工程设计建设,不能片面地狭隘地"以人为本",而应以生态环境为本。应有环境生态意识,任何环境工程必须进行充分的环境评估,环境工程应维系生态的平衡与和谐共生,促进人类生存环境的良性发展。

　　②在进行内外部空间设计时,应有综合规划意识,解决好自然能源的利用,如日光、通风、水体、植被、材料及各类自然材料的充分利用;在环境设计中,尽量多地利用自然元素和天然材质,朴素地、简雅地塑造空间形象,创造出自然质朴的生活工作环境。

　　③应尽量减少能源、资源消耗,考虑开发资源和材料的再生利用;按"绿色建材"的要求,环境设计选材应充分注意解决无毒无害、防火防尘、防蛀防污染等问题。

　　④设计师应更多地重视生态设计和研究,逐步加大环境内外部空间设计中自然要素的比重,使设计更贴近自然,同时,室内自然能源的利用与自然景观的创造,都应尽快达到新的高度。

　　⑤要改变目前中国环境设计普遍的强调以人为本、病态的过度装饰,无文化空间,片面地追求豪华表面的"如画风景",以减少"视觉污染",讲"碳道德",降低碳排放。减少人力、物力、财力的滥用浪费。

图6.192　世博会场李小龙雕塑

　　在世界绝大多数地区,所有能源消费的一半左右,被人的建筑及室内环境建设消费耗尽。环境工程设计在节能、降耗、减排中,工作责任十分重大。

　　我们的文化曾给了我们自信(图6.192),我们的现状既不是人均承受极低密度的美国郊区化生活,也不是过去"地大物博"的辉煌时代,而是地少人多、生态环境全面告急的特定时代。现有的中国条件决定着现有的"中国式居住及环境",意味着绝不是西风欧雨,看不到自身而妄自菲薄的麻木。如果中国人做"美国梦"郊区式生活,人类再增加20个地球都不够!无论是从现实出发还是为未来着想,为了维持整个民族生存的可能性,高密度居住环境并且与生态环境的良性——是中国人必须也不得不面对的现实和必由之路。这也是建立于社会时代基础上的"中国居住环境"概念。

　　(4)"绿水青山就是金山银山"理念及实践价值　2002年,习近平同志刚到任浙江,在118天里,跑遍了11个市,走访了25个县,农村环境问题成其为关注的重点。

　　2005年8月15日,习近平同志来到安吉余村考察,高度评价余村关闭矿区、全面走绿色发展之路,并首次提出"绿水青山就是金山银山"的重要理念。在余村调研9天后,习近平同志以笔名"哲欣"在《浙江日报》发表题为《绿水青山也是金山银山》一文,进一步阐释道:"我们追求人与自然的和谐,经济与社会的和谐,通俗地讲,就是既要绿水青山,又要金山银山。""我省'七山一水两分田',许多地方'绿水迢迢去,青山相向开',拥有良好的生态优势。如果能够把这些生态环境优势转化为生态农业、生态工业、生态旅游等生态经济的优势,那么绿水青山也就变成了金山银山。绿水青山可带来金山银山,但金山银山却买不到绿水青山。绿水青山与金山银山既会产生矛盾,又可辩证统一。在鱼和熊掌不可兼得的情况下,我们必须懂得机会成本,善于选择,学会扬弃,做到有所为、有所不为。""让绿水青山源源不断地带来金山银山。"图6.193左图为:浙江省湖州市安吉县天荒坪镇余村1980年代的资料照片,右图为:2018年的余村。

　　2013年9月,习近平总书记在哈萨克斯坦纳扎尔巴耶夫大学发表演讲并回答提问时,对这一理念进一步作出了深刻阐述:"我们既要绿水青山,也要金山银山。宁要绿水青山,不要金山

图 6.193　浙江余村

银山,而且绿水青山就是金山银山。"揭示了生态环境与生产力之间的辩证关系,这是中国新时代的生态文明思想!

在海南,习近平总书记定位青山绿水、碧海蓝天是海南最强之优势,要留住"飞泉泻万仞,舞鹤双低昂"般的风景;在湖南他告诫"洞庭波涌连天雪,长岛人歌动地诗""长烟一空,皓月千里,浮光跃金,静影沉璧"的乡情美景不要破坏,要融现代生活为一体;青海高原他嘱托,要确保"一江清水向东流"……党的十八大以来,以习近平同志为核心的党中央把生态文明建设纳入中国特色社会主义事业总体布局,使生态文明建设成为"五位一体"总体布局中不可或缺的重要内容,"美丽中国"成为社会主义现代化强国的奋斗目标。与此同时,"生态文明建设""绿色发展""美丽中国"写进党章和宪法,加强党的领导,担负起生态文明建设的政治责任,成为全党的意志、国家的意志和全民的共同行动。

2018 年 5 月 18 日至 19 日,全国生态环境保护大会在北京召开。2018 年 5 月 18 日,习近平总书记在全国生态环境保护大会上发表"推动我国生态文明建设迈上新台阶"的重要讲话,深入分析我国生态文明建设面临的形势任务,深刻阐述加强生态文明建设的重大意义、重要原则、主要举措。习近平总书记这篇重要讲话提出了"一个重大意义""六项核心原则""六大举措":

一个重大意义:生态文明建设是关系中华民族永续发展的根本大计。我国目前生态环境质量持续好转,出现了稳中向好趋势,但成效并不稳固,犹如逆水行舟,不进则退。生态文明建设正处于压力叠加、负重前行的关键期,已进入提供更多优质生态产品以满足人民日益增长的优美生态环境需要的攻坚期,也到了有条件有能力解决生态环境突出问题的窗口期。

六项核心原则:

一是坚持人与自然和谐共生;

二是绿水青山就是金山银山;

三是良好生态环境是最普惠的民生福祉;

四是山水林田湖草是生命共同体;

五是用最严格制度最严密法治保护生态环境;

六是共谋全球生态文明建设。

六大举措:第一,加快构建生态文明体系;第二,全面推动绿色发展;第三,把解决突出生态环境问题作为民生优先领域;第四,有效防范生态环境风险;第五,加快推进生态文明体制改革落地见效;第六,提高环境治理水平。

党的十九大报告指出,建设美丽中国,为人民创造良好生产生活环境,为全球生态安全作出贡献,强调:"必须树立和践行绿水青山就是金山银山的理念。"建设生态文明是中华民族永续发展的千年大计,坚持人与自然和谐共生是新时代坚持和发展基本方略之一,其理念,是指引建设美丽中国的理论明灯(图6.194)。

图6.194　福建赤溪村(中国扶贫第一村)

绿水青山就是金山银山的理念,一头是人类赖以生存的自然环境,另一头牵着财富生产;一头连着生态环境,另一头是人类活动的产物。从人与自然是生命共同体出发,将生态环境内化为生产力的内生变量与价值目标,蕴含着尊重自然、顺应自然、保护自然,谋求人与自然和谐发展的生态理念和价值诉求,将保护生态与发展生产力协调统一起来,保护、改善与建设生态环境和发展生产力成为有机整体,鲜活了有中国气派、中国风格和中国话语特色的绿色发展内涵,逐步成为环境建设中国方案的世界典范。

遵循"绿水青山就是金山银山的理念",建设美丽中国,其理论实践价值在以下四个方面:

第一,推进绿色发展。"加快建立绿色生产和消费的法律制度和政策导向,建立健全绿色低碳循环发展的经济体系。(中国共产党十九大报告)"建立健全绿色低碳循环发展的经济体系,产业生态化,生态产业化的发展方向,实现绿色发展。

第二,解决突出环境问题。中国的环境承载能力、环境问题和矛盾突出,在很多领域必须构建全社会共同参与的环境治理体系,以解决突出环境问题为重点,坚持全民共治,源头防治,综合防治,持续实施大气污染防治行动,加快水污染防治特别是重点流域和区域性水污染防治,强化土壤污染管控和修复,扩大环境容量和优化人民群众的生态生存空间,建设天蓝、地绿、水清的美丽中国。

第三,加大生态系统保护力度。生态修复是生态系统的"康复所",以生态良知与生态正义为导向,坚持保护优先和自然恢复为主,实施重要生态系统保护和修复重大工程,优化生态安全屏障体系,构建生态廊道和生物多样性保护网络,提升生态系统的质量和稳定性,努力构建健康安全友好的自然生态格局。通过综合治理,着力于天然林保护、城市绿化建设、新农村村寨绿化、退耕还林还草、生态屏障保护等重大领域,健全耕地草原森林河流湖泊休养生息制度,在生态保护中培育生态产业,发展生态经济,实现民富地美。

第四,改革生态环境监管体制。生态环境监管是生态文明建设的"保护神",将生态文明建设纳入法制化的监管轨道,是生态文明建设的重要保障。

绿水青山就是金山银山,自改革开放已走过三个阶段:一是青山绿水换金山银山;二是两者都要;第三到青山绿水就是金山银山。十几年里,中国的城镇乡村生态环境发生了巨大变化,划定25个国家生态区的保护与恢复,国家公园、国家湿地保护与湿地公园、国家地质公园保护与建设,生态环境取得的世人瞩目的巨大成就,作为世界上生态环境生物多样性最丰富的国家之一,中国的生物多样性保护和恢复工作的成功,得到全世界认可。2021年10月,联合国《生物多样性公约》第十五次缔约方大会在昆明召开。这届大会的主题是生态文明,发表了《昆明宣言》:呼吁各国采取历史性、转折性的行动,实施更加务实有力的政策举措,以支持框架的磋商和执行。《昆明宣言》的通过体现了各国为全球生物多样性保护作出切实贡献,采取有效行动

图6.195　三江源国家公园

的决心和意愿,将为全球环境治理注入新的动力,促进全球朝着人与自然和谐共生的2050年的愿景迈进,共建地球生命共同体。大会上中国向世界公布了让14亿中国人骄傲的三江源国家公园(图6.195)、大熊猫国家公园(图6.196)、武夷山国家公园、东北虎豹国家公园、海南热带雨林国家公园5座首批国家公园名单(详见二维码)。"绿水青山就是金山银山",在这样生态理念指引下,我们的努力也终于等来了自己的国家公园。

回望历史,三过程是经济演化过程,发展观念进步过程,是人与自然关系调整、走向和谐共

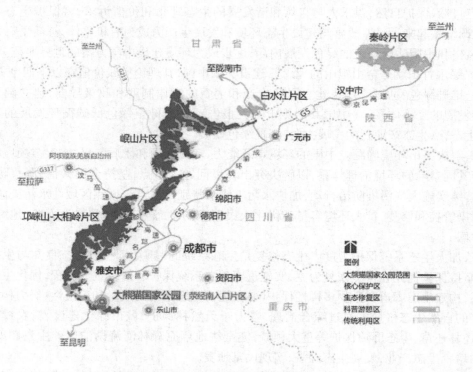

图6.196　大熊猫国家公园

生的过程。"绿水青山就是金山银山",已成为中国人民耳熟能详的"金句",润物无声地融入了人民的日常生活、环境保护、恢复、规划、设计与建设之中。

生态兴则文明兴。建设生态环境,关系国家未来,关系人民福祉,生态文明建设是关系中华民族永续发展的根本大计。当代园林风格无论怎样多元化都立足于其赖以关乎生存的生态环境,一个人类命运的共同体!

园林建设是生态环境绿色发展重要环节,要求环境规划设计从业者要有更广博的眼界与厚实的专业能力及责任担当。园林设计建设业已走向保护、修复、建设并重的全面综合之路。环境建设的工作者更应面对现实,养精蓄锐,阅读学习,深耕专业,所谓知止而有定,定而后能静,静而后能安,安而后能虑,虑而后能得!

绿水青山就是金山银山,中国在此生态理念指引下,正坚定走属于自己的绿色发展之路!

中国国家公园　　　　根和源国家湿地公园

6.2.4　我国台湾、香港、澳门地区的园林景观

1)台湾地区

　　1949年,国民党政权败退台湾地区,在美国的经济扶持下加之携去资财和人才,开始了农业经济向工业经济的转向。20世纪80年代,经济上取得亚洲"四小龙"的地位,90年代完成了技术密集型的经济过渡。我国台湾地区的环境建设与发展也经历了三个不同的历史时期:初步建设时期、迅速成长时期、拓展发展时期。

　　20世纪五六十年代,台湾经济初兴,美国、日本的新旧影响,中国传统文化的建筑、环境的"复兴",外国资本和建筑师、规划设计师介入,建筑环境园林景观一方面延续着1927—1937年内地环境建筑园林的民族复兴风格;另一方面国际风格成为岛上园林环境与建筑时尚。台湾大学傅园是1963年台北的代表作品,1964年完成的"花园新城""光武新村",1963年由贝聿铭设计、张肇康、陈其宽参与设计的台中东海大学路思义教堂等(图6.197)都是代表性作品。

　　20世纪六七十年代中后期,环境设计的现代主义认识日趋成熟,卓有成就的一批美国归来的建筑师如王大闳等,受美国现代主义的耳听面授,颇有修养和见地;古典主义、本土文化、乡土主义和自然生态主义,哲学上的探索与执着态度,设计师也很有建树,如李祖原的建筑环境设计亦是如此。古典与现代并行并汇合,使台湾地区环境景观设计展现出生机勃勃的升腾期,代表作品有王大闳设计的1972年建成的台北中山纪念堂建筑景观(图6.198),成功地将哈佛大学的现代理念和中国传统思想精髓融汇其中,景观的空间设计异常优美,具有纪念意义。1977年由杨卓成设计完工的"中正文化中心广场",采用传统清官式,建筑细部作法及明清园林景观设计与建筑空间要素,建筑与园林景观的时空转化,审美主体的文化现代意味,再现中国传统文化的博大和现代意义。1979年颁布"区域计划法",建立国家公园,并限制不适当开发,以应对环

图6.197　台中东海大学路思义教堂

图6.198　台北孙中山纪念堂

保、生态、城市特色等环境设计危机。

20 世纪八九十年代,台湾经济与一体化世界经济紧密对接。80 年代郊区独院住宅发展变化很快,室外绿地迅速发展,共同使用绿地,景观环境与世界同步的新景观新理念,现代与后现代、生态主义、构成主义、乡土自然主义、结合传统文化复兴城市文化特征共存,进入一个多元化开拓发展时期

图 6.199　嘉湖山庄

(图6.199)。1983 年高尔潘设计的台北市立美术馆,雕塑语言般建筑与环境眷恋;1984 年,建筑师李祖原设计的,集木结构趣味与石雕楼于一身的台北宏国大厦,彰显东方的雄伟与端庄,气质不凡,环境尽兴挥洒。1986 年,施丽月设计的可新乡土主义的代表作品——屏东垦丁恺撒大饭店,自然景观、白墙、黑瓦坡顶,和谐的、东方式的环境与自然生态,自然而入,抽象理性而出,却有一个西方古典而响亮的名字;1993 年由王俊雄、邹自财、陈振丰、张安清合作设计的台北新公园纪念碑,创造了崇高的审美意境和景观环境,景观、雕塑通过虚实、高低、精粗、刚柔的对比,创造出非常的肃穆环境;被称为"台北新地标"的台北 101(TAIPEI 101)大楼(图 6.200),由李祖原设计,有世界最大且最重的"风阻尼器",还有两台列入吉尼斯世界纪录、世界最高速的电梯,为观景台使用,其最高速率可达每分钟1 010 m,相当于时速 60 km,从 1 楼到 89 楼的室内观景台,只要 37 s 的时间。其英文名称 TAIPEI 101 除代表台北外,还有"Technology、Art、Innovation、People、Environment、Identity"(科技、艺术、创新、人性、环保、认同)之意义。

(1)自然景观　"华陶窑"位于大安溪旁的海拔高度约600 m 的火炎山麓,东北部是高度 3 000 m 以上的中央山脉,受气流影响,火炎山与大安溪就成了台湾南北气候的天然分界,使火炎山以北的气候湿雨多雾,以南则是日丽燥热。山水汇聚而成的独特自然景观,使得多种气候带的动、植物得以共同在此繁衍生长,大自然的独特气候环境,给了"华陶窑"很大的天然资本,造就了另一项自然界的生态奇观。每年 9 月下旬到 10月中旬便会到台湾报到的国庆鸟,还有赤腹鹰等多种候鸟也都会在这里出现,形成一个难得的自然生态现象,十分壮观。在"华陶窑"里可以见到的自然生态现象,会出现在仲夏,那是因为当太阳光照射时,由于火炎山光秃陡峭的特殊山型,造成了云、雾、光、影同时呈现的特殊景观。

图 6.200　TAIPEI 101

"华陶窑"的庭园景观设计风格以台湾本土文化为主。台湾早期先民大多是由内地移居,到台湾后由因地制宜、就地取材、适地适栽的屯垦特性,来创造新的生活方式,而"华陶窑"即以此作为开拓园区的设计原则。在人文园林区的建筑素材,大量使用了大安溪的牛肝石和火炎山的砾石。牛肝石与砾石吸水力强,用来堆砌挡土墙或者是铺在地面形成路径;在"陶人咖啡"前水面上横着木板小桥,更显台湾风情。

台湾的五大河里,大甲溪和大安溪沿岸有大卵石。"台湾式人文园林区"用大安溪卵石所

砌成的阶梯以及驳坎,全台湾只有中部地区特有,就地取材,造就大安溪两岸独特景观。垦荒在河床上筑起驳坎,一寸一寸铺成良田,驳坎居功至伟。"台湾式人文园林区"建筑在山坡地上,运用到大量的大安溪石驳坎,驳坎的建构,吻合着地势,完全不用水泥结合,是传统先民智慧应用景观的写照。

日月潭风景区,青山绿水、蓝天白云的自然景观,生态环境水质和环保做得很好,也是蒋介石和宋美龄夫妇较喜欢的度假地之一。相隔不远的就是台湾著名的民族邵族居住地——德化社,是现今世界人数最少的一个原住民族。

(2)以台湾庶民生活写意庭园景色 台湾的移民到家业有成、落地生根之后,兴建大茨屋舍,彰显祖先庇佑之德,并期望家道日盛,父母岁长,子孙满堂。"筚路蓝缕"山门的设计便是最具代表的写意建筑,此山门由红砖红瓦所筑成,山门有对联"天增岁月人增寿、椿萱并茂日月长",门楣上有横批"筚路蓝缕",墙下栽植当归、仙草、抹草、美人蕉等植物,门前栽植香椿以及无患子,形成一个特殊的景观风貌。

(3)山门所表达的意境 门前种植香椿代表父亲,屋后会种植萱草象征母亲,是早期台湾的家庭观念是男主外女主内的寓意。墙下种植美人蕉,是要它的叶子作为炊粿热底之用,而种植抹草,则是希望出门在外,若遇见丧事或不好的事,进家门之前摸摸可驱厄运的避邪植物,保佑福满幸运,退避恶灵。栽种植物作为避邪祈福的象征与实用的方便性,反映出早期民生的喜怒哀乐,是属于自己独特的景观文化。

"台湾式人文园林区"的房屋建筑造景,更是巧妙地呈现民居景观的美学与工法。西洋红砖、日本黑瓦、闽南式门板、窗台,是台湾乡土建筑最特别的特色,在世界上其他地方是看不到的。荷兰式砌法的红砖墙,搭配着汉式木板门,屋顶覆以日本式的黑瓦,诉说着历代台湾族群的统治开发,台湾岛历经了荷兰、西班牙、日本等多种民族的浸染,其多民族、外来民族文化要素的融合十分和谐。门前用一块块石板铺成的路径,筚路蓝缕,而门坎的使用则隐含着中国传统社会中,国法与家规的界线。"华陶窑"将这片土地所拥有的历史元素,集结呈现出协调的整体。

李乔在《寒夜三部曲》中以寒夜、荒村、孤灯的意象,来表达象征台湾意识与"庶民生活",其中说是苦难情节,却成了甜美的回忆。看"台湾式人文园林区"的建筑造景,那样坚决地告诉后世子孙:这种特殊建筑方式,正是我们无从抹灭的文化!是无法舍弃的。台湾本土文化和自然是珍贵的,那不仅仅只是乡愁或是一种浪漫怀旧,那是文化生命的延续。

(4)士林官邸 这是蒋介石和宋美龄当年的故居,园林式的,占地面积很大,犹如一座花园,早晨的清新空气更突显这个地方的幽静和漂亮。它是免费向市民开放的,许多台北市民都到这里做晨练。

(5)寺观园林 中台禅寺,一座现代建筑的寺院,外观很宏伟、壮观,内部空间也很大,是台湾著名建筑设计师李祖原的作品。

2)香港地区

1842年鸦片战争后,英国在香港实行长达150余年的殖民统治。1997年7月,中国恢复对香港行使主权。历史上的香港,在明代就是中国贸易的泊口,英国统治期间,将香港变为自由港,使香港成为一个国际化城市,形成一个高度自由开放,以金融为主导的多元化经济结构、经济高度国际化为特征的重要城市。第二次世界大战时,日本侵略者占领香港,经济凋敝。战后,1947年经济迅速回升,香港建筑环境亦步亦趋,迅速发展,可分为转型期、开拓时期和成型大发展三个重要时期。

20 世纪 50—70 年代初,香港建筑及环境完成了自身的建设与世界化的联接。香港是多山、多岛、少平地、无大河大川,大部分为山坡地,城市用地、人居环境非常有限,注定通过人工环境来拓展,建筑规划密集,园林从属其中。1950 年,香港大学由著名建筑师布朗(Goden Brown)组建建筑系,范文照、徐敬直等一批著名建筑师来港,为现代主义环境设计身体力行,培养了本地建筑师、规划设计师。代表作品有:1950 年陆谦受用中西要素设计的香港中国银行大厦(旧楼)及环境;1962 年费雅伦(Allanm Fitch)设计建成的香港新市政厅和其相适宜的纪念花园回廊,明显带有包豪斯风格。现代化进程融汇中国传统风水学说,汇入密集的建筑环境景观。

20 世纪 70—80 年代中期,是香港环境发展的拓展时期,随着香港工业向资本密集型与技术密集阶段转变,城市设施也进入规模化拓展阶段。香港政府制定了《香港发展策略》,以海港为中心的五个次区域的发展,为环境建设发展制定了全面而长远的发展战略,并且为此制定了相关法规。1972 年,港督宣布了改善港人居住环境的"十年建屋计划",根据香港自然环境,建设取得了令人瞩目的成就。代表作品有:1977 年由何弢设计的香港艺术中心及环境;1982 年建成的由香港建筑署建筑设计处设计的香港体育馆及环境、香港科技博物馆等(图6.201、图6.202)。

图 6.201 香港体育馆

图 6.202 香港科技博物馆

图 6.203 香港视觉艺术中心

1985—2000 年,是香港的一个大发展时期,第三产业迅速发展。1988 年,又推出长远房屋策略,批准成立"土地发展公司"。统筹香港的"都会计划",在这"寸土寸金"的土地上,彰显着独特的建筑与景观环境语境。与台湾地区不同,虽然中国文化始终是香港文化的主要成分,然而历史的原因使英国文化成为强势文化,英语成为官方语言,至 20 世纪 90 年代才出现"双语"。这些决定了香港文化是中国文化与欧美文化,尤其是盎格鲁撒克逊文化的

交汇。20 世纪 70 年代以后崛起的商业实用主义、流行文化登上世界舞台,并影响中国内地。在这样的文化背景下的新生代在各条战线上取代英人,以流行文化和商业实用的形式出现,其特点是淡化政治,重求精和实效,不缺乏有活力,富有洞察力,却缺乏终极目标,追求流行,追赶时尚,本地"俗"文化以风水学形式与国外时代潮流汇合,不乏大师及作品,影响了内地处于文化断层上的建筑环境规划设计(图6.203)。特殊的地域关系,园林景观在"寸土寸金"下,尾随建筑争相攀高的大势下出现自身特点。这时期代表作品有:1988 年美国建筑师鲁道夫(Paul Marvin Rudolph)设计与王欧阳合作的力宝中心外景;1989 年由关吴黄建筑工程师事务所设计的影湾园;1990 年由贝聿铭设计的中国银行总部大楼及环境;1990 年建成的香港文化中心,保

留了原有的钟塔,并置于自身景观与广场、海景的统一之中,建筑造型像是一片飘落的树叶,创造出一种静谧的美学环境,向世人诉说着香港的沧桑;1997年王欧阳有限公司与美国SOM事务所设计的香港会议展览中心,环境设计、技术设施皆为一流,1997年香港回归,主权移交就是在此举行的典礼;1998年福斯特事务所设计的赤鱲新机场——国际型超大机场及环境等。

香港人多地少举世闻名,以人口密度计算,香港排在东京之后,位列全球第二。在商业繁华的九龙区,人口密度平均达2.1万人/km²。时代广场、油尖旺等地,人山人海自不待言。除了迪斯尼乐园、海洋公园收费外,市区的公园(包括园中园)都是免费的,香港的公园是因地制宜,各有特色。它们有一个共同之处,尽可能集合多种公共设施,使不同年龄的人群都能在公园寻到属于自己的空间。香港的公园可以分为三类:

(1)市内公园　市内公园包括路边或居民小区内的街心公园。这类公园小的百十平米,内有长凳数条,供路人小憩;大的数千平米或者更大,里面除了有供人休息的亭子、椅凳之外,一般设有球场或一些成人健身器材、供儿童玩乐的滑梯、摇摇车等设施。公园布局及设施精巧而妥帖,公园的设计者精心利用了每一寸地方,为人们提供了最好的景观和设施。现象背后,实际上是专业精神的体现——把设计做到最好,做建设的把建设做到最好,做维护的把维护做到最好。公园地处闹市而保持干净、爽朗、饱满的面貌。

①香港公园　香港公园位于香港岛的地理中心、政治中心和商业中心。香港公园原址为驻港英军营地。入内一处圆形的喷泉池,池中心是凉亭,穿过喷泉形成的水幕到达凉亭内,非常具有引力。

香港公园依山、分区而建,包括人工湖区、太极区、沙士英雄纪念园、热带植物温室、观鸟园、公共表演区(奥林匹克广场)以及多个儿童活动区等。不同的区域之间因为高低错落,加上树木及灌木的巧妙分隔,整个公园的绝对面积并不是特别大,却让人感到丰富而博大。

②热带植物温室　小小的温室设计成立体螺旋形,里面又分三个区域,分别是盆栽展示区、沙漠植被区和热带雨林区。盆栽区有诸如"拖鞋菊"之类的奇花异草;沙漠植被区则主要是各种大小不一的仙人掌、骆驼刺、巨人柱等,大都来自于遥远的非洲;热带雨林区内植物种类比较多,有各种蕉类、蕨类植物及伴生的菌类,等等。所有植物都有标牌写明中英文名字及科属,是了解植物学的好场所。

③观鸟园　观鸟园本身是山谷深深,垂直空间非常大,且保留自然生态,防护网几乎不妨碍雀鸟们自由自在地飞行、觅食和嬉戏。架空的游人步道高及树冠,蜿蜒全园,漫步其中,高瞻远瞩。

④九龙公园　九龙公园地处尖沙嘴闹市,一墙之隔就是繁忙的商业街。这里虽然不是像香港公园那样依山而建,但营造出有山、有水、步移景换的景致。公园内有专门的步行径供人健走,人工湖中有成群的火烈鸟,还设有观鸟园、金鱼池、灌木丛围成的迷宫、游泳馆等。公园内还有古建保育展示中心,展示政府在保护古建筑方面的成绩及介绍相关知识。与别的公园不同,九龙公园内还有一个小型的公共图书馆。

⑤志莲净苑　志莲净苑是世界上最大的全木结构仿唐佛寺建筑群,以此为依托兴建的南莲园池是一座古典式园林。二者分处马路两侧,通过宽阔的天桥连接。顺着志莲净苑山门前的广场一直走,下几级台阶,已是进入到南莲园池。公园内亭台楼榭、小桥流水、花香鸟语,一派中国江南园林的旖旎风光。公园内有中国木结构建筑艺术馆,展示中国古代、当代木结构建筑模型。还有一个奇石展厅、一个盆栽艺术展示区。园内还时不时举办粤剧演出等,文化气息浓郁。

志莲净苑创于1934年,本是女尼清修地,后来发展成有孤儿院、学校及养老所的慈善机构。1989年,该寺重建,十年乃成。设计者曾参照敦煌壁画及中、日现存唐代寺院建筑物,精心设计,终成杰作。

志莲净苑所有建筑物完全采用唐样式,由三进院落构成,呈四合院格局。首进是四个莲池,往里走,16座殿堂沿中轴线作主次分布。庭院间的回廊、盆景、树木,无不精心搭配。加上寺内不准焚香与喧哗,漫步其间,不仅能感受到建筑物的雄伟古朴,也有寺庙的宁静与清新。

山西五台山的南禅寺正殿、佛光寺东大殿被公认为是建造年代最为纯正、保存最为完整的唐代建筑,但二者体量并不巨大。像志莲净苑般仿古形神兼备、仿成气势和味道的极少!志莲净苑不仅仅是一座佛寺,而是集佛教研究及教育、技能培训及慈善于一体的非牟利机构,如今仍然承办着一所小学、一所中学及香港最大的安老护理院,服务当地社区。这对内地数以百计的佛寺、道观有借鉴意义。

(2)主题公园　香港迪斯尼乐园是全球第七个迪斯尼乐园,位于大屿山的欣澳,环抱山峦,与南中国海遥遥相望,是一座融合了美国加州迪斯尼乐园及其他迪斯尼乐园特色于一体的主题公园。

图6.204　迪斯尼游乐园

香港迪斯尼乐园(图6.204)包括四个主题区:美国小镇大街、探险世界、幻想世界、明日世界。每个主题区都能带来奇妙体验。在美国小镇大街,你可以乘坐迪斯尼火车到幻想世界,欣赏美国街市的怀旧建筑,各款典雅的古董车,品尝各种中西佳肴美食;在探险世界里,沿着一条条巨大的河流,穿过非洲大草原,进入亚洲神秘森林,到达泰山小岛,勇敢的领航员会带领游客探索大自然的神奇密境;充满欢乐的幻想世界,是梦幻中的童话世界,美丽善良的白雪公主、纯真活泼的小飞象、天真可爱的小熊维尼,每一个童话中的主角都能给人带来欢乐和幻想;明日世界可以让人体验太空宇宙探索惊险之旅。

另外,香港比较著名的主题公园还有海洋公园等。

(3)郊野公园　郊野公园是指那些面积巨大、以绿化保育为宗旨的公园。目前香港有湿地公园和地质公园各一座。

香港是亚洲的大都市,城市的规模及发展形成许多的闻名景点——城市景观:香港八景。它们是指:

①"旗山星火",乃八景中之首景,它与历代八景中的"香江灯火""飞桥夜畽"均指从太平山顶观看夜色中的港岛如群星满天的万家灯火之瑰丽景色。

②"赤柱晨曦",指每当晨曦初上,旭日东升之时,沐浴在万道霞光中的赤柱半岛,殷红如赤。此景又称"赤柱朝阳""赤柱朝曦"。

③"浅水丹花",指碧水盈盈的浅水湾与万紫千红的杜鹃花交相辉映所构成的美丽春景。

④"虎塔朗晖",指虎豹别墅院内六角形的白塔在日出之时,迎着朝阳,披满彩霞的壮丽景观。

⑤"快活蹄声",指快活谷的赛马盛况,马蹄声声牵动成千上万马迷之心。

⑥"鲤门月夜",指夜晚在鲤鱼门观赏月光照蚵下维多利亚港的美景。

⑦"残堞斜阳",指九龙城寨的残垣断堞在如血斜阳余晖中的景色。由于近年九龙城寨已彻底清拆,这一景色也成为历史,取而代之的是九龙寨城公园。

⑧"宋台怀古",指在香港启德国际机场旧址附近的宋王台公园,它记载了宋朝历史的最后一幕,人们到此怀古之心油然而生。

香港虽然寸金尺土,但凭借设计师卓越的应变力和香港人的生命力,在有限的土地上处处展现无限的风情面貌,造就了香港多姿多彩、千变万化的特色。由缤纷繁盛的公共设施、现代建筑,到具备淳朴气息、传统风味的庙宇、风景区等。

3)澳门地区

澳门位于我国内地东南沿珠江口岸西。1553年葡萄牙人踏入澳门,鸦片战争后受葡萄牙的殖民统治;1974年,澳门成为属中国领土而由葡国管理的特殊地区;1999年12月20日中国恢复对澳门行使主权。

澳门是中国历史上最早开放的地区,在文化上也有更大开放性和宽容性,欧洲大陆、日本、印度和东南亚文化并存。澳门面积不足香港1/45,人口不足香港1/20,由于独特的历史背景和地域环境,造就了其独特的融贯于东西、聚汇古今的城市环境风貌。城市结合古迹建筑的保护和利用,谨慎地植入现代建筑园林要素,将各种流派折中为澳门式的表述,虽然缺乏国际化大师作品,却有着独特城市环境魅力和特有的怀旧亲和力的。

澳门的城市环境发展经历了以下几个历史阶段:鸦片战争后,澳门成为一个历史悠久的国际性商埠,由于香港的崛起而又蜕变为依靠特种行业收入的城市,此时涌现出大量古典主义和折中主义建筑与园林,主要是欧洲与中国传统两种,如澳门总督府(1864年)、卢谦若花园(1904年)等。20世纪30—40年代,随着现代建筑运动的如火如荼,澳门也出现了现代建筑和现代景观,但其主流仍旧是中西并存,折中主义成为典型的澳门风格。40—60年代,受第二次世界大战和国际形势的影响处于停滞。70—80年代是加速期,博彩业为龙头的旅游业带动大量住宅及公共建筑、公共环境建设,如葡京娱乐城。80年代后,澳门建筑与环境进入一个稳升与反省期。1982年,设文化司署,以行政手段对文物古迹、建筑环境进行保护;1985年通过《都市建设总章程》,澳门进入一个平稳发展时期。

澳门景观建筑历史文化积存十分丰厚。建于明弘治元年(1888年)的妈阁庙(图6.205)是距今已有五百多年的中国传统景观园林,至今香火犹盛。建于1602年的圣保罗教堂(图6.206),是当时远东最大的教堂,1835年毁于大火,剩下的68级台阶和巴洛克式花岗岩前壁——"大三巴牌坊"成为澳门名胜景观,是澳门最具代表性标志之一。大炮台遗址景观、澳门国际机场,1992年由葡萄牙和德国设计师共同设计的固体垃圾焚化发电中心及环境等都承载着历史,独具风貌。

1995年,澳门从40多个景点中选出了最能代表澳门特色的八个景点,称为"澳门八景":

(1)镜海长虹 包括"镜海"和"长虹"两部分。"镜海"是澳门的古地名之一,又泛指澳门岛与氹仔岛之间的海面。1974年和1994年先后建成的两座澳氹大桥相映成趣,横跨澳门半岛和氹仔岛。大桥跨度很大,是第一座澳氹跨海大桥,全长2 570 m,引桥2 090 m。澳氹大桥造型独特、线条优美、极富节奏感,它与两岸建筑和谐一体,显得蔚为壮观(图6.207)。澳氹大桥犹如一道飞跨镜海上空的长虹,远看似长虹卧波,入夜后,桥灯吐亮,如连串明珠,把海面装点得十分璀璨。"镜海长虹"也因此成为澳门八大景之一。

图 6.205　妈阁庙

图 6.206　澳门圣保罗教堂遗址

图 6.207　澳氹大桥

（2）妈阁紫烟　妈祖阁是澳门最著名的名胜古迹之一,至今已逾五百年,是澳门三大禅院中最古老的一座,坐落于澳门东南方,建于 1488 年,正值明朝。

妈祖阁俗称天后庙,相传天后乃福建莆田人,又名娘妈,能预言吉凶,死后常显灵海上,帮助商人及渔民消灾解难,化险为夷,福建人遂与当地居民共同在现址立庙奉祀。四百多年前,葡国人抵达澳门,于庙前对面之海岬登岸,注意到有一间神庙,询问居民当地名称及历史,居民误认为是指庙宇,故此答称“妈阁”,葡人以其音译而成“MACAU”,成为澳门葡文名称的由来。每年春节和农历 3 月 23 日娘妈诞期,即妈祖阁香火最为鼎盛之时。除夕午夜开始,不少善男信女纷纷到来拜神祈福,庙宇内外,一片热闹,而诞期前后,庙前空地会搭盖一大棚作为临时舞台,上演神苏戏。澳门的妈阁庙背山面海,景色清幽,历来香火鼎盛,紫烟弥漫。每逢“天后”诞辰和农历除夕,香火更甚,终年缭绕的烟雾,祥和之气聚在山林庙宇之间,使人遐想起天上人间。

（3）三巴圣迹　位于澳门大巴街附近的小山丘上的圣保罗教堂,其建成于 1637 年,整座教堂体现了欧洲文艺复兴时期建筑风格与东方建筑特色的结合,是当时东方最大的天主教堂。大三巴教堂 1835 年被火焚毁后,残壁遗迹只留下石砌前壁。该壁形似内地的牌坊,因其历经风雨侵蚀而不倒,被人们视为“奇迹”,成为澳门的象征之一。

（4）普济寻幽　普济禅院已有 300 多年历史,现还保存着明清南方庙宇的特色。这里初为反清复明志士聚居处,后为粤省文人雅士相聚地。此处是 1844 年 7 月 3 日中美签订丧权辱国的《望厦条约》所在地,后扩展为望厦村。

（5）灯塔松涛　东望洋山是澳门半岛的最高山岗,清代时山上广种青松,数年后满山皆是,东望洋山从此被称为万松岭,简称松山。松山上有一座灯塔,建于 19 世纪 60 年代,塔高 13 m,是远东历史上第一座灯塔。

（6）卢园探胜　卢园原为私人花园,始建于 1904 年,1973 年由澳门政府收购后重建为公园。卢园是澳门唯一的一座江南园林式公园,园内亭台楼阁、池塘桥榭、人工飞瀑、曲径回廊分布有致,颇具苏州狮子林的韵律。

(7)龙环葡韵 龙环是氹仔岛的旧称,在岩边碎石马路旁有 5 座 1921 年建造的一列葡式建筑物,原为澳葡官员的私宅,后改为"住宅博物馆",馆中陈列许多中葡古旧家具及美术作品。

(8)黑沙踏浪 黑沙海滩宽约 1 km,沙细而匀,呈黑色,故有黑沙海滩之名。这里的海湾呈半月形,坡度平缓,滩面宽阔,可容万人游泳踏浪,是澳门地区最大的天然海滨浴场。

小 结

1. 20 世纪是西方现代景观迅速发展时期,从传统园林(Garden & Park)到景观(Landscape Architecture)和现代景观(Modern Landscape Architecture)、环境设计(Enviroment Design)的概念转换,其产生和发展与艺术、建筑、社会文化、自然、生态紧密联系着的。园林的内容和范围大大拓展了,从历史上主要的私家庭院,公园、私家花园并重,扩展到肩负城市环境人类生存物质和精神的双重使命。由 Garden & Park 到更广泛的 Landscape、Enviroment Design,是园林设计领域上的一场空前变革。现代艺术是现代景观变革的最根本的源泉,艺术家独特敏锐的创造力引导着景观设计的前进方向,现代建筑的思想对现代景观的产生和发展起促进作用。20 世纪初的立体主义、超现实主义、风格派、构成主义、国际风格到 20 世纪 60 年代的大地艺术、波普艺术、极简艺术、现代雕塑、后现代主义为景观设计提供最直接、最丰富的思想和形式语汇。形成以艺术的综合表达为总体特征,有"加利福尼亚学派""斯德哥尔摩学派""大地艺术-环境艺术""极简主义""后现代主义""构成主义""解构主义""结构主义""自然主义""历史文脉主义""生态主义"等风格流派。密斯和赖特所提出的建筑与环境的关系深深融入景观设计中,边界日益模糊,逐渐成为有机整体。

2. 现代景观的概念具有极深刻的内涵和广博的外延,呈现多元化发展趋势。今天的西方环境设计、景观设计素质空前提升,不是去适应一套被普遍认同的价值观,而是多元价值论,充满了思想性、思辩性、人文性、地域性、对人类生存环境的思考和关注,并通过艺术语言加以描述表达,更具有美学和哲学意味。

3. 在世界大参照系下,中国的环境设计发展速度缩短着距离。20 世纪,除 1927—1937 年的短暂繁盛和 20 世纪 70—90 年代末的发展期外,其余大部分时间处于一个沉寂时期。时至今日,虽然取得了瞩目的成就,但是对西方 19 世纪中叶以后的园林仍缺乏本质上的理解。中国传统园林美学的继承学习与研究,成为当前重要课题,投身于世界的"交往"之中的我们动辄成为西方思想的"视觉俘虏",以及"欧美风情"的表面模仿和拷贝,令人深思。中国不仅是东方园林艺术的发源地,而且还是世界自然山水园的精神文化发源地,现代景观的许多极有影响力的国际性设计师,都深受中国传统文化影响。日本现代景观园林是在中国园林影响下发展起来并影响世界的,从某种意义说是中国古代文明在日本现代园林的体现,日本的传统与现代并举"双轨"给我们以启迪。跨入 21 世纪,中国在发展中意识到了问题的存在,提高了城市规划园林绿地设计的总体水平,从理论专业、学术的科学高度重新认识其概念,重视其理论建设,重构传统与自然和谐为美的美学内核并发扬光大现代化,完善并得到应有的发展,文明在于在传承积累中发展而非创建。

图6.208　原子时代最著名的标志——"末日之钟"

4.合理利用保护当地资源、有形环境和无形环境,结合自然属性及地域特征,是进行城市、景观规划与设计重要的前提。1992年中国政府参加了在里约热内卢召开的联合国环境与发展大会,对会议通过的《21世纪议程》中提出的可持续发展原则作出了承诺,并在1993年编制完成《中国21世纪议程》,此后在经济与治理环境,生态保护等方面开始了有效行动。然而中国刚处于竭泽而渔式经济转型过程,环境设计产生大量问题仍有待于深入思考和解决,联合国将全球气候变化人为的影响因素由以往的90%,2013年调整为95%。不当的景观园林绿地设计加剧资源危机、生态破坏。对自然生态的破坏输者绝非是自然!人与自然和谐为美,中国五千年文明美学原则当下同样具有现实意义。

5.生态平衡——未来环境发展与实践思考,自然是一个生态系统,人类是自然的产物,必然要遵循其生态规律,我们并不缺乏技术,我们所欠缺的是思想和理性!技术的发展却带来人类社会的灾难(图6.208),"这是技术的罪过吗?"后工业时代人们早已不再是技术上帝的狂热信徒,理智地承认技术的局限,知识成为信息时代的唯一生产力,其外在表现为:生态与人类生存并重;环境与发展并重;物质与精神并重;功能与审美并重;民族文化与时代并重;区域与多元并重。我们生存环境景观的实践理应传承与遵循自然法则,实践着艺术理性。

一部园林的历史,就是人类与其生存环境自然认知的历史,是机械的"自然世界"和充满人类心灵自由的"人文历史世界"认知的历史,在其思想意识指导下,以科学、艺术实践求索的历史,不能单纯用科学技术来阐释园林与环境的历史。更重要的是我们要有更加开放的胸襟。那么我们为什么就不能具备更加宽广的全球视野呢?"科学和艺术属于全世界,在它们面前,各民族隔膜统统消失"(歌德)。历史是一个伟大的生命过程,历史是一个永恒、难解、不以人的意志为转移的预言。历史提供和期待着我们环境理论与实践的抉择!

历史过去就是过去了,我们的今天必然也将成为历史。我们并非刻意去复制,而是感悟其带给我们的启示!

"让我们不只是希望,而且下定决心去做。让我们绿化地球、重建地球和治理地球。"(伊恩·伦诺克斯·麦克哈格)

6."绿水青山就是金山银山".自改革开放已走过三个阶段:一是青山绿水换金山银山;二是两者都要;第三,青山绿水就是金山银山。回望历史,三过程是经济演化过程,发展观念进步过程,是人与自然关系调整、走向和谐共生过程。"绿水青山就是金山银山",已成为中国人民耳熟能详的"金句",润物无声地融入了人民的日常生活、环境保护、恢复、规划、设计与建设之中。

人类活动造成当代生态环境恶化,加之疫情肆虐,后西方时代的迷失,不容乐观!当代园林风格无论怎样多元化都取决于其赖以生存的生态环境,一个关系赖以生存的环境、一个人类命运的共同体。"绿水青山就是金山银山",中国在此睿智指引下,正坚定地走属于自己的绿色发展之路!环境建设正迈步走向世界前列,在实践中并示范着世界!

复习思考题

1. 试述园林与现代景观的联系与区别。

2. 试述现代艺术对景观设计的作用和影响。

3. 试叙奥姆斯特德原则。

4. 美国"哈佛革命"是如何产生的？其意义是什么？

5. 谈谈美国"加利福尼亚学派"的产生及特征。

6. 试叙你对美国国家公园的管理体制的认识。

7. 试叙英国景观设计的特征。

8. 以布雷·马克斯和巴拉亚为例，谈谈拉丁美洲的景观设计。

9. 试叙斯堪得纳维亚半岛的"斯德哥尔摩学派"的景观设计特征。

10. 试叙德国的景观设计，其运用景观设计的生态恢复有什么样的特点？

11. 谈谈日本园林景观设计特征，对日本设计的"双轨"有什么样的启示。

12. 谈谈现代雕塑、大地艺术对景观设计的影响。

13. 什么是"环境剧场"？试叙其内容。

14. 试叙现代景观设计的趋势，主要有哪些流派。

15. 试叙中国 20 世纪 20 年代到 30 年代的城市建筑园林环境的"繁盛期"。

16. 谈谈中国 20 世纪 70 年代后城市园林发展状况，所取得成就与问题（举例说明）、发展方向。结合专业学习谈谈自己的感想。

17. 为什么说西方现代景观有中国传统美学因子？什么叫后现代景观设计？什么是解构主义景观设计？什么是极简主义景观设计？什么是艺术的综合景观设计？

18. 谈谈上海世博会的真正价值。

19. 为什么说21 世纪我们面临最大的挑战是保护生态环境？

20. 台湾地区、香港地区、澳门地区的城市园林景观各有什么特点？

21. 结合中国改革开放 30 年的发展过程，试述"绿水青山就是金山银山"其意义。

22. 试述中国国家公园体系发展历程。为什么说联合国《生物多样性公约》第十五次缔约方大会，中国向世界宣布的 5 座国家公园的出现，不仅圆了我们的梦想，也是中国多年来在生态理念指引下，实施更加务实有力的政策举措，努力致力于保护与恢复生态环境、保护生物多样性成果的体现？

职业活动

1）目的

"绿色设计"

在"绿色设计"的经典环境中认识"绿色设计"与生态环境关系的重要性。

2）环境要求

"湿地公园""生态恢复公园",如图 6.209 所示。

3）步骤提示

①通过实际环境感知,整体认识"绿色设计"的内涵。

②园林环境实地教学,认识造园造景要素运用与"绿色设计"、生态环境的关联性。

③进一步深入认识造园要素、绿色设计、美与生态环境类型的统一。

④园林环境互动分析。引导思考环境建设思想已由"空间论"转为"环境论",进而发展为至今的"生态论",作为未来的环境建设者,谈谈自己的感想。

建议课时:4 学时

图 6.209

综合实训

古代造园设计思想、元素在现代景观中的运用

[实习类型]

实地考察感知，教师带动。

[项目作业]

古代园林要素的现代运用。

1. 项目教学目标

知识目标：古代中国造园设计规划思想、内容、形式及环境、主题实例分析感受认知。

能力目标：古典造园元素的运用方法。

教师实践性感知教学引导：以这一时期造园的经典元素现代运用、实地建设案例为载体，结合课程学习，感受认知其形式及如何运用。

引导学生思考古典造园与自然和谐为美、元素运用在现代园林景观的作用及效果评价。

2. 项目任务、要求

项目任务：上里古镇的考察

任务要求：

（1）选择考察（载体），现场考察教学；

（2）教师讲解；学生互动；

（3）在考察中进一步获得有关知识；

（4）过程图：画出调查案例的概念图、分析图、构思示意图（A3）；

（5）最终成果：每组按下述要求形成分析文本。

说明设计构思的基本方法，环境组景的特点，各类景观构成要素选择的基本原理，景观平面布置图：布置各类植物、设施，确定其位置及相互的平面关系。汇总各种植物、设施，标明性质、单位、规格、数量、质量要求等。

3. 工作任务

工作任务1

任务准备：（1）项目分组

5~6人为一组，实行组长全权负责制分组情况：

组长（学生填写）：

成员（学生填写）：

工具（学生填写）：

（2）资料及链接（填写）

（3）对现场古代造景元素进行调研

①古代造景元素环境运用外观透视及细部（请以速写、或拍摄的方式准确绘制）

②相关数据（以 mm 为单位）

环境平面景观总高度

景观总面积

景观总宽度

局部及详图

关联景观、建筑元素

成果体现：绘制成图纸草图文本，调整后绘制文本。

工作任务2

设计分析与思考：景观思想（请用图文表述）

风格定位

考虑因素（图示）

主要特征（图示）

与环境协调性（图示）

时代感（材料运用　图示）

成果体现：绘制成图纸草图文本，调整后绘制文本。

工作任务3

深入分析及结论：效果评价（请用图文表述）

运用效果

环境与生态

存在问题

改进措施(构思的草图)

成果体现:绘制成图纸草图文本,调整后绘制文本。如有构思的草图可附在工作页附页后。

工作任务4

编制广场考察分析文本:相关规定

(1)使用标准 A4 号图纸完成(x);

(2)使用手绘、CAD 、PS、3dMAX 等综合绘制;

(3)绘图标准规范严谨认真,运用平面设计进行文本统一设计;

(4)编制文本(含封面、目录、封底);

(5)按时完成任务。

成果体现:以小组为单位完成,将绘制的图纸打印装订成册,并将电子文档交给老师。

4. 工作要求

1)理论要求

(1)古镇景观设计思想认知;

(2)古代造景元素认识因素;

(3)古代造景元素美学因素。

2)技能要求

(1)具有手工绘制设计方案的能力;

(2)具有徒手表达设计构思的能力;

(3)具有使用计算机专业软件绘制设计方案的能力;

(4)符合制图规范的要求。

3)素质要求

(1)具有古代造景元素的运用及创新分析能力;

(2)具有一定的史论审美水平;

(3)具有团队合作精神;

(4)具有良好的沟通能力和专业文字表述能力。

5. 工作重点

(1)中国古代造园造景思想美学因素;

(2)古代造景元素在现代环境运用的作用分析;

(3)古代造景元素的认识以及在现代环境的生态作用、"绿色设计"运用思考。

6. 工作难点

教师：
（1）突出古代造景思想、元素的特点；
（2）与周边环境的关系；
（3）生态、绿色设计环境运用的分析评价，启发学生的设计思路。
学生：
（1）请认真归纳在完成任务过程中遇到的难点，并将其在作品集中表现；
（2）学习体会。
时间进度：
进度可由各教学单位根据具体情况自行安排。建议周数：1/5 周。

7. 考评

考核标准

项目考核内容	考核形式	分　值	得　分	备　注
1. 下达设计任务	能够读懂任务书的要求	5		若完成的内容与任务书不符，则扣分
2. 古代造景元素运用的确定	能够明确项目环境设计的古代造景思想理论、元素运用风格，并能在文本中体现	20		运用元素认知、从局部元素到整体环境造园思想分析、风格分析清晰，表达语言恰当；如果表现的运用元素与实际完全不一致，此项不得分；若有一定的出入，则视情节扣分
3. 运用分析	能明晰进行环境、景观间相互形式美学的关系，以及运用的合理性、存在问题及改进分析	25		分析图运用明确，逻辑性、可读性强，否则据情况相应扣分
4. 成果文本的绘制编制与表现	①环境平面及运用分析表达②整体环境风格与运用元素的关系分析表达③评价描述与表达④文本设计统一，标准规范具有平面设计表达效果和形式美感	40		根据图纸完成的质量给定分数，图示、图文分析图、格式规范、图面干净整洁、符合制图规范，效果图、文本表现准确，有平面设计艺术性等

项目考核内容	考核形式	分 值	得 分	备 注
5. 综合	①遵守出行纪律 ②遵守社会公德等	10		色彩搭配和材质选用各占5分,根据情况相应扣分
合计分值		100		

　　理论联系实际,文本应体现专业性,具有一定的实用价值和现实意义;

　　此作业分数为实训成绩的最终百分制的20%。

附　录

附表1　中国、日本历史年代对照表

中　国			日　本	
北京猿人时代			旧石器时代(无土器文化或称先绳纹文化)	50万年前
丁村人、长阳人			牛川人	10多万年前
			派北人	5—6万年前
河姆渡文化、仰韶文化、龙山文化			绳纹文化早期	公元前7500
			绳纹文化中期	公元前3500
三皇五帝时代			绳纹文化后期	公元前2500—公元前403
夏		约公元前21世纪—约公元前17世纪		
商		约公元前17世纪—约公元前11世纪		
周	西周	约公元前11世纪—公元前771		
	东周	公元前770—公元前256		
春秋		公元前770—公元前476	绳纹文化晚期	公元前334—公元前300
战国		公元前475—公元前221		
秦		公元前期221—公元前206	弥生文化时代	公元前300—公元前300
汉	西汉	公元前216—公元25		
	东汉	25—220		
三国	魏	220—265		
	蜀汉	221—263		
	吴	222—280		
晋	西晋	265—317	大和时代(古坟时代)	300—592
	东晋	317—420		

续表

中 国			日 本		
南北朝	南朝	宋 420—479	大和时代 （古坟时代）		300—592
		齐 479—502			
		梁 502—557			
		陈 557—589			
	北朝	北魏 386—534			
		东魏 534—550			
		北齐 550—577			
		西魏 535—556			
		北周 557—581			
隋		581—618	飞鸟时代		592—710
唐		618—907	奈良时代		711—794
			平安时代	贞观、弘仁时代	794—894
五代	后梁	907—923		藤原时代	894—1192
	后唐	923—936			
	后晋	936—947			
	后汉	947—950			
	后周	951—960			
宋	北宋	960—1127			
	南宋	1127—1234			
辽		916—1125			
金		1115—1234	镰仓时代		1192—1333
元		1271—1368	南北朝时代		1333—1392
明		1368—1644	室町时代		1393—1573
			桃山时代		1573—1603
			江户时代		1693—1867
清		1644—1911	明治时代		1868—1912
中华民国		1912—1949	大正时代		1912—1925
			昭和时代		1926—1988
中华人民共和国		1949—至今	平成时代		1988—至今

附表2　日本园林综合表

年　代	政　治	造园风格	代表作	人物及其他
大和时代 （300—592）	大和国建立	苑囿式 池泉、山水 园、皇家 园林	掖上池凸宫、矶城瑞篱 寓、泊濑列城宫	
飞鸟时代 （593—710）	定都飞鸟 推古天皇即位 圣德太子大化改新 苏我马予传入佛教 派出遣隋使向隋朝学习	舟游式 池泉式庭 园、私家园 林出现	藤原宫内庭、飞鸟宫庭 园、小垦宫庭园、苏我氏 宅园	路子工、苏我 马子
奈良时代 （711—794）	定都奈良（平城）《古事 记》《日本书记》《万叶 集》《怀风藻》 　派遣唐使向唐帝国 学习	舟游式 池泉园	皇园：平城宫南苑、东院 庭园（修复）、西池宫、松林 苑、鸟北池塘、城北苑 私园：井手别业、佐保殿 庭园、紫香别业	橘诸兄、藤原 丰成
平安时代 （794—1185）	迁都平安京 摄关政治 院政与武家对抗 幕府产生 全面吸收唐文化 本土文化形成 《源氏物语》	寝殿造 庭园、净土 式庭园	皇园：神泉苑、冷然院、淳 和院、朱雀院、嵯峨院、云 林院 私园：东三条殿、堀河殿、 土御门殿、高阳院 寺园：平等院、法金刚院、 法成寺园、法胜寺、毛越寺 园、观自在王院、白水阿弥 陀堂、净琉璃寺	藤原赖通、嵯 峨天皇、百济河 成、巨势金冈、 源融、琳贤、 静意 橘俊刚：《作 庭记》
镰仓时代 （1185—1333）	源赖朝建立镰仓幕府	枯山水 出现、池泉 回游式	皇园：水无潮庭园、龟 山殿 寺园：惠林寺园、永保寺 园、瑞泉寺园、永福寺园、称 名寺园、柏杜庭园 私园：不详	梦窗国师
南北朝时代 （1333—1392）	镰仓幕府与室町幕府 各拥立一个皇室，南北两 朝对峙状态	枯山水、 池泉回游园	皇园：不详 寺园：天龙寺园、西芳寺 园、临川寺园、吸江庵园 私园：不详	梦窗国师、静 玄法师、西园寺 公经、慈信、二 阶堂道蕴、彻翁 义亨、义堂周信

续表

年 代	政 治	造园风格	代表作	人物及其他
室町时代（1393—1573）	足利义满迁幕府于室町 足利义满时北山文化和足利义政的东山文化	舟游和回游结合的书院造庭园、石庭出现	皇园:不详 私园:金阁寺园、银阁寺园、朝仓氏园、鸟羽山城园、平井馆园、江马馆园 寺园:大仙院、灵云院、退藏庵、龙安寺石庭、山科南殿园、南阳寺园、常荣寺园	善阿弥、狩野元信、子健、雪舟等 杨子健、古岳宗亘、土休宗纯 增圆:《山水并野形圈》 中院康平、藤原为明:《嵯峨古法秘传之书》
桃山时代（1573—1603）	丰臣秀吉统一日本,创立桃山幕府 武家雄健气派和茶道朴素简约形成对比 人文意识抬头 向世俗化和人情化发展	书院造庭园、茶庭出现	寺园:三宝院庭园、滴翠园 私园:表千家露地 皇园:不详	丰臣秀吉、义演准后、子健、贤庭、千利休、古田织部 矶部甫元:《钓雪堂庭图卷》 菱河吉兵卫:《诸国茶庭名迹图会》
江户时代（1603—1867）	德川家康包立江户幕府 以人为中心,儒家取代佛家	池泉园、茶庭、枯山水	皇园:桂离宫、修学院离宫、仙洞御所 寺园:南禅寺方丈园、金地院、大德寺方丈园、聚光院、真珠庵、孤篷庵、慈光院、妙心寺四庭园(大方丈园、小方丈园、东海庵、玉风院) 私园:二条城二之丸庭园、栗林园、小石川后乐园、冈山后乐园、兼六园、六义园、里千家露地、武者小路千家露地、堀内家露地、薮内家露地、如庵、止观亭、天然图画亭	小堀远州、东睦、贤庭、片桐石州、智仁、智忠、上田宗个、朱舜水、北村幽庵、贺茂真渊、日行上人 北村援琴:《筑山庭造传》前篇 离岛轩秋里:《筑山庭造传》后篇、《都林泉名胜图》《石组园生八重垣》 东睦:《筑山染指录》 石垣氏:《夜作不审书》 不详作者:《露地听书》《秘本作庭书》《庭石书》《山水平庭图解书》《筑山山水传》

续表

年　代	政　治	造园风格	代表作	人物及其他
明治明代 （1868—1912）	皇权回归,实行明治维新,废藩置县 神佛分离 扶持资本主义 军国主义抬头 对外军事扩张	别庄庭园、 洋风庭园	寺园:清风庄、天授庵、宝相院、鹿王院二园 神道园:平安神宫庭园 皇园:明治离宫庄园 私园:无邻庵、清澄园、依水园、浮月楼、相马氏园、加藤氏园、秀芳园、清藤氏园、西乡侯爵邸园 公园:浅草公园、芝公园、上野公园、常盘公园、舞鹤公园、日比谷公园	植冶、高桥亭山、小幡亭树 　志贺重昂:《日本风景论》 　小岛鸟水:《日本山水论》 　园林高等院校成立
大正时代 （1912—1926）	大正天皇主政,民主运动活跃,提倡自我人格	国定公园、 国立公园、 别庄庭园	公园:饭山公园、江户川公园、扫部公园、琴林公园、和歌山公园、冈崎公园、井头公园、明石公园、龟山公园、上田公园、樱宫公园、神田桥公园、千鸟渊公园、乃木公园 私园:养和园、芦花浅水庄、碧云庄、鹤家庭园、天籁庵、温山庄 寺园:光云寺园	田村刚 日本庭园协会成立 《庭园》杂志出版
昭和时代 （1926—1988）	天皇建立法西斯统治,掀起太平洋侵略战争、战后开始重建国家	国立公园、 国定公园	公园:云仙公园、雾岛公园、濑户内海公园、阿寒公园、大雪山公园、日光公园、中部山岳公园、十和田公园、富士箱根公园、吉野熊野公园、大山公园 私园:川和氏园、藤井氏园、山崎氏露地、临水亭、海印山庄、山田氏园、富川氏园、绘野氏园、重森氏园 寺园:清乐寺七贤庭、龙源院东滴壶、龙吟庵	公园协会、日本山岳会、芝草学会、日本造园联合会创立 《国立公园法》《自然公园法》《都市公园法》颁布 《造园修景》杂志创刊
平成时代 （1988—至今）	把传统精神融入现代生活	国立公园、 国定公园、 主题公园	至1981年1月有27个国立公园 至1984年1月有48个国定公园	

引自《日本园林教程》

参考文献

[1] 郦芷若,朱建宁. 西方园林[M]. 郑州:河南科学技术出版社,2002.

[2] 张祖刚. 世界园林发展概论[M]. 北京:中国建筑工业出版社,2003.

[3] 罗小未. 外国近现代建筑史[M]. 北京:中国建筑工业出版社,2004.

[4] 罗哲文. 中国古园林[M]. 北京:中国建筑工业出版社,1999.

[5] H.H. 阿纳森. 西方现代艺术史[M]. 天津:天津人民美术出版社,1978.

[6] 瓦·康定斯基. 论艺术精神[M]. 北京:中国社会科学出版社,1987.

[7] 周维权. 中国古典园林史[M]. 北京:清华大学出版社,1990.

[8] 汪菊渊. 中国古代园林史纲要[M]. 北京:北京林业大学园林系讲义,1980.

[9] 章采烈. 中国园林艺术通论[M]. 上海:上海科学技术出版社,2002.

[10] 郭风平,方建斌. 中外园林史[M]. 北京:中国建筑工业出版社,2005.

[11] 王晓俊. 西方现代园林设计[M]. 江苏:东南大学出版社,2000.

[12] 周武忠. 城市园林艺术[M]. 江苏:东南大学出版社,2000.

[13] 郭风平. 中国园林史[M]. 西安:西安地图出版社,2002.

[14] 倪琪. 西方园林与环境[M]. 浙江:浙江科学技术出版社,2000.

[15] 李如生. 美国国家公园管理体制[M]. 北京:中国建筑工业出版社,2005.

[16] 张敏,姚雪艳. 记忆中的天堂之园——波斯伊斯兰园林回想[J]. 园林杂志,2002.

[17] 姚雪艳. 城堡中的庭园——西班牙伊斯兰园林[J]. 园林杂志,2004.

[18] 舒迎澜. 三国两晋南北朝时期的园林[J]. 园林杂志,2003.

[19] 胡长龙. 园林规划设计上册[M]. 2版. 北京:中国农业出版社,2002.

[20] 杨滨章. 外国园林史[M]. 哈尔滨:东北林业大学出版社,2003.

[21] 童寯. 造园史纲[M]. 北京:中国建筑工业出版社,1983.

[22] 安怀起. 中国园林史[M]. 上海:同济大学出版社,1991.

[23] 柳尚华. 美国的国家公园系统及其管理[J]. 中国园林,1999(1).

[24] 史玲. 日本艺术[M]. 河北:河北教育出版社,2003.

[25] 郭西萌. 美国艺术[M]. 河北:河北教育出版社,2003.

[26] 美智子,里科·诺莎. 现代日本庭园[M]. 昆明:云南科技出版社,2005.

[27] 陈志华. 外国造园艺术[M]. 郑州:河南科学技术出版社,2001.

[28] 游泳. 园林史[M]. 北京:中国农业科学技术出版社,2002.

[29] 安得鲁·威尔逊. 现代最具有影响力的园林设计师[M]. 昆明:云南科技出版社,2005.

[30] 曹林娣,许金生. 中日古典园林文化比较[M]. 北京:中国建筑工业出版社,2004.

[31] 查尔斯·A. 伯恩鲍姆,等. 美国景观设计的先驱[M]. 孟亚凡,等,译. 北京:中国建筑工业出版社,2003.

[32] 王向荣,林箐. 西方现代景观设计的理论与实践[M]. 北京:中国建筑工业出版社,2002.

[33] 刘庭风. 日本园林[M]. 天津:天津大学出版社,2005.

[34] 李如生,李振鹏. 美国国家公园规划体系概述[J]. 风景园林,2005(2).

[35] 王保忠,等. 美国绿色空间思想的分析与思考[J]. 建筑学报,2005(8):50-52.

[36] 杨锐. 美国国家公园规划评述[J]. 中国园林,2003,19(1):44-47.

[37] 贾俊,高晶. 英国绿带政策的起源、发展和挑战[J]. 中国园林,2005(3):69-72.

[38] 曹康,等. 老奥姆斯特德(Frederick Law Olmsted)的规划理念——对公园设计和风景园林规划的超越[J]. 中国园林,2005(8):37-42.

[39] 苏杨,等. 美国自然文化遗产管理经验及对中国有关改革的启示[J]. 中国园林,2005(8):46-52.

[40] 卡尔·斯坦尼兹(Carl Steinitz). 景观设计思想发展史——在北京大学的演讲[J]. 中国园林,2002(5):92-95;2002(6):82-96.

[41] 刘滨谊,周晓娟,彭锋. 美国自然风景园运动的发展[J]. 中国园林,2001(5):89-91.

[42] 陈蕴茜. 论清末民国旅游娱乐空间的变化——以公园为中心的考察[J]. 史林,2004(5):93-100.

[43] 杨乐,朱建宁,熊融. 浅析中国近代租界花园——以津、沪两地为例[J]. 北京林业大学学报:社会科学版,2003,(1):17-21.

[44] 刘庭风. 晚清园林历史年表[J]. 中国园林,2004(4):68-73.

[45] 胡其舫. 江苏近代公园概貌及其意义和影响[J]. 中国园林,1996(6):68-71.

[46] 何绿萍,陈宝全. 龙州中山公园[J]. 中国园林,1994(2):61-62.

[47] 刘庭风. 民国园林特征[J]. 建筑师,2005(1):42-47.

[48] 洛斯. 装饰与罪恶,1906. 转摘自 K. 弗兰普顿:"新的轨迹:20 世纪建筑学的一个系谱式纲要". 张飲料,译.

[49] 陈吾. 中国造园史、外国造园史[M]. 南京林业大学内部教材,1990.

[50] 彭一刚. 中国古典园林分析[M]. 北京:中国建筑工业出版社,1986.

[51] 计成,陈植. 园冶注释[M]. 北京:中国建筑工业出版社,1988.

[52] 针之谷种吉. 西方造园变迁史[M]. 邹洪灿,译. 北京:中国建筑工业出版社,1991.

[53] 伊恩·伦诺克斯·麦克哈格. 设计结合自然[M]. 芮经纬,译. 天津:天津大学出版社,2006.

结束语

2005 年 5 月 20 日,应重庆大学出版社之邀,开始《中外园林史》一书纲领思考准备,至 2005 年 11 月底接到最后一章参编文章,完成一部浩瀚园林史,撰写整编补充修改,竭尽全力勤劳,甘苦辛劳潜然良多……繁复俯伏改至今日,仍对自己十分不满!

尽管如此,总算如释重负地结束了。有一种使命感般的欣慰!

园林史本是前人成果。其睿智见解,倍感史论教育弱化的当下意义! 想来反省:

"生态学"已延伸至人类生态学,继而是当今的整个社会体系,是历史发展的必然。

"绿色"的环境关注,Green Parties、Green Policies 的推崇,人类对环境的关心不断扩展,已成为不可逆转的历史洪流!

城市建设指导思想由"空间论"转向"环境论",进而发展至今的"生态论",环境价值观有了急剧的变化,环境不能再被不受惩罚地滥用,价值观是环境破坏与良性的"通行证"! 环境工程专业素质的教育与提高远比任何时候都重要与紧迫! 我们既不能不分时空、地域、背时代地张冠李戴;不能不分专业、纠结于种种评比时髦术语,甚至"知识与技能"的人为对立,将专业史论课程贬为知识理论而大加砍伐,甚至课程剪除,使专业职业教育脱离了时代要求,不看世界,迷失在自我编制的种种指标且纠结于其中,而丧失了环境工程行业专业价值观的教育与培养! 其结果是将自己排除于整个社会体系之外,成为局外之人,甚至是环境破坏之人。

环境建设教育有无求实求是的前瞻性? 前瞻性有无历史维度? 仅以求职、受制于市场利益观,已长期磨损志气与事业心,无专业素质、无事业心,又有怎样的技能? 怎能应对于理性秩序的时代,应对于本应理性的环境? 环境的标准是否就是"GDP"? 我们翻过了历史的篇章,我们也亦将成为历史,我们将留给后人什么? 深感所难为、有所为,此激励,是完成此书的前提。

园林在当今时代,已与生态环境密切关联,无论高等教育、高等职业的园林环境教育,专业思想意识的哺育与提高都应是第一位的。尊重学科特质,与时俱进,专业素质有了时代内涵,技能标准不能教条地度量专业标准,否则"建设"可能就是破坏! 沧桑巨变,历史是一面镜子! 环境设计应根据自然生态、地域环境、历史文化、意义属性,综合历史意见、时代意见、未来意见才能得出相对正确的环境建设理论并指导实践,才能够因地制宜,因时制宜,因园制宜。生命造就了不朽的历史,历史孕育着新的生命!现代是过去和未来的合金。历史是不能重复的,未来是可以选择的!

　　撰写整编补充修改之处,来自力求源于客观公正求实历史思想理论,加之身为环境教育者迫切使命感,为不掠前人之美,在书中尽可能标明其出处;在书末尽可能详尽有关参考书目。因繁复的高校评估,加之繁重的教学和教研,时间十分困难,难免有不妥的之处。首先深深感谢同行作者,把"好东西"留下,把好儿女"养"大!相同的未来责任感,也望得到谅解。其次,深深感谢大学同窗吕华先生欧洲生活后见解与图片;深深感谢帮助成书顺利出版的唐雪松、胡卉、贾宗婷、王丽舒、王玺、何克莉、肖代英、董燕、张莹、赵玉文、汪亚雄、王明珠等分担了大量图片整理、打字工作,深深感谢重庆大学出版社和所有支持、帮助、提出宝贵意见的人们,若无他们的辛勤无私相助,是不可能使其书在出版社规定时间内出版的,感激之诚挚以致!

祝建华

2021 年 5 月